2007年度河北省社会科学基金项目
项目批准号：HB07ZTQ001

项目实践精解丛书

国家信息专业技术人才知识更新工程（"653工程"）指定参考用书

# 项目实践精解：
# IT项目的面向对象
# 开发及管理
## ——电子政务系统案例分析

梁震戈　梁立新　王文君　著
亚思晟科技　审校

电子工业出版社
Publishing House of Electronics Industry
北京·BEIJING

## 内 容 简 介

本书是一本融合项目实践及管理思想于一体的书，特点是以项目实践作为主线贯穿其中来介绍核心原理。本书提供了一个完整的电子政务系统，通过该项目使读者能够快速掌握面向对象的项目开发及管理技术，内容包括：信息化系统建设概述、项目开发生命周期及流程、需求分析、系统分析和设计、编码实现、测试和实施、软件配置和变更管理、软件过程管理、项目管理等。在软件开发流程方面，主要讲解目前最流行的一种迭代模型：RUP（Rational Unified Process）；在软件开发方法方面，主要讲解面向对象的原理和方法；在软件支持过程方面，主要讲解 Rational Rose、Power Designer、MS Project 等工具；在软件管理过程方面，主要讲解软件配置及变更管理、CMM 软件过程管理、项目管理等。

本书作者具有多年从事相关理论研究和开发管理的经验，因此，作者清楚项目开发及管理的合理学习路线，以及在学习过程中的注意事项。本书非常适合作为大专院校计算机相关专业的实训教材和项目实践类课程教材。同时，也适合作为有一定经验的项目开发和管理人员的参考书和自学教材。

**图书在版编目（CIP）数据**

IT 项目的面向对象开发及管理：电子政务系统案例分析 / 梁震戈，梁立新，王文君著. —北京：电子工业出版社，2009.5

（项目实践精解丛书）

ISBN 978-7-121-08513-0

I. I…　Ⅱ. ①梁… ②梁… ③王…　Ⅲ. 面向对象语言—程序设计　Ⅳ. TP312

中国版本图书馆 CIP 数据核字（2009）第 038412 号

责任编辑：葛　娜
印　　刷：北京智力达印刷有限公司
装　　订：北京中新伟业印刷有限公司
出版发行：电子工业出版社
　　　　　北京市海淀区万寿路 173 信箱　邮编 100036
开　　本：787×1092　1/16　印张：28.75　字数：742 千字
印　　次：2009 年 5 月第 1 次印刷
印　　数：3000 册　定价：69.00 元（含光盘 1 张）

凡所购买电子工业出版社图书有缺损问题，请向购买书店调换。若书店售缺，请与本社发行部联系，联系及邮购电话：（010）88254888。

质量投诉请发邮件至 zlts@phei.com.cn，盗版侵权举报请发邮件至 dbqq@phei.com.cn。

服务热线：（010）88258888。

**梁震戈**

副研究馆员，具有十余年专业的研发和管理经验，擅长信息管理、图书情报和信息化建设。毕业于上海复旦大学和河北大学，拥有双学士学位，在河北科技大学工作至今。先后承担主持河北省哲学社会科学规划研究项目、河北省科技厅研究项目各一项，参与河北省教育厅等科研项目多项，并在科研成果鉴定中获得国内先进及 A 级水平。在专业期刊发表学术论文 20 多篇，其中核心期刊论文 10 余篇，参加编写著作 3 部合计约 20 万字。

**梁立新**

外籍软件专家，具有十多年专业的软件开发、架构设计和项目管理的经验。毕业于中国科学技术大学，获硕士学位。之后留学于美国，获伊利诺依理工大学硕士学位。曾先后工作于美国华尔街咨询服务公司和加拿大多伦多证券交易所，担任高级软件设计师。参与设计建设了美国著名银行 JP Morgan 网上人力资源系统，以及加拿大最大的证券交易中心 Toronto Stock Exchange 股票交易系统和市场数据传输及分析系统。回国后，创办北京亚思晟商务科技有限公司，设计和开发了中科院空间中心电子政务系统、网上企业财务中心管理系统及 eBiz 企业 ERP 管理系统等；同时从事高端 Java 的培训、课件研发和咨询工作。

**王文君**

副研究馆员，具有二十多年专业的研发和管理经验，擅长信息管理、图书情报和信息化建设。毕业于中央广播电视大学，先后承担主持河北省科技厅研究项目、河北省教育厅研究项目各一项，参与河北省哲学社会科学规划等研究项目多项，并在科研成果鉴定中获得国内先进及 A 级水平。在专业期刊发表学术论文 20 多篇，其中核心期刊论文 10 余篇，参加编写著作 1 部合计约 10 万字。

# 光盘使用指南

① 将光盘放入光驱，出现如图 1 所示的窗口，单击各按钮，即可浏览使用相应的内容。

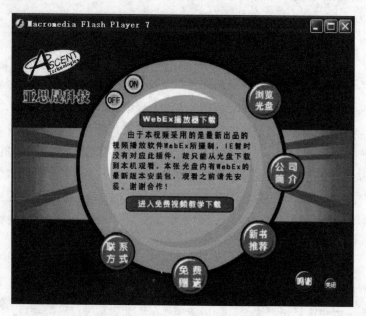

图 1

② 单击"浏览光盘"按钮，出现如图 2 所示的窗口，本光盘共包含 4 个文件夹：lib、sourceCode、tools、projectDeploymentAndRun。

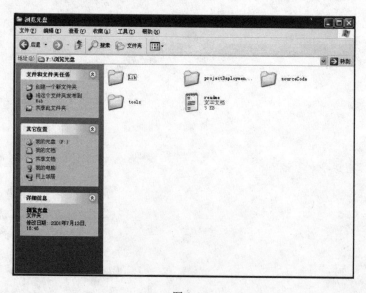

图 2

### 1．lib 目录

本目录包含了编译本书的 Java 源文件所需的 Java 类库文件，这些文件都来自于开放源码软件。

### 2．sourceCode 目录

本目录是以 Eclipse Project 形式组织的。其中，src 目录中包含了 eGov 项目的程序源代码。

### 3．tools 目录

本目录包含项目开发所需要的开放源码工具软件的下载地址链接，具体包括：Eclipse 的安装软件；Tomcat 的安装软件；MySQL 服务器的安装软件；Log4J 软件；Ant 的安装软件等。

### 4．ProjectDeploymentAndRun（项目的部署和运行说明）

（1）项目部署

1）项目分为 Java 代码部分（jar/war 包形式）和数据库部分（数据库文件形式）。所需要的环境：

MySQL 5.0 以上；

Tomcat 5.5 以上；

开发环境（IDE）：MyEclipse 5.5。

> **注意**：这些软件的版本很重要，版本太高或太低都可能会带来部署和运行问题（已经发现项目在 Tomcat 5.0 下不能正常运行的情况，同样 MySQL 4 版本也会带来一些问题）。请读者特别留意，需要和以上软件的版本保持一致！

2）创建数据库。

由于 MySQL 5.0 以上版本不支持"安装目录/data/数据库"这样的直接拷贝，所以需要我们自己建立数据库并导入数据。具体步骤如下：

① 选择"开始"→"程序"→"MySQL"→"MySQL Server 5.0"→"MySQL Command Line Client"，具体如图 3 所示。

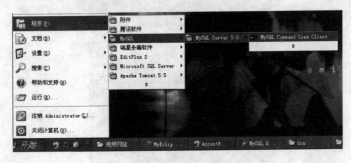

图3

② 单击进入，要求输入数据库密码，输入正确的密码，按回车键进入 MySQL，如图 4 所示。

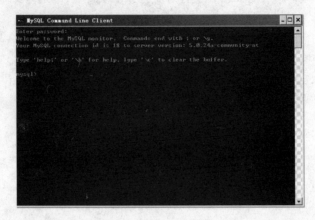

图 4

③ 创建 my 数据库，并使用 my 数据库，具体如图 5 所示。

图 5

④ 执行导入命令 mysql> source e:/electrones.sql; ，其中 e:/electrones.sql 是 SQL 脚本，可以把它放在任意目录下，本例放在 e 盘下，按回车键执行导入命令，具体如图 6 所示。

图 6

成功导入后，此时数据库建立成功。

3）将 electrones.rar 解压后的 electrones 文件夹复制到 tomcat\webapps 下。找到 tomcat\webapps\electrones\WEB-INF\applicationContext.xml 文件，打开并修改下面代码中的 username 和 password 为自己数据库的用户名、密码。

```xml
<bean id="dataSource"
    class="org.apache.commons.dbcp.BasicDataSource">
    <property name="driverClassName"
        value="com.mysql.jdbc.Driver">
    </property>
    <property name="url"
        value="jdbc:mysql://localhost:3306/my">
    </property>
    <property name="username" value="root"></property>
    <property name="password" value="root"></property>
</bean>
```

修改完成，工程就可以启动运行了。

**注意**：在修改过程中不要破坏 XML 文件格式，否则项目无法正常启动。

（2）项目运行

通过上述方法完成部署之后，重新启动 Tomcat 与 MySQL 服务器，然后打开浏览器，输入 URL：http://localhost:8080/electrones，即可进入 eGov 电子商务项目。

管理员用户名为 admin，密码为 123，登录试运行。用户还可以作为普通人员登录网站试运行。

常见的用户实际名字、登录名和密码信息如表 1 所示。

表1

| 实际名字 | 登录名 | 密 码 | 实际名字 | 登录名 | 密 码 |
|---|---|---|---|---|---|
| 测试 1 | q1 | 1 | 测试 9 | q9 | 1 |
| 测试 2 | q2 | 1 | 梁立新 | qq | q |
| 测试 3 | q3 | 1 | 李星 | yanfa | 1 |
| 测试 4 | q4 | 1 | 雷朝霞 | shichang | 1 |
| 测试 5 | q5 | 1 | 武永琪 | renli | 1 |
| 测试 6 | q6 | 1 | 焦学理 | jiaoxue | 1 |
| 测试 7 | q7 | 1 | 龙江 | shichang0 | 1 |
| 测试 8 | q8 | 1 |  |  |  |

具体信息可查询数据库中的 usr 表。

免费赠送《Java 核心技术视频》（总计 7 章，全长 12.5 小时，价值 200 元）

为了满足成千上万的 Java 迷探求其奥妙，为他们进一步学习 Java 高级技术奠定有益基础，亚思晟科技的外籍软件专家梁立新老师，录制了非常生动和清晰的视频讲座课件，以飨爱好者。课件录制从基础知识开始讲起，由浅入深，循序渐进；其中的例举实例，每一动态步骤都历历在目，如身临其境。相信会对那些希望了解或加深 Java 面向对象核心语法和技术的读者带来很大帮助！

视频主要内容有：

- Java 开发环境、基本特性及第一个应用程序；
- Java 基础语法 1：标识符（identifier）、关键字（keyword）及数据类型（types）；
- Java 基础语法 2：表达式（expression）及流程控制（flow control）；
- Java 基础语法 3：数组（array）；
- Java 面向对象核心语法 1：类和封装（encapsulation）；
- Java 面向对象核心语法 2：继承（inheritance）和多态（polymorphism）；
- Java 面向对象高级语法 1：静态（static）、常量（final），以及抽象类和接口（abstract class/interface）；
- Java 面向对象高级语法 2：内部类（inner class）；
- Java 面向对象高级语法 3：集合（Collection）。

21 世纪，什么技术将影响人类的生活？什么产业将决定国家的发展？信息技术与信息产业是首选的答案。社会科学领域也离不开信息技术与信息产业的发展。当前信息化建设在社会科学领域蓬勃发展，包括电子政务理论和实践。面向对象的项目开发及管理，是企业围绕软件项目开展的需求分析、面向对象的分析设计、编码实现、测试、维护和项目管理等一系列过程、方法和工具。

大专院校学生是企业和政府的后备军，国家教育部门计划在大专院校中普及政府和企业信息技术与管理教育。经过多所院校的实践，信息技术与管理教育受到同学们的普遍欢迎，取得了很好的教学效果。然而也存在一些不容忽视的共性问题：

一是师资问题。信息技术与管理课程是一门实践性很强的课程，而任课教师普遍缺乏从事企业和政府信息技术与管理活动的实践经验。

二是缺乏合适的教材。从近两年信息技术与管理教育研究论文看，许多任课教师提出目前教材不合适。现有信息技术与管理理论著作虽然很多，但其中一些为研究生教学用书，一些为理论研究著作，均不适合大专院校学生教学使用。具体体现在：第一，来自信息技术与管理专业的术语很多，对于没有这些知识背景的同学学习起来具有一定难度；第二，书中案例比较匮乏，与政府和企业的实际情况相差太远，致使案例可参考性差；第三，缺乏具体的课程实践指导和真实项目。因此，针对大专院校信息技术与管理课程教学特点与需求，编写适用的规范化教材已是刻不容缓。

本书就是针对以上问题编写的，它围绕一个完整的项目来组织和设计学习面向对象的项目开发及管理。作者希望推广一种最有效的学习与培训的捷径，这就是 Project-Driven Training，也就是用项目实践来带动理论的学习（或者叫做"做中学"）。**基于此，作者围绕一个 eGov 电子政务项目来贯穿面向对象的开发及管理各个模块的理论讲解。这是本书最大的特色！**通过项目实践，可以对技术应用有明确的目的性（为什么学），对技术原理更好地融会贯通（学什么），也可以更好地检验学习效果（学得怎样）

## 本书特点

### 1. 重项目实践

作者多年项目开发经验的体会是"IT 是做出来的，不是想出来的"，理论虽然重要，但一定要为实践服务！以项目为主线，带动理论的学习是最好、最快、最有效的方法！本书的特色是提供了一个完整的电子政务项目。通过此书，作者希望读者对项目开发流程及管理有个整体了解，减少对项目的盲目感和神秘感，能够根据本书的体系循序渐进地动手做出自己的真实项目来！

### 2. 重理论要点

本书是以项目实践为主线的，着重介绍项目开发及管理技术理论中最重要、最精华的部分，以及它们之间的融会贯通；而不是面面俱到，没有重点和特色。读者首先通过项目把握整体概貌，再深入局部细节，系统学习理论；然后不断优化和扩展细节，完善整体框架和改进项目。既有整体框架，又有重点理论和技术。一书在手，思路清晰，项目无忧！

## 为什么选择这本书

本书基于全新 Project-Driven Training（项目驱动）理念，围绕一个项目来贯穿项目开发及管理各个模块的理论讲解，这是与市场上许多类似书籍的最大区别。另外，随书提供丰富的开发文档和资料，会对读者快速入门和提高带来很大帮助！

## 本书的组织结构

| 篇　　名 | 章　　名 | 内容简介 |
|---|---|---|
| 第 1 篇<br>整体介绍 | 第 1 章<br>信息化建设及 IT 项目的面向对象开发和管理概述 | 主要概述数字图书馆系统的发展过程及建设、电子政务系统分类及建设基础、我国电子政务发展的现状、问题及对策，以及面向对象的开发及管理 |
| | 第 2 章<br>IT 项目开发流程与 UML 概述 | 主要介绍项目开发流程、项目生命周期（包括需求分析、系统分析和设计、实现、测试和维护）及项目开发的各阶段，以及 UML 图、Rational Rose 工具及使用 |
| 第 2 篇<br>面向对象的项目开发 | 第 3 章<br>软件需求分析 | 主要介绍软件需求分析过程、需求过程中的角色、需求过程的迭代、需求获取方法、需求评审等，最后给出了 eGov 电子政务项目需求规格说明书实例 |
| | 第 4 章<br>系统分析设计 | 主要介绍面向对象的详细设计、数据库设计、软件详细设计评审，并给出了 eGov 电子政务系统概要设计说明书和 eGov 电子政务系统详细设计说明书实例 |
| | 第 5 章<br>软件实现 | 主要介绍基于 Struts-Spring-Hibernate 框架完成软件实现的步骤，并给出了编程规范文档的实例 |
| | 第 6 章<br>软件测试 | 主要介绍常用的测试技术及 JUnit、JMeter 和 Bugzilla 测试工具的使用，并给出了测试说明书实例 |
| | 第 7 章<br>软件项目部署 | 主要介绍 eGov 电子政务系统的部署、使用及用户手册，并给出了用户手册实例 |
| 第 3 篇<br>面向对象的项目管理 | 第 8 章<br>软件配置和变更管理 | 主要介绍软件配置管理工具 CVS 的安装、配置及使用，以及统一变更管理简介及原理 |
| | 第 9 章<br>软件过程管理 | 主要介绍 CMM（能力成熟度模型）基本概念、基础内容及实施 CMM 的必要性，以及 CMMI 基本概念、从 CMM 到 CMMI 的映射、升级及 CMMI 与 RUP 的关系 |
| | 第 10 章项目管理 | 主要介绍项目管理专业知识领域、项目管理 9 大知识领域和 5 个阶段，以及项目管理工具 Microsoft Project 的使用，并给出了项目开发计划实例 |
| 附录 A～F | 包括：软件需求规格说明书模板、概要设计说明书模板、详细设计说明书模板、测试说明书模板、用户手册模板和项目开发计划模板 | |

本书以 eGov 电子政务系统为案例，提供规范的项目文档及代码。

## 本书是否适合您

阅读此书，要求读者具备信息化建设的基本知识和项目开发及管理基础。

本书结构清晰、注重实用、深入浅出，非常适合作为大专院校计算机相关专业的实训教材和项目实践类课程教材。同时，也适合作为有一定经验的项目开发和管理人员的参考书和自学教材。

# 目　　录

## 第一篇　整体介绍

## 第二篇　面向对象的项目开发

## 第三篇　面向对象的项目管理

# 第一篇

## 整体介绍

　　本篇通过对信息化建设及 IT 项目的面向对象开发和管理的简介，使读者对 IT 项目的面向对象开发和管理的整体流程有一个宏观的了解。

# 第 1 章 信息化建设及IT项目的面向对象开发和管理概述

## 1.1 信息化建设及案例介绍

目前，我国的信息化建设正在实现跨越式发展，成为支撑国民经济和社会发展的重要基础。随着互联网的飞速发展，国内外信息化建设已经进入蓬勃发展阶段，信息系统对用户的教学科研、工作生活及其他诸多方面都提供了巨大的帮助。信息系统的应用面极其广泛，市场前景巨大，如管理信息系统（MIS）、电子商务系统、电子政务系统、企业资源计划系统（ERP）、办公自动化系统（OA）、数字化图书馆系统、医疗卫生系统、金融系统、物流系统、税务系统、电信计费系统等，所以信息系统建设及IT项目的开发和管理的研究及实践特别引起人们的重视。

利用计算机网络技术、数字通信技术与数据库技术实现信息采集和处理的系统，称为信息系统。信息系统在社会科学领域也得到广泛应用，例如数字图书馆系统和电子政务系统。

### 1.1.1 数字图书馆系统

#### 1. 数字图书馆系统概述

我们首先来看一下图书馆信息化建设的案例。作为传递文献信息资源的中心——图书馆，现在正面临着重大的发展机遇。图书馆作为整个社会重要的信息资源保证系统，是人类文化知识的宝库，它传承着民族的优秀文化，记载着人类前进的脚步，是社会信息系统的重要组成部分。伴随着人类社会经济文化的发展进步，图书馆的内涵不断深化，外延不断扩展，对社会经济文化等活动的影响日益明显，图书馆的信息化建设将成为社会信息化的重要环节。

鉴于图书馆在人类迈向信息社会过程中所起的重要作用，世界各国都纷纷开展了数字图书馆建设。数字图书馆是现代信息网络技术环境下的新型图书馆。数字图书馆代表着一种新的技术基础设施和资源知识环境。它通过集成和利用最新的计算机网络技术、通信技术及数字化内容，建设超大规模的、可扩展的、可互操作的知识库集群。数字图书馆的主要目标是通过优化整合和开发利用对多媒体信息资源实现数字化管理，进而提供全方位的网上服务，实现全人类知识财富的共享。数字图书馆所面对的存储对象和技术领域远远超出了目前传统图书馆建设的范围。存储对象包括数字化的图书、音响、美术、照片、电影、软件、电子出版、互联网内容、卫星数据、地理数据等各种各样的人文与科学数据。当前，网络产业与信息服务业的高速汇聚正在形成新的知识网络，抓住加快建设发展数字图书馆的重大机遇，加强信息资源高度性优化整合与深度性可持续开发，进而在信息资源的建设和管理、开发和利用上发挥社会主导作用，对世界各国都将具有不可估量的重大现实意义和长远的战略发展意义。

**2. 数字图书馆系统发展过程**

近十年来，西方发达国家在信息技术领域连续出现了两次巨大跨越性发展，即信息手段革命与信息内容革命。正是这两次跨越性的发展，引发了全球性的数字图书馆建设浪潮。"信息手段革命"是指由数字技术引发的信息传输手段的革命性潮流。信息手段的革命使全球化趋势更加势不可挡。数字技术和通信网络技术的发展使所有人都能利用先进的科技成果，并使各种文化的交流逐步建立在快速、直接与个人交流的基础上。即便信息手段的革命改变了整个世界的面貌，但实质上，信息传输手段革命的真实含义还在于"内容"——数字信息资源。使通信业、传媒业、信息业融合为一体的数字技术，在拆除了各种传媒之间的传统壁垒，使之成为统一载体的同时，也极大地刺激了对"信息内容"的需求，引发了"内容产业"大规模的"媒介转移"与资源整合浪潮，"信息内容革命"由此产生。欧洲人将此称为"信息社会的第二发展阶段"，这个阶段被形容为是"内容为主代替网络为主"的阶段。"信息内容革命"在世界范围内的出现，引发了世界性的、面向数字时代的文化媒介迁移运动。发达国家竞相将本国文化遗产大规模转换成数字形态，以便为未来的"内容"市场竞争奠定新的基础。作为迄今为止数字信息资源的主要和有效的组织形式，数字图书馆成为其中最为引人注目的基础性项目。

以传统图书馆馆藏内容数字化为中心的文化内容媒介转移，是将传统文化资源开发成为经济资源的必要步骤，实质上是为空前规模的产业整合准备条件，具有巨大的经济意义。在这方面，美国人再一次走在最前列。美国的文化遗产很少，却率先将"内容产业"纳入商业和产业化轨道，通过 1997 年"北美行业分类系统"的颁布，美国已经向世人宣布了他们将可商品化的信息内容（特别是文化内容）作为信息产业的主体。由此看到，文化遗产作为新经济资源的意义已经凸显，各国文化遗产已经暴露在国际文化传媒巨头的掠夺与竞争范围之内。文化遗产数字化的意义决不限于经济领域，如同现代信息技术的发展使科学家能够描绘人类的"生物基因图谱"一样，现代信息技术的发展也使现代文化和人类学家能够描绘出一个民族的"文化基因图谱"。在新的全球化浪潮面前，一个国家和发族的"经济安全"问题，已经转化为"文化安全"问题。目前，互联网上的信息资源 97% 为英文，如何提高网上中文信息的占有量，争夺网络发展空间，已成为一个不容延误的战略问题。因此，不论立足于国内还是国际，我国中文信息资源的数字化回溯建都是极其重要的。

对我国来说，数字图书馆的研究与开发起步较晚，因此，建设数字图书馆更加具有必要性和紧迫性。

- 首先，数字图书馆将改变以往信息存储、加工、管理、使用的传统方式，借助网络环境和高性能计算机等实现信息资源的有效利用和共享。
- 其次，数字图书馆建设的核心是以中文信息为主的各种信息资源，它将迅速扭转互联网上中文信息匮乏的状况，形成中华文化在互联网上的整体优势。
- 再次，数字图书馆可以最大限度地突破时空限制，营造出进行全民终身教育的良好环境，对我国"科教兴国"战略的贯彻实施和国民素质教育水平的提升将起到巨大的作用。

- 最后，数字图书馆将改变目前图书馆的工作方式和服务模式，可以更好地履行图书馆在倡导、组织和服务全民读书中的重要职能。图书馆管理员将成为捕捉和整理信息的专家。数字图书馆建设为知识传播提供了一种按数字图书馆要求组织起来的资源，通过智能检索系统，不仅可以实现按知识体系进行检索，还可以实现跨库多媒体检索，使用户在任何地点、任何时间，只要进入数字图书馆系统，就可以便捷地获取所需要的信息，从而极大地加强了图书馆在信息社会中的地位和作用。

数字图书馆的诞生和发展是信息时代发展新阶段的必然产物，抓住数字图书馆建设就是抓住了国家信息资源建设的核心，就是抓住了应对未来发展和挑战的关键环节，投资数字图书馆就是"投资未来"。

### 3．数字图书馆系统的建设

进入 21 世纪以来，面对社会信息化的日益加快、知识经济的日趋形成和互联网的日渐普及，我国提出了加快建设数字图书馆的发展目标，并采取了切实的实施步骤和保障措施。

目前，我国图书馆信息化建设已具备的发展有利条件是图书馆已获得网络资源共享平台。网络给图书馆带来挑战的同时，也带来了新的发展机遇。图书馆要在现实网络环境下，优化整合和开发利用信息资源，为不同用户提供高质量、个性化、多层次、全方位的信息，网络环境已成为图书馆提供资源共享方便快捷的平台。具体地说：

（1）图书馆拥有网络信息内容优化整合的优势。图书馆可以做到按照相同的学科类别和专题，将不同形式的、大量的、分散的、杂乱无序的信息资源按照读者用户的需求进行采集、整序、分析研究，把看似杂乱无章的无用信息资源，采用一定的方式，根据相关的统一标准整序、优化，重新编排，形成某一学科类别或专题的能被有效利用的镜像数据信息资源库，进而实现信息资源共享。

（2）图书馆已成为网络经济的增长基础。网络经济是国家经济发展中的重要组成部分，而图书馆又是网络经济的基础。这种基础作用主要表现在以下两个方面：

- 一是图书馆网络及其相关的信息服务直接对经济增长作出贡献；
- 二是以图书馆网络为代表的信息服务业，同时又是知识经济发展的倍增器，是国家经济发展的中枢神经系统。

（3）图书馆已成为社会信息服务业的重要组成部分。随着数字图书馆技术的成熟，信息服务也将成为最大的数字网络服务业，成为社会重要的战略服务行业。当前，网络产业与信息服务业的高速汇聚，正在国际上并将在下一代互联网上扮演着核心和主导角色的知识与信息资源网络。

目前，建设数字图书馆的实践表明，建设数字图书馆是一项浩大的社会工程，需要社会各界的支持与参与，我们还有很多工作要做，实现图书馆信息化还有很长一段路要走。在这一过程中，图书馆数字化资源建设、信息资源共建共享、专业人才的培养，以及图书馆信息化建设的规范化等方面还需要我们着力研究。

从社会需求和技术条件分析，数字图书馆的核心和本质是利用现代信息技术，以计算机网络为基础平台，构建一个有利于产生影响知识创新的资源、工具和协作环境，这种作为环境的数字图书馆不仅仅局限于网络数字信息资源的开放利用，更是一个促进信息获取、传递、交流的知识网络。

### 1．信息资源数字化

信息资源数字化是数字图书馆的基础，因为数字图书馆的其他特点都是建立在信息资源数字化基础上的，如果没有数字化资源作为基础，就根本谈不上数字图书馆的存在。这也是数字图书馆和传统图书馆的最大区别，因为数字图书馆的本质特征就是信息资源的存储与传递的数字化。数字是信息的载体，信息依附于数字而存在。图书管数字化是一项巨大的、渐进的社会工程，它不可能由某一个图书馆来完成，甚至也不可能由整个图书馆界来完成，它需要社会各个方面的能力协作，调集社会各界的力量来共同完成。

数字化信息资源可以有以下几个方面的来源：

（1）传统图书馆馆藏的数字化

采用数字化技术将传统图书馆的馆藏（包括印刷型文献、缩微制品和视听资料的内容）逐步实现数字转换和处理，并存储在大容量、高密度的存储设备中，采用数字图书馆有关存储和表示技术，对数字文本、图形、图像、音频、视频内容分级存储，用调度系统把它们有机地集成在一起。

（2）电子出版物

电子出版物包括电子图书、电子杂志、电子报纸等。这些电子出版物是电子排版格式，在出版时已经数字化，对这类资源的操作主要是对其进行格式转换，并对数据元对象和内容、章节、目次进行标识，以及对内容进行分类、主题标引，用超文本技术把它们与正文链接起来，这样处理之后的电子出版物具有检索功能。

（3）网络数字资源

网络上存在大量的无序资源，按照某种标准（如格式转换、元数据的提取等）对这些资源进行整序，使得经过重新组织的网络数字资源具备浏览、查询和检索功能，以方便最终用户的获取。

**2．信息传递网络化**

在信息资源数字化的基础上，数字图书馆需要通过以网络为主的信息基础设施来实现。数字图书馆已远远超出了传统图书馆界定的场所，通过计算机网络，把分散在各地的网络资源有效地连接起来，超越了时空的约束，使用户能够在网络所及的任何时候、任何地点，以多种方式获取所需的信息资源。

**3．信息资源共享化**

资源共享是传统图书馆苦苦追求的目标，但由于观念、体制、条件和环境等因素的制约，在传统图书馆条件下，不可能实现真正的资源共享。而数字图书馆在实现信息资源的数字化和信息传递的网络化之后，资源共享的广度和深度是以往图书馆所无法比拟的。在今天的网络环境下，人们可以借助于网络，实现那些存储在各地的数字资源共享，包括机读目录、电子出版物及其他各种数字化资源。所以个体数字图书馆的信息资源，达到共享的最佳境界，共同形成一个世界共享信息的资源库，这是理想化的数字图书馆特征。从目前来看，由于国家利益、集团利益、版权等一系列问题，仍然阻碍着真正"信息资源"共享目标的实现。但是随着信息共建共享模式的日益发展，原先的信息壁垒和围墙将逐渐拆除，信息资源的共建共享步伐将会越来越快。

**4．信息提供知识化**

与传统的图书馆不同，数字图书馆将实现由文献的提供向知识的提供的转变。数字图书馆将图书、期刊、照片声像资料、数据库、Web 网页、多媒体资料等各类信息载体与信息来源在知识单元的基础上有机地组织并连接起来，以动态分布方式为用户提供服务。数字图书馆将建设成为一个有利于产生新知识的资源、工具及协作环境，它不仅仅局限于网络信息资源的开发利用，更是一个促进信息获取、传递、交流的知识网络。这样，数字图书馆提供的就不只是信息，还能够提供附加值更高的知识及"知识导航"服务。随着数字图书馆信息加工的深度逐渐加大，不断向知识化、智能化方向发展，数字图书馆将会为读者用户创造一个良好的有利于知识产生和知识创新的信息空间。

## 1.2.2 电子政务系统

接下来我们再介绍一下政府信息化建设的案例——电子政务系统。**电子政务**作为电子信息技术与管理的有机结合，成为当代信息化的最重要领域之一。

### 1. 电子政务系统概述

关于电子政务的定义有很多，并且随着实践的发展而不断更新。

联合国经济社会理事会将电子政务定义为：政府通过信息通信技术手段的密集性和战略性应用组织公共管理的方式，旨在提高效率，增强政府的透明度，改善财政约束，改进公共政策的质量和决策的科学性，建立良好的政府之间、政府与社会、社区及政府与公民之间的关系，提供公共服务的质量，赢得广泛的社会参与度。

世界银行则认为电子政府主要关注的是政府机构使用信息技术（比如万维网、互联网和移动计算），赋予政府部门以独特的能力，转变其与公民、企业、政府部门之间的关系。这些技术可以服务于不同的目的：向公民提供更加有效的政府服务，改进政府与企业和产业界的关系、通过利用信息更好地履行公民权，以及增加政府管理效能。因此而产生的收益可以减少腐败、提供透明度、促进政府服务更加便利化、增加政府收益或减少政府运行成本。

据美国锡拉丘兹大学市民社会与公共事务教授波恩汉姆（G. Matthew Bonham）和美国国会图书馆研究员赛福特（Jeffery W. Seifert）等人对发达国家电子政务的研究综述，电子政务对于不同的人来说意味着不同的事物，它可以通过行为进行阐述，比如公民通过政府所提供的信息获取创业、就业信息；或者通过政府网站获得政府所提供的服务；或者在不同的政府机构之间创造共享性的数据库，以便在面对公民咨询时能够自动地提供政府服务。这种行为方式的描述，意味着电子政务对于不同的受益者而言是不同的，从共性上来看，它整合的是政府服务体系和服务手段，是政府服务形态在通信信息技术革命情况下的自然演化和延伸。

因此，我们可以将电子政务界定为：运用计算机、网络和通信等现代信息技术手段，实现政府组织结构和工作流程的优化重组，超越时间、空间和部门分隔的限制，建成一个精简、高效、廉洁、公平的政府运作模式，以便全方位地向社会提供优质、规范、透明、符合国际水准的管理与服务。

电子政务是当今非常热门的话题，同时也是政府信息化的重点所在。电子政务的特点主要是构建服务于公众的信息化平台，以便达到政府职能部门的管理和服务职能的高效性。

电子政务与其他管理信息系统的区别主要有：

（1）政府公务人员使用；

（2）职能分散，同时集中，协作办公和交流是基本的工作方式；

（3）服务于公众，最终使用的用户是公众，同时也包括政府内部公务人员的工作；

（4）系统安全性要求高，必须具备高度的安全性和安全分层体系；

（5）多层系统、分布架构、信息分散、集中管理，属于分布程度非常高的系统。

另外，由于电子政务系统是按照政务职能建设的，必然符合政府工作的特点，这不同于一般企业的管理信息系统，政府管理层次多，部门划分细，处理的信息格式、信息量和信息保密性高。而一般的企业管理系统则围绕企业内部工作的流程和数据处理方式进行处理，通常比较集中，数据信息专业化程度高，处理的工作流程比较简单。

政府作为国家管理部门，其本身上网开展电子政务，有助于政府管理的现代化。我国政府部门的职能正从管理型转向管理服务型，承担着大量的公众事务的管理和服务职能，更应及时上网，以适应未来信息网络化社会对政府的需要，提高工作效率和政务透明度，建立政府与人民群众直接沟通的渠道，为社会提供更广泛、更便捷的信息与服务，实现政府办公电子化、自动化、网络化。通过互联网这种快捷、廉价的通信手段，政府可以让公众迅速了解政府机构的组成、职能和办事章程，以及各项政策法规，增加办事执法的透明度，并自觉接受公众的监督。同时，政府也可以在网上与公众进行信息交流，听取公众的意见与心声，在网上建立起政府与公众之间相互交流的桥梁，为公众与政府部门打交道提供方便，并从网上行使对政府的民主监督权利。

**2．电子政务系统分类**

电子政务的总体建设目标是以信息安全为基础，以数据获取和整合为核心，面向决策支持，面向公众服务。电子政务应用系统包括：

（1）政府间的电子政务

政府间的电子政务是上下级政府、不同地方政府、不同政府部门之间的电子政务。主要包括：

① 电子法规政策系统

对所有政府部门和工作人员提供相关的现行有效的各项法律、法规、规章、行政命令和政策规范，使所有政府机关和工作人员真正做到有法可依，有法必依。

② 电子公文系统

在保证信息安全的前提下在政府上下级、部门之间传送有关的政府公文，如报告、请示、批复、公告、通知、通报等，使政务信息十分快捷地在政府间和政府内流转，提高政府公文处理速度。

③ 电子司法档案系统

在政府司法机关之间共享司法信息，如公安机关的刑事犯罪记录、审判机关的审判案例、检察机关的检察案例等，通过共享信息改善司法工作效率和提高司法人员综合能力。

④ 电子财政管理系统

向各级国家权力机关、审计部门和相关机构提供分级、分部门的历年政府财政预算及其执行情况，包括从明细到汇总的财政收入、开支、拨付款数据，以及相关的文字说明和图表，便于有关领导和部门及时掌握和监控财政状况。

⑤ 电子办公系统

通过电子网络完成机关工作人员的许多事务性的工作，节约时间和费用，提高工作效率，比如工作人员通过网络申请出差、请假、文件复制、使用办公设施和设备、下载政府机关经常使用的各种表格、报销出差费用等。

⑥ 电子培训系统

政府工作人员提供各种综合性和专业性的网络教育课程，特别是适应信息时代对政府的要求，加强对员工与信息技术有关的专业培训，员工可以通过网络随时随地注册参加培训课程、接受培训、参加考试等。

⑦ 业绩评价系统

按照设定的任务目标、工作标准和完成情况，对政府各部门业绩进行科学地测量和评估。

（2）政府对企业的电子政务

政府对企业的电子政务是指政府通过电子网络系统进行电子采购与招标，精简管理业务流程，快捷迅速地为企业提供各种信息服务。主要包括：

① 电子采购与招标

通过网络公布政府采购与招标信息，为企业特别是中小企业参与政府采购提供必要的帮助，向他们提供政府采购的有关政策和程序，使政府采购成为阳光作业，减少徇私舞弊和暗箱操作，降低企业的交易成本，节约政府采购支出。

② 电子税务

使企业通过政府税务网络系统，在家里或企业办公室就能完成税务登记、税务申报、税款划拨、查询税收公报、了解税收政策等业务，既方便了企业，也减少了政府的开支。

③ 电子证照办理

让企业通过互联网申请办理各种证件和执照，缩短办证周期，减轻企业负担，比如企业营业执照的申请、受理、审核、发放、年检、登记项目变更、核销，统计证、土地和房产证、建筑许可证、环境评估报告等证件、执照和审批事项的办理。

④ 信息咨询服务

政府将拥有的各种数据库信息对企业开放，方便企业利用。比如法律/法规/规章/政策数据库、政府经济白皮书、国际贸易统计资料等信息。

⑤ 中小企业电子服务

政府利用宏观管理优势和集合优势，为提高中小企业国际竞争力和知名度提供各种帮助。包括为中小企业提供统一政府网站入口，帮助中小企业向电子商务供应商争取有利的能够负担的电子商务应用解决方案等。

（3）政府对公民的电子政务

政府对公民的电子政务是指政府通过电子网络系统为公民提供各种服务。主要包括：

① 教育培训服务

建立全国性的教育平台，并资助所有的学校和图书馆接入互联网和政府教育平台；政府出资购买教育资源，然后对学校和学生提供；重点加强对信息技术能力的教育和培训，以适应信息时代的挑战。

② 就业服务

通过电话、互联网或其他媒体向公民提供工作机会和就业培训，促进就业。比如开设网上人才市场或劳动市场，提供与就业有关的工作职位缺口数据库和求职数据库信息；在就业管理和劳动部门所在地或其他公共场所建立网站入口，为没有计算机的公民提供接入互联网寻找工作职位的机会；为求职者提供网上就业培训、就业形势分析，指导就业方向。

③ 电子医疗服务

通过政府网站提供医疗保险政策信息、医药信息、执业医生信息，为公民提供全面的医疗服务，公民可通过网络查询自己的医疗保险个人账户余额和当地公共医疗账户的情况；查询国家新审批的药品的成分、功效、试验数据、使用方法及其他详细数据，提高自我保健的能力；查询当地医院的级别和执业医生的资格情况，选择合适的医生和医院。

④ 社会保险网络服务

通过电子网络建立覆盖地区甚至国家的社会保险网络，使公民通过网络及时全面地了解自己的养老、失业、工伤、医疗等社会保险账户的明细情况，有利于加深社会保障体系的建立和普及；通过网络公布最低收入家庭补助，增加透明度；还可以通过网络直接办理有关的社会保险理赔手续。

⑤ 公民信息服务

使公民得以方便、容易、费用低廉地接入政府法律、法规、规章数据库；通过网络提供被选举人背景资料，促进公民对被选举人的了解；通过在线评论和意见反馈了解公民对政府工作的意见，改进政府工作。

⑥ 交通管理服务

通过建立电子交通网站，提供对交通工具和司机的管理与服务。

⑦ 公民电子税务

允许公民个人通过电子报税系统申报个人所得税、财产税等个人税务。

⑧ 电子证件服务

允许居民通过网络办理结婚证、离婚证、出生证、死亡证明等有关证书。

**3．电子政务建设的基础**

（1）信息网络建设

经过多年的努力，特别是通过各级干部的计算机及网络技术的培训工作，使得各级干部对办公业务处理的计算机化、网络化工作愈加重视，各级政府部门的计算机信息系统和网络普及率越来越高，内部局域网的建设速度和规模逐步扩大。一些经济和信息化建设较发达的地区，已有不少政府部门将日常办公的局域网连成了城域网，在全市（地区）范围内开展网上办公和业务处理。另外，全国许多地区正在大力发展和建设宽带城域网，许多地区也已经或准备建设互联网络接入中心，这为政府部门的信息化建设打下了良好的网络环境基础。

（2）办公业务处理信息系统开发

目前全国许多地区的政府部门建立了办公自动化系统，实现日常办公事务的网络化处理。各级部门日常业务处理的计算机化、网络化进程较快，效益也比较明显。一些综合性、专业性比较强的部门，如工商行政管理部门、税务部门、社会劳动与保障部门等，已经或正在建立纵向联网的业务处理系统。

（3）政府业务上网

政府业务上网是指政府机关通过互联网开展日常业务，从而向社会公众提供服务。目前已有一些政府部门，如工商行政管理部门、税务部门等在网上开展了一定程度的网上工商、网上税务等公众服务业务。

（4）政府信息上网

政府信息上网是指在互联网上建立网站或专栏，发布有关政府部门的职能、政策法规、机构设置、办事指南等信息。政府信息上网不仅增加了政府工作的透明度，而且在一定程度上提高了政府部门的工作效率。

（5）人力资源储备

前期的政府信息化建设已经为电子政务的全面发展锻炼和储备了大量人才，如计算机技术人员、信息安全技术人员、网络技术人员及系统运行维护人员等。他们在信息资源开发、大型网络工程建设、信息安全基础设施建设、办公业务应用系统的开发、公众服务业务系统开发、工程实施与组织管理等方面都具有丰富的实践经验和很强的应用开发能力。

（6）信息安全基础设施为电子政务提供安全保障

经过一段时间的摸索与尝试，我国的电子政务已经取得了阶段性的成果，但现有的网络和安全环境一直不能有效满足我国电子政务一体化的总体规划和建设目标。前期所进行的信息基础设施建设中大量采用了国外的技术和产品，按照这种方式构筑的信息传输、交换和处理平台存在相当多的安全漏洞和隐患，在这样的平台上发展电子政务有比较严重的安全问题。现有的电子政务网络基础设施和系统安全解决方案大多是通过如防火墙、入侵检测、漏洞扫描、网络隔离等技术和设备来保障系统安全的。这种"保卫科"式的安全技术是必要的，而且在一定程度上可以保证信息系统的安全，但不能全面满足电子政务的安全需求，如信任与授权等。另外，各类安全设备往往构建于国外的硬件平台和操作系统之上，摆脱不了受限、受制、受控于人的被动局面，这对于我国电子政务的正常发展是非常不利的。

（7）软件技术有效支撑电子政务的发展

先进软件的软件技术已得到了长足发展，其中比较突出的先进软件有 Windows 操作系统、中间件技术、Web 技术等，这些技术构成先进软件的安全电子政务系统。采用安全 Web 的先进服务思想，应用 XML、.NET、Java 等技术，构筑跨平台、标准的先进软件的软件平台，可以为电子政务建设提供安全有效的支撑。

**4．我国电子政务发展的现状、问题及对策**

我国电子政务发展过程中出现的主要问题及应对措施如下：

（1）对电子政务缺乏理性认识

国内的一些电子政务方案非常宏观，功能、效益设计得非常大、非常全面，可是实际效果却不尽如人意，往往会出现巨大的电子政务投资和与之不相适应的、相对比较薄弱的电子政务应用之间的矛盾。这些总体性的框架建设，项目涉及面铺得很大，却事事做不深透。

之所以出现这种问题，在于我们对电子政务项目缺少恰当的定位，面面俱到的整体性方案是没有什么意义的。有效的做法是：选好一个最能取得应用效果的具体项目，做深、做透、做好配套的各个环节。一个项目成功了，再来扩展。

电子政务需要的是求真务实地推进。将电子政务目标定位低一点，项目选择小一点，不会有什么太大的损失，待有了能力后再扩展也不迟；相反，如果好高骛远、眼高手低，那将会非常危险。

（2）信息孤岛问题

由于我国电子政务是在各级政府、不同部门中分别进行的，没有统一的战略规划，各部门之间相互封闭，已建成的相当一部分电子政务系统模式不统一，这些独立的、异构的、封闭的系统使得彼此之间难以实现互联互通，从而成为一个个"信息孤岛"。

信息孤岛使得各部门之间的各种系统难以兼容，信息资源难以共享，相互封闭、互不相通，不仅浪费了大量的财力和时间，而且大量的信息资源不能充分发挥应有的作用。

缺乏电子政务统一标准，是产生这些"信息孤岛"的主要原因。国内外电子政务建设的实践证明，电子政务建设必须有标准化的支持，尤其要发挥标准化的导向作用，以确保其技术上的协调一致和整体效能的实现。标准化是电子政务建设的基础性工作，它将各个业务环节有机地连接起来，并为彼此间的协同工作提供技术准则。通过标准化的协调和优化功能，能保证电子政务建设少走弯路，提高效率，确保系统的安全可靠。统一标准是互联互通、信息共享和业务协同的基础。

一方面，国家通过出台宏观的电子政务标准化指南，来规范和统一现有的标准。但由于我国不同政府部门之间、各级政府之间、不同区域之间对电子政务的需求差别较大，在国家标准的宏观指导下，还应该制定地方标准和部门标准。另一方面，国家应鼓励具有一定技术实力的企业积极参与到标准的制定工作中来，为电子政务建设出力。在标准完善、改进和制定工作中，可以借鉴一些厂商开发的电子政务示范工程中的先进技术和规范，使之成为部门和地方标准的一部分。

总之，标准要为电子政务建设服务，电子政务建设要促进标准发展。

（3）数字鸿沟问题

数字鸿沟，一般也被称为信息富有者和信息贫困者之间的鸿沟。数字鸿沟是一个普遍性的世界现象，由于经济水平的差距和区域特色的不同，它广泛地存在于发达国家与发展中国家之间、发展中国家之间，以及一国的不同地区之间。我国也不例外，城乡差距明显，沿海和内地的地区差距显著，某些落后地区刚刚解决温饱问题，数字鸿沟就不可避免地出现了。

那么，我们怎样去跨越数字鸿沟呢？首先，政府部门要积极推动整体信息化建设，解决因为年龄、地域、经济条件等客观因素导致的数字鸿沟问题，信息化不仅要覆盖年轻人，更要覆盖中老年人及广大农民，尽力满足弱势群体对信息技术的需要。其次，加快电子社区建设，为广大公众提供廉价、便捷的上网平台。最后，应该利用多样化的手段去服务于公众。信息化的最终目标就是要让人民得到更快捷、满意的服务，因此基于不同的客观条件，网站、广播、电话等多种手段可以让公众自由选择，争取让所有人都可以享受到政府提供的服务。

（4）电子政务不能搞无米之炊

在国内电子政务建设中，"重开发，轻应用；重硬件，轻软件；重管理，轻服务"的现象比较普遍。尤其是重网络建设、轻政务信息资源的开发和应用的问题比较突出。我们发现，在一些政府网站上，只介绍政策法规、联络方式等静态信息，政府新闻发布占据主要地位。而表格下载，网上申请等为公众带来更多价值的在线服务寥寥无几，这会形成"有路无车"、"有车无货"、"有电子无政务"的尴尬局面。

为了实现电子政务建设的主要目标，我们要利用电子化手段，加快政务信息资源的开发、集成与整合，建立健全基础性、战略性的政务数据库。从一定意义上讲，充实实在的政务信息是电子政务成败的关键。否则，电子政务将会是无源之水、无本之木，不可能有持久的生命力。

电子政务系统本身庞大复杂，内容很多，我们在此不可能一一介绍。本书案例将主要针对它的核心功能，包括权限分配和工作流（管理和审批等）来展开介绍。

## 1.2　面向对象的开发及管理概述

信息化系统的建设虽然重要，但它并不是一项简单的工作。1995 年，美国斯坦迪申（Standish）咨询公司对美国 365 位信息技术高层经理人员管理的 8380 个项目进行调查研究，得到如下结论：

- 信息技术项目正处于一个混沌的状态；
- 平均成功率为 16%；
- 50% 的项目需要补救；
- 34% 的项目彻底失败；
- 平均超出时间为 222%；
- 实际成本是估计成本的 189%；

● 性能与功能只达到要求的 61%。

我们从中可以看到，大多数信息化建设项目是以失败告终的。这其中一个重要原因就是没有贯彻软件工程思想和面向对象的开发及管理等原理和方法。接下来我们介绍这些重要概念。

我们知道，软件工程是研究软件开发和管理的一门工程科学。这里一是强调开发，二是强调管理。当然，开发中有管理，管理是为了更好地开发。所以，开发和管理是相辅相成的两个方面。

关于现代软件工程研究的内容，至今没有统一的说法。可以认为，现代软件工程研究的内容涵盖了"软件开发模型、软件开发方法、软件支持过程、软件管理过程"4 个方面，如表 1-1 所示。

表 1-1　现代软件工程研究的内容

| 研究方面 | 具体内容 |
| --- | --- |
| 软件开发模型 | 瀑布模型、增量模型、迭代模型等 |
| 软件开发方法 | 面向过程的方法、面向对象的方法等 |
| 软件支持过程 | CASE 工具 Rational Rose、Power Designer 等 |
| 软件管理过程 | 配置及变更管理、CMM 软件过程管理、项目管理等 |

本书就是围绕这 4 个方面展开的。在软件开发模型方面，主要讲解目前最流行的一种迭代模型：RUP（Rational Unified Process）；在软件开发方法方面，主要讲解面向对象的方法；在软件支持过程方面，主要讲解 Rational Rose、Power Designer、MS Project 等工具；在软件管理过程方面，主要讲解软件配置及变更管理、CMM 软件过程管理、项目管理等。

首先我们了解一下面向对象的软件工程方法论。到目前为止，软件工程中常用的开发方法主要有两种：面向过程的方法和面向对象的方法。

### 1．面向过程的方法

面向过程的方法习惯上被称为传统的软件工程开发方法。面向过程的方法包括面向过程需求分析、面向过程设计、面向过程编程，面向过程测试、面向过程维护及面向过程管理。面向过程的方法又被称为结构化方法，习惯上叫做结构化分析、结构化设计、结构化编程、结构化测试、结构化维护。

面向过程的方法特点是：程序的基本执行过程主要不是由用户控制，而是由程序控制，并且按时序进行。面向过程的方法优点是简单实用，缺点是维护困难。

面向过程的方法开始于 20 世纪 60 年代，成熟于 70 年代，盛行于 80 年代。该方法的基本特点是强调"自顶向下、逐步求精"，编程实现时强调程序的"单入口和单出口"。这种方法在国内曾经十分流行，大量应用，非常普及。

对于软件行业来说，某一种方法论往往来自于某一类程序设计语言。面向过程的方法来自于 20 世纪 60～70 年代流行的面向过程的程序设计语言，如 ALGOL、Pascal、FORTRAN、COBOL.C 语言等，这些语言的特点是：用顺序、选择（if-then-else）、循环（do-while 或 do-until）这 3 种基本结构来组织程序编制，实现设计目标。

面向过程的方法已经不能适应目前软件项目的需要了，一种更好、更强大的软件工程开发方法是下面要介绍的面向对象的方法。

### 2．面向对象的方法

面向对象的方法被称为现代的软件工程开发方法。面向对象是认识论和方法学的一个基本原则。人对客观世界的认识和判断常采用由一般到特殊（演绎法）和由特殊到一般（归纳法）两种方法，这实际上是对认识判断的问题域对象进行分解和归类的过程。

面向对象的方法（Object-Oriented Method，OOM）是一种运用对象、类、消息传递、继承、封装、聚合、多态性等概念来构造软件系统的软件开发方法。

面向对象的方法包括面向对象需求分析、面向对象设计、面向对象编程、面向对象测试、面向对象维护、面向对象管理。面向对象，或者说面向类的方法开始于 20 世纪 80 年代，兴起于 90 年代，目前已经走向成熟，并且开始普及。面向对象的方法基本特点是：将对象的属性和方法（即数据和操作）封装起来，形成信息系统的基本执行单位，再利用对象的继承特征，由基本执行单位派生出其他执行单位，从而产生许多新的对象。众多的离散对象通过事件或消息连接起来，就形成了软件系统。

面向对象的方法优点是易于设计、开发和维护，缺点是较难掌握。

面向对象的方法来源于 20 世纪 80 年代初开始流行的面向对象的程序设计语言，如 Java、C++等。80 年代末，微软 Windows 操作系统的出现，使得它产生了爆炸性的效果，大大加速了它的发展进程。

面向对象的方法实质上是面向功能的方法在新形势下（由功能重用发展到代码重用）的回归与再现，是在一种高层次上（代码级）的新的面向功能的方法论，它设计的"基本功能对象（类或构件）"不仅包括属性（数据），而且包括与属性有关的功能（或方法），如增加、修改、移动、放大、缩小、删除、选择、计算、查找、排序、打开、关闭、存盘、显示和打印等；它不但将属性与功能融为一个整体，而且对象之间可以继承、派生及通信。因此，面向对象设计是一种新的、复杂的、动态的、高层次的面向功能设计。它的基本单元是对象，对象封装了与其有关的数据结构及相应层的处理方法，从而实现了由问题空间到解空间的映射。简而言之，面向对象的方法也是从功能入手的，将功能或方法当做分析、设计、实现的出发点和最终归宿。

业界流传的面向方面的方法、面向主体的方法和面向架构的方法，都是面向对象的方法的具体应用。

本书主要以电子政务理论和实践为例，介绍面向对象的开发和管理。我们首先介绍一些 IT 项目开发的背景知识。

# 第 2 章 IT 项目开发流程与 UML 概述

## 2.1 项目开发流程

项目开发并不是一个简单的过程，我们需要遵循一些开发流程。一个项目的开发会被分成很多步骤来实现，每一个步骤都有自己的起点和终点。也正如此，使得开发过程中的每个步骤起点和终点在不同的软件项目中出现不同难度的"坎"，使其难于达到该步骤开始或终结的条件，开发过程也就不会一帆风顺。

不同的开发模式其实就是将步骤的起点和终点重新定义，甚至重新组合排列。虽然任何一个开发模式最终目的都是完成软件项目的开发，但期间所经历的过程不一样，过程步骤之间的起点和终点的定义不同，所带来的"坎"也就不一样，项目周期自然各不相同。因此，根据软件项目的实际情况，选择一个适合的开发模式能减少开发周期中"坎"的出现次数与难度，可以很大程度地缩短开发周期。

我们首先了解一下传统瀑布式开发流程，如图 2-1 所示。

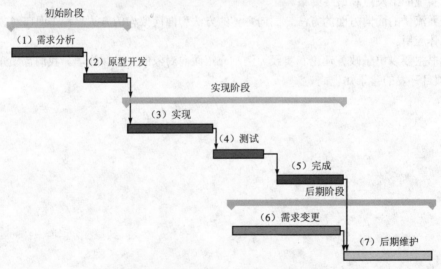

图 2-1 瀑布式（Waterfall）开发流程

瀑布模型是由 W.W.Royce 在 1970 年首先提出的软件开发模型，在瀑布模型中，开发被认为是按照需求分析、设计、实现、测试（确认）、集成和维护坚定而顺畅地进行的。线性模型太理想化、太单纯，以至于很多人认为瀑布模型已不再适合现代的软件开发模式，几乎被业界抛弃。

这里向大家推荐的是统一开发流程 RUP（Rational Unified Process），它是目前最流行的一套项目开发流程模式，其基本特征是通过多次迭代完成一个项目的开发，每次迭代都会带来项目整体的递增，如图 2-2 所示。

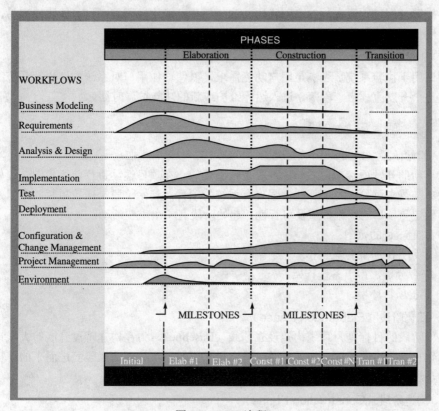

图 2-2 RUP 流程

从纵向来看，项目的生命周期或工作流包括项目需求分析、系统分析和设计、实现、测试和维护。从横向来看，项目开发可以分为 4 个阶段：起始（Inception）、细化（Elaboration）、建造（Construction）和移交（Transition）。每个阶段都包括一次或者多次的迭代，在每次迭代中，根据不同的要求或工作流（如需求、分析和设计等）投入不同的工作量。也就是说，在不同阶段的每次迭代中，生命周期的每个步骤是同步进行的，但权重不同。这是与传统瀑布式开发流程区别最大的地方。

## 2.1.1 项目生命周期

### 1. 需求分析

需求分析阶段的活动包括定义潜在的角色（角色指使用系统的人，以及与系统相互作用的软、硬件环境）、识别问题域中的对象和关系，以及基于需求规范说明和角色的需要发现用例（Use Case）和详细描述用例。

### 2. 系统分析和设计

系统分析阶段是基于问题和用户需求的描述，建立现实世界的计算机实现模型。系统设计是结合问题域的知识和目标系统的体系结构（求解域），将目标系统分解为子系统；之后基于分析模型添加细节，完成系统设计。

### 3．实现

实现又称编码或开发阶段，也就是将设计转换为特定的编程语言或硬件，同时保持先进性、灵活性和可扩展性。在这个阶段，设计阶段的类被转换为使用面向对象编程语言编制（不推荐使用过程语言）的实际代码。这一任务可能比较困难，也可能比较容易，主要取决于所使用的编程语言本身的能力。

### 4．测试和维护

测试用于检验系统是否满足用户功能需求，以便增加用户对系统的信心。系统经过测试后，整个开发流程告一段落，进入运行维护或新的功能扩展时期。

## 2.1.2　项目开发阶段

### 1．起始阶段（Inception Phase）

对于新的开发项目来说，起始阶段是很重要的。在项目继续进行前，我们必须处理重要的业务与需求风险。对于那些增强现有系统的项目，起始阶段是比较短暂的，但是其目的仍是确定该项目的实施价值及可行性。起始阶段有 4 个重要活动：
- 制定项目的范围；
- 计划并准备业务案例；
- 综合分析，得出备选构架；
- 准备项目环境。

### 2．细化阶段（Elaboration Phase）

细化阶段的目标是为系统构架设立基线（Baseline），为在构建阶段开展的大量设计与实施工作打下坚实的基础。构架是通过考虑最重要的需求与评估风险演进而来的，构架的稳定性是通过一个或多个构架原型（Prototype）进行评估的。

### 3．构建阶段（Construction Phase）

构建阶段的目标是完成系统开发。构建阶段从某种意义上来看是一个制造过程，其中，重点工作就是管理资源、控制操作，以优化成本、日程和质量。因此，在此阶段，管理理念应该进行一个转换，从起始阶段和细化阶段的知识产品开发转换到构建和交付阶段的部署产品的开发。

构建阶段的每次迭代都具有 3 个关键活动。
- 管理资源与控制过程；
- 开发与测试组件；
- 对迭代进行评估。

### 4．交付阶段（Transition Phase）

交付阶段的焦点就是确保软件对于最终用户是可用的。交付阶段包括为发布应用而进行的产品测试，在用户反馈的基础上做微小的调整等内容。在生命周期的这个时刻，用户反馈主要集中在精确调整产品、配置、安装及可用性等问题上。

交付阶段的关键活动如下：
- 确定最终用户支持资料；
- 在用户的环境中测试可交付的产品；
- 基于用户反馈精确调整产品；
- 向最终用户交付最终产品。

最后，作为补充，再简单介绍一种新的开发流程：敏捷开发和极限编程。

2001 年，为了解决许多公司的软件团队陷入不断增长的过程泥潭的问题，一批业界专家一起概括出了一些可以让软件开发团队具有快速工作、响应变化能力的价值观和原则，他们称自己为敏捷联盟。敏捷开发过程的方法有很多，主要有 SCRUM、Crystal、特征驱动软件开发（Feature Driven Development，FDD）、自适应软件开发（Adaptive Software Development，ASD），以及最重要的极限编程（eXtreme Programming，XP）。

极限编程是一套能快速开发高质量软件所需的价值观、原则和活动的集合，使软件能以尽可能快的速度开发出来并向客户提供最高的效益。XP 在很多方面都和传统意义上的软件工程不同，同时，它也和传统的管理和项目计划的方法不同。这些方法在软件工程和其他管理活动中都有借鉴意义。

XP 具有 12 个过程，只有完全使用 12 个过程才是真正使用了 XP，只是简单地使用了其中的一个过程并不代表使用了 XP。XP 的 12 个过程如下：

- 现场客户（On-site Customer）
- 计划博弈（Planning Game）
- 系统隐喻（System Design）
- 简化设计（Simple Design）
- 集体拥有代码（Collective Code Ownership）
- 结对编程（Pair Programming）
- 测试驱动（Test-driver）
- 小型发布（Small Release）
- 重构（Refactoring）
- 持续集成（Continous Integration）
- 每周 40 小时工作制（40-hour Weeks）
- 代码规范（Coding Standards）

下面是极限编程的有效实践。

- 完整团队 XP 项目的所有参与者（开发人员、客户、测试人员等）一起工作在一个开放的场所中，他们是同一个团队的成员。这个场所的墙壁上随意悬挂着大幅的、显著的图表，以及其他一些显示进度的东西。
- 计划博弈是持续的、循序渐进的。每 2 周，开发人员就为下 2 周估算候选特性的成本，而客户则根据成本和商务价值来选择要实现的特性。
- 客户测试作为选择每个所期望特性的一部分，客户可以根据脚本语言来定义出自动验收测试来表明该特性可以工作。
- 简单设计团队保持设计恰好和当前的系统功能相匹配。它通过了所有的测试，不包含任何重复，表达出了编写者想表达的所有东西，并且包含尽可能少的代码。
- 结对编程：所有的产品软件都是由两个程序员并排坐在一起在同一台机器上构建的。
- 测试驱动开发：编写单元测试是一个验证行为，更是一个设计行为。同样，它更是一种编写文档的行为。编写单元测试避免了相当数量的反馈循环，尤其是功能验证方面的反馈循环。程序员以非常短的循环周期工作，他们先增加一个失败的测试，然后使之通过。

- 改进设计随时利用重构方法改进已经腐化的代码，保持代码尽可能的干净，具有表达力。
- 持续集成团队总是使系统完整地被集成。一个人拆入（Check in）后，其他所有人负责代码集成。
- 集体拥有代码：任何结对的程序员都可以在任何时候改进任何代码。没有程序员对任何一个特定的模块或技术单独负责，每个人都可以参与任何其他方面的开发。
- 编码标准系统中所有的代码看起来就好像是由一人单独编写的。
- 系统隐喻：将整个系统联系在一起的全局视图，它是系统的未来影像，使得所有单独模块的位置和外观变得明显、直观。如果模块的外观与整个隐喻不符，那么就会知道该模块是错误的。
- 可持续的速度团队只有持久才有获胜的希望。他们以能够长期维持的速度努力工作，保存精力，把项目看作是马拉松长跑，而不是全速短跑。

极限编程是一组简单、具体的实践，这些实践结合在一起形成了一个敏捷开发过程。极限编程是一种优良的、通用的软件开发方法，项目团队可以拿来直接采用，也可以增加一些实践，或者对其中的一些实践进行修改后再采用。

## 2.2　UML 概述

UML（Unified Modeling Language）是实现项目开发流程的一个重要工具。它是一套可视化建模语言，由各种图来表达。图就是用来显示各种模型元素符号的实际图形，这些元素经过特定的排列组合来阐明系统的某个特定部分或方面。一般来说，一个系统模型拥有多个不同类型的图。一个图是某个特定视图的一部分。通常，图是被分配给视图来绘制的。另外，根据图中显示的内容，某些图可以是多个不同视图的组成部分。

### 2.2.1　UML 图

UML 图具体分为静态模型和动态模型两大类。其中静态模型包括：

- 用例图（Use Case Diagram）
- 类图（Class Diagram）
- 对象图（Object Diagram）
- 组件图（Component Diagram）
- 部署图（Deployment Diagram）

动态模型包括：

- 序列图（Sequence Diagram）
- 协作图（Collaboration Diagram）
- 状态图（State Diagram）
- 活动图（Activity Diagram）

具体见表 2-1。

表 2-1　UML 分类

| 名　　称 | 定　　义 | 性　　质 |
| --- | --- | --- |
| 用例图（Use Case Diagram） | 一种行为图，显示一组用例、参与者及它们的　关系 | 静态图，表示行为 |
| 类图（Class Diagram） | 一种结构图，显示一组类、接口、协作及它们的　关系 | 静态图，表示结构 |

续表

| 名　　称 | 定　　义 | 性　　质 |
|---|---|---|
| 对象图（Object Diagram） | 一种结构图，显示一组对象及它们的关系 | 静态图，表示结构 |
| 组件图（Component Diagram） | 一种结构图，显示一组组件及它们的关系 | 静态图，表示结构 |
| 部署图（Deployment Diagram） | 一种结构图，显示一组节点及它们的关系 | 静态图，表示结构 |
| 序列图（Sequence Diagram） | 一种行为图，显示一个交互，强调消息的时间　排序 | 动态图，表示行为 |
| 协作图（Collaboration Diagram） | 一种行为图，显示一个交互，强调消息发送和接收对象的结构组织 | 动态图，表示行为 |
| 状态图（State Diagram） | 一种行为图，强调一个对象按事件排序的行为，即从状态到状态的控制流，或从事件到事件的控制流 | 动态图，表示行为 |
| 活动图（Activity Diagram） | 一种行为图，强调从活动到活动的流动，本质上是一种流动图 | 动态图，表示行为 |

### 1．用例图

用例图（Use Case Diagram）显示多个外部参与者，以及它们与系统之间的交互和连接，如图 2-3 所示。一个用例是对系统提供的某个功能（该系统的一个特定用法）的描述。虽然实际的用例通常用普通文本来描述，但是也可以利用一个活动图来描述用例。用例仅仅描述系统参与者从外部通过对系统的观察而得到的那些功能，并不描述这些功能在系统内部是如何实现的。也就是说，用例定义系统的功能需求。

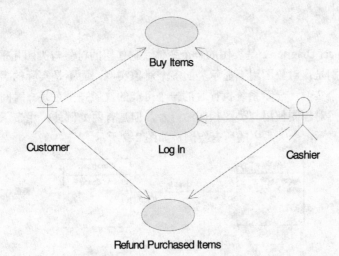

图 2-3　一个超市系统的用例图

### 2．类图

类图（Class Diagram）用来显示系统中各个类的静态结构，如图 2-4 所示。类代表系统内处理的事物。这些类可以以多种方式相互连接在一起，包括关联（类互相连接）、依赖（一个类依赖/使用另一个类）、特殊化（一个类是另一个类的特化）或者打包（多个类组合为一个单元）。所有的这些关系连同每个类的内部结构都显示在类图中。其中，一个类的内部结构是用该类的属性和操作表示的。因为类图所描述的结构在系统生命周期的任何一处都是有效的，所以通常认为类图是静态的。

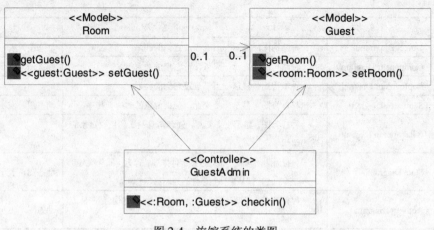

图 2-4　旅馆系统的类图

我们常常会使用特殊化（Specialize）、一般化（Generalize）、特化（Specialization）和泛化（Generalization）这几个术语来描述两个类之间的关系。例如，对于一个类 A（即父类）派生出另一个类 B（即子类）这样一个过程，也常常这样描述：类 A 可以特殊化为类 B，而类 B 可以一般化为类 A；或者类 A 是类 B 的泛化，而类 B 是类 A 的特化。

一个系统一般都有多个类图——并不是所有的类都放在一个类图中，并且一个类可以参与到多个类图中。

### 3．对象图

对象图（Object Diagram）是类图的一个变体，它使用的符号与类图几乎一样。对象图和类图之间的区别是：对象图用于显示类的多个对象实例，而不是实际的类。所以，对象图就是类图的一个实例，显示系统执行时的一个可能的快照——在某一时间点上系统可能呈现的样子。虽然对象图使用与类图相同的符号，但是有两处例外：用带下画线的对象名称来表示对象和显示一个关系中的所有实例，如图 2-5 所示。

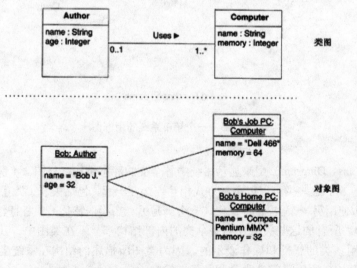

图 2-5　显示类的类图和显示类的实例的对象图

虽然对象图没有类图那么重要，但是它们可以用于为一个复杂类图提供示例，以显示实际和关系可能的样子。另外，对象图也可被作为协作图的一部分，用于显示一群对象之间的动态协作关系。

### 4. 组件图

组件图是用代码组件来显示代码物理结构的。其中，组件可以是源代码组件、二进制组件或一个可执行的组件。因为一个组件包含它所实现的一个或多个逻辑类的相关信息，于是就创建了一个从逻辑视图到组件视图的映射。根据组件图中显示的那些组件之间的依赖关系，可以很容易地分析出其中某个组件的变化将会对其他组件产生什么样的影响。另外，组件也可以用它们输出的任意接口来表示，并且它们可以被聚集在包内。一般来说，组件图用于实际的编程工作中，如图 2-6 所示。

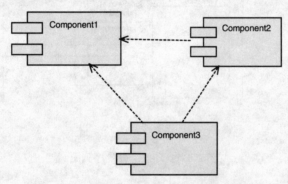

图 2-6　显示代码组件之间依赖关系的组件图

### 5. 部署图

部署图（Deployment Diagram）用于显示系统中的硬件和软件的物理结构。这些部署图可以显示实际的计算机和设备（节点），同时还有它们之间的必要连接，也可以显示这些连接的类型，如图 2-7 所示。在图中显示的那些节点内，已经分配了可执行的组件和对象，以显示这些软件单元分别在哪个节点上运行。另外，部署图也可以显示组件之间的依赖关系。

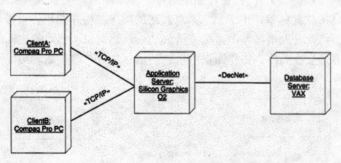

图 2-7　系统物理结构的部署图

正如前面所说的那样，显示部署视图的部署图描述系统的实际物理结构，这与用例视图的功能描述完全不同。但是，对于一个明确定义的模型来说，可以实现从头到尾的完整导航：从物理结构中的一个节点导航到分配给该节点的组件，再到该组件实现的类，接着到该类的对象参与的交互，最终到达用例。系统的不同视图在总体上给系统一个一致的描述。

## 6．序列图

序列图（Sequence Diagram，又叫顺序图、时序图）显示多个对象之间的动态协作，如图 2-8 所示。序列图重点是显示对象之间发送消息的时间顺序。它也显示对象之间的交互，也就是在系统执行时，某个指定时间点将发生的事情。序列图由多个用垂直线显示的对象组成，图 2-8 中时间从上到下推移，并且序列图显示对象之间随着时间的推移而交换的消息或函数。消息是用带消息箭头的直线表示的，并且它位于垂直对象线之间。时间说明及其他注释放到一个脚本中，并将其放置在顺序图的页边空白处。

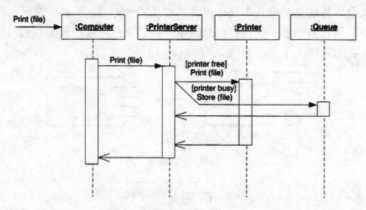

图 2-8　打印服务器的序列图

## 7．协作图

协作图（Collaboration Diagram）像顺序图一样显示动态协作。为了显示一个协作，通常需要在顺序图和协作图之间做选择。除了显示消息的交换（称之为交互）以外，协作图也显示对象及它们之间的关系（上下文）。通常，选择序列图还是协作图的决定条件是：如果时间或顺序是需要重点强调的方面，那么选择序列图；如果上下文是需要重点强调的方面，那么选择协作图。序列图和协作图都用于显示对象之间的交互。

协作图可当做一个对象图来绘制，它显示多个对象及它们之间的关系（利用类/对象图中的符号来绘制），如图 2-9 所示。协作图中对象之间绘制的箭头显示对象之间的消息流向。图 2-9 中的消息上放置标签，用于显示消息发送的顺序。协作图也可以显示条件、迭代和返回值等信息。当开发人员熟悉消息标签语法之后，就可以读懂对象之间的协作，以及跟踪执行流程和消息交换顺序。协作图也可以包括活动对象，这些活动对象可以与其他活动对象并发地执行。

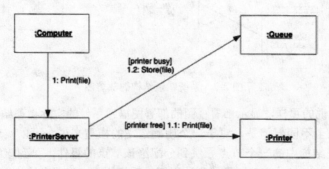

图 2-9　打印服务器的协作图

### 8. 状态图

一般来说，状态图（State Diagram）是对类的描述的补充。它用于显示类的对象可能具备的所有状态，以及那些引起状态改变的事件，如图 2-10 所示。对象的一个事件可以是另一个对象向其发送的消息，例如到了某个指定的时刻，或者已经满足了某条件。状态的变化称之为转换（Transition）。一个转换也可以有一个与之相连的动作，后者用以指定完成该状态转换应该执行的操作。

在实际建模时，并不需要为所有的类都绘制状态图，仅对那些具有多个明确状态的类，并且类的这些不同状态会影响和改变类的行为才绘制类的状态图。另外，也可以为系统绘制整体状态图。

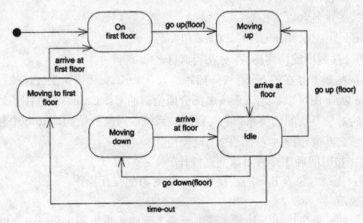

图 2-10　电梯系统的状态图

### 9. 活动图

活动图（Activity Diagram）用于显示一系列顺序的活动，如图 2-11 所示。尽管活动图也可以用于描述像用例或交互这类的活动流程，但是一般来说，它主要还是用于描述在一个操作内执行的那些活动。活动图由多个动作状态组成，后者包含将被执行的活动（即一个动作）的规格说明。当动作完成后，动作状态将会改变，转换为一个新的状态（在状态图内，状态在进行转换之前需要标明显式的事件）。于是，控制就在这些互相连接的动作状态之间流动。同时，在活动图中也可以显示决策和条件，以及动作状态的并发执行。另外，活动图也可以包含那些被发送或接收的消息的规格说明，这些消息是被执行动作的一部分。

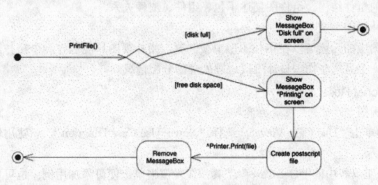

图 2-11　打印服务器的活动图

## 2.2.2　Rational Rose 工具及使用

### 1. Rational Rose 工具简介

在使用 UML 进行面向对象分析设计工作中，我们常常使用一些工具。Rational Rose 就是这样一种 UML 建模工具，它可以提供建立、修改和操作 Rose 视图的功能。Rose 运行环境为 Windows NT、Windows 95、UNIX（Solaris、HP/UX、AIX、DEC Unix），Rose 支持 Unified、Booch、OMT 标记法。

在 Rose 中有 4 种视图，分别是 Use Case 视图、逻辑视图、组件视图和拓扑视图。

（1）Use Case 视图

Use Case 视图中包含以下图形：

① Use Case 图：包、actors、Use Case 和关系。

② 交互图（序列图或协同图）：对象和消息。

Use Case 图描述了存在的 actors（外部系统）、Use Case（该系统应该执行什么）及它们的关系。Use Case 图可以描述该系统中部分或全部的 Use Case。交互图描述了系统在逻辑设计中存在的对象及其间的关系，它可以代表系统中对象的结构。Rose 中包含两种交互图，它们对同一交互操作提供了不同的浏览视角。

- 序列图：按时间顺序排列对象交互操作。
- 协作图：围绕对象及其间的连接关系组织对象的交互操作。

（2）逻辑视图

逻辑视图中的元素可以用一种或多种图形来表示。逻辑视图中可以包含以下图形：

① 类图：包、类和类的关系。

② 状态图：状态、事件和转换关系。

类图是描述系统的静态视图，它描述了系统逻辑设计中存在的包、类及它们的关系。类图可以代表该系统中部分或全部的类结构，在模型中有一些典型的类图。

状态图描述了给定类的状态转换空间；导致状态转换的事件；导致状态改变的动作。

（3）组件视图

组件视图中的元素可以在一个或多个组件图中被浏览。

组件图描述了在系统物理设计中组件中类和对象的分配情况，组件图可以代表系统中部分或全部的组件结构。组件图描述了包、组件、依赖关系。

（4）拓扑视图

拓扑视图中的元素可以在拓扑图形中被浏览，拓扑视图只能包含一个拓扑图形。拓扑视图描述了一个系统在物理设计阶段进程处理的分配情况。

### 2. Rational Rose 的使用

（1）用例图

① 右键单击"Use Case View"，选择"New→Use Case Diagram"，新建用例图视窗，如图 2-12 所示。

② 单击工具栏中的"Use Case"工具，在视窗中单击便可添加用例；也可以右键单击"Use Case View"，选择"New→Use Case"添加用例，然后按住左键将添加的用例拖入视窗中使用（见图 2-13）。

图 2-12　选择"New→Use Case Diagram"　　　　图 2-13　选择"New→Use Case"

③ 双击用例或者右键单击用例，选择"Open Specification...."（见图 2-14），设置用例属性，如图 2-15 所示。

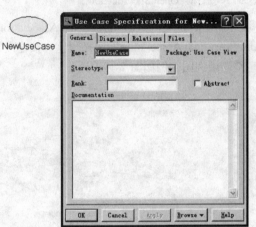

图 2-14　选择"Open Specification…"　　　　图 2-15　设置用例属性

④ 单击工具栏上的"Actor"工具，在视窗中单击便可添加角色；也可以右键单击"Use Case View"，选择"New→Actor"添加角色，然后按住左键将添加的角色拖入视窗中使用（见图 2-16）。

图 2-16　选择"New→Actor"

⑤ 双击角色或右键单击角色，选择"Open Specification...."（见图 2-17），设置角色属性，如图 2-18 所示。

25

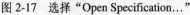

图 2-17　选择"Open Specification…"　　　　图 2-18　设置角色属性

⑥ 使用工具栏上的"Unidirectional Association"工具添加角色与用例之间的关联。单击"Unidirectional Association"选择角色，按住左键拖向该角色应有的用例。

完整的用例图实例如图 2-19 所示。

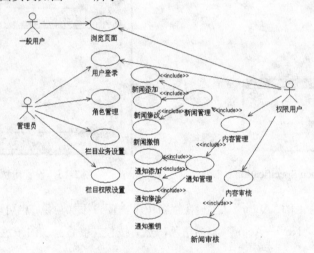

图 2-19　完整的用例图实例

（2）类图

① 右键单击"Use Case View"，选择"New→Class Diagram"新建类图视窗，如图 2-20 所示。

图 2-20　选择"New→Class Diagram"

② 单击工具栏上的 "Class" 工具，在视窗中单击便可添加类；也可以右键单击 "Use Case View"，选择 "New→Class" 添加类，然后按住左键将添加的类拖入视窗中使用，如图 2-21 所示。

图 2-21　选择 "New→Class"

③ 双击类或右键单击类，选择 "Open Specification...."（见图 2-22），向该类中添加方法和属性，如图 2-23 所示。

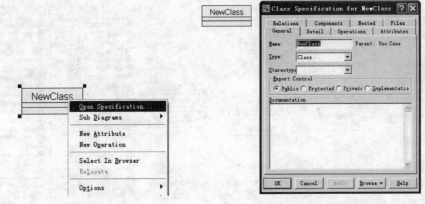

图 2-22　选择 "Open Specification..."　　　　图 2-23　向类中添加方法和属性

④ 单击工具栏上的 "Interface" 工具添加接口。

⑤ 双击接口或右键单击接口，选择 "Open Specification...."（见图 2-24），向该接口中添加方法，如图 2-25 所示。

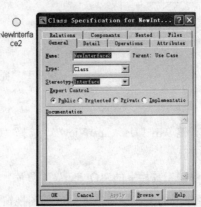

图 2-24　选择 "Open Specification..."　　　　图 2-25　向接口中添加方法

⑥ 添加类的继承关系和接口的实现（见图 2-26）。用"Generalization"工具描述类的继承，用"Realize"工具描述接口的实现，用"Dependency or instantiates"工具描述依赖。

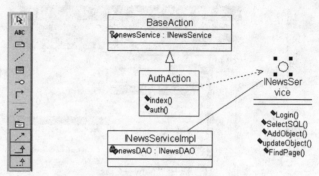

图 2-26　添加类的继承关系和接口的实现

完整的类图实例如图 2-27 所示。

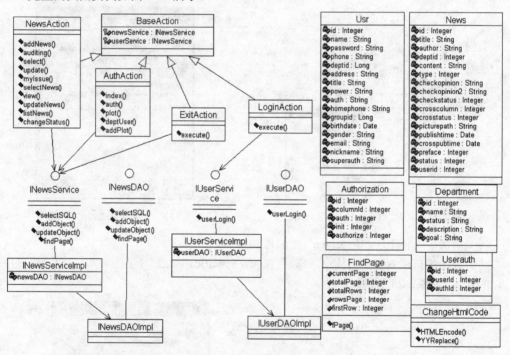

图 2-27　完整的类图实例

（3）序列图

① 右键单击"Use Case View"，选择"New→Sequence Diagram"新建序列图视窗，如图 2-28 所示。

② 单击工具栏上的"Object"工具添加对象，双击选择对应类或接口；也可以按住左键把已经生成的类和接口拖入到序列图视窗中使用，如图 2-29 所示。

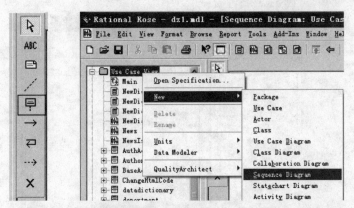

图 2-28　选择"New→Sequence Diagram"

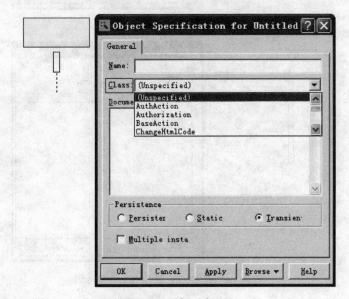

图 2-29　添加对象

③ 用工具栏中的"Object Message"工具表示执行顺序，用工具栏中的"Return Message"工具表示返回，如图 2-30 所示。

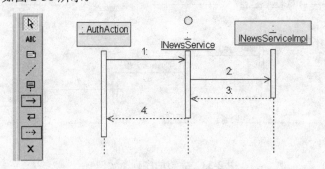

图 2-30　添加执行顺序和返回

④ 双击 Object Message 和 Return Message 添加说明，如图 2-31 和图 3-32 所示。

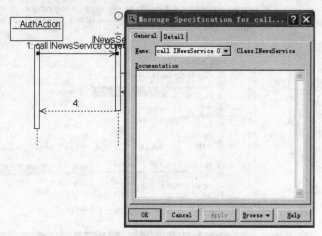

图 2-31　为 Object Message 添加说明

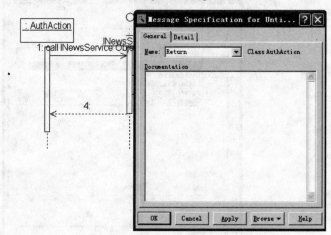

图 2-32　为 Return Message 添加说明

完整的序列图实例如图 2-33 所示。

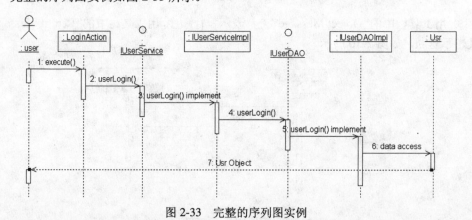

图 2-33　完整的序列图实例

在本书后面的内容中，我们会使用 Rose 工具和 UML 图来进行需求分析和系统分析设计等工作。

# 第二篇

# 面向对象的项目开发

　　本篇围绕电子政务系统案例，讲解面向对象的项目开发流程，包括需求分析、系统分析和设计、软件实现、测试和部署等环节。

# 第 3 章　软件需求分析

## 3.1　软件需求分析概述

　　需求分析是整个项目开发流程的第一个环节，它是在用户和软件开发组之间建立对用户的共同理解，由软件开发组进行分析、精化并详细描述后，按文档规范编写出《软件需求规格说明书》（Software Requirement Specification,SRS）的过程。

　　软件需求分析特别重要。在软件工程的历史中，很长时间里人们一直认为需求分析是整个软件工程中的一个简单步骤，但在过去十多年中越来越多的人认识到它是整个过程中最关键的一个过程。只有通过软件需求分析，才能把软件功能和性能的总体概念描述为具体的软件需求规格说明，从而奠定软件开发的基础。许多大型应用系统的失败，最后均归结到需求分析的失败：要么获取需求的方法不当，使得需求分析不到位或不彻底，导致开发者反复多次地进行需求分析，致使设计、编码、测试无法顺利进行；要么客户配合不好，导致客户对需求不确认，或客户需求不断变化，同样致使设计、编码、测试无法顺利进行。

　　需求分析是一项重要的工作，也是最困难的工作。该阶段工作具有以下特点：

　　（1）用户与开发人员很难进行交流

　　在软件生命周期中，其他 4 个阶段都是面向软件技术方面的，只有本阶段是面向用户的。需求分析是对用户的业务活动进行分析，以便明确在用户的业务环境中软件系统应该"做什么"。但是在开始时，开发人员和用户双方都不能准确地提出系统要"做什么"，因为软件开发人员不是用户问题领域的专家，不熟悉用户的业务活动和业务环境，又不可能在短期内搞清楚；而用户不熟悉计算机应用的有关问题。由于双方互相不了解对方的工作，又缺乏共同语言，所以在交流时存在着隔阂。

　　（2）用户的需求是动态变化的

　　对于一个大型而复杂的软件系统，用户很难精确、完整地提出它的功能和性能要求。一开始只能提出一个大概、模糊的功能，只有经过长时间的反复认识才逐步明确。有时进入到设计、编程阶段才能明确，更有甚者，到开发后期还在提新的要求。这无疑给软件开发带来困难。

　　（3）系统变更的代价呈非线性增长

　　需求分析是软件开发的基础。假定在该阶段发现一个错误，解决它需要用一个小时的时间，到设计、编程、测试和维护阶段解决，则要花费 2.5、5、25 甚至 100 倍的时间。

## 3.2　软件需求分析过程

### 3.2.1　什么是软件需求

从根本上讲，软件需求就是为了解决现实世界中的特定问题，软件必须展现的属性。

软件需求包括两部分：功能性需求和非功能性需求。虽然功能性需求是对软件系统的一项基本需求，但却并不是唯一的需求。除功能性需求外，软件质量属性的特性，称为系统的非功能性需求。这些特性包括：系统的易用性、执行速度、可靠性，处理异常情况的能力与方式等。在决定系统的成功或失败的因素中，满足非功能性需求往往比满足功能性需求更为重要。软件需求的组成关系见图 3-1。

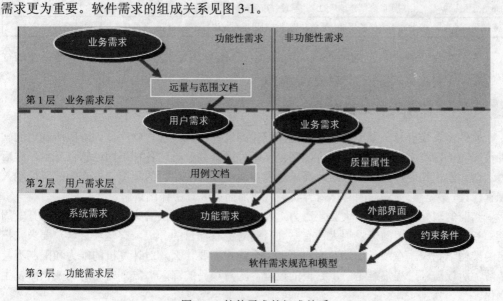

图 3-1　软件需求的组成关系

软件需求的属性包括可验证性、优先级、唯一性和定量化。

（1）可验证性

可验证性是软件需求的基本属性。软件需求必须是可验证的，否则软件的评审和测试就没有相应的依据。

（2）优先性

软件需求具有优先级，应该能够在有限的资源（资金、人员、技术）情况下进行取舍。

（3）唯一性

软件需求应唯一地标识出来，以便在软件配置管理和整个软件生命周期中进行管理。

（4）定量化

软件需求应尽可能地表述清楚，没有二义性，进行适当的量化，应避免含糊、无法测试、无法验证的需求出现。软件质量的可靠性和用户界面的友好性等非功能性需求的量化尤为重要。例如，系统应支持 2000 个并发用户，系统回应时间应低于 10 秒，这就是需求的量化。

### 3.2.2　需求过程中的角色

需求过程涉及各种角色的人员。需求人员应协调软件开发人员和各领域内的专家共同完成需求过程。软件的涉众（牵涉到的角色）随项目的不同而不同，但至少包括用户（操作人员）和客户。典型的需求过程中的角色如表 3-1 所示。

表 3-1　需求过程中的角色

| 角色名称 | 描　　述 |
| --- | --- |
| 用户 | 指直接操作软件的人员，他们通常具有不同的业务角色，具有不同的业务需求 |
| 客户 | 指软件开发的委托方或软件市场的目标客户 |
| 市场分析人员 | 对于没有具体客户的通用软件，市场分析人员将提供市场需要，并对实际客户进行模拟 |
| 系统分析师 | 对于类似的项目，系统分析师将对以前系统进行评估，判断是否存在重用的可能 |

对于涉众的各种需求通常很难完全满足，系统分析师应根据预算、技术等条件进行取舍。

### 3.2.3　需求过程的迭代

软件需求分析是一个不断认识和逐步细化的过程。该过程将软件计划阶段所确定的软件范围（工作范围）逐步细化到可详细定义的程度，并分析出各种不同的软件元素，然后为这些元素找到可行的解决办法。需求过程要适应客户和项目的环境，并作为配置项纳入配置管理。关于配置管理的具体内容我们将在后面第 8 章中详细讲解。

当前的软件业面临着巨大竞争压力，要求软件企业有更低的构建成本和更短的开发周期。有些项目受环境的影响很大，有些项目是对原有项目的升级，有些项目客户要求在指定的架构下完成。在项目初期，客户不能完全确定需要什么，对计算机的能力和限制不甚了解，所以需求过程很难是一步到位的过程。随着项目的深入，需求将随时间变化而发生变化。

因此，需求过程是一个迭代的过程，每次迭代都提供更高质量和更详细的软件需求。这种迭代会给项目带来一定的风险，上一次迭代的设计实现可能会因为需求不足而被推翻。但是，系统分析师应根据项目计划，在给定的资源条件下得到尽可能高质量的需求。

在很多情况下，对需求的理解会随着设计和实现的过程而不断深入，这也会导致在软件生命周期的后期重新修订软件需求。原因可能来自于错误的分析、客户环境和业务流程的改变、市场趋势的变化等。无论什么原因，系统分析师应认识到需求变化的必然性，并采取相应的措施减少需求变更对软件系统的影响。进行变更的需求必须经过仔细的需求评审、需求跟踪和比较分析后才能实施。

### 3.2.4　需求来源

理解问题域的第一步是提取需求，即确定需求的来源，识别软件的涉众，确立开发团队与客户间的关系。提取需求时，要求用户与开发人员之间保持良好的沟通。

软件的需求来源很多，我们要尽可能多地识别显式的来源和潜在的来源，并评估这些来源对系统的影响。典型的来源包括以下 5 种。

（1）系统目的

系统目的是指软件的整体目的或高层的目标。这是进行软件开发的动机，但它们通常表达比较模糊。系统分析师需要仔细地评估这些目标的价值和成本，对系统的整体目标进行可行性研究。

（2）行业知识

系统分析师需要获取业务领域内的相关知识。因为涉众对于通用的行业知识会一概而过，一些行业惯例需要系统分析师根据环境进行推断。当需求发生矛盾时，系统分析师可以利用行业知识对各种需求进行权衡。

（3）软件涉众

应充分考虑不同软件涉众的需求，如果只强调某一角色的需求，忽略其他角色的需求，往往将导致软件系统的失败。系统分析师应从不同涉众的角度去识别、表述他们的需求。用户的文化差异、客户的组织结构，常常会是系统难以正常实施的原因。

（4）运行环境

软件的运行环境包括地域限制、实时性要求和网络性能等。系统的可行性和软件架构都依赖于这些环境需求。

（5）组织环境

软件作为一个组织的业务流程支持工具，受到组织结构、企业文化和内部政策的影响。软件的需求也与组织结构、企业文化和内部政策有关。

## 3.2.5　需求获取方法

常用的需求获取方法有：

（1）实地参加

通过亲身参加业务工作来了解业务活动的情况。这种方法可以比较准确地理解用户的需求，但比较耗费时间。

（2）开调查会

通过与用户座谈来了解业务活动情况及用户需求。座谈时，参加者之间可以相互启发。

（3）请专人介绍

（4）面谈

对某些调查中的问题，可以找专人询问。

（5）设计调查表请用户填写

如果调查表设计得合理，这种方法是很有效的，也很易于被用户接受。

（6）查阅记录

查阅与原系统有关的数据记录，包括原始单据、账簿、报表等。

通过调查了解获取了用户需求后，还需要进一步分析和表达用户的需求。

## 3.2.6　软件需求表达

如何有效地表达软件需求？我们这里建议使用用例建模技术。用例建模技术是十多年来最重要的需求分析技术，在保障全球各类软件的成功开发中发挥了极其重要的作用。实践证明，用例技术是迄今为止最为深刻、准确和有效的系统功能需求描述方法。功能需求是指系统输入到输出的映射，以及它们的不同组合，任何功能必然要通过外部环境与系统之间的交互才能完成，因此，我们可以在内容和形式上把用例和系统的功能需求等同起来。

用例建模技术不同于结构化功能分解的特点有：

（1）显式地表达用户的任务目标层次，突出系统行为与用户利益间的关系。

（2）通过描述执行实例情节（交互行为序列、正常/非正常事件流），能够完整地反映软件系统用以支持特定功能的行为。

（3）以契约（前/后置条件等）的形式突出了用户和系统之间常常被忽略的背后关系。

（4）部署约束等非功能需求与系统行为直接绑定，能够更准确地表达此类需求。

基于用例的需求表达体系如图 3-2 所示。

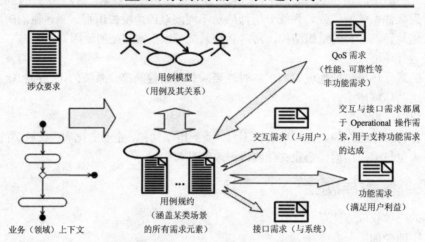

图 3-2　基于用例的需求表达体系

### 1. 用例图

（1）用例图概述

用例建模技术离不开用例图。在 UML 中，用例图又叫做用况图，有时又称为 Use Case 图。它用于定义系统的行为、展示角色（系统的外部实体，即参入者）与用例（系统执行的服务）之间的相互作用。用例图是需求和系统行为设计的高层模型，它以图形化的方式描述外部实体对系统功能的感知。用例图从用户的角度来组织需求，每个用例描述一个特定的任务，如表 3-2 所示。

表 3-2　用例图概述

| 名　称 | 图　例 | 说　　明 |
|---|---|---|
| 角色 | 角色名称 | 代表与系统交互的实体。角色可以是用户、其他系统或者硬件设备。在用例图中以小人表示。例如"图书管理员"、"读者"和"系统管理员"是与系统进行交互的角色 |
| 用例 | 用例名称 | 定义了系统执行的一系列活动，产生一个对特定角色可观测的结果。在用例图中以椭圆表示。"一系列的活动"可以是系统执行的功能、数学计算或其他产生一个结果的内部过程。活动是原子性的，即要么完整地执行，要么全不执行。活动的原子性可以决定用例的粒度。用例必须向角色提供反馈 |
| 关联 | ------------ | 表示用户和用例之间的交互关系。用实线表示 |
| 用例<br>关系 | <<引申类型>><br>---------------- | 用例与用例之间的关系。用带箭头的虚线表示。用例之间的关系，可以用引申类型进行语义扩展，如<<include>>等 |

用例模型可以在不同层次上建立，具有不同的粒度。

（2）用例层次

我们把用例划分为 3 个目标层次：概要层、用户目标层和子功能层，并通过引入巧妙的 Why/How 技术帮助分析者找到合适的目标层次，从而可以有效地把握用例的粒度（真正的用例最终应落实到用户目标层）。

值得注意的是，我们在实践中应该尤其关注用户目标层用例。引入概要层用例的主要目的是为了包含一个或多个用户目标层用例，为系统提供全局功能视图；提出子功能层用例，则是为了表达用户目标层用例的具体实现步骤。

（3）用例范围

根据范围的不同，用例可分为业务用例和系统用例两种。

① 业务用例

- 在业务中执行的一系列动作，这些动作为业务的个体主角产生具有可见价值的结果；
- 实质是业务流程；
- 可以分为核心业务用例，支持业务用例和管理业务用例；
- 主要包括业务角色、业务活动、业务实体、业务规则。

② 系统用例

- 是系统执行的一系列动作，这些动作将生产特定主角可观测的结果值；
- 主要包括系统角色和系统的一系列交互过程。

当前的讨论边界（the System under Discussion，SuD）一般比较容易确定，那么如何从用例的范围上判断一个用例；是系统用例还是业务用例呢？如果某个 SuD 或者用例的范围包含了人及由人组成的团队、部门、组织的活动，那么针对这个 SuD 写出的用例必然是业务用例，如果该 SuD 仅仅是一些软件、硬件、机电设备或由它们组成的系统，并不涉及人的业务活动，那么根据这个 SuD 写出来的用例就是系统用例。

（4）用例关系

① 角色和角色之间

继承关系：表示子类角色将继承父类角色在用例中所能担任的角色。

② 角色和用例之间

使用关系：表示角色将使用用例提供的服务。

③ 用例和用例之间

包含关系：通常是指一个大的用例包含了几个小的用例，几个小的用例组成一个大的用例。

扩展关系：基于扩展点之上的两个独立用例，扩展用例为基本用例的实例增添新的行为，其实质是扩展事件流的延伸，两个用例本身都是独立的。

继承关系：父用例可以特化形成一个或多个子用例，这些子用例代表了父用例比较特殊的形式。子用例继承父用例的所有结构、行为和关系。

表现用例关系的实例如图 3-3 所示。

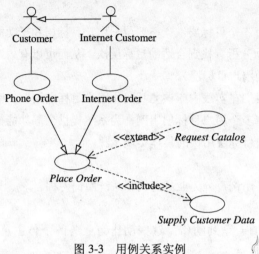

图 3-3    用例关系实例

### 2．用例描述

用例模型除了绘制用例图外，还要对用例进行描述，也就是详细展开每个用例的内容。用例描述可以是文字性的，也可以用活动图进行说明。文字性的用例描述模板如表 3-3 所示。以"借书登记"为例，其具体的用例描述如表 3-4 所示。

表 3-3    用例描述模板

| |
|---|
| 用例编号：（用例编号） |
| 用例名称：（用例名称） |
| 用例描述：（用例描述） |
| 前置备件：（描述用例执行前必须满足的条件） |
| 后置条件：（描述用例执行结束后将执行的内容） |
| 基本事件流（主事件流）：（描述在常规条件下系统执行的步骤） |
| 1．步骤 1… |
| 2．步骤 2… |
| 3．步骤 3… |
| 4．… |
| 扩展事件流（分支事件流）：（描述在其他情况下系统执行的步骤） |
|     2a 扩展步骤 2a… |
|     2a1 扩展步骤 2a1… |
| 异常事件流：（描述在异常情况下可能出现的场景） |

表 3-4    借书登记用例描述

| |
|---|
| 用例编号：3.1 |
| 用例名称：借书登记 |
| 用例描述：图书管理员对读者借阅的图书进行登记。读者借阅图书的数量不能超过规定的数量。如果读者有过期未还的图书，则不能借阅新图书。 |
| 前置条件：读者取得借阅的图书。 |
| 主事件流： |
| 1．读者请求借阅图书。 |
| 2．检查读者的状态。 |

3. 检查图书的状态。

4. 标记图书为借出状态。

5. 读者获取图书。

扩展事件流：

2a 如果用户借阅数量超过规定数量，或者有过期未还的图书，则用例终止。

3a 如果借阅的图书不存在，则用例终止。

异常事件流：

无

### 3. 用例优先级

（1）为什么要设定需求的优先级

每一个具有有限资源的软件项目必须理解所要求的特性、使用实例和功能需求的相对优先级。设定优先级意味着权衡每个需求的业务利益和它的费用，以及它所牵涉到的结构基础和对产品的未来评价。项目经理必须权衡合理的项目范围和进度安排、预算、人力资源及质量目标的约束。

设定优先级有助于项目经理解决冲突、安排阶段性交付，并且做出必要的取舍。

- 当客户的期望很高、开发时间短并且资源有限时，必须尽早确定所交付的产品应具备的最重要的功能。
- 建立每个功能的相对重要性有助于规划软件的构造，以最少的费用提供产品的最大功能。
- 当采用渐增式开发方式时，设定优先级就特别重要。因为在开发过程中，交付进度安排很紧，并且日期不可改变，必须排除或推迟一些不重要的功能。

（2）系统分析员的态度和做法

- 在需求分析阶段，分析人员应该明确地提出需求的优先级和处理策略，并在软件需求规格说明书中明确说明。
- 应当在项目的早期阶段设定优先级，这有助于逐步作出相互协调的决策，而不是在最后阶段匆忙决定。
- 评价优先级时，应该看到不同需求之间的内在联系，以及它们与项目业务需求的一致性。
- 在判断出需求的低优先级之前，如果开发人员已经实现了将近一半的特性和功能，那么这将是一种浪费，这个责任应该由分析人员承担。

（3）设定优先级的方法

与在客观世界中人们对事务的分类习惯与方法相一致，系统需求的优先级设定分成 3 类。例如：高、中、低；基本的、条件的、可选的、3、2、1……

具体描述如表 3-5 所示。

表 3-5 系统需求的优先级分类

| 命 名 | 意 义 |
| --- | --- |
| 高 | 一个关键任务的需求；下一版本所需求的 |
| 中 | 支持必要的系统操作；最终所要求的，但如果有必要的话，可以延迟到下一个版本 |
| 低 | 功能或质量上的增强；如果资源允许的话，实现这些需求总有一天使产品更完美 |
| 基本的 | 只有在这些需求上达成一致意见，软件才会被接受 |

续表

| 命　　名 | 意　　义 |
|---|---|
| 条件的 | 实现这些需求将增强产品的性能，但如果忽略这些需求，产品也是可以被接受的 |
| 可选的 | 一个功能类，实现或不实现均可 |
| 3 | 必须完美地实现 |
| 2 | 需要付出努力，但不必做得太完美 |
| 1 | 可以包含缺陷 |

### 3.2.7　需求评审

#### 1．需求评审概述

需求评审是一项精益求精的技术，它主要由非软件开发人员来进行。通过评审发现二义性的或不确定的需求，还有那些实际上是设计规格说明的所谓的"需求"，这些"需求"是不能作为设计基础和依据的。需求评审也为风险承担者们提供了在特定问题上达成共识的方法。

需求评审可以分为非正式评审和正式评审。

- 非正式评审：可以根据个人爱好的方式进行评审，包括在任何场合的交流、征求意见。它是非系统化的、不彻底的，或者在实施过程中具有不一致性。非正式评审不需要记录备案，没有人对提出的意见负责。
- 正式评审：正式技术评审的最好类型叫做审查，它遵循预先定义好的一系列步骤、过程及规定的方法和要求进行，评审内容需要记录在案，正式评审小组的成员对评审的质量负责。

#### 2．需求评审过程

（1）确定参与者

① 审查参与者必须代表 3 个方面的观点：

- 需求提出人员和产品代表者的观点；
- 需求分析、开发、管理人员的观点；
- 软件设计、开发、测试、管理人员的观点。

② 审查组中的审查人员应限制在 7 个人左右或者更少。

③ 审查的工作基础是软件需求规格说明书。

（2）参与者扮演的角色

① 作者：创建或维护正在被审查的产品。作者在审查中却起着被动的作用，作者经常可以发现其他审查员没有觉察到的错误。

② 协调者：与作者一起为审查制订计划，组织与协调各种活动，并且推进审查会的进行。督促作者对需求文档做出建议性的更改，以保证向执行者明确说明在审查过程中提出的问题和缺陷。

③ 读者：扮演审查员的角色。在审查会进行期间，读者一次审查规格说明中的一块内容，并做出解释，而且允许其他审查员在审查时提出问题。对于一份需求规格说明，审查员每次必须对需求给出注解或一个简短评论。通过用自己的话来陈述，读者可能做出与其他审查员不同的解释，这将有利于发现二义性或可能的错误。

④ 记录员：用标准化的形式记录在审查会中提出的问题和缺陷。

（3）审查阶段流程（见图 3-4）

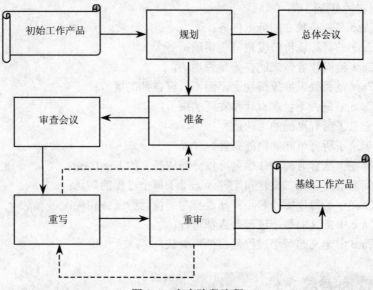

图 3-4 审查阶段流程

（4）进入和退出审查的标准

① 文档进入审查的标准：

- 文档符合标准模板；
- 文档已经做过拼写检查和语法检查；
- 作者已经检查了文档在版面上所存在的错误；
- 已经获得了审查员所需要的先前系统的运行资料或确认所需要的参考文档，例如系统需求规格说明；
- 在文档中打印了行序号以方便对特定位置的查阅和标记；
- 所有未解决的问题都被标记为 TBD（待确定）；
- 文档中使用到的术语词汇表已全部进行了说明。

② 文档退出审查的标准：

- 已经明确阐述了审查员提出的所有问题；
- 已经正确修改了文档；
- 修订过的文档已经进行了拼写检查和语法检查；
- 所有 TBD 的问题已经全部解决，或者已经记录下每个待确定问题的解决过程、目标日期和提出问题的人；
- 文档已经录入项目的配置管理系统；
- 已将审查过的资料送到有关归档部门。

（5）需求审查清单

① 软件需求规格说明书审查清单：

- 组织和完整性；
- 正确性；
- 质量属性；
- 可跟踪性；

● 特殊的问题。

② 使用实例审查清单：

● Use Case 是否是独立的分散任务；

● Use Case 的目标或价值度量是否明确；

● Use Case 给操作者带来的益处是否明确；

● Use Case 是否处于抽象级别上，而不具有详细的情节；

● Use Case 中是否不包含设计和实现的细节；

● 是否记录了所有可能的可选过程；

● 是否记录了所有可能的例外条件；

● 是否存在一些普通的动作序列可以分解成独立的 Use Case；

● 是否简明书写、无二义性和完整地记录了每个过程的对话；

● Use Case 中的每个操作和步骤是否都与所执行的任务相关；

● Use Case 中定义的每个过程是否都可行；

● Use Case 中定义的每个过程是否都可确认。

## 3.3 软件需求文档

接下来我们需要将上面的需求分析过程通过文档记录下来。软件需求文档虽然可以有各种不同的格式，但它的主要内容包括用例描述和界面导航图。关于用例描述，前面已经做了详细讲解，接下来简单了解一下界面导航图。

● 系统的界面导航关系，体现了系统对外的宏观交互行为，实际上是系统外在行为最表层实现的一种全局视图，因此也可以看做是系统典型协作的总体概貌描述。

● 可以在项目的较早阶段，规划系统的界面导航图，描述用户的操作将如何触发系统从一个界面转向其他界面的导航过程。

● 界面导航图将静态的界面原型连接成一体，在某种意义上是对需求的一种总体刻画和阐释，用户往往可以从界面导航图领会到系统功能的大体结构。

用户界面的设计编入软件需求规格说明书中既有好处也有坏处：

● 由于屏幕图像和用户界面构架是系统设计，而不是用户需求，所以对它的关注可能使需求走入歧途，也限制了开发人员的发挥。

● 但是探讨屏幕图像和用户界面有助于精化需求，并使用户对系统有亲和感和现实感，有助于用户需求的表述和交流。

● 一个合理的权衡点是，在软件需求规格说明书中加入用户界面组件的概念草图，而在实现时并不一定要精确地遵循这些草图模型。

### eGov 电子政务项目需求规格说明书

### 1 引言

#### 1.1 编写目的

此需求规格说明书对项目的背景、范围、验收标准和需求等信息进行说明，包括功能性需求和非功能性需求，确保对用户需求的理解一致。

预期的读者有（甲方）的需求提供者、项目负责人、相关技术人员等，北京亚思晟商务科技有限公司（乙方）的项目组成员，包括项目经理、客户经理、分析/设计/开发/测试等人员。

### 1.2　背景

电子政务系统是基于互联网的应用软件。在研究中心的网上能了解到已公开发布的不同栏目（如新闻、通知等）的内容，各部门可以发表栏目内容（如新闻、通知等），有关负责人对需要发布的内容进行审批。其中，有的栏目（如新闻）必须经过审批才能发布，有的栏目（如通知）则不需要审批就能发布。系统管理人员对用户及其权限进行管理。

### 1.3　定义

无

### 1.4　参考资料

电子政务系统理论和实践

## 2　任务概述

### 2.1　目标

电子政务系统是基于互联网的应用软件，通过此系统可以实现权限分配、内容管理和审核等核心业务，实现政府及事业单位组织结构和工作流程的优化重组，超越时间、空间和部门分隔的限制，建成一个精简、高效、廉洁、公平的运作模式，以便全方位地向社会提供优质、规范、透明、符合国际水准的管理与服务。该软件系统是一项独立的软件，整个项目外包给北京亚思晟商务科技有限公司来开发管理。

### 2.2　用户的特点

本软件的最终用户为组织内的日常使用者，操作人员和维护人员有较高的教育水平和技术专长，同时使用的用户数量初步估计为几百人。

### 2.3　假定和约束

假定此系统为自包含的，不过分依赖其他外部系统。本项目的开发期限为 3 个月。

## 3　需求规定

### 3.1　对功能的规定

整体功能用例图（Use Case Diagram），见图 1。

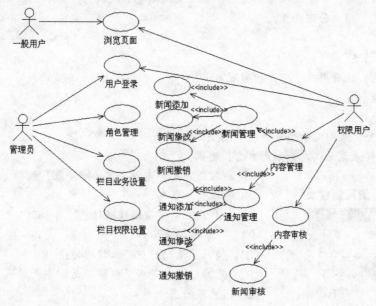

图 1

### 3.1.1 一般用户浏览的内容管理：首页显示及其他页面

首页显示是数据量最大的一页，是为所有模块展示内容的部分。从该页还可以登录进入管理等后端功能模块。

如图 2 所示，最上面为头版头条栏目，左栏下部为职能部门通知，右栏下部为综合新闻类等，左栏上部为用户登录入口。

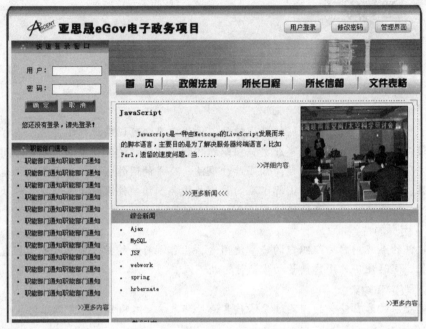

图 2

### 3.1.2 系统管理

系统管理是给系统管理人员使用的，主要包括以下功能模块：登录、栏目业务设置、栏目权限设置、用户管理设置。

一、登录

1. 用例描述

（1）角色：注册用户（用户和管理员）

（2）前提条件：无

（3）主事件流：

① 用户登录该网站的登录页面（E1）；

② 显示登录页面信息，如用户名，密码；

③ 输入用户名和密码，单击"登录"按钮（E2）；

④ 验证登录信息；

⑤ 加载用户所拥有的权限信息，并显示在页面上。

（4）异常事件流：

E1：键入非法的标识符，指明错误。

E2：用户账号被管理员屏蔽，无法登录。

2. 用户界面图

用户在首页登录（见图 3）。

图 3

输入正确的用户名和密码后进入系统管理的入口页面（见图4）。

图4

二、栏目业务设置

1. 用例描述

（1）角色：管理员

（2）前提条件：用户必须完成登录的用例

（3）主事件流：

① 当用户登录该网站（E1）后，单击"栏目业务设置"链接；

② 进入栏目业务设置页面；

③ 设置每个栏目的内容管理（S1）和内容审核（S2）（单击内容管理图标会更改）。

（4）分支事件流：

S1：设置内容管理。

3.1.1 单击"内容管理"链接

3.1.2 内容管理和内容审核的权限改变

3.1.3 返回栏目业务设置页面

S2：设置内容审核。

3.2.1 单击"内容审核"链接

3.2.2 内容审核的权限改变

3.2.3 返回栏目业务设置页面

（5）异常事件流：

E1：用户账号被管理员屏蔽或删除，无法设置，提示重新激活账号。

2. 用户界面图

单击"栏目业务设置"链接，进入该模块，设定栏目是否具有内容管理和内容审核的权限。

栏目业务设置是整个系统管理模块的最高级权限设置，它的操作可以影响到栏目权限设置，以及所有的与本栏目有关的权限设置，如图5所示。

每个栏目可以设定是否具有内容管理和内容审核的权限，对于某些栏目（如新闻），二者都有，因为新闻必须经过有关领导审核批准才可以在网上发布；而对于某些栏目（如通知），只需要内容管理，不需要内容审核就可以在网上发布。

 栏目权限设置

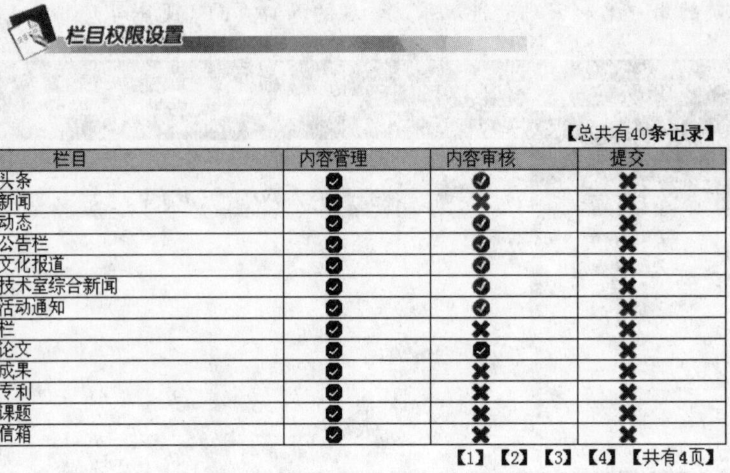

【总共有40条记录】

| 栏目 | 内容管理 | 内容审核 | 提交 |
| --- | --- | --- | --- |
| 头版头条 | ✓ | ✓ | ✗ |
| 综合新闻 | ✓ | ✗ | ✗ |
| 科技动态 | ✓ | ✓ | ✗ |
| 三会公告栏 | ✓ | ✓ | ✗ |
| 创新文化报道 | ✓ | ✓ | ✗ |
| 电子技术室综合新闻 | ✓ | ✓ | ✗ |
| 学术活动通知 | ✓ | ✓ | ✗ |
| 公告栏 | ✓ | ✗ | ✗ |
| 科技论文 | ✓ | ✓ | ✗ |
| 科技成果 | ✓ | ✗ | ✗ |
| 科技专利 | ✓ | ✗ | ✗ |
| 科研课题 | ✓ | ✗ | ✗ |
| 所长信箱 | ✓ | ✗ | ✗ |

【1】【2】【3】【4】【共有4页】

图 5

### 三、栏目权限设置

1. 用例描述

（1）角色：管理员

（2）前提条件：用户必须完成登录的用例

（3）主事件流：

① 当用户登录该网站后，单击"栏目权限设置"链接；

② 进入栏目权限设置页面；

③ 单击"设置"按钮；

④ 进入栏目权限设置的具体页面；

⑤ 选中用户名，单击"添加"（S1）或"删除"（S2）按钮，然后保存修改；

⑥ 该栏目的用户被添加或删除；

⑦ 返回栏目权限设置页面。

（4）分支事件流：

S1：添加用户。

5.1.1 选中用户后单击"添加"按钮

5.1.2 添加用户

5.1.3 单击"返回"按钮

5.1.4 返回栏目权限设置页面

S2：删除用户。

5.2.1 选中用户后单击"删除"按钮

5.2.2 删除用户

5.2.3 单击"返回"按钮

5.2.4 返回栏目权限设置页面

2. 用户界面图

单击"栏目权限设置"链接，进入该模块，主要是分配给用户对于栏目的管理权限，这个业务也是此项目的核心，需要在所有部门里选择用户分配权限，如图6所示。

| 栏目 | 内容管理 | 内容审核 | 资源 |
|---|---|---|---|
| 头版头条 | 列出3333 11 99 44 测试用户11 | 无 | 设置 |
| 综合新闻 | 11 | 无 | 设置 |
| 科技动态 | 11 | 22 | 设置 |
| 三合公告栏 | 11 | 22 | 设置 |
| 创新文化报道 | 11 | 22 | 设置 |
| 电子技术室综合新闻 | 11 | 22 | 设置 |
| 学术活动通知 | 11 | 22 | 设置 |
| 公告栏 | 11 | 无 | 设置 |
| 科技论文 | 11 | 22 | 设置 |

图 6

单击"设置"链接，进入如图 7 所示的页面。

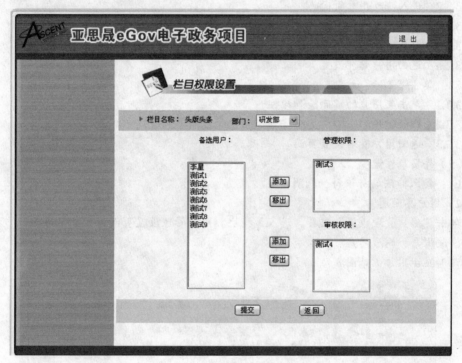

图 7

页面中左面显示用户过滤，也是备选用户，右面显示管理权限和审核权限。选择不同部门时，该部门的所有人员应该显示在备选用户列表里。单击上面的"增加"按钮时，用户会放入管理权限列表里；单击下面的"增加"按钮时，用户会放入审核权限列表里。这里有一个业务大家要记住：一个用户不可以既分配到管理权限又分配到审核权限。

四、用户管理设置

1．用例描述

（1）角色：管理员

（2）前提条件：用户必须完成登录的用例

（3）主事件流：

① 当用户登录该网站后，单击"用户管理设置"链接；

② 进入用户管理设置页面；

③ 单击"新增"按钮（S1）、"修改"按钮（S2）和"删除"按钮（S3）。

（4）分支事件流：

S1：单击"新增"按钮：

3.1.1 单击"新增"按钮

3.1.2 进入添加新用户页面

3.1.3 添加用户基本信息，单击"添加"（E1）按钮

3.1.4 保存用户信息

3.1.5 返回用户管理设置页面

S2：单击"修改"按钮。

3.2.1 单击某条用户信息的"修改"按钮

3.2.2 进入修改用户页面

3.2.3 修改用户资料，单击"修改"按钮

3.2.4 更新用户信息

3.2.5 返回用户管理设置页面

S3：单击"删除"按钮。

3.3.1 单击某用户的"删除"按钮

3.3.2 删除该用户

3.3.3 返回用户管理设置页面

（5）异常事件流：

E1：键入非法的标识符，指明错误。

2. 用户界面图

单击"用户管理设置"链接，进入该模块。用户管理设置页面用于显示用户、添加用户、修改用户、删除用户。

（1）显示用户（见图8）。

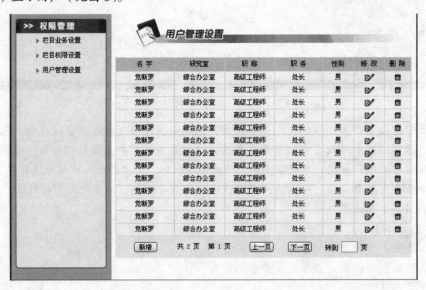

图 8

（2）添加用户：单击"新增"按钮，显示见图9。

输入新的用户信息，然后提交。

（3）修改用户：单击"修改"按钮，显示见图10。

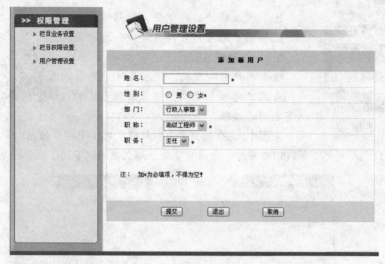

图 9

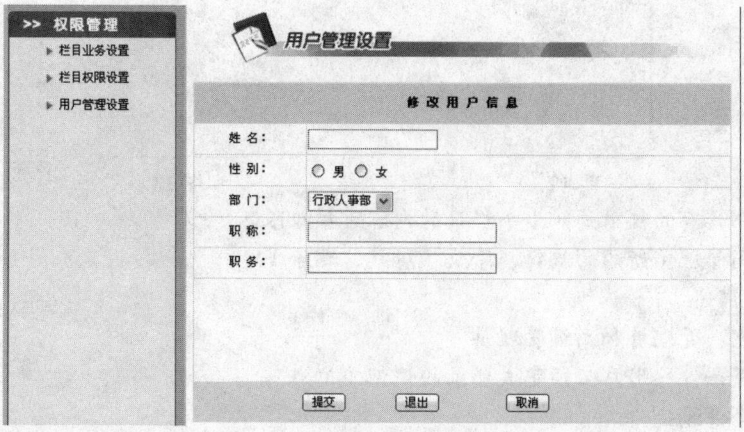

图 10

（4）删除用户：单击"删除"按钮，用于删除用户。

### 3.1.3 内容管理和审核

该部分主要包括以下功能模块：用户登录、新闻的编辑、修改、屏蔽、删除、通知的编辑、修改、删除、新闻的审核等。

一、登录

1. 用例描述

（1）角色：注册用户（用户和管理员）

（2）前提条件：无

（3）主事件流：

① 用户登录该网站的登录页面（E1）；

② 显示登录页面信息，如用户名、密码；

③ 输入用户名和密码，单击"登录"按钮（E2）；

④ 验证登录信息；

⑤ 加载用户所拥有的权限信息，并显示在页面上。

（4）异常事件流：

图 11

E1：键入非法的标识符，指明错误。

E2：用户账号被管理员屏蔽，无法登录。

2. 用户界面图

输入用户名和密码，进入系统（见图 11）。

当用户进入系统时，应该看到自己的权限范围，不同的用户拥有不同的权限。

见图 12 这个用户具有的权限是对 1 个栏目的内容管理权限。如果我们用另外一个用户登录，那么结果就不同了，见图 13。

图 12

图 13

这个用户具有的权限是对 1 个栏目的内容审核权限。

二、新闻管理（新闻的编辑、修改、屏蔽、删除）

1. 用例描述

（1）角色：管理员和高级管理员

（2）前提条件：用户必须完成登录的用例

（3）主事件流：

① 用户通知进入系统；

② 单击"新闻管理"链接；

③ 进入新闻管理页面（新闻列表）；

④ 单击"新增"按钮（S1）、"修改"按钮（S2）和"删除"按钮（S3）。

（4）分支事件流：

S1：单击"新增"按钮

4.1.1 单击"新增"按钮

4.1.2 进入新闻添加页面

4.1.3 填写通知资料（E1）

4.1.4 单击"保存"按钮

4.1.5 验证信息，保存数据

4.1.6 返回通知新闻页面（新闻列表）

S2 单击"修改"按钮

4.2.1 单击"修改"按钮

4.2.2 进入新闻修改页面

4.2.3 更改新闻数据单击"修改"按钮

4.2.4 验证信息，保存数据

4.2.5 返回新闻管理页面

S3：单击"删除"按钮

4.3.1 在要删除的记录前打钩，单击"删除"按钮

4.3.2 删除信息

4.3.3 返回新闻管理页面

（5）异常事件流：

E1：键入非法的标识符或者格式不对，指明错误。

2. 用户界面图

（1）新闻管理——新闻编辑

单击内容管理中的"综合新闻管理"，进入新闻编辑页面，见图14。

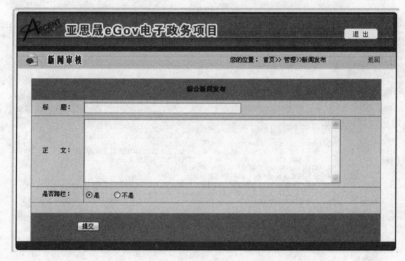

图14

大家不要忽略了新闻发布的预览功能，如图15所示。

预览效果和发布后的最终效果是一样的，这里如果符合标准、那么就可以提交了。

图15

提交后的浏览页应该根据时间进行倒序，以保证最后发布的新闻在第一条上。刚刚发布的新闻的发布状态是待审（已经提交了，但是要等待审核），就是要等待有审核权限的人审核这条新闻，通过后才能发布上去。

（2）新闻管理——新闻修改

对于任何一个通过审核的新闻，都必须符合这里修改的规则，也就是当新闻处于发布状态时，任何人都不得修改新闻，只有新闻处于屏蔽状态或者为待审时才可以修改。对于发布、待审、屏蔽等注释的数字在数据字典中都有，大家可以去查询。如果我们要修改已经发布的新闻（见图 16）那么应该给用户返回一个友好的界面，如图 17 所示。

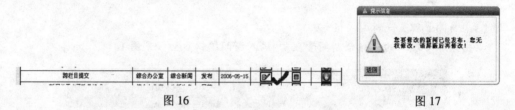

图 16　　　　　　　　　　　　　　　　　　　　图 17

如果新闻没有发布，则可以修改，如图 18 所示。

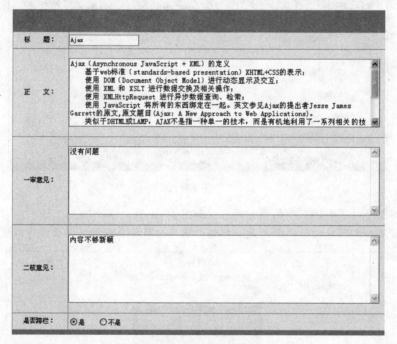

图 18

（3）新闻管理——新闻屏蔽

新闻屏蔽功能是当一个新闻要在首页新闻栏目中被撤下时所具有的功能，如图 19 所示。

在浏览页上可以看到发布状态就是对新闻存在状态（status）的标注，这时如果去删除或者修改一个已经发布的新闻，系统就会弹出一个友好界面提醒我们，不能随便删除或者修改一个已发布的新闻。即：如果状态为发布，那么就不能执行修改和删除操作，而是跳转到一个友好界面上去提示用户。

| 标题 | 发布部门 | 栏目来源 | 发布状态 | 发布时间 | 修改 | 删除 | 屏蔽 |
|---|---|---|---|---|---|---|---|
| 头版头条 | 综合办公室 | 头版头条 | 待审 | | | | |
| 文曲 郭子 | 综合办公室 | 头版头条 | 屏蔽 | 2006-07-03 | | | |
| testgoogle | 综合办公室 | 头版头条 | 屏蔽 | 2006-06-08 | | | |
| 需要审核 | 综合办公室 | 头版头条 | 屏蔽 | 2006-06-08 | | | |
| ajax事例 | 综合办公室 | 头版头条 | 屏蔽 | 2006-05-27 | | | |
| AJAX开发简略 | 综合办公室 | 头版头条 | 屏蔽 | 2006-05-15 | | | |
| open-open介绍 | 综合办公室 | 头版头条 | 屏蔽 | 2006-05-15 | | | |
| 跨栏目提交 | 综合办公室 | 综合新闻 | 发布 | 2006-05-15 | | | |
| 新闻关于电子政务格式 | 综合办公室 | 头版头条 | 屏蔽 | | | | |
| Ajax简介 | 综合办公室 | 头版头条 | 屏蔽 | 2006-05-08 | | | |

图 19

（4）新闻管理——新闻删除

新闻删除和修改的原理一样，只有当新闻不处于发布状态时才可以删除，否则将跳转到友好页面提示用户该如何正确删除。

三、通知管理（通知的编辑、修改、删除）

单击内容管理中的通知栏目，进入该模块，显示已发布的通知。

1. 用例描述

（1）角色：管理员和高级管理员

（2）前提条件：用户必须完成登录的用例

（3）主事件流：

① 用户通知进入系统；

② 单击"通知管理"链接；

③ 进入通知管理页面（通知列表）；

④ 单击"新增"按钮（S1）、"修改"按钮（S2）和"删除"按钮（S3）。

（4）分支事件流：

S1：单击"新增"按钮

4.1.1 单击"新增"按钮

4.1.2 进入通知添加页面

4.1.3 填写通知资料（E1）

4.1.4 单击"保存"按钮

4.1.5 验证信息，保存数据

4.1.6 返回通知管理页面（通知列表）

S2：单击"修改"按钮

4.2.1 单击"修改"按钮

4.2.2 进入通知修改页面

4.2.3 更改通知数据，单击"修改"按钮

4.2.4 验证信息，保存数据

4.2.5 返回通知管理页面

S3：单击"删除"按钮

4.3.1 在要删除的记录前打钩，单击"删除"按钮

4.3.2 删除信息

4.3.3 返回通知管理页面

（5）异常事件流：

E1：键入非法的标识符或者格式不对，指明错误。

2. 用户界面图

（1）通知管理——通知编辑

在通知管理页面（见图 20），单击“新增”按钮，进入通知编辑页面。通知业务虽然没有审核功能，但是必须上传附件，见图 21。

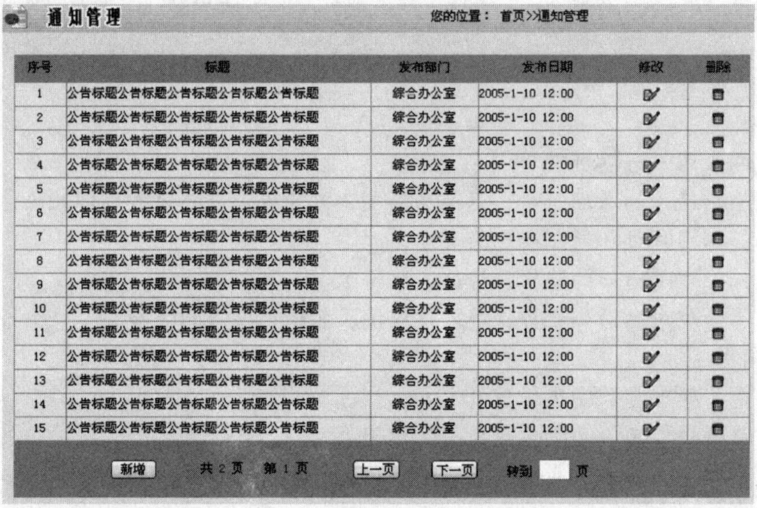
通知管理　　您的位置：首页>>通知管理

| 序号 | 标题 | 发布部门 | 发布日期 | 修改 | 删除 |
|---|---|---|---|---|---|
| 1 | 公告标题公告标题公告标题公告标题公告标题 | 综合办公室 | 2005-1-10 12:00 | | |
| 2 | 公告标题公告标题公告标题公告标题公告标题 | 综合办公室 | 2005-1-10 12:00 | | |
| 3 | 公告标题公告标题公告标题公告标题公告标题 | 综合办公室 | 2005-1-10 12:00 | | |
| 4 | 公告标题公告标题公告标题公告标题公告标题 | 综合办公室 | 2005-1-10 12:00 | | |
| 5 | 公告标题公告标题公告标题公告标题公告标题 | 综合办公室 | 2005-1-10 12:00 | | |
| 6 | 公告标题公告标题公告标题公告标题公告标题 | 综合办公室 | 2005-1-10 12:00 | | |
| 7 | 公告标题公告标题公告标题公告标题公告标题 | 综合办公室 | 2005-1-10 12:00 | | |
| 8 | 公告标题公告标题公告标题公告标题公告标题 | 综合办公室 | 2005-1-10 12:00 | | |
| 9 | 公告标题公告标题公告标题公告标题公告标题 | 综合办公室 | 2005-1-10 12:00 | | |
| 10 | 公告标题公告标题公告标题公告标题公告标题 | 综合办公室 | 2005-1-10 12:00 | | |
| 11 | 公告标题公告标题公告标题公告标题公告标题 | 综合办公室 | 2005-1-10 12:00 | | |
| 12 | 公告标题公告标题公告标题公告标题公告标题 | 综合办公室 | 2005-1-10 12:00 | | |
| 13 | 公告标题公告标题公告标题公告标题公告标题 | 综合办公室 | 2005-1-10 12:00 | | |
| 14 | 公告标题公告标题公告标题公告标题公告标题 | 综合办公室 | 2005-1-10 12:00 | | |
| 15 | 公告标题公告标题公告标题公告标题公告标题 | 综合办公室 | 2005-1-10 12:00 | | |

新增　共 2 页　第 1 页　上一页　下一页　转到　页

图 20

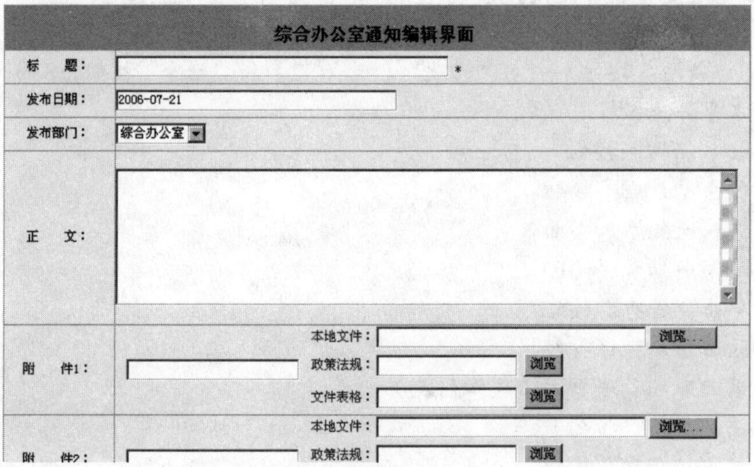


图 21

这个模块在首页上位于左栏的“职能部门通知”中。其中的附件 1、附件 2、附件 3 后面的框为附件名称，每个附件名称后面的 3 个框为要上传的 3 种文件。这里要说明的是每个附件只代表一种文件，也就是说，后面的这 3 种文件（本地文件、政策法规、文件表格）只能选择一种上传。

（2）通知管理——通知修改

本业务在任何时候都可以修改，可以修改所有项。

（3）通知管理——通知删除

因为通知不需要审核，所以通知删除业务不会有很多的判断，只要判断不是发布状态就可以删除（见图 22）。

| 标题 | 栏目来源 | 发布状态 | 发布时间 | 跨栏名称 | 跨栏状态 | 跨栏发布时间 | 编辑 | 删除 | 屏蔽 |
|---|---|---|---|---|---|---|---|---|---|
| gdsfgsfd | 电子技术室通知 | 发布 | 2006-07-21 | 不跨栏 | | | | | |

图 22

#### 四、新闻内容审核

**1. 用例描述**

（1）角色：高级管理员

（2）前提条件：用户必须完成登录的用例

（3）主事件流：

① 管理员通知进入系统；

② 单击内容审核列表里的新闻栏目；

③ 进入内容审核管理页面；

④ 单击"审核"按钮；

⑤ 进入审核页面；

⑥ 填写审批意见，单击"已阅"按钮（S1）、"同意"按钮（S2）或"退出"按钮（S3）。

（4）分支事件流：

S1：单击"已阅"按钮。

6.1.1 单击"已阅"按钮

6.1.2 返回内容审核管理页面，发布状态改变为"已审"

6.1.3 发布用户可以看到发布状态，单击"已审"按钮

6.1.4 查看管理员审批意见

6.1.5 单击"返回"按钮

6.1.6 返回内容审核管理页面

6.1.7 用户单击"修改"按钮，根据审批意见修改新闻

6.1.8 返回内容审核管理页面，发布状态改变为"待审"

6.1.9 管理员或审批人员再次审批，审批流程同上

S2：单击"同意"按钮

6.2.1 单击"同意"按钮

6.2.2 返回内容审核管理页面，发布状态改变为"发布"

S3：单击"退出"按钮

6.3.1 单击"退出"按钮

6.3.2 返回内容审核管理页面

（5）异常事件流：

E1：键入非法的标识符或者格式不对，指明错误。

E2：如果待审批的数据超过有效期，则指明不能审批，数据无效。

**2. 用户界面图**

单击内容审核列表里的新闻栏目，进入新闻审核模块如图 23 和图 24 所示。

在审核的任务浏览页中，单击"审核"按钮，进入内容审核页面，如图 25 所示。

图 23

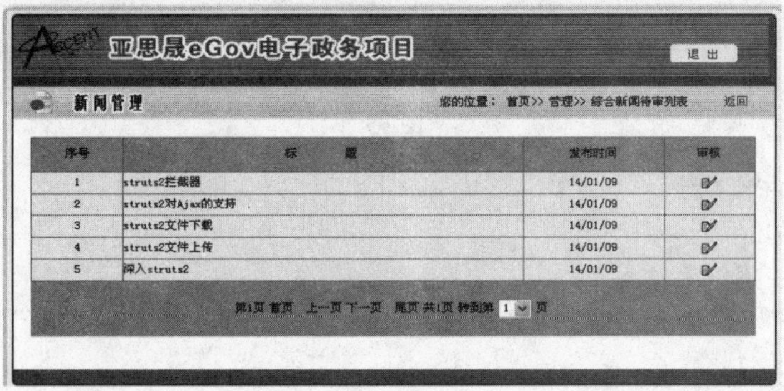

图 24

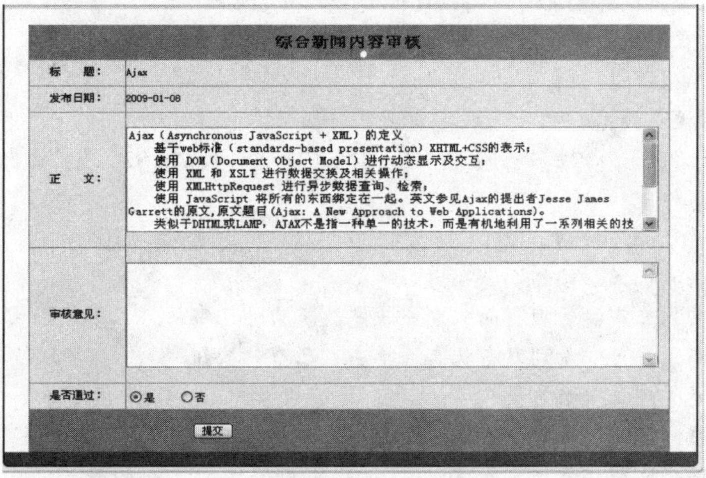

图 25

审核页面和正式的发布页面是一样的，审核者根据新闻是否可以发布来选择按钮，这里的"同意"表示此新闻可以发布，"已阅"则表示此新闻有问题不可以发布，并且可以在审核意见中输入文字说明。如果新闻为"已阅"，那么在发布者那里就可以看到没有通过的原因，如图 26 所示。

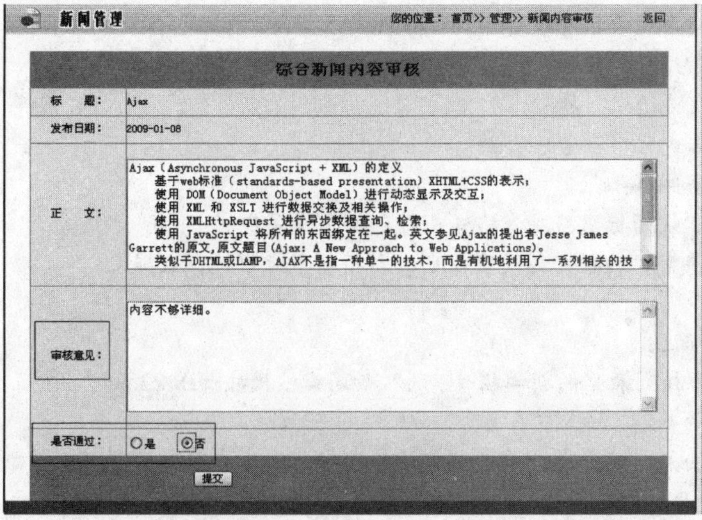

图 26

在新闻发布者那里能看到发布状态，如图 27 所示。

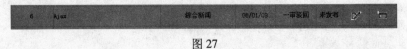

图 27

单击发布状态栏目中的已审，新闻发布者可以看到审核后的意见，如图 28 所示。

图 28

这时用户就可以修改这条新闻，修改后这条新闻状态发生了改变，变成了"待审"，如图 29 所示。

图 29

这时需要等待审核者再审核，如图 30 所示。这条新闻因为刚才被修改过了，所以状态发生了改变，审核者这里又重新有了这个任务。

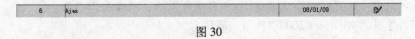

图 30

如果审核者审核未通过，新闻将被驳回，如图 31 所示。

图 31

审核者发现新闻没有问题，点击同意，这时新闻的状态变为"已发布"，如图 32 所示。

图 32

再去看一下首页，如图 33 所示，看到新闻已经发布。

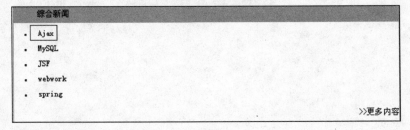

图 33

## 3.2 对性能的规定

### 3.2.1 精度

该软件的输入、输出数据精度的要求为小数点后两位。

### 3.2.2 时间特性要求

a. 响应时间要低于 5 秒；

b. 更新处理时间要低于 20 秒；

c. 数据的转换和传送时间要低于 10 秒。

### 3.2.3 灵活性

该软件使用 J2EE 开发，具有很好的灵活性。当需求发生某些变化时，该软件对这些变化有很好的适应能力，如可扩展性、可伸缩性和可移植性等。

a. 当用户功能模块增加时，Struts-Spring-Hibernate 框架可以方便地支持新的功能；

b. 当用户并发访问量增加时，可以考虑将 Tomcat Web 服务器升级为 WebLogic 应用服务器，而不会影响业务功能。

## 3.3 健壮性

在软件设计中使用异常处理机制和 log4j 工具保证系统健壮性，运行时正常和出错信息要保留在日志文件中。硬件方面使用冗余备份方式，保证负载平衡和系统可靠性。

## 3.4 其他专门要求

周期性地把磁盘信息记录到磁带上，以防止原始系统数据丢失。

# 4 运行环境

- 硬件的最小配置：CPU 为 3.0GHz，内存为 2GB，硬盘为 40GB；
- 操作系统：Windows 2003/XP、Linux；
- Web 服务器：Tomcat 5.5 以上；

数据库服务器：MySQL 5.0 以上，能够处理数据并发访问，访问回馈时间短。

# 第 4 章　系统分析设计

在完成需求分析之后，下一步是系统分析设计。系统分析设计的输入是需求分析所提供的《需求规格说明书》，输出是《概要设计说明书》和《详细设计说明书》。在一般情况下，《概要设计说明书》由系统设计师负责；《详细设计说明书》则由高级程序员负责。

这两种设计说明书的差异是：

- 《概要设计说明书》既要覆盖《需求规格说明书》的全部内容，又要作为指导详细设计的依据。因此，它注重于框架上的设计，包括软件系统的总体结构设计、全局数据库（包括数据结构）设计、外部接口设计、功能部件分配设计、部件之间的内部接口设计，它要覆盖《需求规格说明书》中的功能点列表、性能点列表、接口列表。若为 C/S 或 B/A/S 结构设计，则要说明部件运行在网络中的哪一个节点上。
- 《详细设计说明书》既要覆盖《概要设计说明书》的全部内容，又要作为指导程序设计和编码的依据。因此，它注重于微观上和框架内的设计，包括各子系统的公用部件实现设计、专用部件实现设计、存储过程实现设计、触发器实现设计、外部接口实现设计、部门角色授权设计、其他详细设计等部件。其他设计包括：登录注册模块设计、信息发布模块设计、菜单模块设计、录入修改模块设计、查询统计模块设计、业务逻辑处理模块设计、报表输出模块设计、前台网站模块设计、后台数据处理模块设计、数据传输与接收模块设计等。

对于简单或熟悉的系统，概要设计和详细设计可以合二而一，形成一份文档（称为设计说明书），进行一次评审，实现一个里程碑，确立一条基线。对于复杂或生疏的系统，概要设计和详细设计必须分开，形成两份文档，进行两次评审，实现两个里程碑，确立两条基线。

## 4.1　软件架构设计（软件概要设计）

当对象、类、构件、组件等概念出现并成熟之后，传统意义上的软件概要设计（又叫软件总体设计或软件系统设计）就逐渐改名为软件架构设计。所以说，软件架构设计就是软件概要设计。软件架构设计工作由架构师来完成，架构师是主导系统全局分析设计和实施、负责软件构架和关键技术决策的角色，他的具体职责为：

- 领导与协调整个项目中的技术活动（分析、设计与实施等）；
- 推动主要的技术决策，并最终表达为软件构架描述；
- 确定和文档化系统中对构架而言意义重大的方面，包括系统的需求、设计、实施和部署等"视图"；

- 确定设计元素的划分，以及这些主要分组之间的接口；
- 为技术决策提供规则，平衡各类涉众的不同关注点，化解技术风险，并保证相关决定被有效传达和贯彻；
- 理解、评价并接收系统需求；
- 评价和确认软件架构的实现。

### 4.1.1 软件架构设计基本概念

#### 1．软件架构定义

系统是部件的集合，完成一个特定的功能或完成一个功能集合。架构是系统的基本组织形式，描述系统中部件间及部件与环境间的相互关系。架构是指导系统设计和深化的原则。

系统架构是实体、实体属性及实体关系的集合。

软件架构是软件部件、部件属性及客观实体之间相互作用的集合，描述软件系统的基本属性和限制条件。

#### 2．软件架构建模

软件架构建模是与软件架构的定义和管理相关的分析、设计、文档化、评审及其他活动。

软件架构建模的目的：

（1）捕获早期的设计决策。软件架构是最早的设计决策，它将影响到后续设计、开发和部署，对后期维护和演变也有很大的影响。

（2）捕获软件运行时的环境。

（3）为底层实现提供限制条件。

（4）为开发团队的结构组成提供依据。

（5）设计系统满足可靠性、可维护性及性能等方面的要求。

（6）方便开发团队之间的交流。

各种角色的人员都可以使用架构，如项目经理、开发经理、技术总监、系统架构师、测试人员及开发人员。针对不同角色的人员，架构应提供适当的信息，其详细程度也不同。

软件架构的构建是软件设计的基础，它关心的是软件系统中大的方面，如子系统和部件，而不是类和对象。

软件架构应描述以下问题：

（1）软件系统中包含了哪些子系统和部件。

（2）每个子系统和部件都完成哪些功能。

（3）子系统和部件对外提供或使用外部的哪些功能。

（4）子系统和部件间的依赖关系，以及对实现和测试的影响。

（5）系统是如何部署的。

软件架构不包括硬件、网格及物理平台的设计。软件架构只描述创建软件所需要的各种环境，而不是详细描述整个系统。

#### 3．软件架构视图

架构视图是指从一个特定的视角对系统或系统的一部分进行的描述。架构可以用不同的架构视图进行描述，如逻辑视图用于描述系统功能，进程视图用于描述系统并发，物理视图用于描述系统部署。

架构视图包含名称、涉众、关注点、建模分析规则等信息，描述如何创建和使用架构视图。架构视图描述见图 4-1 和表 4-1。

# 使用4+1视图描绘初始构架

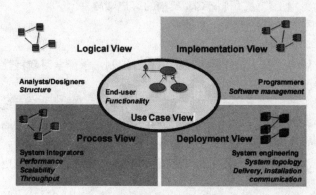

图 4-1 RUP 的 4+1 视图

表 4-1 RUP 的 4+1 视图

| 视图名称 | 视图内容 | 静态表现 | 动态表现 | 观察角度 |
|---|---|---|---|---|
| 用例视图<br>Use Case View | 系统行为、动力 | 用例图 | 交互图、状态图、活动图 | 用户、分析员、测试员 |
| 逻辑视图<br>Logic View | 问题及其解决方案的术语词汇 | 类图、对象图 | 交互图、状态图、活动图 | 类、接口、协作 |
| 进程视图<br>Process View | 性能、可伸缩性、吞吐量 | 类图 | 交互图、状态图、活动图 | 线程、进程 |
| 实施视图<br>Implementation View | 构件、文件 | 构件图 | 交互图、状态图、活动图 | 配置、发布 |
| 部署视图<br>Deployment View | 构件的发布、交付、安装 | 实施图 | 交互图、状态图、活动图 | 拓扑结构的节点 |

## 4.1.2 软件架构设计步骤

### 1．确定影响整体技术方案的因素

（1）考察用户界面复杂度

用户界面的复杂度可概括为以下几种：

- 简单数据输入（Simple Data Input）（例如登入界面）；
- 数据的静态视图（Static View）（例如商品报价列表）；
- 可定制视图（Customizable View）（例如可自定义查询报告界面）；
- 数据的动态视图（Dynamic View）（例如实时运行监控视窗）；
- 交互式图形（例如 CAD 系统）。

（2）考察用户界面部署约束

用户界面的部署约束可概括为以下几种：

- 经常要离线工作的移动电脑；

- 手持设备（例如 PDA、Java 手机）；
- 支持 Interner 上的任何一种浏览器（包括低速的拨号上网方式和老版本浏览器）；
- 支持 Internet 上的较新版本浏览器；
- 支持内部网上的较新版本浏览器；
- 支持内部网上的特定浏览器；
- 内部网上的专用工作站（传统 C/S 架构的客户端软件）。

（3）考察用户的数量和类型

用户的数量和类型可概括为以下几种：

- 少数的专业用户：关注功能强大，期望量身定制，乐于学习新特性，例如图形制作系统的用户；
- 组织内的日常使用者：主流用户，关注便利和易用，例如考勤系统用户；
- 大量的爱好者：对系统的功能有执着的兴趣，有意愿克服使用时遇到各种困难，包括软件本身的缺陷，例如游戏软件的用户；
- 数量巨大的消费型用户：关注速度和服务感受，例如商业网站的用户。

（4）考察系统接口类型

系统接口类型可概括为以下几种：

- 数据传输：仅仅为了满足系统间交换数据的需要，例如电子数据交换 EDI 接口、数据库同步等；
- 通过协议提供服务：系统依照协议向外提供特定的服务，例如 HTTP 协议、SOAP（Web Services）协议等；
- 直接访问系统服务：按照类似于系统内部调用的方式，直接使用系统的方法，例如 RPC 远程调用/RMI/Corba 等。

（5）考察性能和可伸缩性

性能和可伸缩性方面可概括为以下几种：

- 只读：只有对数据浏览和查询操作，例如股票行情分析系统；
- 独立的数据更新：有对数据的修改操作，但各用户的修改完全隔离，相互间不存在任何潜在的冲突，例如网上商店各顾客对自己账单的管理；
- 并发的数据更新：并发用户对数据的修改将相互影响，或者就是更改了同一数据，例如多个用户同时使用航班预定系统预定同一航班的座位。

对于 eGov 电子政务系统，它的主要特性如下：

- 用户界面的复杂度：数据的静态显示/可定制视图（Customizable View）；
- 用户界面的部署约束：基于独立的桌面电脑或专用工作站的浏览器；
- 用户的数量和类型：组织内的日常使用者，总共几百人；
- 系统接口类型：通过 HTTP 协议提供服务，未来可以使用 SOAP 的 SOA 技术；
- 性能：主要是独立的数据更新，有少量并发处理。

## 2．选择软件构架样式（风格）

所谓软件构架样式（风格），是指关于一组软件元素及其关系的元模型（Meta-model），这些元素及其关系将基于不同的风格（被元模型所定义）被用来描述目标系统本身。

上述这些元素通常表示为构件（Component）和连接器（Connection），而它们之间的关系则表达为如何组合构件、连接器的约束条件。

传统的软件构架风格可概括为以下几种：

（1）数据流系统（Dataflow Systems）
- 批处理（Batch Sequential）
- 管道过滤器（Pipes and Filters）

（2）调用与返回系统（Call and Return Systems）
- 主程序与子程序（Main Program and Subroutine）
- 对象系统（OO Systems）
- 分层体系系统（Hierarchical Layers）

（3）独立的构件（Independent Components）
- 通信交互的进程（Communicating Processes）
- 事件（驱动）系统（Event Systems）
- 实时系统（Capsule Port Protocol）

在 eGov 电子政务系统概要设计中，使用分层架构模式。分层模式是一种将系统的行为或功能以层为首要的组织单位来进行分配（划分）的结构模式。一层内的元素只信赖于当前层和之下的相邻层中的其他元素（注意：这并非绝对的要求）。

（1）逻辑层次（Layer）
- 通常在逻辑上进行垂直的层次（Layer）划分；
- 关注的是如何将软件构件组织成一种合理的结构，以减少依赖，从而便于管理（支持协同开发）；
- 逻辑层次划分的标准基于包的设计原则。

（2）物理层级（Tier）
- 在物理上则进行水平的层级（Tier）划分
- 关注软件运行时刻的性能及其伸缩性，还有系统级的操作需求（Operational Requirement）；
- 管理、安全等；
- 物理层级划分的目标在于确定若干能够满足不同类型软件运行时对系统资源要求的标准配置，各构件部署在这些配置下将获得最优的性能。

我们将 eGov 电子政务系统应用在职责上至少分成 4 层：表示层（Presentation Layer）、持久层（Persistence Layer）、业务层（Business Layser）和域模块层（Domain Model Layer）。每个层在功能上都应该是十分明确的，而不应该与其他层混合。每个层要相互独立，通过接口而相互联系。

（3）利用可重用资产

任何软件架构设计都不会从头开始，我们要尽量利用可重用资产。资产类型包括：领域模型，需求规格、构件、模式、Web Services、框架、模板等。我们首先必须理解对这些资产进行考察的上下文，即项目需求、系统的范围、普遍的功能和性能等，之后可以从组织级的资产库或业界资源中搜寻相关的资产，甚至是相似的产品或项目。

在 eGov 电子政务系统中，使用了设计模式和框架。

（1）设计模式（Design Patterns）

① 设计模式概念

如果要问起近 10 年来在计算机软件工程领域所取得的重大成就，那么就不能不提到设计模式（Design Patterns）了。

什么是模式（Pattern）呢？并没有一个很严格的定义。一般说来，模式是指一种从一个一再出现的问题背景中抽象出来的解决问题的固定方案，而这个问题背景不应该是绝对的或者不固定的。很多时候看来不相关的问题，会有相同的问题背景，从而需要应用相同的模式来解决。

模式的概念最开始时是出现在城市建筑领域的。Alexander 的一本关于建筑的书中明确地给出了模式的概念，用来解决建筑中的一些问题。后来，这个概念逐渐地被计算机科学所采纳，并在一本广为接受的经典书籍的推动下而流行起来。这本书就是《Design Patterns: Elements of Reusable Object-Oriented Software》（设计模式：可复用面向对象软件元素），是由 4 位软件大师合写的（很多时候我们直接用 GoF 来意指这 4 位作者，GoF 的意思是 Gangs of Four，四人帮）。

设计模式是指在软件的建模和设计过程中运用到的模式。设计模式中有很多种方法其实很早就出现了，并且应用得也比较多。但是直到 GoF 的书出来之前，并没有一种统一的认识。或者说，那时候并没有对模式形成一个概念。这些方法还仅仅是处在经验阶段，并没有能够被系统地整理，形成一种理论。

每一个设计模式都系统地命名，解释和评价了面向对象系统中的一个重要和重复出现的设计。这样，我们只要搞清楚这些设计模式，就可以完全或者说在很大程度上吸收了那些蕴含在模式中的宝贵经验，对面向对象的系统能够有更为完善的了解。更为重要的是，这些模式都可以直接用来指导面向对象系统中至关重要的对象建模问题。如果有相同的问题背景，那么很简单，直接套用这些模式就可以了。这可以省去你很多的工作。

② 常用设计模式

在《Design Patterns：Elements of Reusable Object-Orient Software》一书中涉及 23 个模式，被分类为创建型模式、结构型模式和行为模式，分别从对象的创建、对象和对象间的结构组合及对象交互这 3 个方面为面向对象系统建模方法给予了解析和指导，几乎可以说是包罗万象了。之后，有很多模式陆续出现，比如分析模式、体系结构模式等。

主要的 23 个设计模式概述如下：

● Abstract Fractory

提供一个创建一系列相关或相互依赖对象的接口，而无须制定具体的类。

● Adapter

将一个类的接口转换成客户所希望的另外一个接口。Adapter 模式使得原本由于接口不兼容而不能一起工作的那些类可以一起工作。

● Bridge

将抽象部分与它的实现部分分离，使它们都可以独立地变化。

● Builder

将一个复杂对象的构建与它的表示分离，使得同样的构建过程可以创建不同的　表示。

● Chain of Responsibility

解除请求的发送者和接收者之间的耦合，从而使多个对象都有机会处理这个请求。将这些对象连接成一条链来传递该请求，直到有一个对象处理它。

● Command

将一个请求封装为一个对象，从而可以使用不同的请求对客户进行参数化，对请求排队或者记录请求日志，以及支持取消操作。

● Composite

将对象组合成树形结构以表示"部分-整体"的层次结构。Composite 使得客户对单个对象和复合对象的使用具有一致性。

- Decorator

动态地给一个对象添加一些额外的职责。

- Facade

为子系统中的一组接口提供一个一致的界面。

- Factory Method

定义一个用于创建对象的接口，让子类决定将哪个类实例化。

- Flyweight

运用共享技术有效地支持大量细粒度（fine grained）的对象。

- Interpreter

给定一个语言，定义它的一种表示，并定义一个解释器，该解释器使用该表示来解释语言中的句子。

- Iterator

提供一种方法顺序访问一个聚合对象中的各个元素，而又不暴露该对象的内部表示。

- Mediator

用一个中介对象来封装一系列的对象交互。

- Memento

在不破坏封装性的前提下，捕捉一个对象的内部状态，并在该对象之外保存这个状态。

- Observer

定义对象间的一种一对多的依赖关系，以便当一个对象的状态发生改变时，所有依赖它的对象都得到通知并自动刷新。

- Prototype

用原型实例指定创建对象的种类，并且通过拷贝这个原型来创建新的对象。

- Proxy

为其他对象提供一个代理以控制对这个对象的访问。

- Singleton

保证一个类仅有一个实例，并提供一个访问它的全局访问点。

- State

允许一个对象在其内部状态改变时改变它的行为。

- Strategy

定义一系列算法，把它们一个个封装起来，并且使它们可相互替换。

- Template Method

定义一个操作中的算法框架，而将一些步骤延迟到子类中。

- Visitor

表示一个作用于某对象结构中各元素的操作。

这里重点介绍常用的 3 个设计模式。

### a．Factory（工厂）模式

- 简介

工厂模式是最常用的模式之一，它在 Java 程序系统中可以说是随处可见。

为什么工厂模式如此常用？因为工厂模式就相当于创建实例对象的 new，我们经常要根据类 Class 生成实例对象，如 A a=new A() 工厂模式也是用来创建实例对象的，所以以后

new 时就要多个考虑，即考虑是否可以使用工厂模式。虽然这样做，可能多做一些工作，但会给系统带来更大的可扩展性和尽量少的修改量。

下面以类 Sample 为例，如果要创建 Sample 的实例对象：

```
Sample sample=new Sample();
```

但实际情况是，通常都要在创建 Sample 实例时做点初始化的工作，比如赋值、查询数据库等。

首先，我们想到的是，可以使用 Sample 的构造函数，这样生成实例就写成：

```
Sample sample=new Sample(参数);
```

但是，如果创建 Sample 实例时所做的初始化工作不是像赋值这样简单的事，可能是很长一段代码，如果也写入构造函数中，那么代码就很难看了。

为什么说代码很难看？初学者可能没有这种感觉，我们分析一下。初始化工作如果是很长一段代码，说明要做的工作很多，将很多工作装入一个方法中是很危险的，这也有背于 Java 面向对象的原则。面向对象的封装（Encapsulation）和分派（Delegation）告诉我们，尽量将长的代码分派"切割"成每段，将每段再"封装"起来（减少段和段之间耦合联系性），这样，就会将风险分散，以后如果需要修改，只要更改每段，不会再发生牵一动百的事情。

在本例中，首先需要将创建实例的工作与使用实例的工作分开。也就是说，让创建实例所需要的大量初始化工作从 Sample 的构造函数中分离出去。

这时我们就需要 Factory（工厂）模式来生成对象了，不能再用上面简单的 new Sample（参数）。还有，如果 Sample 有一个子类如 MySample，按照面向接口编程，我们则需要将 Sample 抽象成一个接口。现在 Sample 是接口，有两个子类 MySample 和 HisSample，实例化它们时，如下所示：

```
Sample mysample=new MySample();
Sample hissample=new HisSample();
```

随着项目的深入，Sample 可能还会生出很多子类，那么我们要对这些子类一个个实例化。更糟糕的是，可能还要对以前的代码进行修改，以便加入后来子类的实例。这在传统程序中是无法避免的。

但是如果我们一开始就有意识地使用工厂模式，这些麻烦就没有了。

● 工厂模式分类

在工厂模式中，有工厂方法（Factory Method）和抽象工厂（Abstract Factory）。

● 工厂方法

建立一个专门生产 Sample 实例的工厂：

```
public class Factory{

    public static Sample creator(int which){

    //getClass 产生 Sample，一般可使用动态类装载装入类
    if (which==1)
        return new SampleA();
    else if (which==2)
        return new SampleB();

    }
}
```

那么在程序中，如果要实例化 Sample，就使用：

```
Sample sampleA=Factory.creator(1);
```

这样，就不涉及 Sample 的具体子类，达到封装效果，也就减少了错误修改的机会。

● 抽象工厂

抽象工厂与工厂方法的区别在于创建对象的复杂程度上。如果创建对象的方法变得复杂了，如上面工厂方法中是创建一个对象 Sample，但假设我们还有新的产品接口 Sample2 呢？

这里假设：Sample 有两个具体（concrete）类 SampleA 和 SamleB，而 Sample2 也有两个具体类 Sample2A 和 Sample2B。

那么，我们就将上例中 Factory 变成抽象类，将共同部分封装在抽象类中，不同部分使用子类实现。下面就是将上例中的 Factory 拓展成抽象工厂的例子。

```java
public abstract class Factory{

    public abstract Sample creator();

    public abstract Sample2 creator(String name);

}

public class SimpleFactory extends Factory{

    public Sample creator(){
        .........
        return new SampleA ();
    }

    public Sample2 creator(String name){
        .........
        return new Sample2A ();
    }
}

public class TestFactory extends Factory{

    public Sample creator(){
        ......
        return new SampleB ();
    }

    public Sample2 creator(String name){
        ......
        return new Sample2B ();
    }
}
```

从上面程序可以看到，两个工厂各自生产出一套 Sample 和 Sample2。也许你会疑问，为什么不可以使用两个工厂方法来分别生产 Sample 和 Sample2 呢？这是因为抽象工厂还有另外一个关键要点，就是在 SimpleFactory 内，生产 Sample 和生产 Sample2 的方法之间有一定联系，所以才要将这两个方法捆绑在一个类中。这个工厂类有其本身特征，也许制造过程是统一的，比如制造工作比较简单，所以名称叫做 SimpleFactory。

### b. Singleton（单态/单点/单例）模式

● 定义

Singleton 模式的主要作用是保证在 Java 应用程序中，一个类 Class 只有一个实例存在。在很多操作中，比如建立目录、数据库连接等都需要这样的单线程操作。

还有，Singleton 能够被状态化，这样，多个单态类在一起就可以作为一个状态仓库向外提供服务。比如，论坛中的帖子计数器，每浏览一次都需要计数，单态类能否保持住这个计数，并且能 synchronize 的安全自动加 1 呢？如果要把这个数字永久地保存到数据库中，则可以在不修改单态接口的情况下方便地做到。

另外，Singleton 也能够被无状态化，提供工具性质的功能。Singleton 模式就为我们提供了这样实现的可能。使用 Singleton 的好处还在于可以节省内存，因为它限制了实例的个数，有利于 Java 垃圾回收（garbage collection）。

我们常常看到工厂模式中类装入器(class loader)中也是用 Singleton 模式实现的，因为被装入的类实际上也属于资源。

● 如何使用

一般 Singleton 模式通常具有以下两种形式。

**第一种形式：**

```
public class Singleton {

    private Singleton(){}

    //在自己内部定义自己一个实例，是不是很奇怪
    //注意：这时 private 只供内部调用

    private static Singleton instance = new Singleton();

    //这里提供了一个供外部访问本 Class 的静态方法，可以直接访问
    public static Singleton getInstance() {
        return instance;
    }
}
```

**第二种形式**

```
public class Singleton {
    private static Singleton instance = null;

    public static synchronized Singleton getInstance() {

    //这个方法比上面有所改进，不用每次都进行生成对象，只是第一次生成
    //使用时生成实例，提高了效率
    if (instance==null)
        instance = new Singleton();
    return instance;      }
}
```

使用 Singleton.getInstance()可以访问单态类。

上面第二种形式是惰性初始化（lazy initialization），也就是说，第一次调用时生成 Singleton，以后就不用再生成了。

注意到第一种形式中的 synchronized，这个 synchronized 很重要，如果没有 synchronized，那么使用 getInstance()是有可能得到多个 Singleton 实例的。关于 lazy initialization 的 Singleton

有很多涉及 Double-Checked Locking（DCL）的讨论，有兴趣的读者可以参考其他资料进一步研究。

一般认为第一种形式要更加安全些。

**c．MVC（Model-View-Controller）设计模式**

MVC（Model-View-Controller）模式是一个著名的设计架构模式，如图 4-2 所示。

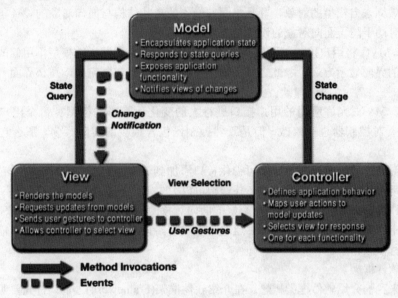

图 4-2　MVC 设计模式

经典的 MVC 架构把一个组件（可以认为是整个应用程序的一个模块）划分成 3 部分。

- 模型（Model）：模型包含完成任务所需要的所有的行为和数据。模型一般由许多类组成，并且使用面向对象的技术来创建满足设计目标的程序。
- 界面（View）：一个界面就是一个程序的可视化元素，如对话框、选单、工具条等。界面显示从模型中提供的数据，它并不控制数据或提供除显示外的其他行为。一个单一的程序或模型一般有两种界面行为。
- 控制器（Controller）：控制器将模型映射到界面中。控制器处理用户的输入，每个界面都有一个控制器。它是一个接收用户输入、创建或修改适当的模型对象，并且将修改在界面中体现出来的状态。控制器在需要时还负责创建其他的界面和控制器。

控制器决定哪些界面和模型组件应该在某个给定的时刻是活动的，它负责接收和处理用户的输入，来自用户输入的任何变化都被从控制器送到模型。

界面从模型内的对象中显示数据。这些对象的改变可以通过也可以不通过用户的交互操作来完成。比如：在一个 Web 浏览器中负责接收页面的对象收集和装配栈中的信息，必须有某种方式来让这些对象通知界面数据已经被改变了。在模型变化时有两种方法来对界面进行更新。

在第一种方法中，界面可以告诉模型它正在监视哪些对象。当这些对象中有任何一个发生变化时，一些信息就被发送给界面，界面接收这些信息并且相应地进行更新。为了避免上面所讨论的不足，模型必须能够不用修改就支持许多种不同的界面显示。

第二种方法并不直接将界面连接到模型中，它的控制器负责在模型变化时更新界面。控制器通过对模型对象或观察者方法进行监测来检测模型中的变化。这种方法不用了解界面的模型知识，因此界面就变成是可以跨应用使用的。

MVC 通过以下 3 种方式消除与用户接口和面向对象设计有关的绝大部分困难。

第一，控制器通过一个状态机跟踪和处理面向操作的用户事件。这允许控制器在必要时创建和破坏来自模型的对象，并且将面向操作的拓扑结构与面向对象的设计隔离开来。这个隔离有助于防止面向对象的设计走向歧途。

第二，MVC 将用户接口与面向对象的模型分开。这允许同样的模型不用修改就可使用许多不同的界面显示方式。除此之外，如果模型更新由控制器完成，那么界面就可以跨应用再使用。

第三，MVC 允许应用的用户接口进行大的变化而不影响模型。每个用户接口的变化将只需要对控制器进行修改，但是既然控制器包含很少的实际行为，那么它是很容易修改的。

面向对象的设计人员在将一个可视化接口添加到一个面向对象的设计中时必须非常小心，因为可视化接口的面向操作的拓扑结构可以大大增加设计的复杂性。

MVC 设计允许一个开发者将一个好的面向对象的设计与用户接口隔离开来，允许在同样的模型中容易地使用多个接口，并且允许在实现阶段对接口作大的修改而不需要对相应的模型进行修改。

（2）软件框架

接下来我们介绍软件框架概念。在介绍软件框架(Framework)之前，首先要明确什么是框架和为什么要使用框架。这要从企业级软件项目面临的挑战谈起，见图 4-3。

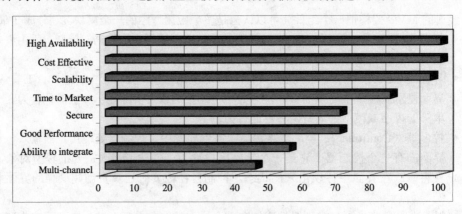

图 4-3  企业级软件项目面临的挑战

我们可以看到，随着项目的规模和复杂性的提高，企业面临着前所未有的各个方面的挑战。根据优先级排序，主要包括高可靠性（High Availability）、低成本（Cost Effective）、可扩展性（Scalability）、投放市场快速性（Time to Market）、安全性（Secure）、性能（Good Performance）、可集成性（Ability to Integrate）及多平台支持（Multi-channel）等。那么，如何面对并且解决这些挑战呢？这需要采用通用的、灵活的、开放的、可扩展的软件框架，由框架来帮助我们解决这些挑战，然后在框架基础之上开发具体的应用系统，如图 4-4 所示。

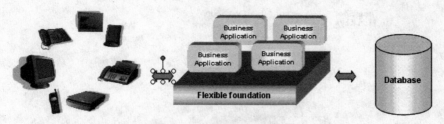

图 4-4　框架和应用的关系

这种基于框架的软件开发方式和传统的汽车生产方式是很类似的，如图 4-5 所示。

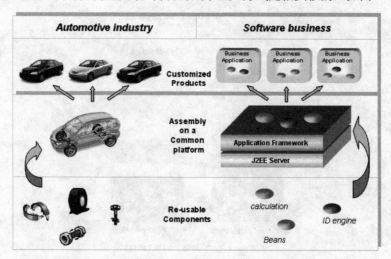

图 4-5　软件开发方式和传统的汽车生产方式

那么到底什么是软件框架呢？框架（Framework）的定义如下：

- 是应用系统的骨架，将软件开发中反复出现的任务标准化，以可重用的形式提供使用；
- 大多提供了可执行的具体程序代码，支持迅速地开发出可执行的应用；但也可以是抽象的设计框架，帮助开发出健壮的设计模型；
- 好的抽象、设计成功的框架，能够大大缩短应用系统开发的周期；
- 在预制框架上加入定制的构件，可以大量减少编码量，并容易测试；
- 分别用于垂直和水平应用。

框架具有以下特点：

- 框架具有很强（大粒度）的可重用性，远远超过了单个类；它是一个功能连贯的类集合，通过相互协作为应用系统提供服务和预制行为；
- 框架中的不变部分，定义了接口、对象的交互和其他不变量；
- 框架中的变化部分（应用中的个性）。

一个好的框架定义了开发和集成组件的标准。为了利用、定制或扩展框架服务，通常需要框架的使用者从已有框架类继承相应的子类，以及通过执行子类的重载方法，用户定义的类将会从预定义的框架类获得所需要的消息。这会给我们带来很多好处，包括代码重用性和一致性、对变化的适应性，特别是它能够让开发人员专注于业务逻辑，从而大大缩短了开发时间。图 4-6 对有没有使用框架对项目开发所需工作量（以人*月来衡量）的影响进行了对比。

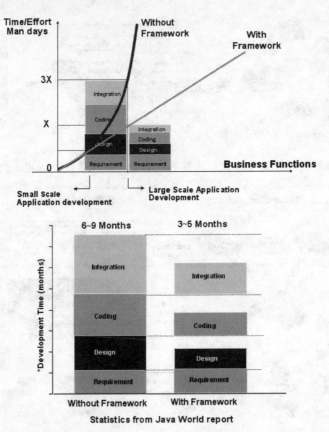

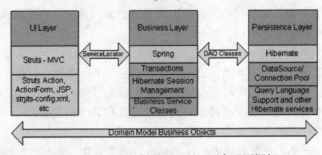

图 4-6　有没有使用框架对项目开发所需工作量的比较

从图 4-6 中我们不难看出，对于没有使用框架的项目而言，开发所需的工作量（以 Man days 即人*月来衡量）会随着项目复杂性的提高（以 Business function 即业务功能来衡量）以几何级数递增；而对于使用框架的项目而言，开发所需的工作量会随着项目复杂性的提高以代数级数递增。举个例子：假定开发团队人数一样，一个没有使用框架的项目所需的周期为 6～9 个月的话，那么同样的项目如果使用框架则只需要 3～5 个月。

eGov 电子政务系统主要使用了 Struts-Spring-Hibernate 三个开源框架，如图 4-7 所示。

图 4-7　Struts-Spring-Hibernate 三个开源框架

① Struts 框架

一般来讲，一个典型的 Web 应用的前端应该是表示层，这里可以使用 Struts 框架。
下面是 Struts 所负责的：

● 管理用户的请求，做出相应的响应；

- 提供一个流程控制器，委派调用业务逻辑和其他上层处理；
- 处理异常；
- 为显示提供一个数据模型；
- 用户界面的验证。

以下内容，不该在 Struts 表示层的编码中经常出现，与表示层是无关的。

- 与数据库直接通信；
- 与应用程序相关联的业务逻辑及校验；
- 事务处理。

在表示层引入这些代码，则会带来高耦合和难以维护的后果。

② Hibernate 框架

典型的 Web 应用的后端是持久层。开发者总是低估构建持久层框架的挑战性。系统内部的持久层不但需要大量的调试时间，而且还经常因为缺少功能使之变得难以控制。这是持久层的通病。幸运的是，有几个对象/关系映射（Object/Relation Mapping，ORM）开源框架很好地解决了这类问题，尤其是 Hibernate。Hibernate 为 Java 提供了持久化机制和查询服务，它还给已经熟悉 SQL 和 JDBC API 的 Java 开发者创造了一个学习桥梁，使他们学习起来很方便。Hibernate 的持久对象是基于 POJO（Plain Old Java Object）和 Java 集合（collections）的。此外，使用 Hibernate 并不妨碍你正在使用的 IDE（Integrated Development Enviroment）。

下面是 Hibernate 所负责的：

- 如何查询对象的相关信息。

Hibernate 是通过一个面向对象的查询语言（HQL）或者正则表达的 API 来完成查询的。HQL 非常类似于 SQL，只是把 SQL 里的 table 和 columns 用 Object 和它的 fields 代替。HQL 容易理解且文档也做得很好。HQL 是一种面向对象查询的自然语言，很容易就能学会。

- 如何存储、更新、删除数据库记录。
- 如 Hibernate 这类的高级 ORM 框架支持大部分主流数据库，并且支持父表/子表（parent/child）关系、事务处理、继承和多态。

③ Spring 框架

一个典型 Web 应用的中间部分是业务层或者服务层。从编码的视角来看，这层是最容易被忽视的一层。我们往往在用户界面层或持久层周围看到这些业务处理的代码，这其实是不正确的。因为它会造成程序代码的高耦合，这样，随着时间的推移，这些代码将很难维护。幸好，针对这一问题有多种框架（Framework）存在。最受欢迎的一个框架是 Spring，也被称为轻量级容器（micro container），它能让我们很好地把对象搭配起来。这里我们将关注于 Spring 的依赖注入和面向方面编程。另外，Spring 把程序中所涉及的包含业务逻辑和数据存取对象（Data Access Object）的 Objects——例如 Transaction Management Handler（事务管理控制）、Object Factory（对象工厂）、Service Objects（服务组件）都通过 XML 来配置联系起来。

下面是 Spring 所负责的：

- 处理应用程序的业务逻辑和业务校验；
- 管理事务；
- 提供与其他层相互作用的接口；
- 管理业务层级别对象的依赖；

- 在表示层和持久层之间增加了一个灵活的机制，使得它们不直接联系在一起；
- 通过揭示从表示层到业务层之间的上下文（Context）来得到业务逻辑（Business Services）；
- 管理程序的执行（从业务层到持久层）。

### 3．子系统的划分和接口定义

（1）为什么要划分子系统和设计模型组织结构

① 设计模型组织结构的最终目标是支持个人或团队进行独立的开发。

② 层次、包的划分，为团队的分工协作提供最直接的依据。

③ 子系统的划分，使得团队成员之间的依赖关系最小化，从而支持并行开发（方便构建）。

④ 为方便测试而进行划分，包、子系统及其接口的定义，应当支持被独立地加以测试。

（2）使用子系统的好处

① 子系统可以用来将系统划分成相互独立的部件，它们将可以：

- 独立地被定制（Ordered）、配置（Configured）或交付（Delivered）；
- 在接口保持不变的情况下，被独立开发；
- 跨越一系列分布式计算节点来被独立部署；
- 被独立地变更而不打破系统其他部分。

② 子系统也可以用来：

- 将系统中访问关键资源而需要有安全限制的部分分割出来，成为独立控制的单元；
- 在设计中代表已有产品或外部系统（例如构件）。

（3）识别系统的接口（Interface）

① 目标：基于职责来识别系统的接口

② 步骤：

- 为所有的子系统识别一组候选的接口；
- 考察接口间的相似性；
- 定义接口间的依赖关系；
- 将接口对应到子系统；
- 定义接口规定的行为；
- 将接口打包。

（4）设计接口

① 命名接口：接口名称要反映系统中的角色。

② 描述接口：接口描述要传达职责信息。

③ 定义操作：名称应当反映操作的结果，描述操作做了什么、所有的参数和结果。

④ 文档化接口：打包支持信息，如序列图、状态图、测试计划等。

### 4．优化设计（包括去冗余和提高可重用性）

（1）最小冗余设计及其优势

① 系统设计的优劣可以通过最终实施编码的冗余程度来衡量。

② 冗余程度小的设计，其优势有：

- 减小系统的物理尺寸（即代码量），降低实施的成本；
- 缩小因变更而引起的更改范围，降低维护成本；
- 简化系统的复杂度，便于理解和扩展。

（2）去冗余途径

去冗余是通过抽取共性元素，从而在结构上保持组成元素的（形式）单一存在。去冗余途径包括划分、泛化、模板化、元层次化和面向方面编程 5 种。

① 通过划分而去冗余

- 将系统划分为职责更为集中和明确的模块（例如对象、子系统、子程序等），相同的行为将通过调用一个模块来实现，从而避免重复的组成元素分散于系统各处；
- 在结构化范型下，主要将重复代码抽取出来重构为子程序、子函数；
- 在面向对象范型下，主要方式有：
  - ➤ 识别对象，并将职责分配给合适的对象，其他对象将委托它来完成对应的行为；
  - ➤ 为对象定义通用的原语方法，而在更高级别通过调用它们而实现粒度更大的职责；
  - ➤ 让对象通过组合来复用已有对象的服务。

② 通过泛化而去冗余

- 将共性的行为抽取出来，专门在一处单独定义；所有类似行为的实现，将关注于那些个性方面，共性方面直接从前述之处继承，而不再重复实现；
- 在结构化范型下，可以在主函数中定义一个统一（共性）的执行过程，然后使用钩子函数等途径来回调个性化的扩展函数；
- 在面向对象范型下，父类实现共性的行为，并定义一些可重载的方法，在父方法中调用，然后让子类重载它们以便扩展个性行为（参考模板方法模式）；
- 泛化的去冗余途径，主要是避免重复实现一些较大粒度框架性的行为，小粒度的行为复用应当使用前述的划分途径。

③ 通过模板化（泛型化）而去冗余

- 使用模板来定义共性的结构和行为，并留出某些变量，这些变量对模板而言是行为敏感的；在具体的应用场景中，通过引入不同的参数变量，从而导出众多个性化的行为组合；
- 在结构化范型下，将一组类似的行为并入一个函数，而通过传入参数控制不同行为的组合；
- 在面向对象范型下，主要有模板类、模板函数等方式；
- 模板化去冗余途径，形式主义是一种结构（引入变量）与（模板）行为的二元组合，其实质是避免行为的重复定义。

④ 通过元层次化而去冗余

- 利用元数据来表达某种领域行为（"元"意味着更高层次的，即用更少的篇幅却能表达更多、更复杂的语义），然后使用相关机制来实例化，从而实现元数据所定义的行为内容（例如，工作流引擎对某流程定义的解释执行）；
- 元数据驱动（meta data driven）的主要方式有：
  - ➤ 声明规格（declarative specification）——通过代码生成器将高层定义转换为具体的最终代码实现，需要使用编译器进行事前转换；
  - ➤ 指令规格（imperative specification）——元数据定义的行为，在运行时刻被专门的机制解释执行，不需要事前转换。

⑤ 通过面向方面编程（AOP）来去冗余

- 将分散在系统代码之间、行使类似职能的代码抽取出来，作为一个方面（aspect），集中到一块来处理（这些职能包括：日志记录、权限验证、资源的释放、异常处理等），避免类似代码到处重复泛滥；
- 面向方面编程（AOP）技术的提出，就是为了解决前述所有途径都难以解决的、类似职能代码横向交错（cross-cut）的冗余问题；
- AOP 技术将系统中随处可见的行为，抽象成若干个行为方面，然后将它们与主体对象的固有行为结合在一起，实现了纷繁复杂的多样系统行为。

其中，构架分析设计所面对的通用问题，往往可以抽象为方面，包括：

- 选择候选层级（Tier）；
- 如何保持会话状态；
- 确定共同的用户界面交互机制；
- 确定共同的数据存取机制（OR Mapping）；
- 解决并发和同步冲突；
- 支持事务处理；
- 接口的定位与实例化机制（常用途径：名字服务）；
- 设计统一的异常机制；
- 安全机制的实施。

这里我们特别介绍一下 AOP 与分析设计的关系。

- 从方法论的角度来看，区分分析与设计的终极目的在于简化开发，分析关注目标系统所处理的领域问题（或称业务功能），而设计要关注系统完成上述领域功能时，在性能、部署等方面应当满足的动作需求（非功能需求）；
- AOP（Aspect Oriented Programming，面向方面编程）正是一种实施层面的技术，它直接在代码级别上，支持将处理动作需求方面的代码与处理业务逻辑的代码相隔离，使得开发人员将注意力集中于核心的业务逻辑上；
- AOP、MDA 的模型转换技术等都是支持分析与设计分离方法论的绝佳途径。

关于 AOP 的详细介绍，有兴趣的读者可以参考 Spring 部分的内容。

## 4.1.3 概要设计文档

### eGov 电子政务系统概要设计说明书

#### 1 引言

##### 1.1 编写目的

此文档对 eGov 电子政务系统概要设计进行说明。

预期的读者有（甲方）的需求提供者、项目负责人、相关技术人员等，北京亚思晟商务科技有限公司（乙方）的项目组成员，包括项目经理、客户经理、分析设计/开发/测试等人员。

##### 1.2 背景

eGov 电子政务系统是基于互联网的应用软件。在研究中心的网上能了解到已公开发布的不同栏目（如新闻，通知等）的内容，各部门可以发表栏目内容（如新闻、通知等），有关负责人对需要发布的内容进行审批。其中，有的栏目（如新闻）必须经过审批才能发布，有的栏目（如通知）则不需要审批就能发布。系统管理人员对用户及其权限进行管理。

### 1.3　定义

无

### 1.4　参考资料

eGov 电子政务系统需求规格说明书

eGov 电子政务系统详细设计说明书

## 2　总体设计

### 2.1　需求规定

eGov 电子政务系统按模块可以分成 3 部分：一是一般用户浏览的内容管理模块；二是系统管理；三是内容和审核管理。而它们各自又由具体的小模块组成。具体需求见 eGov 电子政务系统需求规格说明书。

### 2.2　运行环境

- 操作系统：Windows 2003/XP、Linux；
- Web 服务器：Tomcat 5.5 以上；
- 数据库服务器：MySQL 5.0 以上，能够处理数据并发访问，访问回馈时间短。

### 2.3　基本设计概念

1. 系统整体方案

（1）eGov 电子政务系统主要特性

我们从以下 5 个方面确定目标系统特性：

- 用户界面的复杂度：数据的静态显示/可定制视图（Customizable View）；
- 用户界面的部署约束：基于独立的桌面电脑或专用工作站的浏览器；
- 用户的数量和类型：组织内的日常使用者，总共几百人；
- 系统接口类型：通过 HTTP 协议提供服务，未来可以使用 SOAP 的 SOA 技术；
- 性能：主要是独立的数据更新，有少量并发处理。

从上述特性可以判断 eGov 电子政务系统属于中大型项目，因此我们使用基于 Struts-Spring-Hibernate 框架的分层架构设计方案。

（2）架构分层

在 eGov 电子政务系统架构设计中，我们使用分层模式。具体地说，我们将 eGov 电子政务系统应用在职责上分成 3 层：表示层（Presentation Layer）、持久层（Persistence Layer）和业务层（Business Layer）。每个层在功能上都应该是十分明确的，而不应该与其他层混合。每个层要相互独立，通过一个通信接口而相互联系。

（3）模式和框架使用

在分层设计基础上，我们将使用设计模式和框架，这些是可以重用的资产。

① MVC 模式

MVC（Model-View-Controller，模型-视图-控制器）模式就是一种很常见的设计模式，其结构图如图 1 所示。

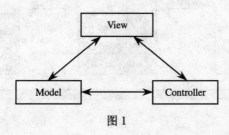

图 1

- Model 端

在 MVC 模式中，模型是执行某些任务的代码，而这部分代码并没有任何逻辑决定用户端的表示方法。Model 只有纯粹的功能性接口，也就是一系列的公共方法，通过这些公共方法，便可以取得模型端的所有功能。

- View 端

在 MVC 模式中，一个 Model 可以有几个 View 端，而实际上多个 View 端是使用 MVC 的原始动机。使用 MVC 模式可以允许多于一个的 View 端存在，并可以在需要时动态注册所需要的 View。

- Controller 端

MVC 模式的视图端是与 MVC 的控制器端结合使用的。当用户端与相应的视图发生交互时，用户可以通过视图更新模型的状态，而这种更新是通过控制器端进行的。控制器端通过调用模型端的方法更改其状态值。与此同时，控制器端会通知所有注册了的视图刷新用户界面。

那么，使用 MVC 模式有哪些优点呢？MVC 通过以下 3 种方式消除与用户接口和面向对象的设计有关的绝大部分困难。

- 控制器通过一个状态机跟踪和处理面向操作的用户事件。这允许控制器在必要时创建和破坏来自模型的对象，并且将面向操作的拓扑结构与面向对象的设计隔离开来。这个隔离有助于防止面向对象的设计走向歧途。
- MVC 将用户接口与面向对象的模型分开。这允许同样的模型不用修改就可使用许多不同的界面显示方式。除此之外，如果模型更新由控制器完成，那么界面就可以跨应用再使用。
- MVC 允许应用的用户接口进行大的变化而不影响模型。每个用户接口的变化将只需要对控制器进行修改，但是控制器包含很少的实际行为，那么它是很容易修改的。

面向对象的设计人员在将一个可视化接口添加到一个面向对象的设计中时必须非常小心，因为可视化接口的面向操作的拓扑结构可以大大增加设计的复杂性。

MVC 设计允许一个开发者将一个好的面向对象的设计与用户接口隔离开来，允许在同样的模型中容易地使用多个接口，并且允许在实现阶段对接口作大的修改而不需要对相应的模型进行修改。

② 框架

根据项目特点，我们使用 3 种开源框架：表示层用 Struts；业务层用 Spring；而持久层则用 Hibernate，如图 2 所示。

- 表示层

一般来讲，一个典型的 Web 应用的前端应该是表示层，这里可以使用 Struts 框架。

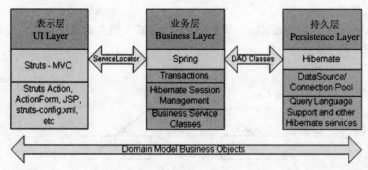

图2

下面是 Struts 所负责的：

> 管理用户的请求，做出相应的响应；
> 提供一个流程控制器，委派调用业务逻辑和其他上层处理；
> 处理异常；
> 为显示提供一个数据模型；
> 用户界面的验证。

以下内容，不该在 Struts 表示层的编码中经常出现，与表示层是无关的。

> 与数据库直接通信；
> 与应用程序相关联的业务逻辑及校验；
> 事务处理。

在表示层引入这些代码，则会带来高耦合和难以维护的后果。

● 持久层

典型的 Web 应用的后端是持久层。开发者总是低估构建持久层框架的挑战性。系统内部的持久层不但需要大量的调试时间，而且还经常因为缺少功能使之变得难以控制。这是持久层的通病。幸运的是，有几个对象/关系映射（Object/Relation Mapping，ORM）开源框架很好地解决了这类问题，尤其是 Hibernate。Hibernate 为 Java 提供了持久化机制和查询服务，它还给已经熟悉 SQL 和 JDBC API 的 Java 开发者创造了一个学习桥梁，使他们学习起来很方便。Hibernate 的持久对象是基于 POJO（Plain Old Java Object）和 Java 集合（collections）的。此外，使用 Hibernate 并不妨碍你正在使用的 IDE（Integrated Development Enviroment）。

下面是 Hibernate 所负责的：

● 如何查询对象的相关信息。

Hibernate 是通过一个面向对象的查询语言（HQL）或者正则表达的 API 来完成查询的。HQL 非常类似于 SQL，只是把 SQL 里的 table 和 columns 用 Object 和它的 fields 代替。HQL 容易理解且文档也做得很好。HQL 是一种面向对象查询的自然语言，很容易就能学会。

● 如何存储、更新、删除数据库记录。
● 如 Hibernate 这类的高级 ORM 框架支持大部分主流数据库，并且支持父表/子表（parent/child）关系、事务处理、继承和多态。

● 业务层

一个典型 Web 应用的中间部分是业务层或者服务层。从编码的视角来看，这层是最容易被忽视的一层。我们往往在用户界面层或持久层周围看到这些业务处理的代码，这其实是不正确的。因为它会造成程序代码的高耦合，这样，随着时间的推移，这些代码将很难维护。幸好，针对这一问题有多种框架（Framework）存在。最受欢迎的两个框架是 Spring 和 PicoContainer。这两个框架也被称为轻量级容器（micro container），它们能让我们很好地把对象搭配起来。这两个框架都着手于"依赖注入"（Dependency Injection）（还有我们所知道的"控制反转"（Inversion of Control，IoC）这样的简单概念。这里我们将关注于 Spring 的依赖注入和面向方面编程。另外，Spring 把程序中所涉及的包含业务逻辑和数据存取对象（Data Access Object）的 Objects——例如，Transaction Management Handler（事务管理控制）、Object Factory（对象工厂）、Service Objects（服务组件）都通过 XML 来配置联系起来。

下面是业务层所负责的：

● 处理应用程序的业务逻辑和业务校验；
● 管理事务；

- 提供与其他层相互作用的接口；
- 管理业务层级别对象的依赖；
- 在表示层和持久层之间增加了一个灵活的机制，使得它们不直接联系在一起；
- 通过揭示从表示层到业务层之间的上下文（Context）来得到业务逻辑（Business Services）；
- 管理程序的执行（从业务层到持久层）。

2. UML 视图

（1）用例图，如图 3 所示。

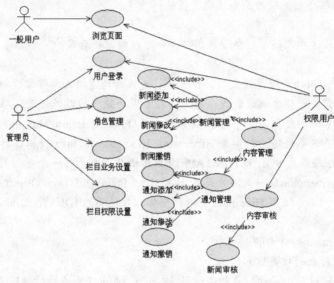

图 3

（2）类图，如图 4 所示。

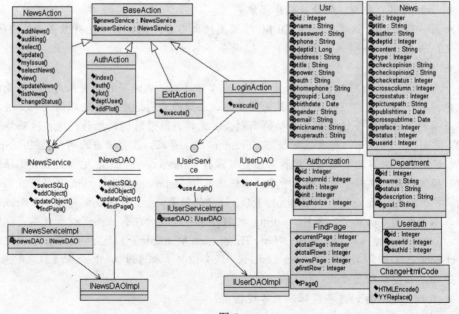

图 4

### 2.4　结构

结构如图 5 所示。

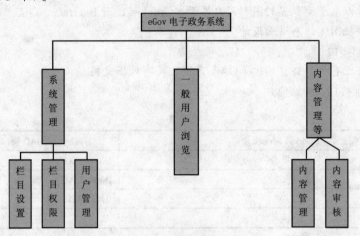

图 5

（1）一般用户浏览的内容管理模块：首页显示及其他页面。

（2）系统管理模块：

① 登录

② 栏目业务设置

③ 栏目权限设置

④ 用户管理设置

（3）内容管理和审核模块：

① 内容管理（新闻的显示、编辑、修改、屏蔽、删除，通知的显示、编辑、修改、删除）

② 内容审核（新闻审核）

### 2.5　功能需求与程序的关系

各项功能需求的实现与各块程序的分配关系如表 1 所示。

表 1

| | 程序 1（Action） | 程序 2（Business Service） | 程序 3（DAO） |
|---|---|---|---|
| **内容管理和审核模块** | | | |
| ① 内容管理（新闻） | NewsAction | INewsServiceImpl/INewsService | INewsDAOImpl/ INewsDAO |
| ② 内容审核（新闻） | NewsAction | INewsServiceImpl/INewsService | INewsDAOImpl/ INewsDAO |
| ③ 内容管理（通知） | NoticeAction | INoticeServiceImpl/INoticeService | INoticeDAOImpl/ INoticeDAO |
| **系统管理模块** | …… | …… | …… |
| ① 登录 | LoginAction | IUserServiceImpl/IUserService | IUserDAOImpl/IUserDAO |
| …… | …… | …… | …… |
| **一般用户浏览** | …… | …… | …… |

### 2.6　人工处理过程

无

### 2.7　尚未解决的问题

无

## 3 接口设计

### 3.1 用户接口

用户接口以基于浏览器的图形用户界面（Graphic User Interface，GUI）的方式提供，具体见页面导航图（静态页面设计）。

### 3.2 外部接口

本系统与已有的办公自动化（OA）系统之间有数据交换。

### 3.3 内部接口（见表2）

表2

| Business Service 接口 | DAO 接口 |
|---|---|
| InewsService | INewsDAO |
| InoticeService | INoticeDAO |
| IuserService | IUserDAO |
| …… | …… |

**接口描述：**

（1）IUserService 接口类提供以下方法：

```
public Usr userLogin(String username, String password);
```

目标：用户登录。

| 参　　数 | 类　　型 | 说　　明 |
|---|---|---|
| username | String | 用户登录账号 |
| password | String | 用户登录密码 |

主要流程描述：

用户提交请求，在 Action 中调用该方法，传入用户输入的账号和密码，到数据库中读取。如果有此用户且密码对应，则返回该用户，登录成功；否则返回 null，登录失败。

（2）INewsService 接口类提供以下方法：

```
public List selectSQL(String sql,Object[] value);
```

目标：根据 SQL 语句查询。

| 参　　数 | 类　　型 | 说　　明 |
|---|---|---|
| sql | String | 执行查询的 HQL 语句 |
| value | Object[] | HQL 语句中的参数值 |

主要流程描述：

在 Action 中写好 HQL 语句，把参数写入一个 Object 数组中，然后调用该方法，传入 HQL 和 Object 类型数组，执行查询，返回 List 类型集合。

```
public void addObject(Object obj);
```

目标：添加方法。

| 参　　数 | 类　　型 | 说　　明 |
|---|---|---|
| obj | Object | 需要保存的数据对象 |

主要流程描述：

在 Action 中创建 JavaBean 对象，调用该方法，传入该对象，执行保存命令。

```
public void updateObject(Object obj);
```

目标：修改方法。

| 参　　数 | 类　　型 | 说　　明 |
|---|---|---|
| obj | Object | 需要修改的数据对象 |

主要流程描述：

在 Action 中查找到需要修改的对象，赋予新值，调用该方法，传入该对象，执行修改命令。

```
public void deleteObject(Object obj);
```

目标：删除方法。

| 参　　数 | 类　　型 | 说　　明 |
|---|---|---|
| obj | Object | 需要删除的数据对象 |

主要流程描述：

在 Action 中查找到需要删除的对象，调用该方法，传入该对象，执行删除命令。

```
public List findPage(final String sql,final int firstRow,
                final int maxRow,final Object[] obj);
```

目标：分页查询方法。

| 参　　数 | 类　　型 | 说　　明 |
|---|---|---|
| sql | final String | 执行查询的 HQL 语句 |
| firstRow | final int | 从第几条记录开始查找 |
| maxRow | final int | 取多少条记录 |
| obj | Object[] | HQL 语句中所需要的参数 |

主要流程描述：

在 Action 中写好查询的 HQL 语句，如有参数，则存入 Object 数组中，根据页面传入的当前页数，算出要从哪条记录开始显示，调用该方法，传入 HQL 语句、从第几条记录开始查、每页显示的记录数、HQL 语句所需的参数，执行查询命令，返回 List 类型集合。

…………

### 4  运行设计

#### 4.1  运行模块组合

运行模块组合，如图 6 所示。

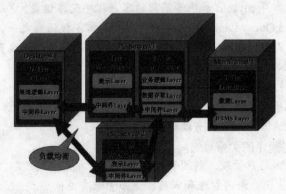

图 6

### 4.2 运行控制

用户通过图形用户界面发出请求，应用服务器和数据库服务器处理请求后给用户返回响应，并展现在用户界面上。具体操作步骤见详细设计说明书。

### 4.3 运行时间

运行模块组合将占用各种资源的时间要满足性能要求，特别是响应速度要低于 5 秒。

## 5 系统数据结构设计

### 5.1 逻辑结构设计要点

逻辑结构设计图如图 7 所示。

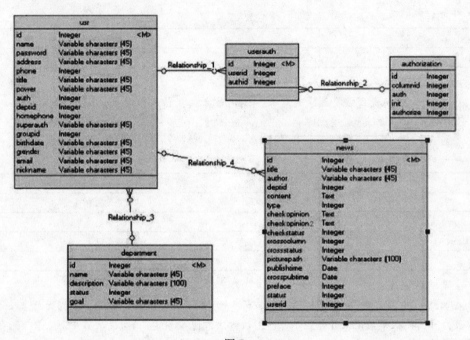

图 7

### 5.2 物理结构设计要点

本系统内使用 MySQL 关系型数据库，以便满足每个数据结构中的每个数据项的存储要求、访问方法、存取单位、存取的物理关系（索引、设备、存储区域）、设计考虑和保密条件。MySQL 是一个多用户、多线程的 SQL 数据库，是一个客户机/服务器结构的应用，它由一个服务器守护程序 mysqld 和很多不同的客户程序及库组成。它是目前市场上运行最快的 SQL（Structured Query Language，结构化查询语言）数据库之一，它提供了其他数据库少有的编程工具，而且 MySQL 对于商业和个人用户是免费的。这里我们使用相对稳定的 MySQL 5.0.45 版本。

MySQL 的功能特点如下：

可以同时处理几乎不限数量的用户；处理多达 50 000 000 条以上的记录；命令执行速度快，也许是现今最快的；简单、有效的用户特权系统。

### 5.3 数据结构与程序的关系

- department 表和用户管理、新闻管理、通知管理有关；
- usr 表和用户管理、新闻管理和审核、通知管理有关；
- news 表和新闻管理和审核，以及一般用户浏览的内容有关；

- userauth 表和用户管理、新闻管理和审核、通知管理有关；
- authorization 表和新闻管理和审核、通知管理有关。

…………

### 6　系统出错处理设计

#### 6.1　出错信息

在软件设计中我们使用异常处理机制和 log4j 工具保证系统健壮性，运行时正常和出错信息要保留在日志文件中；硬件方面则使用冗余备份方式保证负载平衡和系统可靠性。

#### 6.2　补救措施

当原始系统数据万一丢失时启用副本的建立和启动技术，周期性地把磁盘信息记录到磁带上。

#### 6.3　系统维护设计

系统设计时模式及框架的使用、子系统和接口的设计、高重用及低耦合设计原则等可以保证系统维护的方便性。

## 4.2　软件详细设计

### 4.2.1　软件详细设计概述

在概要设计阶段，已经确定了软件系统的总体结构，给出了软件系统中各个组成模块的功能和模块间的接口。作为软件设计的第二步，软件详细设计就是在软件概要设计的基础上，考虑如何实现定义的软件系统，直到对系统中的每个模块都给出了足够详细的过程描述。在软件详细设计以后，程序员将根据详细设计的过程编写出实际的程序代码。因此，软件详细设计的结果基本上决定了最终的程序代码质量。在软件详细设计阶段，将生成详细设计说明书。在软件详细设计结束时，软件详细设计说明书通过复审形成正式文档，作为下一个阶段的工作依据。

详细设计的主要任务是设计每个模块的实现算法、所需的局部数据结构。详细设计的目标有两个：实现模块功能的算法在逻辑上正确和算法描述要简明易懂。具体地说：

（1）为每个模块确定采用的算法，选择某种适当的工具表达算法的过程，写出模块的详细过程性描述。

（2）确定每个模块使用的数据结构。

（3）确定模块接口的细节，包括对系统外部的接口和用户界面、对系统内部其他模块的接口，以及模块输入数据、输出数据及局部数据的全部细节。

在详细设计结束时，应该把上述结果写入详细设计说明书，并且通过复审形成正式文档，交付给下一阶段（编码阶段）作为工作依据。

（4）要为每一个模块设计出一组测试用例，以便在编码阶段对模块代码（即程序）进行预定的测试。模块的测试用例是软件测试计划的重要组成部分，通常应包括输入数据、期望输出等内容。

传统软件开发方法的详细设计主要是用结构化程序设计方法。详细设计的表示工具有图形工具和语言工具。图形工具有程序流程图、PAD（Problem Analysis Diagram）图、NS（由 Nassi 和 Shneidermen 开发，简称 NS）图；语言工具有伪码和 PDL（Program Design Language）等。

现代软件开发方法的详细设计主要是用面向对象的设计方法。UML 语言（包括类图、序列图等）和 E-R 图（实体-关系图）等都是完成详细设计的工具，选择合适的工具并且正确地使用是十分重要的。

## 4.2.2　面向对象的详细设计

进行面向对象的分析设计的一个常用工具是 Rational Rose。关于 Rational Rose 工具的使用，我们在前面第 2 章做了讲解，请读者参考。我们在这里使用 UML 的类图和序列图等进行面向对象的详细设计。

eGov 电子政务系统的类图如图 4-8 所示。

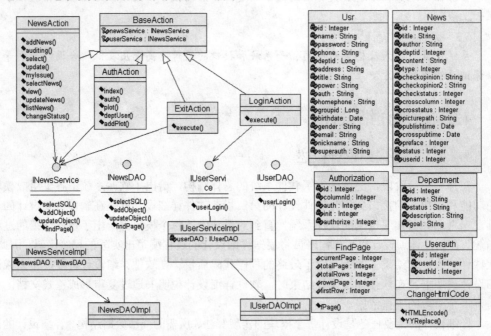

图 4-8　eGov 电子政务系统的类图

用户登录管理的序列图如图 4-9 所示。

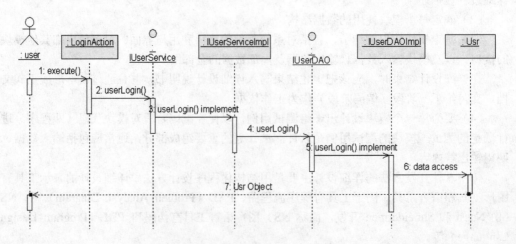

图 4-9　用户登录管理的序列图

新闻发布的序列图如图 4-10 所示。

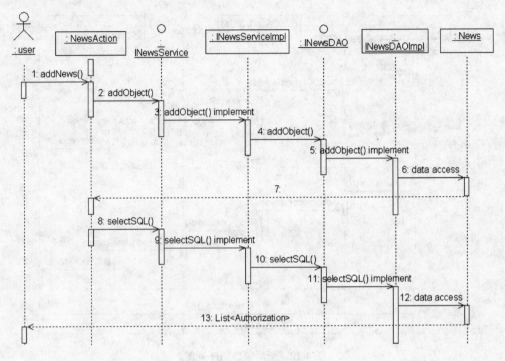

图 4-10　新闻发布的序列图

新闻修改的序列图如图 4-11 所示。

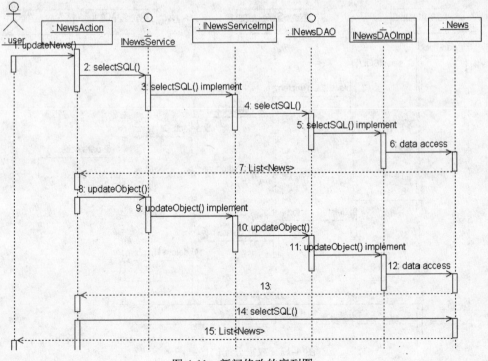

图 4-11　新闻修改的序列图

新闻审核的序列图如图 4-12 所示。

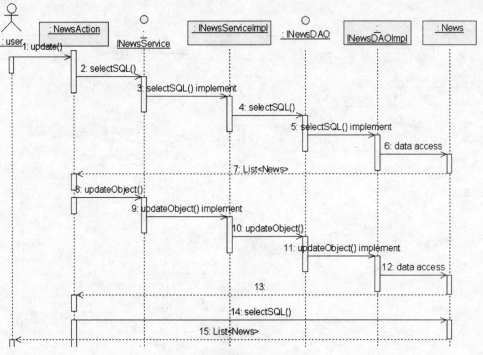

图 4-12　新闻审核的序列图

权限分配的序列图如图 4-13 所示。

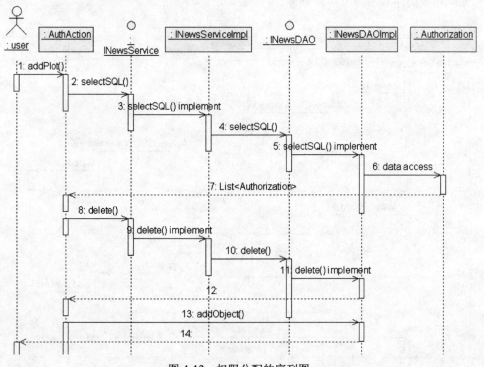

图 4-13　权限分配的序列图

其他 UML 图这里就不再赘述了，具体内容可参见详细设计说明书。

除了面向对象的设计之外，和软件设计密切相关的另外一部分内容就是**数据库的设计**。

### 4.2.3 数据库设计

#### 1. 数据模型

数据库设计的目标是设计和建立数据模型。数据模型设计是企业信息系统设计的中心环节，数据模型建设是企业信息系统建设的基石，设计者与建设者万万不可粗心大意。站在设计者的立场上看，数据模型是系统内部的静态数据结构。企业信息系统中的数据模型，是指它的 E-R 图及其相应的数据字典。这里的数据字典，包括实体字典、属性字典、关系字典。在数据库设计的 CASE 工具（例如 PowerDesigner、ERwin 等）帮助下，这些数据字典都可以查阅、显示、修改、打印、保存。

E-R 图将系统中所有的元数据按照其内部规律组织在一起，通过它们再将所有原始数据组织在一起，有了这些原始数据，再经过各种算法分析，就能派生出系统中的一切输出数据，从而满足人们对信息系统的各种需求。数据字典是系统中所有元数据的集合，或者说是系统中所有的表名、字段名、关系名的集合。由此可见，E-R 图及其数据字典确实是信息系统的数据模型。抓住了 E-R 图，就抓住了信息系统的核心。

数据模型分为概念数据模型（CDM）和物理数据模型（PDM）两个层次。CDM 就是数据库的逻辑设计，即 E-R 图；PDM 就是数据库的物理设计，即物理表。有了 CASE 工具后，从 CDM 就可以自动转换为 PDM，而且还可以自动获得主键索引、表级触发器等。

数据模型本身是静态的，但是在设计者心目中，应该尽量将它由静态变成动态。设计者可以想象数据（或记录）在相关表上的流动过程，即增加、删除、修改、传输与处理等，从而在脑海中运行系统，或在 E-R 图上运行系统。

数据模型的设计工具有：PowerDesigner、 Erwin、Oracle Designer 或 Rose 中的类图加上对象图。在这里我们重点介绍 PowerDesigner 工具。

#### 2. PowerDesigner 介绍

PowerDesigner 是 Sybase 公司的 CASE 工具，使用它可以方便地对管理信息系统进行分析设计，它几乎包括了数据库模型设计的全过程。利用 PowerDesigner 可以制作数据流程图、概念数据模型、物理数据模型，可以生成多种客户端开发工具的应用程序，还可以为数据仓库制作结构模型，也能对团队设计模型进行控制。它可以与许多流行的数据库设计软件相配合使用来缩短开发时间和使系统设计更优化。

PowerDesigner 主要包括以下几个功能部分。

（1）DataArchitect

这是一个强大的数据库设计工具，使用 DataArchitect 可以利用 E-R（实体-关系）图为一个信息系统创建 "概念数据模型"（Conceptual Data Model，CDM），并且可以根据 CDM 产生基于某一特定数据库管理系统（例如 Oracle）的 "物理数据模型"（Physical Data Model，PDM）。它还可以优化 PDM，产生为特定 DBMS 创建数据库的 SQL 语句并可以文件形式存储，以便在其他时刻运行这些 SQL 语句创建数据库。另外，DataArchitect 还可以根据已存在的数据库反向生成 PDM、CDM 及创建数据库的 SQL 脚本。

（2）ProcessAnalyst

这个功能部分用于创建功能模型和数据流图，创建"处理层次关系"。

（3）AppModeler

此功能部分为客户/服务器应用程序创建应用模型。

（4）ODBC Administrator

此功能部分用来管理系统的各种数据源。

PowerDesigner 的 4 种模型文件：

（1）概念数据模型（CDM）

CDM 表达数据库的全部逻辑结构，与任何的软件或数据存储结构无关。它给运行计划或业务活动的数据提供一个逻辑表现方式。

（2）物理数据模型（PDM）

PDM 表达数据库的物理实现。依据 PDM，我们考虑真实的物理实现细节。我们可以修正 PDM 适合物理表现或约束。

（3）面向对象模型（OOM）

一个 OOM 包含一系列包、类、接口和它们的关系。 这些对象一起形成软件系统所有的（或部分）逻辑设计视图的结构。一个 OOM 本质上是软件系统的一个静态的概念模型。

（4）业务程序模型（BPM）

BPM 描述业务的各种不同内在任务和流程，以及客户如何和这些任务及流程互相交互。BPM 是从业务用户的观点来看业务逻辑和规则的概念模型。

### 3. 使用 PowerDesigner 建立概念数据模型（CDM）和物理数据模型（PDM）

（1）建立概念数据模型（CDM）

① 在 PowerDesigner 中选择"File→New"菜单项（见图 4-14），在打开的窗口中选择要建立的模型类型——Conceptual Data Model，建立一个新的概念数据模型，命名为"electrones"，如图 4-15 所示。

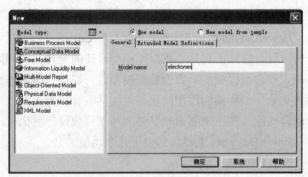

图 4-14　选择"File→New"菜单项　　　　图 4-15　建立概念数据模型

② 选择工具窗口中的实体图标，光标变成该图标形状，在设计窗口的适当位置单击鼠标，在单击的位置上出现实体符号。依次加入实体 usr、userauth、news、department、authorization；双击加入实体并分别为其添加属性；设置主键和 Data Type。如图 4-16 所示为工具窗口，图 4-17 所示为加入的实体。

③ 实体命名和添加属性分别如图 4-18 和图 4-19 所示。

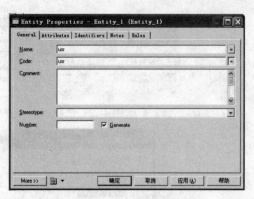

图 4-16　工具窗口　图 4-17　加入的实体　　　　　　　图 4-18　实体命名

④ 建立实体之间的联系。选择工具窗口中的 Relationship 图标（见图 4-20），单击第一个实体，按住鼠标左键将其拖拽至第二个实体上然后释放左键，即建立了一个默认联系。选中图中所定义的联系，双击则打开"Relationship Properties"（联系属性）窗口。在 General 页中定义联系的常规属性（见图 4-21），在 Cardinalities 页中定义实体关系（见图 4-22）。

图 4-19　添加属性　　　　　　　　图 4-20　选中 Relationship 图标

图 4-21　定义联系的常规属性　　　　　　图 4-22　定义产体关系

⑤ 检查模型（Check Model）。选择"Tools→Check Model"菜单项（见图 4-23），打开"Check Model Parameters"窗口，在 Options 页中选中要进行检查的节点前的复选框（见图 4-24）。

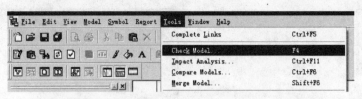

图 4-23　选择"Tools→Check Model"菜单项

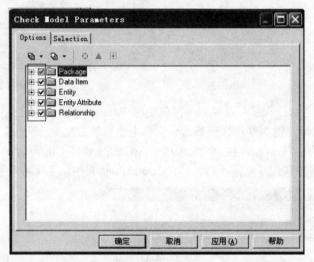

图 4-24　选中要进行检查的节点前的复选框

⑥ 选择 Selection 页，在该页中选择要检查的模型和对象（见图 4-25）。

⑦ 设置完毕后，单击"确定"按钮，开始检查 CDM 模型。如果发现错误或者警告，系统将显示提示信息。也可以使用 Check 工具栏进行错误更正。如果 Check 工具栏没有显示，则可以选择"Tools→Customize Toolbars"菜单项（见图 4-26），弹出自定义工具栏窗口，选择 Check 复选框（见图 4-27）。

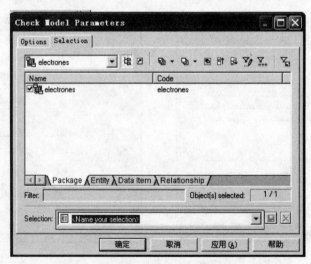

图 4-25　选择要检查的模型和对象

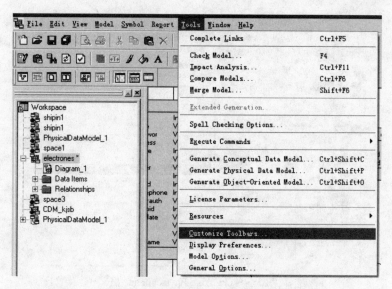

图 4-26 选择"Tools→Customize Toolbars"菜单项

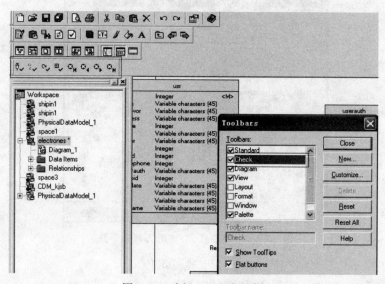

图 4-27 选择 Check 复选框

⑧ 选中结果列表窗口中的某个警告,单击右键弹出菜单,通过菜单项进行更正或者重新检查。如果是错误,则弹出另外的菜单。

按照 Check 工具栏提示的错误和警告进行纠正,直到没有问题为止。

(2)生成物理数据模型(PDM)

将 CDM 生成为 PDM,标识符、联系、数据类型等会自动转换。

① 选择"Tools→Generate Physical Data Model"菜单项(见图 4-28),打开"PDM Generation Options"窗口,在 General 页中选择生成 PDM 的方式和参数(见图 4-29)。选择"Generate new Physical Data Model"表示生成新的 PDM,选择"Update existing Physical Data Model"则表示与已经存在的 PDM 合并生成新的 PDM。

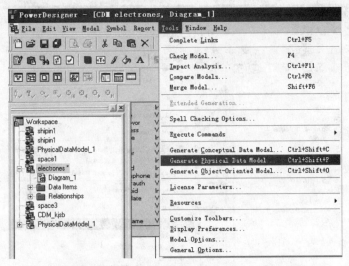

图 4-28　选择"Tools→Generate Physical Data Model"菜单项

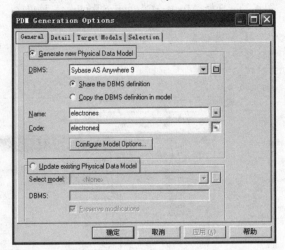

图 4-29　选择生成 PDM 的方式和参数

② 选择 Detail 页，进行细节选项设置（见图 4-30）。

③ 选择 Selection 页，选择要转换为 PDM 表的实体（见图 4-31）。

图 4-30　进行细节选项设置

图 4-31　选择要转换为 PDM 表的实体

④ 单击"确定"按钮，开始生成 PDM，在"Result List"窗口中会显示在处理过程中出现的警告、错误和提示信息（见图 4-32），根据提示对出现的警告和错误进行修改。如果 PDM 中显示的信息太多，难以阅读，则可以选择"Tools→Display Preferences"菜单项（见图 4-33），通过"Display Preferences"窗口设置以减少显示的信息（见图 4-34）。

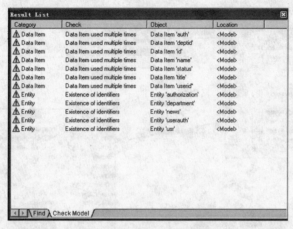

图 4-32　"Result List"窗口

图 4-33　选择"Tools→Display Preferences"菜单项

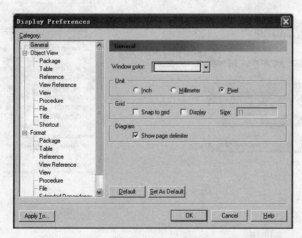

图 4-34　"Display Preferences"窗口

eGov 电子政务系统数据库设计的结果如图 4-35 和图 4-36 所示。

概念数据模型：

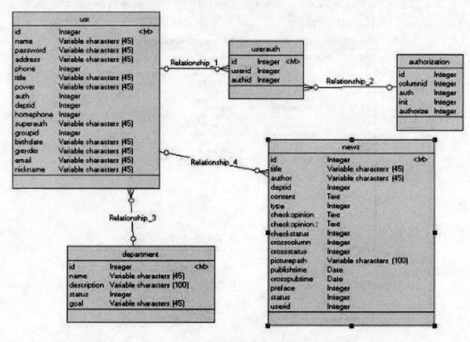

图 4-35　概念数据模型

物理数据模型：

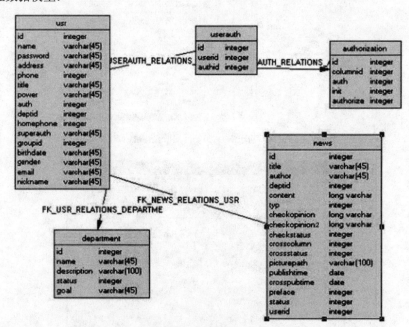

图 4-36　物理数据模型

表结构说明如下：

- 表名：news（新闻表）

| 序 号 | 列 名 | PK | FK | 属 性 | 长 度 | 备 注 |
|---|---|---|---|---|---|---|
| 1 | id | Y | | integer | 20 | 该表的主键，唯一标识，自动增长 |
| 2 | title | | | varchar | 255 | 新闻日期 |
| 3 | author | | | varchar | 32 | 作者 |
| 4 | deptid | | | integer | 20 | 部门号 |
| 5 | content | | | longtext | | 新闻内容 |
| 6 | type | | | integer | 11 | 新闻类型 |
| 7 | checkopinion | | | varchar | 255 | 一审意见 |
| 8 | checkopinion2 | | | varchar | 255 | 二审意见 |
| 9 | checkstatus | | | integer | 11 | 当前新闻审核状态 |
| 10 | crosscolumn | | Y | integer | 11 | 跨栏栏目（值来来自于数据字典） |
| 11 | crossstatus | | | integer | 11 | 跨栏状态（值来自于数据字典） |
| 12 | picturepath | | | varchar | 128 | 图片路径 |
| 13 | publishtime | | | date | | 发布时间 |
| 14 | crosspubtime | | | date | | 跨栏日期（值来自于数据字典） |
| 15 | preface | | | integer | 11 | |
| 16 | status | | | integer | 11 | 发布状态 |

- 表名：department（部门表）

| 序 号 | 列 名 | PK | FK | 属 性 | 长 度 | 备 注 |
|---|---|---|---|---|---|---|
| 1 | id | Y | | integer | 20 | 该表的主键，唯一标识，自动增长 |
| 2 | name | | | varchar | 32 | 部门名 |
| 3 | status | | | varchar | 255 | 部门状态 |
| 4 | discription | | | varchar | 255 | 部门描述 |
| 5 | goal | | | varchar | 255 | |

- 表名：usr（用户表）

| 序 号 | 列 名 | PK | FK | 属 性 | 长 度 | 备 注 |
|---|---|---|---|---|---|---|
| 1 | id | Y | | integer | 20 | 该表的主键，唯一标识，自动增长 |
| 2 | name | | | varchar | 16 | 用户名 |
| 3 | password | | | varchar | 16 | 用户密码 |
| 4 | phone | | | varchar | 16 | 电话号 |
| 5 | deptid | | Y | integer | 20 | 部门号（外键） |
| 6 | address | | | varchar | 64 | 用户地址 |
| 7 | title | | | varchar | 32 | |
| 8 | power | | | varchar | 32 | |
| 9 | auth | | | varchar | 32 | 用户权限 |
| 10 | homephone | | | varchar | 16 | 用户家号码 |
| 11 | superauth | | | varchar | 8 | 高级权限 |
| 12 | groupid | | | integer | 20 | |
| 13 | birthdate | | | date | | 生日日期 |
| 14 | gender | | | varchar | 8 | 用户性别 |
| 15 | email | | | varchar | 255 | 电子信箱 |

- 表名：authorization（权限表）

| 序 号 | 列 名 | PK | FK | 属 性 | 长 度 | 备 注 |
|---|---|---|---|---|---|---|
| 1 | id | Y | | integer | 20 | 该表的主键，唯一标识，自动增长 |
| 2 | columnid | | Y | integer | 20 | 栏目编号 |
| 3 | auth | | | integer | 11 | 栏目权限 |
| 4 | init | | | integer | 11 | |
| 5 | authorize | | | integer | 11 | 栏目是否有权限 |

- 表名：userauth（用户权限表）

| 序 号 | 列 名 | PK | FK | 属 性 | 长 度 | 备 注 |
|---|---|---|---|---|---|---|
| 1 | id | Y | | integer | 20 | 该表的主键，唯一标识，自动增长 |
| 2 | userid | | Y | integer | 20 | 用户 ID（外键） |
| 3 | authid | | Y | integer | 20 | 栏目权限 ID（外键） |

### 4.2.4 软件详细设计评审

在软件开发过程中当详细设计文档（Detail Design）完成后，软件开发人员会按照文档要求进行代码开发，而软件测试人员会按照文档要求进行测试用例设计。因此详细设计内容是否完善、有无重大缺陷，软件开发、测试人员是否正确深入了解了详细设计内容和设计思路，都直接关系到该模块开发进度和产品质量。

那么怎样才能够完善详细设计并让开发、测试人员正确贯彻设计人员设计思路呢？针对详细设计的同行评审可以有效地解决这个问题。

同行评审的主要目的是检查和确认详细设计中存在的缺陷，以便在模块开发周期的早期阶段清除这些缺陷。就缺陷修复成本而言，在代码开发工作开始前就清除设计方面的缺陷其所付出成本是较低的，而且这个检查和确认过程对评审参与人员而言也有助于他们了解参评模块。

那么当我们确定对详细设计进行同行评审时，其主要参与者都应该是哪些角色呢？

在软件项目团队（Team）中除了详细设计人员以外，还有谁对详细设计质量拥有发言权呢？有人可能会说是详细设计检阅人员（Reviewer）。诚然，详细设计检阅人员往往是团队（Team）中比较有经验的角色，从技术角度上讲他们对于模块详细设计是有发言权的，能够对详细设计的框架进行把关。但是由于角色、职责、精力等方面限定，他们往往不会对其审查的详细设计文档进行仔细分析、走查，其审查往往只能做到走马观花式宏观把握，而对于细节问题往往予以忽略。

在很多大型项目中模块划分数量很多，要进行评审的详细设计文档更如烟海。如果能有 Reviewer 级别人物参加当然最好，但是基于时间和效率方面考虑，让 Reviewer 参加每次详细设计评审是很难做到的，他们往往只参加些重要级别模块的详细设计同行评审。

其实对于详细设计文档质量优劣感受最深的还是工作在详细设计层下游的软件开发、测试人员。他们直接依照详细设计进行工作，详细设计文档质量直接影响到他们的实际工作效率和产品质量。他们在日常工作中对于详细设计文档往往是逐字逐句斟酌揣摩，对于文档中一些细节问题尤为敏感。

因此各模块开发、测试人员应该参与自己所负责模块的详细设计评审，并根据自己的工作职责和需要对详细设计提出相应修改意见。开发、测试人员的加入，不但可以使模块详细设计更加贴近于实际开发工作，同时也可以让参与同行评审的开发、测试人员明确设计者意图，确定自己要开发或要测试的是什么样的软件。

由于专业知识的限制，初级开发和测试人员往往难以对详细设计中一些复杂设计问题提出实质性改进意见，因此如果条件允许还有必要邀请两位有经验的专家参与评审。

除了保证详细设计质量外，同行评审可以给设计、开发、测试人员提供跨部门横向交流机会；同时也可以从"设计"、"开发"、"测试"等区别的角度来对整个模块设计合理性提供意见。相关人员汇聚到一起进行同行评审，通过相互沟通，较好地了解了模块相关背景知识，避免了日后烦琐交流，减少了"对项目设计思路理解不一致"的可能性。

在实际操作中，由开发和测试人员参与详细设计同行评审可以以"走读"为主；在技术实力较强的情况下也可以进行"技术评审"。所谓"走读"，其主要是对文档进行检查，通过走读发现文档中存在的缺陷（可能包括逻辑矛盾、描述模糊和文法等），同时参与人员也可以进行技术交流，初级人员可以学习一些技术方面的知识，了解设计者思路。而"技术评审"是一个相对正式的评审过程，其在规格、标准等方面进行评审并在评审后给出相应的修改意见。

从理论上讲，有些模块构架级别方面的东西应该在概要设计阶段就已经得到了解决，我们在评审时不需要在框架问题上多下工夫，但是在实际操作中有些构架方面的东西往往到编码后期还在不停地修改。因此在进行概要设计评审时，设计者应该做好改变甚至推翻模块原有框架的心理准备。

详细设计评审应该提前制定相应的计划，并做好充分准备：制定评审入口准则和相关规程，确定评审时间，安排相关组织者和参与人员准备所需的材料等。

同行评审由专门组织者主持并有作者和相关同行出席，其规模不宜过大，大致可以控制在 7 人以下。在会议过程中可以先由作者对其详细设计进行讲解，引导大家进行走读，然后参与者共同对详细设计进行评审，确认问题并对其进行分类。

一般情况下，同行评审时间可以被控制在 2 个小时以内，一些简单模块可以把同行评审时间压缩到 1 个小时以内。在评审过程中如果遇到问题需要延时，则可以由作者决定是否召开"第 3 小时会议"。

评审结束后有必要对评审问题进行跟踪，以便确认缺陷得到了修改并且没有引入新的缺陷。

## 4.2.5　详细设计文档

### eGov 电子政务系统详细设计说明书

### 1　引言

#### 1.1　编写目的

此详细设计说明书对项目的功能设计进行说明，确保对需求的理解一致。

预期的读者有（甲方）的需求提供者、项目负责人、相关技术人员等，北京亚思晟商务科技有限公司（乙方）的项目组成员，包括项目经理、客户经理、分析设计/开发/测试等人员。

### 1.2 项目背景

电子政务系统是基于互联网的应用软件。在研究中心的网上能了解到已公开发布的不同栏目（如新闻、通知等）的内容，各部门可以发表栏目内容（如新闻、通知等），有关负责人对需要发布的内容进行审批。其中，有的栏目（如新闻）必须经过审批才能发布，有的栏目（如通知）则不需要审批就能发布。系统管理人员对用户及其权限进行管理。

### 1.3 定义、缩写词、略语

无

### 1.4 参考资料

eGov 电子政务系统需求规格说明书

eGov 电子政务系统概要设计说明书

## 2 系统总体设计

### 2.1 软件结构

软件结构如图 1 所示。

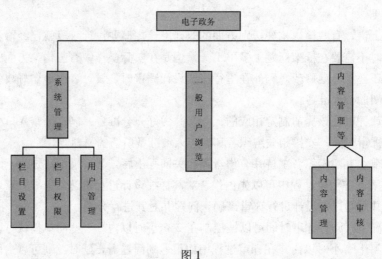

图1

### 2.2 程序系统结构

本项目中使用了基于 Struts-Spring-Hibernate 的 MVC（Model-View-Controller）框架开发电子政务系统。其中 Struts 处理前端的显示；Spring 主要处理业务；而 Hibernate 主要处理数据的持久化。系统类图如图 2 所示。

#### 2.2.1 Web 应用程序设计

Web 应用程序的组织结构可以分为 8 个部分。

- Web 应用根目录下放置用于前端展现的 JSP 文件。
- com.ascent.po 放置处理的 JavaBean。
- com.ascent.service 放置处理业务类的接口。
- com.ascent.services.impl 放置处理业务类的接口的实现类。
- com.ascent.dao 放置实现数据持久化类的接口。

- com.ascent.dao.impl 放置实现数据持久化类。
- com.ascent.action 放置处理请求相应的类。
- com.ascent.util 放置帮助类。

另外，在 WebRoot/WEB-INF 目录下放置 Spring 配置文件 applicationContext.xml；在 src 下放置 Struts 2 配置文件 struts.xml 和 Struts 2 资源文件 struts.properties。

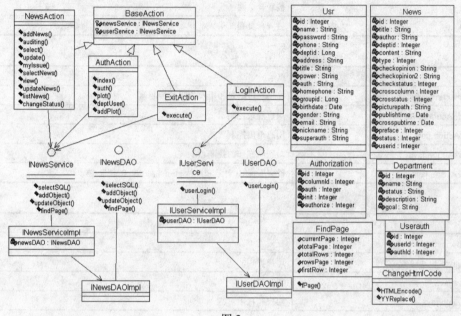

图 2

### 2.2.2　组织结构

下面对组织结构中的几个部分分别进行介绍。

（1）JSP 文件，表 1 列出了每个 JSP 文件实现的功能。

（2）Action 中包括的控制器，如表 2 所示。

（3）po 包括 4 个逻辑类，如表 3 所示。

（4）Util 类，如表 4 所示。

表 1

| 文件名称 | 功　　能 |
| --- | --- |
| index.jsp | 首页 |
| auditing.jsp | 待审集合页面 |
| auditings.jsp | 审核页面 |
| findpage.jsp | 分页页面 |
| issue.jsp | 新闻发布页面 |
| list.jsp | 首页浏览新闻的二级页面 |
| view.jsp | 首页浏览新闻的三级页面 |
| manager.jsp | 管理页面 |
| myissue.jsp | 当前登录用户所发布的新闻集合页面 |
| updatenews.jsp | 新闻修改页面 |
| down2.jsp | 被嵌套页面（尾） |

续表

| 文件名称 | 功　　能 |
|---|---|
| down3.jsp | 被嵌套页面（尾） |
| top.jsp | 被嵌套页面（头） |
| top1.jsp | 被嵌套页面（头） |
| top2.jsp | 被嵌套页面（头） |
| top3.jsp | 被嵌套页面（头） |

表 2

| 文件名称 | 功　　能 |
|---|---|
| AuthAction.java | 提供首页信息和用户权限的控制器 |
| LoginAction.java | 用户登录控制器 |
| ExitAction.java | 用户退出控制器 |
| NewsAction.java | 对新闻操作的控制器 |
| BaseAction.java | 设置 service 对象和继承 struts2Action 的控制器 |

表 3

| 文件名称 | 功　　能 |
|---|---|
| Authorization.java | 权限类 |
| Usr.java | 用户类 |
| News.java | 新闻类 |
| Userauth.java | 用户和权限对应 |
| Department.java | 部门类 |
| xxx.java | 其他类（可按具体情况增加） |

表 4

| 文件名称 | 功　　能 |
|---|---|
| ChangeHtmlCode.java | 对提交过来的信息中的特殊字符进行处理 |
| FindPage.java | 分页算法的类 |
| xxx.java | 其他类（可按具体情况增加） |

（5）service 接口和 service.impl 类分别如表 5 和表 6 所示。

表 5

| 文件名称 | 功　　能 |
|---|---|
| INewsService.java | 处理对新闻进行操作的方法的接口 |
| IUserServerice.java | 处理对用户操作的方法的接口 |
| IXXXService.java | 处理和其他有关的方法的接口（可按具体情况增加） |

表 6

| 文件名称 | 功　　能 |
|---|---|
| INewsServiceImpl.java | 处理对新闻进行操作的方法的类 |
| IUserServiceImpl.java | 处理对用户操作的方法的类 |
| IXXXServiceImpl.java | 处理和其他有关的方法的类（可按具体情况增加） |

（6）dao 和 dao.impl 包括数据持久化类，分别如表7和表8所示。

表7

| 文件名称 | 功　　能 |
|---|---|
| INewsDAO.java | 处理对新闻操作的接口 |
| IUserDAO.java | 处理对用户操作的接口 |
| IXXXDAO.java | 处理对其他数据的接口（可按具体情况增加） |

表8

| 文件名称 | 功　　能 |
|---|---|
| INewsDAOImpl.java | 处理对新闻操作的类 |
| IUserDAOImpl.java | 处理对用户操作的类 |
| IXXXDAOImpl.java | 处理对其他数据的类（可按具体情况增加） |

### 3　系统功能设计说明

#### 3.1　一般用户浏览内容模块

#### 3.1.1　首页浏览

##### 3.1.1.1　功能

实现首页的浏览。

##### 3.1.1.2　输入项

　　访问首页。

##### 3.1.1.3　输出项

　　显示首页信息。

##### 3.1.1.4　算法

这是数据量最大的一页，为所有模块显示的部分。页面中心上方显示一条新闻较详细的内容，其他新闻或通知等只需要显示标题，给出链接，用户单击链接，就可以看到详细的内容。

##### 3.1.1.5　流程逻辑

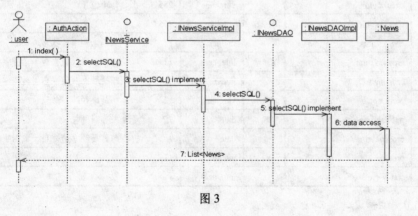

图3

##### 3.1.1.6　接口

INewsService.jsp 和 INewsDAO.java。

##### 3.1.1.7　用户界面设计

index.jsp 页面，如图4所示。

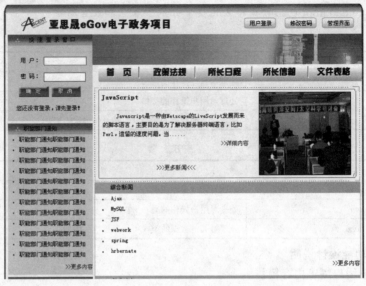

图 4

### 3.1.1.8 数据库设计

● news 表结构

表 9

| 序 号 | 列 名 | PK | FK | 属 性 | 长 度 | 备 注 |
|---|---|---|---|---|---|---|
| 1 | id | Y | | integer | 20 | 该表的主键，唯一标识，自动增长 |
| 2 | title | | | varchar | 255 | 新闻标题 |
| 3 | author | | | varchar | 32 | 作者 |
| 4 | deptid | | | integer | 20 | 部门号 |
| 5 | content | | | longtext | | 新闻内容 |
| 6 | type | | | integer | 11 | 新闻类型 |
| 7 | checkopinion | | | varchar | 255 | 一审意见 |
| 8 | checkopinion2 | | | varchar | 255 | 二审意见 |
| 9 | checkstatus | | | integer | 11 | 当前新闻审核状态 |
| 10 | crosscolumn | | Y | integer | 11 | 跨栏栏目（值来自于数据字典） |
| 11 | crossstatus | | | integer | 11 | 跨栏状态（值来自于数据字典） |
| 12 | picturepath | | | varchar | 128 | 图片路径 |
| 13 | publishtime | | | date | | 发布时间 |
| 14 | crosspubtime | | | date | | 跨栏日期（值来自于数据字典） |
| 15 | preface | | | integer | 11 | |
| 16 | status | | | integer | 11 | 发布状态 |

### 3.1.1.9 注释设计
无

### 3.1.1.10 限制条件
无

### 3.1.1.11 测试计划
无

**3.1.1.12　尚未解决的问题**

无

## 3.2　系统管理

### 3.2.1　栏目业务设置

**3.2.1.1　功能**

实现栏目业务设置，设定栏目是否具有内容管理权限或审核权限。

**3.2.1.2　输入项**

单击系统管理入口页面（SystemManage.jsp）上的栏目业务设置

**3.2.1.3　输出项**

显示栏目业务设置页面。

**3.2.1.4　算法**

设定栏目是否具有内容管理权限（和）或内容审核权限，如新闻类栏目具有内容管理权限和内容审核权限，通知栏目具有内容管理权限。

**3.2.1.5　流程逻辑**

…………

**3.2.1.6　接口**

INewsService.java 和 INewsDAO.java。

**3.2.1.7　用户界面设计**

栏目业务设置页面（columnSetting.jsp），如图 5 所示。

**3.2.1.8　测试要点**

**3.2.1.9　数据库设计**

- 数据字典表（datadictionary）结构

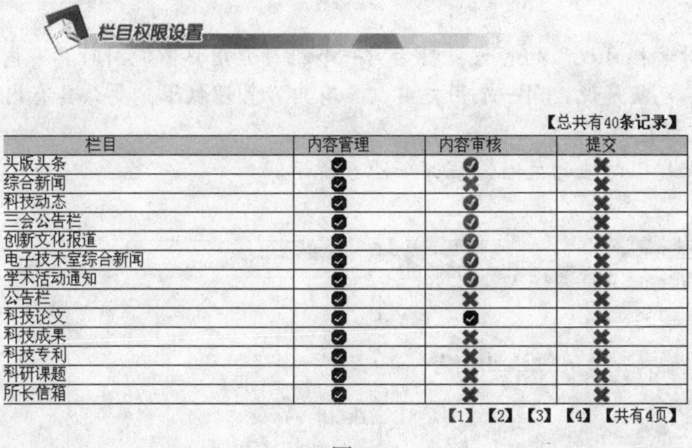

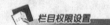

【总共有40条记录】

| 栏目 | 内容管理 | 内容审核 | 提交 |
|---|---|---|---|
| 头版头条 | ✔ | ✔ | ✘ |
| 综合新闻 | ✔ | ✘ | ✘ |
| 科技动态 | ✔ | ✔ | ✘ |
| 三会公告栏 | ✔ | ✔ | ✘ |
| 创新文化报道 | ✔ | ✔ | ✘ |
| 电子技术室综合新闻 | ✔ | ✔ | ✘ |
| 学术活动通知 | ✔ | ✔ | ✘ |
| 公告栏 | ✔ | ✘ | ✘ |
| 科技论文 | ✔ | ✔ | ✘ |
| 科技成果 | ✔ | ✘ | ✘ |
| 科技专利 | ✔ | ✘ | ✘ |
| 科研课题 | ✔ | ✘ | ✘ |
| 所长信箱 | ✔ | ✘ | ✘ |

【1】【2】【3】【4】【共有4页】

图 5

表 10

| 序　号 | 列　名 | PK | FK | 属　性 | 长　度 | 备　注 |
|---|---|---|---|---|---|---|
| 1 | id | Y | | integer | 20 | 该表的主键，唯一标识，自动增长 |
| 2 | dictionaryid | | | integer | 20 | 字典编号 |
| 3 | dictionaryname | | | varchar | 9 | 字典名称 |

- 权限表（authorization）结构

表 11

| 序　号 | 列　名 | PK | FK | 属　性 | 长　度 | 备　注 |
|---|---|---|---|---|---|---|
| 1 | id | Y | | integer | 20 | 该表的主键，唯一标识，自动增长 |
| 2 | columnid | | Y | integer | 20 | 栏目编号 |
| 3 | auth | | | integer | 11 | 栏目权限 |
| 4 | init | | | integer | 11 | |
| 5 | authorize | | | integer | 11 | 栏目是否有权限 |

### 3.2.1.10　注释设计

无

### 3.2.1.11　限制条件

无

### 3.2.1.12　测试计划

无

### 3.2.1.13　尚未解决的问题

无

### 3.2.2　栏目权限设置

#### 3.2.2.1　功能

实现用户对栏目权限的设置。

#### 3.2.2.2　输入项

单击系统管理入口页面（systemManage.jsp）上的栏目权限设置。

#### 3.2.2.3　输出项

显示栏目权限设置页面（columnSetting.jsp）。

#### 3.2.2.4　算法

设定用户对于栏目权限的管理，对于同一个栏目，用户不能同时具有内容管理权限和内容审核权限，也就是说，同一个用户要么具有内容管理权限，要么具有内容审核权限。

#### 3.2.2.5　流程逻辑

返回用户和权限对应的关系流程，如图 6 所示。

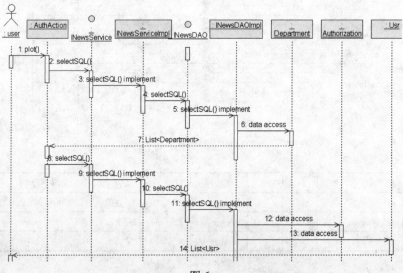

图 6

按部门选择用户流程，如图7所示。

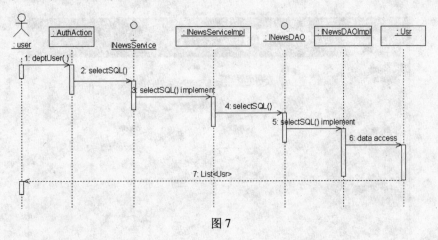

图 7

权限分配流程，如图 8 所示。

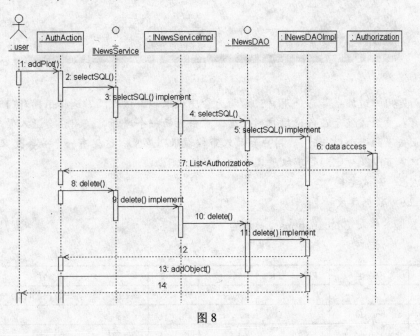

图 8

### 3.2.2.6　接口

INewsService.java 和 INewsDAO.java。

### 3.2.2.7　用户界面设计

columnAuthorization.jsp 页面，如图 9 所示。

| 三 | 人类数量 | 代理数量 | 办理权限 | 设置 |
|---|---|---|---|---|
| 头版头条 | 列出 3333 11 99 44 测试用户 11 | | 无 | 设置 |
| 综合新闻 | 11 | | 无 | 设置 |
| 科技动态 | 11 | | 22 | 设置 |
| 三会公告栏 | 11 | | 22 | 设置 |
| 创新文化报道 | 11 | | 22 | 设置 |
| 电子技术室综合新闻 | 11 | | 22 | 设置 |
| 学术活动通知 | 11 | | 22 | 设置 |
| 公告栏 | 11 | | 无 | 设置 |
| 科技论文 | 11 | | 22 | 设置 |

图 9

单击"设置"按钮，进入 userAuthorizationSetting.jsp 页面，如图 10 所示。

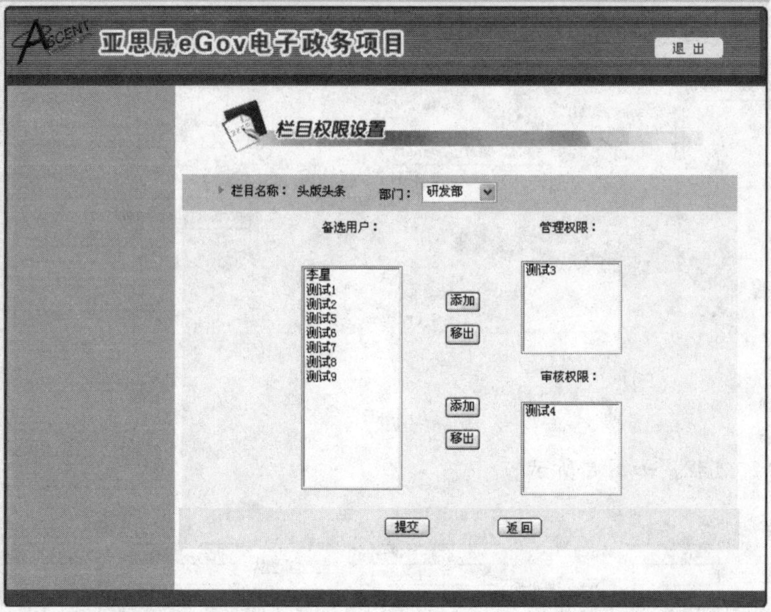

图 10

左面是用户过滤也是备选用户，右面为管理权限和审核权限。选择不同部门时，该部门的所有人员应该显示在备选用户列表里。点击上面一个增加时，用户会放入管理权限列表里，点击下面一个增加时，用户会放入审核权限列表里。这里有一个业务大家要记住：一个用户不可以既分配到管理权限又分配到审核权限。

3.2.2.8 测试要点

3.2.2.9 数据库设计

- 数据字典表（datadictionary）结构

表 12

| 序 号 | 列 名 | PK | FK | 属 性 | 长 度 | 备 注 |
|---|---|---|---|---|---|---|
| 1 | id | Y | | integer | 20 | 该表的主键，唯一标识，自动增长 |
| 2 | dictionaryid | | | integer | 20 | 字典编号 |
| 3 | dictionaryname | | | varchar | 9 | 字典名称 |

- 权限表（authorization）结构

表 13

| 序 号 | 列 名 | PK | FK | 属 性 | 长 度 | 备 注 |
|---|---|---|---|---|---|---|
| 1 | id | Y | | integer | 20 | 该表的主键，唯一标识，自动增长 |
| 2 | columnid | | Y | integer | 20 | 栏目编号 |
| 3 | auth | | | integer | 11 | 栏目权限 |
| 4 | init | | | integer | 11 | |
| 5 | authorize | | | integer | 11 | 栏目是否有权限 |

- 部门表（department）结构

表 14

| 序　号 | 列　名 | PK | FK | 属　性 | 长　度 | 备　注 |
|---|---|---|---|---|---|---|
| 1 | id | Y | | integer | 20 | 该表的主键，唯一标识，自动增长 |
| 2 | name | | | varchar | 32 | 部门名 |
| 3 | status | | | varchar | 255 | 部门状态 |
| 4 | description | | | varchar | 255 | 部门描述 |
| 5 | goal | | | varchar | 255 | |

- 用户表（usr）结构

表 15

| 序　号 | 列　名 | PK | FK | 属　性 | 长　度 | 备　注 |
|---|---|---|---|---|---|---|
| 1 | id | Y | | integer | 20 | 该表的主键，唯一标识，自动增长 |
| 2 | name | | | varchar | 16 | 用户名 |
| 3 | password | | | varchar | 16 | 用户密码 |
| 4 | phone | | | varchar | 16 | 电话号 |
| 5 | deptid | | Y | integer | 20 | 部门号 |
| 6 | address | | | varchar | 64 | 用户地址 |
| 7 | title | | | varchar | 32 | |
| 8 | power | | | varchar | 32 | |
| 9 | auth | | | varchar | 32 | 用户权限 |
| 10 | homephone | | | varchar | 16 | 用户家号码 |
| 11 | superauth | | | varchar | 8 | 高级权限 |
| 12 | groupid | | | integer | 20 | |
| 13 | birthdate | | | date | | 生日日期 |
| 14 | gender | | | varchar | 8 | 用户性别 |
| 15 | email | | | varchar | 255 | 电子信箱 |
| 16 | nickname | | | varchar | 45 | 用户昵称 |

3.2.2.10　注释设计

无

3.2.2.11　限制条件

无

3.2.2.12　测试计划

无

3.2.2.13　尚未解决的问题

无

3.2.3　用户管理

3.2.3.1　功能

实现对用户的管理，包括显示用户、添加用户、修改用户、删除用户。

3.2.3.2　输入项

单击系统管理入口页面（systemManage.jsp）上的用户管理。

3.2.3.3　输出项

显示用户管理页面（userDisplay.jsp）。

3.2.3.4　算法

3.2.3.5　流程逻辑

…………

3.2.3.6　接口

INewsService.java 和 INewsDAO.java。

3.2.3.7　用户界面设计

（1）显示用户页面（userDisplay.jsp），如图 11 所示。

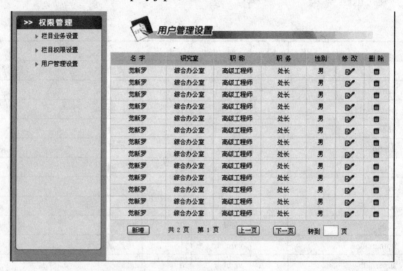

图 11

（2）添加用户页面（userAdd.jsp），如图 12 所示。

输入新的用户信息，单击"提交"按钮。

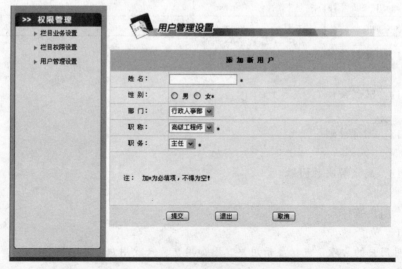

图 12

（3）修改用户页面（userUpdate.jsp），如图 13 所示。

图 13

（4）删除用户：单击"删除"按钮。

3.2.3.8 测试要点

3.2.3.9 数据库设计

● 部门表（department）结构

表 16

| 序 号 | 列 名 | PK | FK | 属 性 | 长 度 | 备 注 |
|---|---|---|---|---|---|---|
| 1 | id | Y | | integer | 20 | 该表的主键，唯一标示识，自动增长 |
| 2 | name | | | varchar | 32 | 部门名 |
| 3 | status | | | varchar | 255 | 部门状态 |
| 4 | description | | | varchar | 255 | 部门描述 |
| 5 | goal | | | varchar | 255 | |

● 用户表（usr）结构

表 17

| 序 号 | 列 名 | PK | FK | 属 性 | 长 度 | 备 注 |
|---|---|---|---|---|---|---|
| 1 | id | Y | | integer | 20 | 该表的主键，唯一标识，自动增长 |
| 2 | name | | | varchar | 16 | 用户名 |
| 3 | password | | | varchar | 16 | 用户密码 |
| 4 | phone | | | varchar | 16 | 电话号 |
| 5 | deptid | | Y | integer | 20 | 部门号 |
| 6 | address | | | varchar | 64 | 用户地址 |
| 7 | title | | | varchar | 32 | |
| 8 | power | | | varchar | 32 | |
| 9 | auth | | | varchar | 32 | 用户权限 |
| 10 | homephone | | | varchar | 16 | 用户家号码 |
| 11 | superauth | | | varchar | 8 | 高级权限 |
| 12 | groupid | | | integer | 20 | |

111

| 序 号 | 列 名 | PK | FK | 属 性 | 长 度 | 备 注 |
|---|---|---|---|---|---|---|
| 13 | birthdate | | | date | | 生日日期 |
| 14 | gender | | | varchar | 8 | 用户性别 |
| 15 | email | | | varchar | 255 | 电子信箱 |
| 16 | nickname | | | varchar | 45 | 用户昵称 |

### 3.2.3.10  注释设计

无

### 3.2.3.11  限制条件

无

### 3.2.3.12  测试计划

无

### 3.2.3.13  尚未解决的问题

无

## 3.3  内容管理

### 3.3.1  用户登录

#### 3.3.1.1  功能

实现系统用户的登录验证。

#### 3.3.1.2  输入项

系统用户名和密码。

#### 3.3.1.3  输出项

首页，有系统用户功能。

#### 3.3.1.4  算法

输入用户名和密码后，如果正确则跳转回首页；若无此用户名，则提示用户名错误；若密码错误，则提示密码错误。

#### 3.3.1.5  流程逻辑

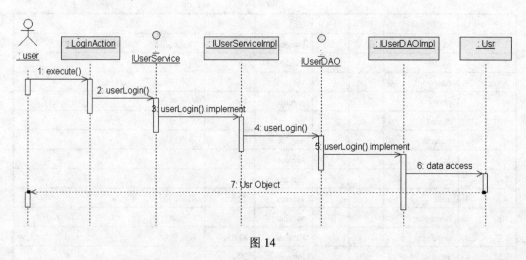

图 14

### 3.3.1.6　接口

IUserService.java 和 IUserDAO.java。

### 3.3.1.7　用户界面设计

登录页面（index.jsp），如图 15 所示。

登录成功后，显示首页（index.jsp），如图 16 所示。

图 15

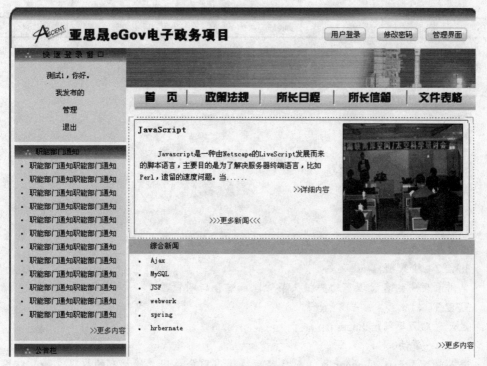

图 16

### 3.3.1.8　测试要点

### 3.3.1.9　数据库设计

● 表名：usr

表 18

| 序　号 | 列　名 | PK | FK | 属　性 | 长　度 | 备　注 |
|---|---|---|---|---|---|---|
| 1 | id | Y | | integer | 20 | 该表的主键，唯一标识，自动增长 |
| 2 | name | | | varchar | 16 | 用户名 |
| 3 | password | | | varchar | 16 | 用户密码 |
| 4 | phone | | | varchar | 16 | 电话号 |
| 5 | deptid | | Y | integer | 20 | 部门号 |
| 6 | address | | | varchar | 64 | 用户地址 |
| 7 | title | | | varchar | 32 | |
| 8 | power | | | varchar | 32 | |
| 9 | auth | | | varchar | 32 | 用户权限 |
| 10 | homephone | | | varchar | 16 | 用户家号码 |

| 序 号 | 列 名 | PK | FK | 属 性 | 长 度 | 备 注 |
|------|-------|-----|-----|-------|-------|-------|
| 11 | superauth | | | varchar | 8 | 高级权限 |
| 12 | groupid | | | integer | 20 | |
| 13 | birthdate | | | date | | 生日日期 |
| 14 | gender | | | varchar | 8 | 用户性别 |
| 15 | email | | | varchar | 255 | 电子信箱 |
| 16 | nickname | | | varchar | 45 | 用户昵称 |

#### 3.3.1.10 注释设计

无

#### 3.3.1.11 限制条件

无

#### 3.3.1.12 测试计划

无

#### 3.3.1.13 尚未解决的问题

无

### 3.3.2 新闻发布

#### 3.3.2.1 功能

用户发布新闻。

#### 3.3.2.2 输入项

单击管理中内容管理下的头版头条管理或综合新闻管理。

#### 3.3.2.3 输出项

显示管理页面（manager.jsp）。

#### 3.3.2.4 算法

进入管理页面（manager.jsp）时已经取得了当前登录用户所拥有的权限，如果该用户使用发布新闻权限，便可单击连接进入。

#### 3.3.2.5 流程逻辑

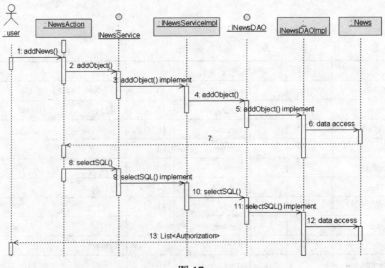

图 17

### 3.3.2.6　接口

INewsService.java 和 INewsDAO.java。

### 3.3.2.7　用户界面设计

管理页面（manager.jsp），如图 18 所示。

图 18

新闻发布页面（issue.jsp），如图 19 所示。

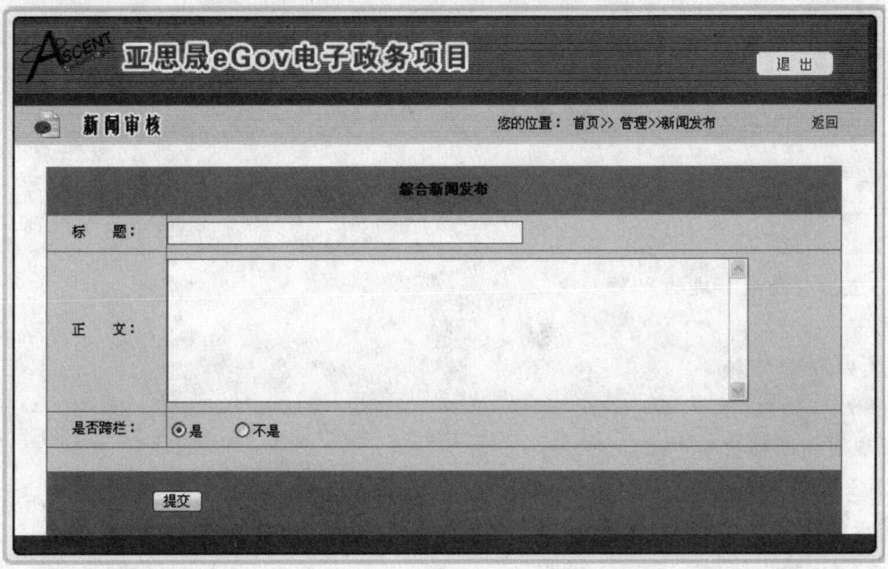

图 19

### 3.3.2.8 测试要点

### 3.3.2.9 数据库设计

● 新闻表（news）结构

表 19

| 序 号 | 列 名 | PK | FK | 属 性 | 长 度 | 备 注 |
|---|---|---|---|---|---|---|
| 1 | id | Y | | integer | 20 | 该表的主键，唯一标识，自动增长 |
| 2 | title | | | varchar | 255 | 新闻标题 |
| 3 | author | | | varchar | 32 | 作者 |
| 4 | deptid | | | integer | 20 | 部门号 |
| 5 | content | | | longtext | | 新闻内容 |
| 6 | type | | | integer | 11 | 新闻类型 |
| 7 | checkopinion | | | varchar | 255 | 一审意见 |
| 8 | checkopinion2 | | | varchar | 255 | 二审意见 |
| 9 | checkstatus | | | integer | 11 | 当前新闻审核状态 |
| 10 | crosscolumn | | Y | integer | 11 | 跨栏栏目（值来自于数据字典） |
| 11 | crossstatus | | | integer | 11 | 跨栏状态（值来自于数据字典） |
| 12 | picturepath | | | varchar | 128 | 图片路径 |
| 13 | publishtime | | | date | | 发布时间 |
| 14 | crosspubtime | | | date | | 跨栏日期（值来自于数据字典） |
| 15 | preface | | | integer | 11 | |
| 16 | status | | | integer | 11 | 发布状态 |

### 3.3.2.10 注释设计

无

### 3.3.2.11 限制条件

无

### 3.3.2.12 测试计划

无

### 3.3.2.13 尚未解决的问题

无

### 3.3.3 新闻审核

### 3.3.3.1 功能

实现对新闻的内容审核。

### 3.3.3.2 输入项

单击管理中内容管理下的头版头条审核或综合新闻审核。

### 3.3.3.3 输出项

等待审核的集合页面（auditing.jsp）。

### 3.3.3.4 算法

### 3.3.3.5 流程逻辑

返回待审页面流程，如图 20 所示。

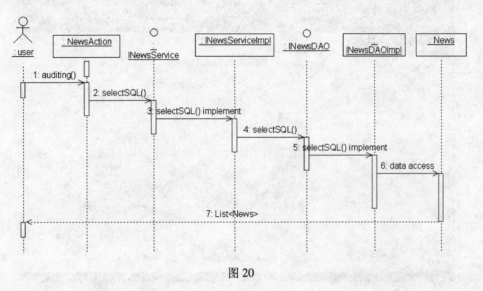

图 20

审核流程，如图 21 所示。

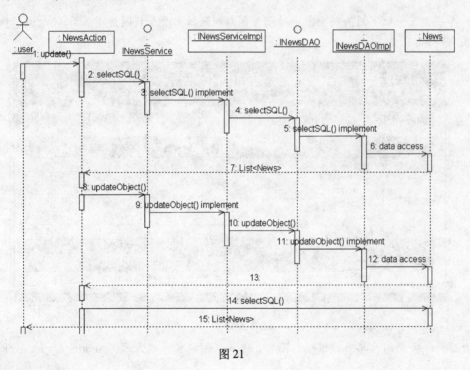

图 21

### 3.3.3.6　接口

INewsService.java 和 INewsDAO.java。

### 3.3.3.7　用户界面设计

管理页面（manager.jsp），如图 22 所示。

图 22

单击内容管理下的头版头条审核或综合新闻审核，进入新闻待审页面（auditing.jsp），如图 23 所示。

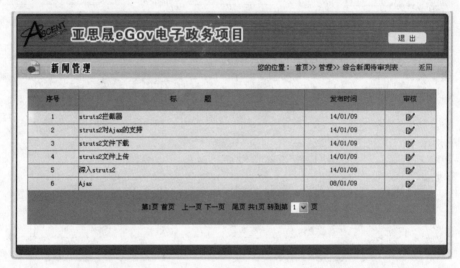

图 23

选择一条新闻，单击"审核"图标，进入新闻内容审核页面（auditings.jsp），如图 24 所示。

审核界面和正式的发布界面是一样的，审核者可以根据新闻是否可以发布来选择"是"或"否"，"是"表示此新闻可以发布，"否"则表示此新闻有问题不可以发布，并且可以在审核意见中输入文字说明。如果新闻有问题需要驳回，则填写审核意见，选中"否"，单击"提交"按钮。

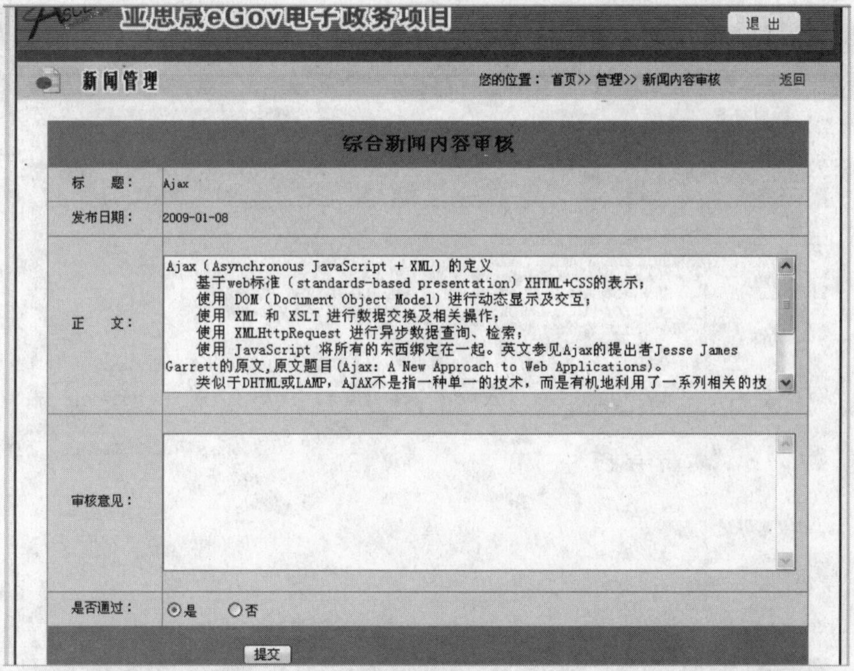

图 24

在新闻发布者那里能看到发布状态，如图 25 所示。

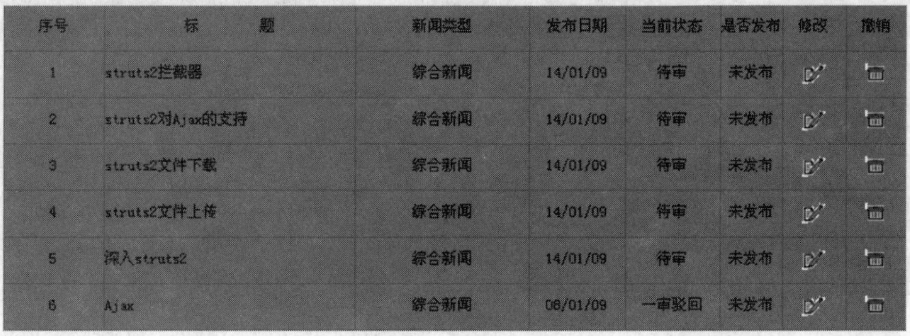

| 序号 | 标 题 | 新闻类型 | 发布日期 | 当前状态 | 是否发布 | 修改 | 撤销 |
|---|---|---|---|---|---|---|---|
| 1 | struts2拦截器 | 综合新闻 | 14/01/09 | 待审 | 未发布 | | |
| 2 | struts2对Ajax的支持 | 综合新闻 | 14/01/09 | 待审 | 未发布 | | |
| 3 | struts2文件下载 | 综合新闻 | 14/01/09 | 待审 | 未发布 | | |
| 4 | struts2文件上传 | 综合新闻 | 14/01/09 | 待审 | 未发布 | | |
| 5 | 深入struts2 | 综合新闻 | 14/01/09 | 待审 | 未发布 | | |
| 6 | Ajax | 综合新闻 | 08/01/09 | 一审驳回 | 未发布 | | |

图 25

我们可以看到，"Ajax"这条新闻的状态是"一审驳回"，因为发布时选择是跨栏发布，所以要经过两次审核。

单击修改图标 可以看到审核意见，可以修改新闻内容，如图 26 所示。

这条新闻因为刚才被修改过了，所以状态发生了改变，审核者这里又重新有了这个任务，状态变为待审，如图 27 所示。

审核者又看到了"Ajax"这条新闻，如图 28 所示。

审核者发现新闻没有问题，单击"同意"，这时新闻的状态变为发布，如图 29 所示。

一审通过，这时已经可以在首页的综合新闻中看到这条记录了。同时该新闻也进入二审待审状态。

单击管理页面中内容审核下的"头版头条审核"，进入头版头条的审核和跨栏目新闻审核（二审），如图 30 所示。

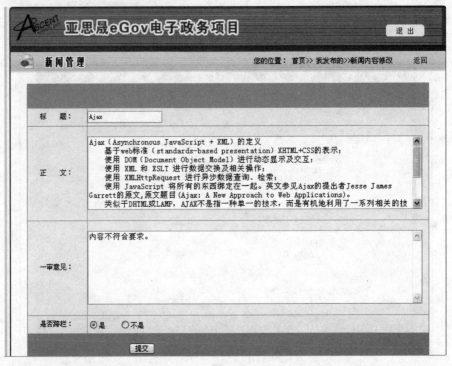

图 26

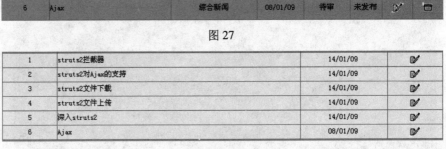

图 27

图 28

图 29

图 30

在头版头条我们又看到了"Ajax"新闻，单击"审核"进入，如图 31 所示。

二审界面和一审界面是一样的，只不过多了个一审意见，一审意见可以不填写，如不填写此处无任何显示。如果二次审核人认为此新闻无问题，则选择"是"，单击"提交"按钮，此新闻就会显示在头版头条里，综合新闻不会再显示该新闻。如果有问题，则填写审核意见，选择"否"，单击"提交"按钮，此新闻被驳回到发布者，同时也撤销了在综合新闻里的发布，如果想重新发布，则需要重新经过审核。

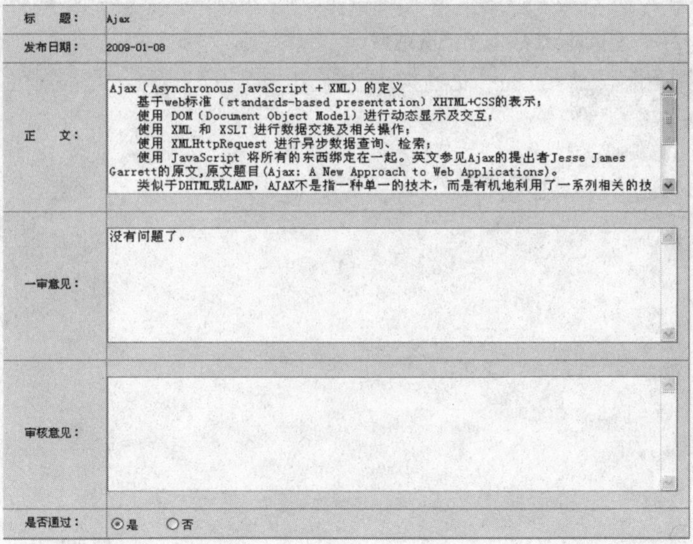
标　题：
Ajax
发布日期：
2009-01-08
正　文：
Ajax（Asynchronous JavaScript + XML）的定义
基于web标准（standards-based presentation）XHTML+CSS的表示；
使用 DOM（Document Object Model）进行动态显示及交互；
使用 XML 和 XSLT 进行数据交换及相关操作；
使用 XMLHttpRequest 进行异步数据查询、检索；
使用 JavaScript 将所有的东西绑定在一起。英文参见Ajax的提出者Jesse James Garrett的原文,原文题目(Ajax: A New Approach to Web Applications)。
类似于DHTML或LAMP，AJAX不是指一种单一的技术，而是有机地利用了一系列相关的技
一审意见：
没有问题了。
审核意见：
是否通过：
是
否

图 31

通过二审，页面如图 32 所示。

Ajax
Ajax（Asynchronous JavaScript + XML）的定义
基于web标准（standards-based presentat......
>>详细内容
>>>更多新闻<<<

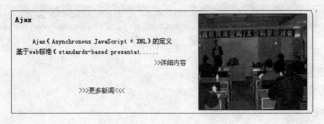

图 32

单击“详细内容”可阅读全部内容，如图 33 所示。

单击“更多新闻”可以看到所有通过审核的头版头条新闻，如图 34 所示。

若二审未通过，发布者则会看到如图 35 所示的信息。

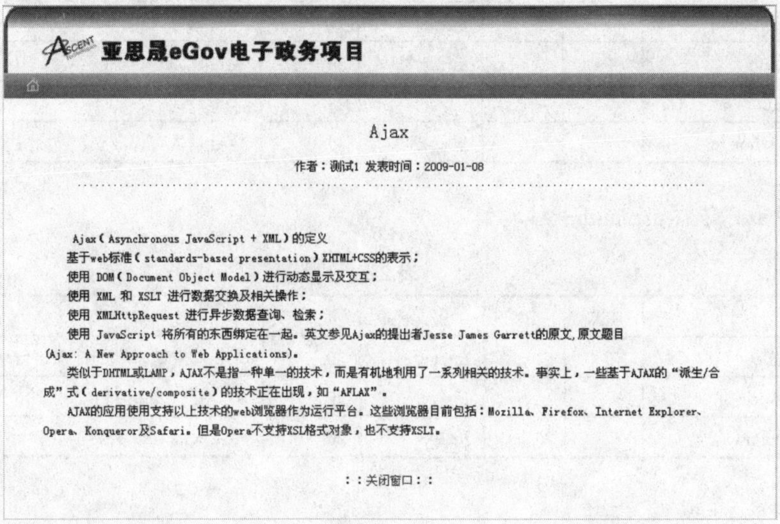
亚思晟eGov电子政务项目
Ajax
作者：测试1 发表时间：2009-01-08
Ajax（Asynchronous JavaScript + XML）的定义
基于web标准（standards-based presentation）XHTML+CSS的表示；
使用 DOM（Document Object Model）进行动态显示及交互；
使用 XML 和 XSLT 进行数据交换及相关操作；
使用 XMLHttpRequest 进行异步数据查询、检索；
使用 JavaScript 将所有的东西绑定在一起。英文参见Ajax的提出者Jesse James Garrett的原文,原文题目(Ajax: A New Approach to Web Applications)。
类似于DHTML或LAMP，AJAX不是指一种单一的技术，而是有机地利用了一系列相关的技术。事实上，一些基于AJAX的“派生/合成”式（derivative/composite）的技术正在出现，如“AFLAX”。
AJAX的应用使用支持以上技术的web浏览器作为运行平台。这些浏览器目前包括：Mozilla、Firefox、Internet Explorer、Opera、Konqueror及Safari。但是Opera不支持XSL格式对象，也不支持XSLT。
：：关闭窗口：：

图 33

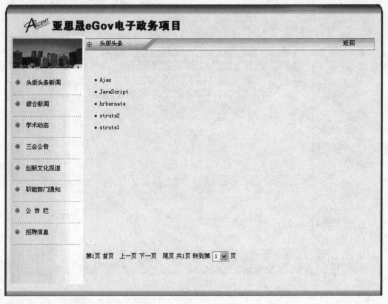

图 34

| 6 | Ajax | | 综合新闻 | 08/01/09 | 二审驳回 | 未发布 | | |

图 35

单击进入进行修改，可以重新审核。

### 3.3.3.8 测试要点

### 3.3.3.9 数据库设计

- 权限表（authorization）结构

表20

| 序 号 | 列 名 | PK | FK | 属 性 | 长 度 | 备 注 |
|---|---|---|---|---|---|---|
| 1 | id | Y | | integer | 20 | 该表的主键，唯一标识，自动增长 |
| 2 | columnid | | Y | integer | 20 | 栏目编号 |
| 3 | auth | | | integer | 11 | 栏目权限 |
| 4 | init | | | integer | 11 | |
| 5 | authorize | | | integer | 11 | 栏目是否有权限 |

- 用户权限表（userauth）结构

表21

| 序 号 | 列 名 | PK | FK | 属 性 | 长 度 | 备 注 |
|---|---|---|---|---|---|---|
| 1 | id | Y | | Integer | 20 | 该表的主键，唯一标识，自动增长 |
| 2 | userid | | Y | Integer | 20 | 用户 ID（外键） |
| 3 | authid | | Y | Integer | 20 | 栏目权限 ID（外键） |

- 新闻表（news）结构

表 22

| 序　号 | 列　名 | PK | FK | 属　性 | 长　度 | 备　注 |
|---|---|---|---|---|---|---|
| 1 | id | Y | | integer | 20 | 该表的主键，唯一标识，自动增长 |
| 2 | title | | | varchar | 255 | 新闻标题 |
| 3 | author | | | varchar | 32 | 作者 |
| 4 | deptid | | | integer | 20 | 部门号 |
| 5 | content | | | longtext | | 新闻内容 |
| 6 | type | | | integer | 11 | 新闻类型 |
| 7 | checkopinion | | | varchar | 255 | 一审意见 |
| 8 | checkopinion2 | | | varchar | 255 | 二审意见 |
| 9 | checkstatus | | | integer | 11 | 当前新闻审核状态 |
| 10 | crosscolumn | | Y | integer | 11 | 跨栏栏目（值来自于数据字典） |
| 11 | crossstatus | | | integer | 11 | 跨栏状态（值来自于数据字典） |
| 12 | picturepath | | | varchar | 128 | 图片路径 |
| 13 | publishtime | | | date | | 发布时间 |
| 14 | crosspubtime | | | date | | 跨栏日期（值来自于数据字典） |
| 15 | preface | | | integer | 11 | |
| 16 | status | | | integer | 11 | 发布状态 |

- 用户表（usr）结构

表 23

| 序　号 | 列　名 | PK | FK | 属　性 | 长　度 | 备　注 |
|---|---|---|---|---|---|---|
| 1 | id | Y | | integer | 20 | 该表的主键，唯一标识，自动增长 |
| 2 | name | | | varchar | 16 | 用户名 |
| 3 | password | | | varchar | 16 | 用户密码 |
| 4 | phone | | | varchar | 16 | 电话号 |
| 5 | deptid | | Y | integer | 20 | 部门号 |
| 6 | address | | | varchar | 64 | 用户地址 |
| 7 | title | | | varchar | 32 | |
| 8 | power | | | varchar | 32 | |
| 9 | auth | | | varchar | 32 | 用户权限 |
| 10 | homephone | | | varchar | 16 | 用户家号码 |
| 11 | superauth | | | varchar | 8 | 高级权限 |
| 12 | groupid | | | integer | 20 | |
| 13 | birthdate | | | date | | 生日日期 |
| 14 | gender | | | varchar | 8 | 用户性别 |
| 15 | email | | | varchar | 255 | 电子信箱 |
| 16 | nickname | | | varchar | 45 | 用户昵称 |

3.3.3.10　注释设计

无

3.3.3.11　限制条件

无

3.3.3.12　测试计划

无

### 3.3.3.13　尚未解决的问题

无

### 3.3.4　新闻修改

#### 3.3.4.1　功能

当审核被驳回或发布人要修改新闻内容时，执行此功能。

#### 3.3.4.2　输入项

在首页单击"我发布的"。

#### 3.3.4.3　输出项

当前用户发布的新闻集合页面（myissue.jsp）。

#### 3.3.4.4　算法

根据所点击新闻的 ID 号，查找被点击新闻，返回修改页面（updatenews.jsp）。

#### 3.3.4.5　流程逻辑

返回当前用户所编辑的新闻流程，如图 36 所示。

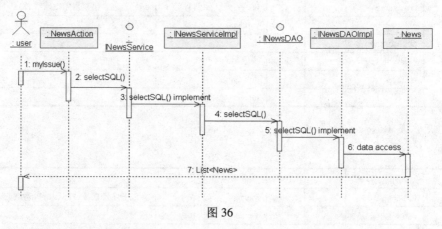

图 36

新闻修改流程，如图 37 所示。

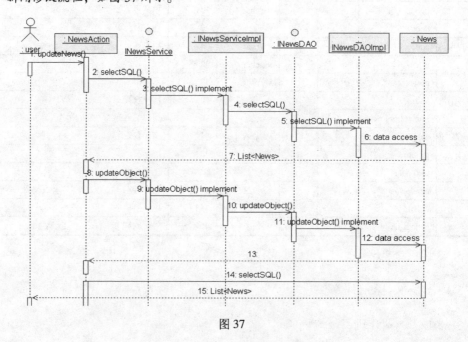

图 37

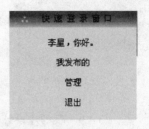

图 38

#### 3.3.4.6 接口

INewsService.java 和 INewsDAO.java。

#### 3.3.4.7 用户界面设计

在首页登录后，登录框位置如图 38 所示。

单击"我发布的"，进入当前用户发布新闻的集合页面（myissue.jsp），如图 39 所示。

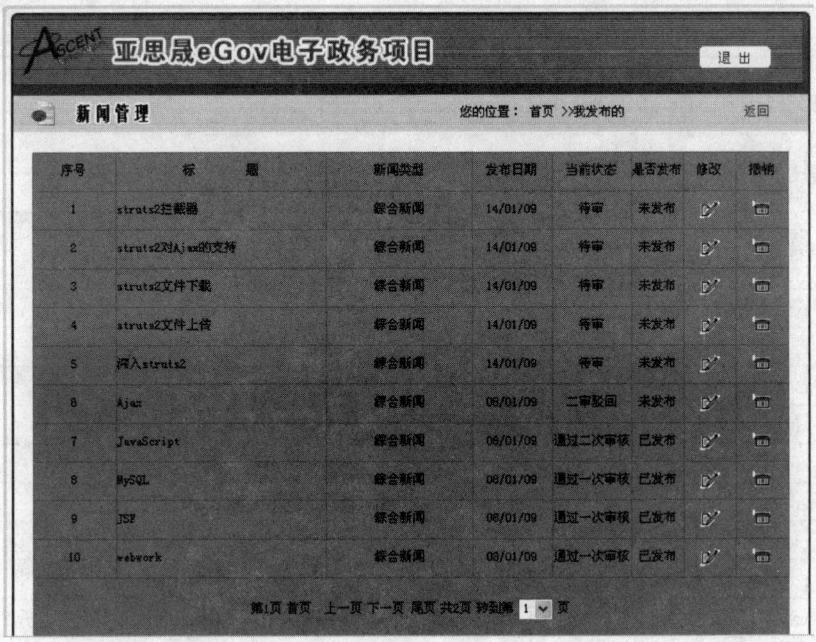

| 序号 | 标题 | 新闻类型 | 发布日期 | 当前状态 | 是否发布 | 修改 | 拖情 |
|------|------|----------|----------|----------|----------|------|------|
| 1 | struts2拦截器 | 综合新闻 | 14/01/09 | 待审 | 未发布 | | |
| 2 | struts2对Ajax的支持 | 综合新闻 | 14/01/09 | 待审 | 未发布 | | |
| 3 | struts2文件下载 | 综合新闻 | 14/01/09 | 待审 | 未发布 | | |
| 4 | struts2文件上传 | 综合新闻 | 14/01/09 | 待审 | 未发布 | | |
| 5 | 深入struts2 | 综合新闻 | 14/01/09 | 待审 | 未发布 | | |
| 6 | Ajax | 综合新闻 | 08/01/09 | 二审驳回 | 未发布 | | |
| 7 | JavaScript | 综合新闻 | 08/01/09 | 通过二次审核 | 已发布 | | |
| 8 | MySQL | 综合新闻 | 08/01/09 | 通过一次审核 | 已发布 | | |
| 9 | JSP | 综合新闻 | 08/01/09 | 通过一次审核 | 已发布 | | |
| 10 | webwork | 综合新闻 | 08/01/09 | 通过一次审核 | 已发布 | | |

第1页 首页 上一页 下一页 尾页 共2页 转到第 1 页

图 39

新闻修改：选中新闻，单击"修改"图标，进入新闻修改页面（updatenews.jsp），如图 40 所示。

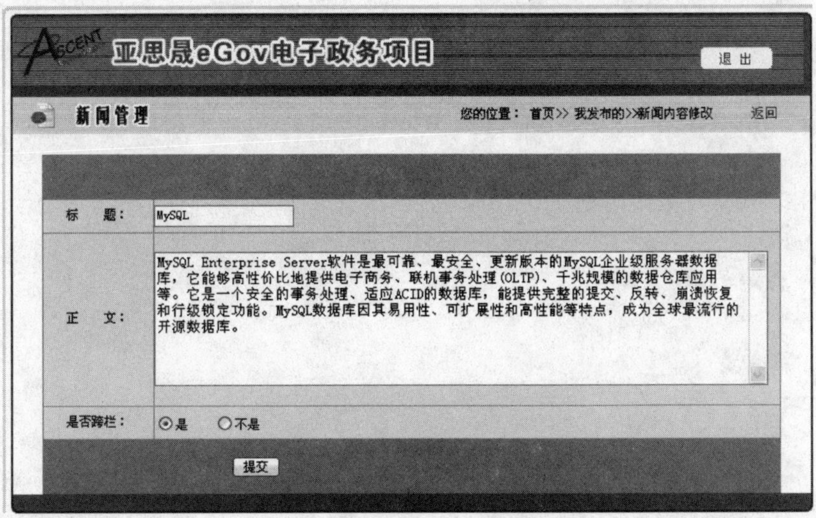

图 40

125

根据审批意见或自行修改，单击"提交"按钮，返回当前用户发布新闻集合页面（myissue.jsp）。

新闻撤销：选中新闻，单击"撤销"图标，进入后台处理，把当前已发布新闻撤销，也可以把已撤销的新闻重新发布。

### 3.3.4.8　测试要点

### 3.3.4.9　数据库设计

● 新闻表（news）结构

表 24

| 序　号 | 列　名 | PK | FK | 属　性 | 长　度 | 备　注 |
|---|---|---|---|---|---|---|
| 1 | id | Y | | integer | 20 | 该表的主键，唯一标识，自动增长 |
| 2 | title | | | varchar | 255 | 新闻标题 |
| 3 | author | | | varchar | 32 | 作者 |
| 4 | deptid | | | integer | 20 | 部门号 |
| 5 | content | | | longtext | | 新闻内容 |
| 6 | type | | | integer | 11 | 新闻类型 |
| 7 | checkopinion | | | varchar | 255 | 一审意见 |
| 8 | checkopinion2 | | | varchar | 255 | 二审意见 |
| 9 | checkstatus | | | integer | 11 | 当前新闻审核状态 |
| 10 | crosscolumn | | Y | integer | 11 | 跨栏栏目（值来自于数据字典） |
| 11 | crossstatus | | | integer | 11 | 跨栏状态（值来自于数据字典） |
| 12 | picturepath | | | varchar | 128 | 图片路径 |
| 13 | publishtime | | | date | | 发布时间 |
| 14 | crosspubtime | | | date | | 跨栏日期（值来自于数据字典） |
| 15 | preface | | | integer | 11 | |
| 16 | status | | | integer | 11 | 发布状态 |

### 3.3.4.10　注释设计

无

### 3.3.4.11　限制条件

无

### 3.3.4.12　测试计划

无

### 3.3.4.13　尚未解决的问题

无

### 3.3.5　通知发布

…………

### 3.3.6　通知修改

…………

### 3.3.7　通知撤销

…………

# 第 5 章　软件实现

在完成系统分析和设计之后，进入软件实现环节。软件实现的目标是：利用已有的资产和构件，遵循程序开发规范，按照系统《详细设计说明书》中数据结构、算法和模块实现等方面的设计，用面向对象的技术，实现目标系统的功能、性能、接口、界面等要求。

在 eGov 电子政务系统中，我们基于 Struts-Spring-Hibernate 框架完成了软件实现步骤。

## 5.1　Struts-Spring-Hibernate 概述

目前，国内外信息化建设已经进入以 Web 应用为基础核心的阶段，Java 语言应该算得上是开发 Web 应用的最佳语言。然而，就算用 Java 建造一个不是很烦琐的 Web 应用系统，也不是件轻松的事情。有很多东西需要仔细考虑，比如要考虑怎样建立用户接口？在哪里处理业务逻辑？怎样持久化数据？幸运的是，Web 应用面临的一些问题已经由曾遇到过这类问题的开发者建立起相应的框架（Framework）解决了。事实上，企业开发中直接采用的往往并不是某些具体的技术，比如大家熟悉的 Core Java、JDBC、Servlet、JSP 等，而是基于这些技术之上的应用框架（Framework），Struts、Spring 和 Hibernate 就是其中最常用的几种。

大部分的 Web 应用在职责上至少能被分成 3 层：表示层（Presentation Layer）、业务层（Business Layer）和持久层（Persistence Layer）。每个层在功能上都应该是十分明确的，而不应该与其他层混合。每个层要相互独立，通过一个通信接口而相互联系。

这里讨论一个使用 3 种开源框架的策略：表示层用 Struts；业务层用 Spring；而持久层则用 Hibernate，如图 5-1 所示。

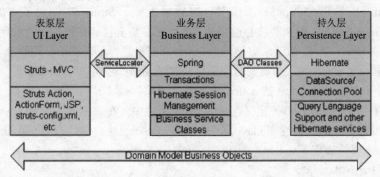

图 5-1　Struts-Spring-Hibernate 架构

接下来我们详细介绍这些技术。

## 5.2　Struts 技术

在这个项目中，我们使用 Struts 框架来解决用户接口（UI）层，及其与后端应用层之间的交互。

### 5.2.1　Struts 概述

Struts 是由 Craig McClanahan 在 2001 年发布的 Web 框架。经过多年的验证，Struts 越来越稳定和成熟。目前，Struts 推出 2.0 版本的全新框架，Struts 2 改进了 Struts 1 的一些主要不足。

Struts 1 的主要缺点如下：

（1）支持的表示层技术单一

Struts 1 只支持 JSP 视图技术，当然，可以少量支持 Velocity 等技术。

（2）Struts 与 Servlet API 严重耦合，难于测试

比如：对 Struts 1 的 Action 的 execute 进行测试，该方法有 4 个参数：ActionMapping、ActionForm、HttpServletRequest 和 HttpServletResponse，初始化这 4 个参数比较困难，尤其是 HttpServletRequest 和 HttpServletResponse 两个参数，因为这两个参数通常是由容器进行注入的。如果脱离 Web 服务器，Action 的测试是很困难的。

（3）Struts 1 的侵入性太大

一个 Action 中包含了大量的 Struts API，比如 ActionMapping、ActionForm、ActionForward 等。这种侵入式的设计最大的弱点在于：切换框架会相当困难，代码复用较低，不利于重构。

Struts 2 在另一个 MVC 框架 WebWork 的优良基础设计之上，进行了一次巨大的升级。注意：Struts 2 不是基于 Struts 1，而是基于 WebWork 的。Struts 2 针对 Struts 1 的不足，提出了自己的解决方案。

### 5.2.2　MVC 与 Struts 映射

Struts 的体系结构实现了 Model-View-Controller 设计模式的概念，它将这些概念映射到 Web 应用程序的组件和概念中。

#### 1．控制器层（Controller）

与 Struts 1 使用 ActionServlet 作为控制器不同，Struts 2 使用了 Filter 技术，FilterDispatcher 是 Struts 框架的核心控制器，该控制器负责拦截和过滤所有的用户请求。如果用户请求以 action 结尾，该请求将被转入 Struts 框架来进行处理。Struts 框架获得了 *.action 请求后，将根据 *.action 请求的前面名称部分决定调用哪个业务控制 action 类。例如，对于 test.action 请求，调用名为 test 的 action 来处理该请求。

Struts 应用中的 action 都被定义在 struts.xml 文件中，在该文件中配置 action 时，主要定义了该 action 的 name 属性和 class 属性，其中 name 属性决定了该 action 处理哪个用户请求，而 class 属性决定了 action 的实现类。例如：<action name="registAction" class="com.ascent.action.RegistAction">。

用于处理用户请求的 action 实例，并没有与 Servlet API 耦合，所以无法直接处理用户请求。为此，Struts 框架提供了系列拦截器，该系列拦截器负责将 HttpServletRequest 请求

中的请求参数解析出来，传入到 Action 中，并回调 Action 的 execute 方法来处理用户请求。关于拦截器的概念我们稍后会详细讲解。

**2．显示层（View）**

Struts 2 框架改变了 Struts 1 只能使用 JSP 作为视图技术的现状（当然可以少量支持 Velocity 等技术），它允许使用其他的视图技术，如 FreeMarker、Velocity 等作为显示层。

当 Struts 2 的控制器调用业务逻辑组件处理完用户请求后，会返回一个字符串，该字符串代表逻辑视图，它并未与任何的视图技术关联。

当我们在 struts.xml 文件中配置 action 时，还要为 action 元素指定系列 result 子元素，每个 result 子元素定义上述逻辑视图和物理视图之间的映射。一般情况下，我们使用 JSP 技术作为视图，故配置 result 子元素时没有 type 属性，默认使用 JSP 作为视图资源。例如：<result name="error">/product/register.jsp</result>。

如果需要在 Struts 2 中使用其他视图技术，则可以在配置 result 子元素时，指定相应的 type 属性即可。例如，type 属性指定值可以是 velocity。

Struts 显示层包括了一个便于创建用户界面的定制标记库。这些标记的使用将在后面讨论。另外，我们还会讲解国际化支持、表达式语言等内容。

**3．模型层（Model）**

模型层指的是后端业务逻辑处理，它会被 action 调用来处理用户请求。当控制器需要获得业务逻辑组件实例时，通常并不会直接获取业务逻辑组件实例，而是通过工厂模式来获得业务逻辑组件的实例；或者利用其他 IoC 容器（如 Spring 容器）来管理业务逻辑组件的实例。我们在后面会详细展开这些技术。

基于 MVC 的系统中的业务逻辑组件还可以细分为两个概念：系统的内部状态以及能够改变状态的行为。我们可以把状态信息当做名词（事物），把行为当做动词（事物状态的改变），它们使用 JavaBean、EJB 或 Web Service 实现。

这一体系结构中每个主要的组件都将在下面做详细的讨论。在此之前我们先了解一下 Struts 2 的整体工作流程。

## 5.2.3　Struts 2 的工作流程和配置文件

**1．Struts 2 的工作流程**

Struts 2 的工作流程是 WebWork 的升级，而不是 Struts 1 的升级，如图 5-2 所示。

Struts 2 的工作流程步骤如下：

① 浏览器发送请求，例如请求/regist.action、/reports/myreport.pdf 等。

② 核心控制器 FilterDispatcher 根据请求决定调用合适的 Action。

③ WebWork 的拦截器链自动对请求应用通用功能，例如验证、工作流或文件上传等功能。

④ 回调 Action 的 execute 方法，该 execute 方法先获取用户请求参数，然后执行某种业务操作，既可以将数据保存到数据库，也可以从数据库中检索信息。实际上，因为 Action 只是一个控制器，它会调用业务逻辑组件（Model）来处理用户的请求。

⑤ Action 的 execute 方法处理结果信息将被输出到浏览器中，可以是 HTML 页面、图像，也可以是 PDF 文档或者其他文档。Struts 2 支持的视图技术非常多，既支持 JSP，也支持 Velocity、FreeMarker 等模板技术。

要想更详细地掌握 Struts 的核心技术和流程，就要先理解 Struts 的配置文件。

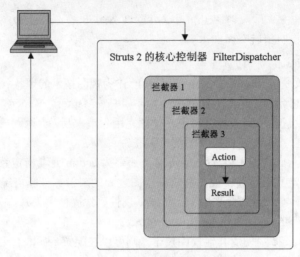

图 5-2　Struts 2 的体系概图

### 2．Struts 2 的配置文件

Struts 2 的配置文件有两份，包括配置 Action 的 struts.xml 文件和配置 Struts 2 全局属性的 struts.properties 文件。接下来我们分别对它们进行讨论。

（1）struts.xml 配置文件

首先我们了解一下 Struts 2 框架自带的一些配置文件。在 Struts 2 的 jar 包中，我们会看到有一个 struts-default.xml 文件。这个 struts-default.xml 文件是 Struts 2 框架的默认配置文件，Struts 2 框架每次都会自动加载该文件。struts-default.xml 文件定义了一个名字为 struts-default 的包空间，该包空间里定义了 Struts 2 内建的 Result 类型，配置了大量的核心组件，以及 Struts 2 内建的系列拦截器、由不同拦截器组成的拦截器栈和默认的拦截器引用等。

另外，Struts 2 框架允许以一种"可插拔"的方式来安装插件，它们都提供了一个类似 Struts2-xxx-plugin.jar 的文件，例如后面要用到的 Spring 插件，它提供了 Struts2-spring-plugin2.06.jar 文件，只要将该文件放在 Web 应用的 WEB-INF/lib 路径下，Struts 2 框架将自动加载该框架。

对于绝大部分 Struts 2 应用而言，我们无须重新定义上面这些配置文件。我们所要关注和管理的是下面的 struts.xml 配置文件。

Struts 框架的核心配置文件就是 struts.xml 配置文件。在默认情况下，Struts 2 框架将自动加载放在 WEB-INF/classes 路径下的 struts.xml 文件。该文件主要负责管理应用中的 Action 映射、该 Action 包含的 result 定义等，以及一些其他相关配置。

以下是项目中 strruts.xml 的实例。

```xml
<?xml version="1.0" encoding="UTF-8" ?>
<!DOCTYPE struts PUBLIC "-//Apache Software Foundation//
DTD Struts Configuration 2.0//EN"
"http://struts.apache.org/dtds/struts-2.0.dtd">
<struts>

    <constant name="struts.i18n.encoding" value="GBK"/>
    <package name="struts2" extends="json-default">
        <action name="*authAction"
        class="com.ascent.action.AuthAction" method="{1}">
            <result>/jsp/authplot.jsp</result>
```

```
                <result name="qxx">/jsp/manager.jsp</result>
                <result name="de" type="json">/jsp/authplot.jsp</result>
                <result name="am">/jsp/authmanager.jsp</result>
            </action>
            <action name="exitAction"
                class="com.ascent.action.ExitAction">
                <result>/index.jsp</result>
            </action>
            <action name="loginAction"
                class="com.ascent.action.LoginAction">
                <result>/index.jsp</result>
            </action>
            <action name="*newsAction"
                class="com.ascent.action.NewsAction" method="{1}">
            <result>/jsp/manager.jsp</result>
            <result name="auditing">/jsp/auditing.jsp
            </result>
            <result name="auditings">/jsp/auditings.jsp
            </result>
            <result name="myissue">/jsp/myissue.jsp</result>
            <result name="view">/jsp/view.jsp</result>
            <result name="list">/jsp/list.jsp</result>
            <result name="newsselect">/jsp/updatenews.jsp
            </result>
        </action>
    </package>

</struts>
```

接下来我们具体看看 struts.xml 的主要内容。

① 包配置

Struts 2 框架中核心组件就是 Action、拦截器等。Struts 2 框架使用包（package）来管理 Action 和拦截器等，package 是多个 Action、多个拦截器、多个拦截器引用的集合。

在 strust.xml 文件中，package 元素用于定义包配置，每个 package 元素定义了一个包配置。定义 package 元素时可以指定如下几个属性，见表 5-1。

表 5-1　定义 package 元素时指定的属性

| 属　　性 | 描　　述 |
|---|---|
| name | 这是一个必填属性，该属性指定该包的名字，该名字是该包被其他包引用的 key |
| extends | 该属性是一个可选属性，该属性指定该包继承其他包。继承其他包，可以继承其他包中的 Action 定义、拦截器定义等 |
| namespace | 该属性是一个可选属性，该属性定义该包的命名空间 |
| abstract | 该属性是一个可选属性，它指定该包是否是一个抽象包。抽象包中不能包含 Action 定义 |

这里我们要特别了解命名空间的概念。考虑到在同一个 Web 应用中可能会有同名的 Action，Struts 2 以命名空间的方式来管理 Action。同一个命名空间里不能有同名的 Action，不同的命名空间里可以有同名的 Action。Struts 2 的命名空间的作用等同于 Struts 1 里模块的作用，它允许以模块化的方式来组织 Action。

如果某个包没有指定 namespace 属性，那么该包使用默认的命名空间，默认的命名空间总是 " "。默认命名空间里的 Action 可以处理任何模块下的 Action 请求。

② Action 配置

struts.xml 中最重要的是关于 Action 的配置，Action 是 Struts 2 的基本"程序单位"。

■ 基本配置

我们在配置 Action 时，需要指定该 Action 的实现类，并定义 Action 处理结果与视图资源之间的映射关系。

下面是 struts.xml 配置文件的示例：

```xml
<package name="struts2" extends="json-default">
.........
    <action name="loginAction" class="com.ascent.action.LoginAction">
        <result>/index.jsp</result>
    </action>

.........
</package>
```

前面提到，Struts 2 使用包来组织 Action。因此，Action 定义是放在包定义下完成的，定义 Action 通过使用 package 下的 Action 子元素来完成。定义 Action 时，至少需要指定它的 name 属性，该 name 属性既是该 Action 的名字，也是它需要处理的 URL 的一部分。

> **注意**：Struts 2 的 Action 名字就是它所处理的 URL 的前半部分。与 Struts 1 不同，Struts 1 的 Action 配置中的 name 属性指定的是该 Action 关联的 ActionForm，而 path 属性才是该 Action 处理的 URL。Struts 2 去除了这些易混淆的地方，Action 的 name 属性等同于 Struts 1 中 Action 的 path 属性。

除此之外，通常还需要为 Action 元素指定一个 class 属性，它指定了该 Action 的实现类。

前面我们提到过，Action 只是一个业务控制器，它在处理完用户请求后，需要将指定的视图资源呈现给用户。因此，配置 Action 时，应该配置逻辑视图和物理视图资源之间的映射。这是通过<result.../>元素来定义的，每个<result.../>元素定义逻辑视图和物理视图之间的一次映射。

■ 使用通配符

在配置<action.../>元素时，可以指定 name、class 和 method 属性，这 3 个属性都支持通配符。这种使用通配符的方式是动态方法调用的一种形式。当我们使用通配符定义 Action 的 name 属性时，相当于一个 Action 元素定义多个逻辑 Action。

以下举例说明：

```xml
<action name="*authAction"
    class="com.ascent.action.AuthAction" method="{1}">
        ......
</action>
```

解释一下上面代码的含义：上面定义的不是一个普通的 action，而是定义了一系列的 action，只要 URL 是*authAction.action 的模式，都可以通过该 Action 进行处理。但该 Action 定义了一个表达式{1}，该表达式的值就是 name 属性值中的第一个*的值。

例如，如果用户请求的 URL 是 indexauthAction.action，则调用该 action 的 index 方法；如果用户请求的 URL 是 plotauthAction.action，则调用该 action 的 plot 方法。AuthAction 类不再包含默认的 execute 方法，而是包含了 index 和 plot 两个方法，这两个方法与 execute 方法除了方法名不同外，其他的完全相同。

在 eGov 项目的 struts.xml 中，我们使用了通配符：

```
<action name="*authAction"
    class="com.ascent.action.AuthAction" method="{1}">
    <result>/jsp/authplot.jsp</result>
    <result name="qxx">/jsp/manager.jsp</result>
    <result name="de" type="json">/jsp/authplot.jsp</result>
    <result name="am">/jsp/authmanager.jsp</result>
</action>
<action name="*newsAction"
    class="com.ascent.action.NewsAction" method="{1}">
    <result>/jsp/manager.jsp</result>
    <result name="auditing">/jsp/auditing.jsp</result>
    <result name="auditings">/jsp/auditings.jsp</result>
    <result name="myissue">/jsp/myissue.jsp</result>
    <result name="view">/jsp/view.jsp</result>
    <result name="list">/jsp/list.jsp</result>
    <result name="newsselect">/jsp/updatenews.jsp</result>
</action>
```

③　处理结果

前面已经提到了，Action 仅负责处理用户请求，它只是一个控制器，它不能也不应该直接提供对浏览者的响应。当 Action 处理完用户请求后，处理结果应该通过视图资源来实现，而控制器应该控制将哪个视图资源呈现给浏览者。

Action 处理完用户请求后，将返回一个普通字符串，整个普通字符串就是一个逻辑视图名。struts.xml 中包含逻辑视图名和物理视图之间映射关系，一旦收到 Action 返回的某个逻辑视图名，系统就会把对应的物理视图呈现给浏览者。

相对于 Struts 1 框架而言，Struts 2 的逻辑视图不再是 ActionForward 对象，而是一个普通字符串，这样的设计更有利于将 Action 类与 Struts 2 框架分离，提供了更好的代码复用性。

除此之外，Struts 2 还支持多种结果映射，实际资源不仅可以是 JSP 视图资源，也可以是 FreeMaker 或 Velocity 等视图资源，甚至可以将请求转给下一个 Action 处理，形成 Action 的链式处理。

■　处理结果配置

Struts 2 通过在 struts.xml 文件中使用<result…/>元素来配置结果。根据<result…/>元素所在位置的不同，Struts 2 提供了两种结果。

- 局部结果：将<result…/>作为<action…/>元素的子元素配置。
- 全局结果：将<result…/>作为<global-result…/>元素的子元素配置。

我们先介绍局部结果，它的作用范围是对特定的某个 Action 有效。局部结果是通过在<action…/>元素中指定<result…/>元素来配置的，一个<action…/>元素可以有多个<result…/>元素，这表示一个 Action 可以对应多个结果。

最典型的<result…/>配置片段如下：

```
<action name="newsAction"
    class="com.ascent.action.NewsAction">
    <result>/jsp/manager.jsp</result>
    <result name="auditing">/jsp/auditing.jsp</result>
    <result name="auditings">/jsp/auditings.jsp</result>
    <result name="myissue">/jsp/myissue.jsp</result>
    <result name="view">/jsp/view.jsp</result>
    <result name="list">/jsp/list.jsp</result>
</action>
```

我们还可以使用<param…/>子元素配置结果，其中<param…/>元素的 name 属性可以为如下两个值：

● location：该参数指定了该逻辑视图对应的实际视图资源。

● parse：该参数指定是否允许在实际视图名字中使用 OGNL 表达式，该参数值默认为 true。如果设置该参数值为 false，则不允许在实际视图名中使用表达式。通常无须修改该属性值。

下面我们了解一下全局结果。Struts 2 的<result.../>元素配置，也可放在<global-results.../>元素中配置，当在<global-results.../>元素中配置<result.../>元素时，该<result.../>元素配置了一个全局结果，全局结果的作用范围是对所有的 Action 都有效。

如果一个 Action 里包含了与全局结果中同名的结果，则 Action 里的局部 Action 会覆盖全局 Action。也就是说，当 Action 处理用户请求结束后，会首先在本 Action 里的局部结果里搜索逻辑视图对应的结果，只有在 Action 里的局部结果里找不到逻辑视图对应的结果，才会到全局结果里搜索。

■ Struts 2 支持的处理结果类型

Struts 2 支持使用多种视图技术，例如 JSP、Velocity 和 FreeMarker 等。当一个 Action 处理用户请求结束后，仅仅返回一个字符串，这个字符串就是逻辑视图名，但该逻辑视图并未与任何的视图技术及任何的视图资源关联。实际上，结果类型决定了 Action 处理结束后，下一步将执行哪种类型的动作。

Struts 2 的结果类型要求实现 com.opensymphony.xwork.result，这个结果是所有 Action 执行结果的通用接口。如果我们需要自己的结果类型，则应该提供一个实现该接口的类，并且在 struts.xml 文件中配置该结果类型。

Struts 2 的 struts-default.xml 和各个插件中的 struts-plugin.xml 文件中提供了一系列的结果类型，表 5-2 中列出来的就是 Struts 2 支持的结果类型。

表 5-2　Struts 2 支持的结果类型

| 结果类型 | 描　　述 |
| --- | --- |
| chain | Action 链式处理的结果类型 |
| chart | 用于整合 JFreeChart 的结果类型 |
| dispatcher | 用于 JSP 整合的结果类型 |
| freemarker | 用于 FreeMarker 整合的结果类型 |
| httpheader | 用于控制特殊的 HTTP 行为的结果类型 |
| jasper | 用于 JsperReports 整合的结果类型 |
| jsf | 用于与 JSF 整合的结果类型 |
| redirect | 用于直接重定向到其他 URL 的结果类型 |
| redirect-action | 用于直接重定向到 Action 的结果类型 |
| stream | 用于向浏览器返回一个 InputStream（一般用于文件下载） |
| tiles | 用于与 Tiles 整合的结果类型 |
| velocity | 用于与 Velocity 整合的结果类型 |
| xslt | 用于与 XML/XSLT 整合的结果类型 |
| plaintext | 用于显示某个页面的源代码的结果类型 |

上面一共列出了 14 种类型，其中 dispatcher 结果类型是默认的类型，也就是说如果省略了 type 属性，默认 type 属性为 dispatcher，它主要用于与 JSP 页面整合。我们实际工作中用得比较多的是 plaintext、redirect 和 redirect-action 三种结果类型。

（a）plaintext 结果类型

这个结果类型并不常用，因为它的作用太过局限：它主要用于显示实际视图资源的源代码。在 struts.xml 文件中采用如下配置片段：

```
<result type="plaintext">
    <param name="location">/welcome.jsp</param>
    <!--设置字符集编码-->
    <param name="charset">gb2312</param>
</result>
```

我们在这里使用了 plaintext 结果类型，系统将把视图资源的源代码呈现给用户。如果在 welcome.jsp 页面的代码中包含了中文字符，使用 plaintext 结果类型将会看到乱码。为了解决这个问题，Struts 2 通过<param name="charset">gb2312</param>元素设置使用特定的编码解析页面代码。

（b）redirect 结果类型

这种结果类型与 dispatcher 结果类型相对，dispatcher 结果类型是将请求 forward（转发）到指定的 JSP 资源；而 redirect 结果类型，则意味着将请求 redirect（重定向）到指定的视图资源。

dispatcher 结果类型与 redirect 结果类型的差别主要就是转发和重定向的差别；重定向的效果就是重新产生一个请求，因此所有的请求参数、请求属性、Action 实例和 Action 中封装的属性全部丢失。

完整地配置一个 redirect 的 result，可以指定如下两个参数：

- location：该参数指定 Action 处理完用户请求后跳转的地址。
- parse：该参数指定是否允许在 location 参数值中使用表达式，该参数默认为 true。

（c）redirect-action 结果类型

当需要让一个 Action 处理结束后，直接将请求重定向（是重定向，不是转发）到另一个 Action 时，我们应该使用这种结果类型。配置 redirect-action 结果类型时，可以指定如下两个参数：

- actionName：该参数指定重定向的 Action 名。
- namespace：该参数指定需要重定向的 Action 所在的命名空间。

下面是一个使用 redirect-action 结果类型的配置实例。

```
<result type=" redirect-action">
    <!--指定 Action 的命名空间-->
    <param name="namespace">/ss</param>
<!--指定 Action 的名字-->
    <param name="actionName">login </param>
</result>
```

■ 动态结果

动态结果的意思是指在指定实际视图资源时使用了表达式语法，通过这种语法可以允许 Action 处理完用户请求后，动态转入实际的视图资源。

实际上，Struts 2 不仅允许在 class 属性、name 属性中使用表达式，还可以在<action.../>元素的<result.../>子元素中使用表达式。下面提供了一个通用 Action，该 Action 可以配置成如下形式：

```
<action name="*">
    <result>/{1}.jsp</result>
</action>
```

在上面的 Action 定义中，Action 的名字是一个*，即它可以匹配任意的 Action，即所有的用户请求都可通过该 Action 来处理。因为没有为该 Action 指定 class 属性，即该 Action 使用 ActionSupport 来作为处理类，而且因为该 ActionSupport 类的 execute 方法返回 success 字符串，即该 Action 总是直接返回 result 中指定的 JSP 资源，JSP 资源使用了表达式来生成资源名。上面 Action 定义的含义是：如果请求 a.action，则进入 a.jsp；如果请求 b.action，则进入 b.jsp 页面⋯⋯依此类推。

另外，我们在配置<result.../>元素时，还允许使用 OGNL 表达式，这种用法允许让请求参数来决定结果。在配置<result.../>元素时，不仅可以使用"${0}"表达式形式来指定视图资源，还可以使用"${属性名}"的方式来指定视图资源。在后面这种配置方式下，"${属性名}"里的属性名就是对应 Action 实例里的属性。例如：

```
<result type="redirect">edit.action?productName=${myProduct.name}</result>
```

对于上面的表达式语法，要求 Action 中必须包含 myProduct 属性，并且 myProduct 属性必须包含 name 属性，否则${myProduct.name}表达式值为 null。

④ include（包含）配置

在大部分应用里，随着应用规模的增加，系统中 Action 数量也大量增加，导致 struts.xml 配置文件变得非常臃肿。为了避免这种情况，我们可以将一个 struts.xml 配置文件分解成多个配置文件，然后在 struts.xml 文件中包含其他配置文件。通过这种方式，Struts 2 提供了一种模块化的方式来管理 struts.xml 配置文件，体现了软件工程中"分而治之"的原则。

Struts 2 默认只加载 WEB-INF/class 下的 struts.xml 文件，所以我们就必须通过 struts.xml 文件来包含其他配置文件。

在 struts.xml 文件中包含其他配置文件通过<include.../>元素完成，配置<include.../>元素需要指定一个必需的属性，该属性指定了被包含配置文件的文件名。被包含的 Struts 配置文件，也是标准的 Struts 2 配置文件，一样包含了 DTD 信息、Struts 2 配置文件的根元素等信息。通常，将 Struts 2 的所有配置文件都放在 Web 应用的 WEB-INF/classes 路径下，strust.xml 文件包含了其他的配置文件，Struts 2 框架自动加载 strust.xml 文件时，从而完成加载所有配置信息。

⑤ Bean 配置

Struts 2 框架是一个可扩展性的框架。对于框架的大部分核心组件，Struts 2 并不是直接以硬编码的方式写在代码中的，而是以自己的 IoC（控制反转）容器来管理框架的核心组件。

Struts 2 框架以可配置的方式来管理 Struts 的核心组件，从而允许开发者可以很方便地扩展该框架的核心组件。当开发者需要扩展，或者替换 Struts 2 的核心组件时，只需提供自己的组件实现类，并将该组件实现类部署在 Struts 2 的 IoC 容器中即可。

我们使用<bean/>元素在 struts.xml 文件中定义 Bean，Bean 元素有如下几个属性，见表 5-3。

表 5-3　Bean 元素具有的属性

| 属　性 | 描　述 |
|---|---|
| class | 这个属性是一个必填属性，它指定了 Bean 实例的实现类 |
| type | 这个属性是一个可选属性，它指定了 Bean 实例实现的 Struts 2 规范，该规范通常是通过某个接口来实现的，因此该属性的值通常是一个 Struts 2 接口。如果需要将 Bean 实例作为 Struts 2 组件来使用，则应该指定该属性值 |

| 属　　性 | 描　　述 |
|---|---|
| Name | 该属性指定了 Bean 实例的名字,对于有相同 type 类型的多个 Bean,则它们 name 属性不能相同。这个属性也是一个可选属性 |
| scope | 该属性指定 Bean 实例的作用域。该属性是一个可选属性,属性值只能是 default、singleton、request、session 或 thread 其中之一 |
| static | 该属性指定 Bean 是否使用静态方法注入。通常而言,当指定了 type 属性时,该属性不应该指定为 true |
| optional | 该属性指定该 Bean 是否是一个可选 Bean,该属性是一个可选属性 |

在 struts.xml 文件中定义 Bean 时,通常有如下两个作用:

- 创建该 Bean 的实例,将该实例作为 Struts 2 框架的核心组件使用。
- Bean 包含的静态方法需要一个值注入。

对于第一种作用,因为 Bean 实例往往是作为一个核心组件使用的,因此需要告诉 Struts 容器该实例的作用——就是该实例实现了哪个接口,这个接口往往定义了该组件所必须遵守的规范。

对于第二种作用,则可以很方便地允许不创建某个类的实例,却可以接受框架常量。在这种用法下,通常需要设置 static="true"。

> **注意**:对于绝大部分 Struts 2 应用而言,我们无须重新定义 Struts 2 框架的核心组件,也就无须在 struts.xml 文件中定义 Bean。

⑥ 常量配置

在 struts.xml 文件中配置常量是一种指定 Struts 2 属性的方式。我们稍后会介绍如何在 struts.properties 文件中配置 Struts 2 属性,这两种方式的作用基本相似。通常推荐在 struts.xml 文件中定义 Struts 2 属性,而不是在 struts.properties 文件中定义 Struts 2 属性的方式,这主要是为了保持与 WebWork 的向后兼容性。另外,我们还可以在 web.xml 文件中配置 Struts 2 常量。

通常,Struts 2 框架按如下搜索顺序加载 Struts 2 常量。

- struts-default.xml:该文件保存在 struts2-2.0.6.jar 文件中。
- struts-plugin.xml:该文件保存在 struts2-xxx-2.0.6.jar 等 Struts 2 插件 jar 文件中。
- struts.xml:该文件是 Web 应用默认的 Struts 2 配置文件。
- struts.properties:该文件是 Web 应用默认的 Struts 2 配置文件。
- web.xml:该文件是 Web 应用的配置文件。

上面指定了 Struts 2 框架搜索 Struts 2 常量顺序,如果在多个文件中配置了同一个 Struts 2 常量,则后一个文件中配置的常量值会覆盖前面文件中配置常量值。

在不同文件中配置常量的方式是不一样的,但不管在哪个文件中,配置 Struts 2 常量都需要指定两个属性:常量 name 和常量 value。

其中在 struts.xml 文件中通过元素 constant 来配置常量,配置常量需要指定两个必填的属性。

- name:该属性指定了常量 name。
- value:该属性指定了常量 value。

例如，如果需要指定 Struts 2 的国际化资源文件的 baseName 为 mess，则可以在 strust.xml 文件中使用如下的代码片段：

```
<?xml version="1.0" encoding="UTF-8" ?>
< !--指定 Struts 2 的 DTD 信息-->
<!DOCTYPE Struts PUBLIC
    "-//Apache Software Foundation//DTD Struts Configuration 2.0//EN"
    "http://struts.apache.org/dtds/struts-2.0.dtd">
<struts>
    <!--通过 constant 元素配置 Struts 2的属性-- >
    <constant name="struts.custom.i18n.resources"
        value="properties/myMessages"/>
    …
</struts>
```

上面代码片段配置了一个常用属性：struts.custom.i18n.resources，该属性指定了应用所需的国际化资源文件的 baseName 为 properties/myMessages。

对于 struts.properties 文件而言，该文件的内容就是系列的 key-value 对，其中每个 key 对应一个 Struts 2 常量 name，而每个 value 对应一个 Struts 2 常量 value。关于 struts.properties 配置文件，我们稍后详细介绍。

在 web.xml 文件中配置了 Struts 2 常量，可通过<filter>元素的<int-param>子元素指定，每个<int-param>子元素配置了一个 Struts 2 常量。

在实际开发中，不推荐将 Struts 2 常量配置在 web.xml 文件中。毕竟，采用这种配置方式来配置常量，需要更多的代码量，而且降低了文件的可读性。通常推荐将 Struts 2 常量集中在 strust.xml 文件中进行集中管理。

⑦ 拦截器配置

拦截器其实就是 AOP（面向方面编程）的编程思想。关于面向方面编程我们会在"Spring 技术"一章详细讲解。拦截器允许在 Action 处理之前，或者 Action 处理结束之后，插入开发者自定义的代码。

在很多时候，我们需要在多个 Action 上进行相同的操作，例如权限控制，此处就可以使用拦截器来检查用户是否登录，用户的权限是否足够（当然也可以借助 Spring 的 AOP 框架来完成）。通常，使用拦截器可以完成如下操作。

- 进行权限控制（检查浏览者是否是登录用户，并且有足够的访问权限）。
- 跟踪日志（记录每个浏览者所请求的每个 Action）。
- 跟踪系统的性能瓶颈（可以通过记录每个 Action 开始处理时间和结束时间，从而取得耗时较长的 Action）。

Struts 2 也允许将多个拦截器组合在一起，形成一个拦截器栈。一个拦截器栈可以包含多个拦截器，多个拦截器组成一个拦截器栈。对于 Struts 2 系统而言，多个拦截器组成的拦截器栈对外也表现成一个拦截器。

定义拦截器之前，必须先定义组成拦截器栈的多个拦截器。Struts 2 把拦截器栈当成拦截器处理，因此拦截器和拦截器栈都放在<interceptors.../>元素中定义。

下面是拦截器的定义片段。

```
<interceptors>
    <interceptor name="log" class="cc.dynasoft.LogInterceptor" />
    <interceptor name="authority" class="cc.dynasoft. Authority Interceptor" />
    <interceptor name="timer" class="cc.dynasoft.TimerInterceptor" />
    <interceptor-stack name="default">
    <interceptor-ref name=" authority" />
```

```
    <interceptor-ref name=" timer" />
    </interceptor>
    ······
</interceptors>
```

一旦定义了拦截器和拦截器栈之后，在 Action 中使用拦截器或拦截器栈的方式是相同的。

```
<action name="login" class="cc.dynasoft.LoginAction">
    ······
    <interceptor-ref name="log" />
</action>
```

（2）struts.properties 配置文件

除了 struts.xml 核心文件外，Struts 2 框架还包含一个 struts.properties 文件，该文件通常放在 Web 应用的 WEB-INF/classes 路径下。它定义了 Struts 2 框架的大量属性，开发者可以通过改变这些属性来满足个性化应用的需求。

表 5-4 中列出了可以在 struts.properties 中定义的 Struts 2 属性。

表 5-4　可以在 struts.properties 中定义的 Struts 2 属性

| 属　性 | 描　述 |
|---|---|
| struts.configuration | 该属性指定加载 Struts 2 配置文件的配置文件管理器。该属性的默认值是 org.apache.Struts2.config.DdfaultConfiguration，这是 Struts 2 默认的配置文件管理器。如果需要实现自己的配置管理器，开发者则可以实现一个 configuration 接口的类，该类可以自己加载 Struts 2 配置文件 |
| struts.locale | 指定 Web 应用的默认 Locale |
| struts.i18n.encoding | 指定 Web 应用的默认编码集。该属性对于处理中文请求参数非常有用，对于获取中文请求参数值，应该将该属性值设置为 GBK 或者 GB2312<br>提示：当设置该参数为 GBK 时，相当于调用 httpservletrequest 的 setcharacterencoding 方法 |
| struts.objectFactory | 指定 Struts 2 默认的 objectFactory bean，该属性默认值是 Spring |
| struts.objectFactory.spring.autoWire | 指定 Spring 框架的自动装配模式，该属性的默认值是 name，即默认根据 Bean 的 name 属性自动装配 |
| struts.objectFactory.spring.useClassCache | 该属性指定整合 Spring 框架时，是否缓存 Bean 实例，该属性只允许使用 true 和 false 两个属性值，它的默认值是 true。通常不建议修改该属性值 |
| struts.objecTypeDeterminer | 该属性指定 Struts 2 的类型检测机制，通常支持 tiger 和 notiger 两个属性值 |
| struts.multipart.parser | 该属性指定处理 multipart/form-data 的 MIME 类型（文件上传）请求的框架，该属性支持 cos、pell 和 jakarta 等属性值，即分别对应使用 cos 的文件上传框架、pell 上传及 common-fileupload 文件上传框架。该属性的默认值为 jakarta<br>如果需要使用 cos 或者 pell 的文件上传方式，则应该将对应的 JAR 文件复制到 Web 应用中。例如，使用 cos 上传方式，则需要自己下载 cos 框架的 JAR 文件，并将该文件放在 WEB-INF/lib 路径下 |
| struts.multipart.savedir | 该属性指定上传文件的临时保存路径，该属性的默认值是 javax.servlet.context.tempdir |
| struts.multipart.maxsize | 该属性指定 Struts 2 文件上传中整个请求内容允许的最大字节数 |
| sturts.custom.properties | 该属性指定 Struts 2 应用加载用户自定义的属性文件，该自定义属性文件指定的属性不会覆盖 struts.properties 文件中指定的属性。如果需要加载多个自定义属性文件，多个自定义属性文件的文件名以英文逗号（,）隔开 |

| 属　　　性 | 描　　　述 |
|---|---|
| struts.mapper.class | 指定将 HTTP 请求映射到指定 Action 的映射器，Struts 2 提供了默认的映射器：org.pache.struts2.dispatcher.mapper.defaultactionmapper。默认映射器根据请求的前缀与 Action 的 name 属性完成映射 |
| struts.action.extension | 该属性指定需要 Struts 2 处理的请求后缀，该属性的默认值是 action，即所有匹配*.action 的请求都由 Struts 2 处理。如果用户需要指定多个请求后缀，则多个后缀之间以英文逗号（,）隔开 |
| struts.serve.static | 该属性设置是否通过 JAR 文件提供静态内容服务，该属性只支持 true 和 false 属性值，该属性的默认属性值是 true |
| struts.serve.static.browsercache | 该属性设置浏览器是否缓存静态内容。当应用处于开发阶段时，我们希望每次请求都获得服务器的最新响应，则可设置该属性为 false |
| struts.enable.dynamicmethodinvocation | 该属性设置 Struts 2 是否支持动态方法调用，该属性的默认值是 true。如果需要关闭动态方法调用，则可设置该属性为 false |
| struts.enable.slashesinactinanames | 该属性设置 Struts 2 是否允许在 Action 名中使用斜线。该属性的默认值是 false。如果开发者希望在 Action 名中使用斜线，则可设置该属性为 true |
| struts.tag.altsyntax | 该属性指定是否允许在 Struts 2 标签中使用表达式语法，因为通常都需要在标签中使用表达式语法，故此属性应该设置为 true。该属性的默认值是 true |
| struts.devmode | 该属性设置 Struts 2 应用是否使用开发模式。如果设置该属性为 true，则可以在应用出错时显示更多、更友好的出错提示。该属性只接受 true 和 flase 两个值，该属性的默认值是 false。通常，应用在开发阶段，将该属性设置为 true；当进入产品发布阶段后，则该属性设置为 false |
| struts.i18n.reload | 该属性设置是否每次 HTTP 请求到达时，系统都重新加载资源文件。该属性默认值是 false。在开发阶段将该属性设置为 true 会更有利于开发，但在产品发布阶段应将该属性设置为 false<br><br>提示：开发阶段将该属性设置了 true，将可以在每次请求时都重新加载国际化资源文件，从而可以让开发者看到实时开发效果；产品发布阶段应该将该属性设置为 false，是为了提供响应性能，每次请求都需要重新加载资源文件，会大大降低应用的性能 |
| struts.ui.theme | 该属性指定视图标签默认的视图主题，该属性的默认值是 xhtml |
| struts.ui.templatedir | 该属性指定视图主题所需要模板文件的位置，该属性的默认值是 template，即默认加载 template 路径下的模板文件 |
| struts.ui.templatesuffix | 该属性指定模板文件的后缀，该属性的默认属性值是 ftl。该属性还允许使用 ftl、vm 或 jsp，分别对应 FreeMarker、Velocity 和 JSP 模板 |
| struts.configuration.xml.reload | 该属性设置当 struts.xml 文件改变后，系统是否自动重新加载该文件。该属性的默认值是 false |
| struts.velocity.configfile | 该属性指定 Velocity 框架所需的 velocity.properties 文件的位置。该属性的默认值是 velocity.properties |
| struts.velocity.toolboxlocation | 该属性指定 Velocity 框架的 Context 位置，如果该框架有多个 Context，则多个 Context 之间以英文逗号（,）隔开 |
| struts.velocity.toolboxlocation | 该属性指定 Velocity 框架的 toolbox 的位置 |
| struts.url.http.port | 该属性指定 Web 应用所在的监听端口。该属性通常没有太大的用户，只是当 Struts 2 需要生成 URL 时（例如 Url 标签），该属性才提供 Web 应用的默认端口 |

| 属　性 | 描　述 |
| --- | --- |
| struts.url.https.port | 该属性类似于 Struts.url.http.port 属性的作用,区别是该属性指定的是 Web 应用的加密服务端口 |
| struts.url.includeparams | 该属性指定 Struts 2 生成 URL 时是否包含请求参数。该属性接受 none、get 和 all 三个属性值,分别对应于不包含、仅包含 GET 类型请求参数和包含全部请求参数 |
| sturts.sustom.i18n.resources | 该属性指定 Struts 2 应用所需要的国际化资源文件,如果有多份国际化资源文件,则多个资源文件的文件名以英文逗号(,)隔开 |
| struts.dispatcher.parametersworkaround | 对于某些 Java EE 服务器,不支持 HttpServletRequest 调用 getparameterMap()方法,此时可以设置该属性值为 true 来解决该问题。该属性的默认值是 false。对于 WebLogic、Orion 和 OC4J 服务器,通常应该设置该属性为 true |
| struts.freemarker.manager.classname | 该属性指定 Struts 2 使用的 FreeMarker 管理器。该属性的默认值是 org.apache.struts2.views.freemakrker.FreemarkerManager,这是 Struts 2 内建的 FreeMarker 管理器 |
| struts.freemarker。wrapper.altmap | 该属性只支持 true 和 false 两个属性值,默认值是 true。通常无须修改该属性值 |
| sturst.xslt.nocache | 该属性指定 XSLT Result 是否使用样式表缓存。当应用处于开发阶段时,该属性通常被设置为 true;当应用处于产品使用阶段时,该属性通常被设置为 false |
| struts.configuration.files | 该属性指定 Struts 2 框架默认加载的配置文件,如果需要指定的默认加载多个配置文件,则多个配置文件的文件名之间以英文逗号(,)隔开。该属性的默认值为 Struts-default.xml、struts-plugin.xml、struts.xml,看到该属性值,读者应该明白为什么 Struts 2 厂家默认加载 struts.xml 文件了 |

在有些时候,开发者不喜欢使用额外的 struts.properties 文件。前面提到,Struts 2 允许在 struts.xml 文件中管理 Struts 2 属性,在 struts.xml 文件中通过配置 constant 元素,一样可以配置这些属性。我们建议尽量在 strust.xml 文件中配置 Struts 2 常量。

## 5.2.4　创建 Controller 组件

Struts 的核心是 Controller 组件。它是连接 Model 和 View 组件的桥梁,也是理解 Struts 架构的关键。Struts 2 的控制器由两个部分组成:FilterDispatcher 和业务控制器 Action。

### 1. FilterDispatcher

任何 MVC 框架都需要与 Web 应用整合,这就离不开 web.xml 文件,只有配置在 web.xml 文件中 Filter/Servlet 才会被应用加载。对于 Struts 2 框架而言,需要加载 FilterDispatcher。因为 Struts 2 将核心控制器设计成 Filter,而不是一个 Servlet。因此为了让 Web 应用加载 FilterDispatcher,需要在 web.xml 文件中配置 FilterDispatcher。

配置 FilterDispatcher 的代码片段如下:

```
<!--配置 Struts 2框架的核心 Filter-->
<filter>
        <!--配置 Struts 2核心 Filter 的名字-->
        <filter-name>struts</ filter-name>
        <!--配置 Struts 2核心 Filter 的实现类-->
        <filter-class>org.apache.struts2.dispatcher.Filter Dispatcher
```

```
        </filter-class>
            <init-param>
                <!--配置 Struts 2框架默认加载的 Action 包结构-->
                <param-name>actionpackages</param-name>
                <param-value> org.apache.struts2.showcase.person</param-value>
            </init-param>
            <!--配置 Struts 2框架的配置提供者类-->
            <init-param>
                < param-name>configProviders< /param-name>
                <param-value>lee.MyConfigurationProvider</param-value>
            </init-param>
    </filter>
```

正如上面看到的，当配置 Struts 2 的 FilterDispatcher 类时，可以指定一系列的初始化参数。为该 Filter 配置初始化参数时，其中有 3 个初始化参数有特殊意义：

（1）Config：该参数的值是一个以英文逗号（,）隔开的字符串，每个字符串都有一个 XML 配置文件的位置。Struts 2 框架将自动加载该属性指定的系列配置文件。

（2）Actionpackages：该参数的值也是一个以英文逗号（,）隔开的字符串，每个字符串都是一个包空间，Struts 2 框架将扫描这些包空间下的 Action 类。

（3）Configproviders：如果用户需要实现自己的 Configurationprovider 类，则可以提供一个或多个实现了 Configurationprovider 接口的类，然后将这些类的类名设置成该属性的值，多个类名之间以英文逗号（,）隔开。

除此之外，还可在此处配置 Struts 2 常量，每个<init-param>元素配置一个 Struts 2 常量，其中<param-name>子元素指定了常量 name，而<param-value>子元素指定了常量 value。

在 web.xml 文件中配置了该 Filter，还需要配置该 Filter 拦截的 URL。通常，我们让该 Filter 拦截所有的用户请求，因此使用通配符来配置该 Filter 拦截的 URL。

下面是配置该 Filter 拦截 URL 的配置片段。

```
<!--配置 Filter 拦截的 URL-->
<filter-mapping>
    <!--配置 Struts2的核心 Filter Dispatcher 拦截所有用户请求-->
    <filter-name>struts</ filter-name>
    <url-pattern>/*</url- pattern>
</filter-mapping>
```

配置了 Struts 2 的核心 FilterDispatcher 后，我们就基本完成了 Struts 2 在 web.xml 文件中的配置了。

### 2．Action 的开发

对于 Struts 2 应用而言，Action 是应用系统的核心，我们也称 Action 为业务控制器。开发者需要提供大量的 Action 类，并在 strust.xml 文件中配置 Action。

（1）实现 Action 类

相对于 Strust 1 而言，Struts 2 采用了低侵入式的设计，Struts 2 的 Action 类是一个普通的 POJO（通常应该包含一个无参数的 execute 方法），从而带来很好的代码复用性。

例如，对于用户登录模块 LoginAction 类的代码如下：

```
package com.ascent.action;

import com.ascent.po.Usr;
import com.opensymphony.xwork2.ActionContext;

public class LoginAction extends BaseAction {
```

```
    public String username;
    public String password;

    public String getPassword() {
        return password;
    }
    public void setPassword(String password) {
        this.password = password;
    }
    public String getUsername() {
        return username;
    }
    public void setUsername(String username) {
        this.username = username;
    }

    public String execute(){
        if(this.getUsername()!=null && this.getPassword()!=null){
            Usr user = userService.userLogin(this.getUsername(),
this.getPassword());
            if(user!=null){
                ActionContext.getContext().getSession().put("user",user);
            } else {
                ActionContext.getContext().put("tip","账号或密码不正确");
                return SUCCESS;
            }
        } else {
            ActionContext.getContext().put("tip","账号或密码不正确");
            return SUCCESS;
        }
        return SUCCESS;
    }

}
```

> **注意**：上面的 LoginAction 类继承了 BaseAction 类，它是我们开发的一个帮助类，是为了提供对 Spring 集成支持的工具类。我们在介绍 Spring 时会帮助读者更好地理解它，有兴趣的读者可参考光盘里的源代码。

上面的 Action 类只是一个普通类，这个 Java 类提供了两个属性：username 和 password，这两个属性分别对应两个 HTTP 请求参数。

Action 类里的属性，不仅可用于封装请求参数，还可用于封装处理结果。例如，在前面的 Action 代码中看到的，如果希望将服务器提示的登录成功或失败在下一个页面输出，那么我们可以在 Action 类中增加一个 tip 属性，并为该属性提供对应的 setter 和 getter 方法。

系统不会严格区分 Action 里哪个属性是用于封装请求参数的属性，哪个属性是封装处理结果的属性。对系统而言，封装请求参数的属性和封装处理结果的属性是完全平等的。如果用户的 HTTP 请求里包含了名为 tip 的请求参数，系统会调用 Action 类的 void setTip（String tip）方法，通过这种方式，名为 tip 的请求参数就可以传给 Action 实例；如果 Action 类里没有包含对应的方法，则名为 tip 的请求参数无法传入该实例。

同样，在 JSP 页面中输出 Action 属性时，它也不会区分该属性是用于封装请求参数的属性，还是用于封装处理结果的属性。因此，使用 Struts 2 的标签既可以输出 Action 的处理结果，也可以输出 HTTP 请求参数值。

为了让用户开发的 Action 类更规范，Struts 2 提供了一个 Action 接口，这个接口定义了 Struts 2 的 Action 处理类应该实现的规范。它的里面只定义了一个 execute 方法，该接口的规范规定了 Action 类应该包含这样一个方法，该方法返回了一个字符串。除此之外，该接口还定义了 5 个字符串常量，分别是 error、input、login、none 和 success，它们的作用是统一 execute 方法的返回值。例如，当 Action 类处理用户请求成功后，有人喜欢返回 welcome 字符串，有人喜欢返回 success 字符串，这样不利于项目的统一管理。Struts 2 的 Action 定义上面的 5 个字符串分别代表了统一的特定含义。

另外，Struts 2 还提供了 Action 类的一个实现类：ActionSupport，该 Action 是一个默认的 Action 类，该类里已经提供了许多默认方法，这些默认方法包括获取国际化信息的方法、数据校验的方法、默认的处理用户请求的方法等。实际上，ActionSupport 类是 Struts 2 默认的 Action 处理类，如果让开发者的 Action 类继承该 Action 类，则会大大简化 Action 的开发。

（2）Action 访问 Servlet API

Struts 2 的 Action 并未直接与任何 Servlet API 耦合，这是 Struts 2 的一个改进之处，因为这样的 Action 类具有更好的重用性，并且能更轻松地测试该 Action。

然而对于 Web 应用的控制器而言，不访问 Servlet API 几乎是不可能的，例如获得 HTTP Request 参数、跟踪 HTTP Session 状态等。为此，Struts 2 提供了一个 ActionContext 类，Struts 2 的 Action 可以通过该类来访问 Servlet API，包括 HttpServletRequest、HttpSession 和 ServletContext 这 3 个类，它们分别代表 JSP 内置对象中的 request、session 和 appliaction。

表 5-5 中所列的是 ActionContext 类中包含的几个常用方法。

表 5-5　ActionContext 类中包含的常用方法

| 方　　法 | 描　　述 |
| --- | --- |
| Object get(Object key) | 该方法类似于调用 HttpServletRequest 的 getAttribute（stringname）方法 |
| Map getApplication | 返回一个 Map 对象，该对象模拟了该应用的 ServletContext 实例 |
| Static ActionContext getContext | 静态方法，获取系统的 ActionContext 实例 |
| Map getParaeters | 获取所有的请求参数。类似于调用 HttpServletRequest 对象的 getparameter Map 方法 |
| Map getSession | 返回一个对象，该 Map 对象模拟了 HttpSession 实例 |
| Void setApplicaion(Map applicalion) | 直接传入一个 Map 实例，将该 Map 实例里的 key-value 对转换成 session 的属性名、属性值 |
| Void setSession(Map session) | 直接传入一个 Map 实例，将该 Map 实例里的 key-value 对转换成 session 的属性名、属性值 |

虽然 Struts 2 提供了 ActionContext 来访问 Servlet API，但这种访问毕竟不能直接获取 Servlet API 实例。为了在 Action 中直接访问 Servlet API，还提供了如下系列接口，见表 5-6。

表 5-6　系列接口

| 接　　口 | 描　　述 |
| --- | --- |
| ServletcontextAware | 实现该接口的 Action 可以直接访问应用的 ServletContext 实例 |
| ServletRequestAware | 实现该接口的 Action 可以直接访问用户请求的 HttpServletRequest 实例 |
| ServletResponseAware | 实现该接口的 Action 可以直接访问服务器响应的 HttpServletResponse 实例 |

另外，为了直接访问 Servlet API，Struts 2 提供了一个 ServletActioncontext 类。借助于这个类的帮助，开发者也能够在 Action 中直接访问 Servlet API，却可以避免 Action 类需要实现上面的接口。这个类包含了如下几个静态方法，见表 5-7。

**表 5-7 静态方法**

| 方 法 | 描 述 |
|---|---|
| Static PageContext getPageContext() | 取得 Web 应用的 PageContext 对象 |
| Static HttpServletRequest getRequest () | 取得 Web 应用的 HttpServletRequest 对象 |
| Static HttpServletResponse getResponse () | 取得 Web 应用的 HttpServletResponse 对象 |
| Static Servletcontext getServletContext () | 取得 Web 应用的 Servletcontext 对象 |

在 eGov 项目中，AuthAction 就使用了 Servlet API，如下所示。

```
package com.ascent.action;

import java.util.ArrayList;
import java.util.List;
import java.util.Map;

import com.ascent.po.Authorization;
import com.ascent.po.Department;
import com.ascent.po.News;
import com.ascent.po.Userauth;
import com.ascent.po.Usr;
import com.opensymphony.xwork2.ActionContext;

public class AuthAction extends BaseAction {

    public String typ;
    public String pars;
    public String id;
    public String name;
    public String gid;
    public String sid;
    public String gname;
    public String sname;
    public String dept;

    public String getGname() {
        return gname;
    }
    public void setGname(String gname) {
        this.gname = gname;
    }
    public String getSname() {
        return sname;
    }
    public void setSname(String sname) {
        this.sname = sname;
    }
    public String getGid() {
        return gid;
    }
    public void setGid(String gid) {
        this.gid = gid;
    }
    public String getSid() {
        return sid;
    }
    public void setSid(String sid) {
        this.sid = sid;
    }
    public String getId() {
        return id;
```

```
        }
        public void setId(String id) {
            this.id = id;
        }
        public String getName() {
            return name;
        }
        public void setName(String name) {
            this.name = name;
        }
        public String getPars() {
            return pars;
        }
        public void setPars(String pars) {
            this.pars = pars;
        }
        public String getTyp() {
            return typ;
        }
        public void setTyp(String typ) {
            this.typ = typ;
        }
        public String getDept() {
            return dept;
        }
        public void setDept(String dept) {
            this.dept = dept;
        }

        /**
         * 查找用户权限
         *
         */
        public String auth(){
            String sql = "select a from Authorization a,Usr u,Userauth ua " +"where
                u.id=? and ua.userId=u.id and ua.authId=a.id";
            Map session = ActionContext.getContext().getSession();
            Usr user = (Usr) session.get("user");
            Integer[] value = new Integer[1];
            value[0] = user.getId();
            List list = newsService.selectSQL(sql,value);
            ActionContext.getContext().put("auth",list);
            return "qxx";
        }

        /**
         * 查找应该显示在首页的头版头条和综合新闻
         *
         */
        public void index(){
            Map session = ActionContext.getContext().getSession();
            String sql = "from News n where (n.status=1 and n.typ=1) or " + "(n.typ=2
                and n.statu=2 and n.status=1) order by n.id" + "desc";
            List list = newsService.selectSQL(sql,null);
            if(list.size()>0){
                News news = (News) list.get(0);
                session.put("typ1",news);
            } else {
                session.put("typ1",null);
            }
            sql = "from News n where n.status=1 and n.typ=2 and "+"n.statu!=2 order
                by n.id desc";
            list = newsService.selectSQL(sql,null);
```

```
    List li = new ArrayList();
    if(list.size()>6){
        for(int i=0;i<6;i++){
            li.add(list.get(i));
        }
        session.put("typ2",li);
    } else {
        session.put("typ2",list);
    }
}

/**
 *用户分配权限之前的寻找
 */
public String plot(){
    //部门集合
    String sql = "from Department";
    List list = newsService.selectSQL(sql, null);
    ActionContext.getContext().put("dept",list);

    //未分配权限的用户集合
    Department dt = (Department) list.get(0);
    sql = "from Usr u where u.deptid=? and u.id not in" + "(select ua.userId
        from Userauth ua,Authorization a where " + "ua.authId=a.id and
        a.columnId=?)";
    Integer[] value1 = {dt.getId(),Integer.parseInt(this.getTyp())};
    list = newsService.selectSQL(sql, value1);
    ActionContext.getContext().put("user1",list);

    //栏目管理的权限的用户集合
    sql = "select u from Usr u,Userauth ua,Authorization a where " +"u.id=ua.
        userId and u.deptid=? and a.columnId=? and " +"a.auth=1 and
        ua.authId=a.id";
    list = newsService.selectSQL(sql, value1);
    ActionContext.getContext().put("guser",list);

    //栏目审核的权限的用户集合
    sql = "select u from Usr u,Userauth ua,Authorization a where " +"u.id=ua.
        userId and u.deptid=? and a.columnId=? and " +"a.auth=2 and
        ua.authId=a.id";
    list = newsService.selectSQL(sql, value1);
    ActionContext.getContext().put("suser",list);
    return SUCCESS;
}

/**
 * 根据部门查询用户
 * @return
 */
public String deptUser(){
    String[] par = this.getPars().split(",");
    String sql = "from Usr u where u.deptid=? and u.id not in" +
        "(select ua.userId from Userauth ua,Authorization a " +
        "where ua.authId=a.id and a.columnId=?)";
    Integer[] value = {Integer.parseInt(par[0]),Integer.parseInt(par[1])};
    List list = newsService.selectSQL(sql, value);
    this.setId("");
    this.setName("");
    for(int i=0;i<list.size();i++){
        Usr user = (Usr) list.get(i);
        if(i==0){
            id = user.getId()+"";
            name = user.getNickname();
```

```
        } else {
            id = id+","+user.getId();
            name = name+","+user.getNickname();
        }
    }
    Integer[] va = {Integer.parseInt(par[0]),Integer.parseInt(par[1])};
    sql = "select u from Usr u,Userauth ua,Authorization a where " +"u.id=
        ua.userId and u.deptid=? and a.columnId=? and " +"a.auth=1 and
        ua.authId=a.id";
    list = newsService.selectSQL(sql, va);
    this.setGname("");
    this.setGid("");
    for(int i=0;i<list.size();i++){
        Usr user = (Usr) list.get(i);
        if(i==0){
            gid = user.getId()+"";
            gname = user.getNickname();
        } else {
            gid = gid+","+user.getId();
            gname = gname+","+user.getNickname();
        }
    }

    sql = "select u from Usr u,Userauth ua,Authorization a where " +"u.id=
        ua.userId and u.deptid=? and a.columnId=? and " +"a.auth=2 and
        ua.authId=a.id";
    list = newsService.selectSQL(sql, va);
    this.setSname("");
    this.setSid("");
    for(int i=0;i<list.size();i++){
        Usr user = (Usr) list.get(i);
        if(i==0){
            sid = user.getId()+"";
            sname = user.getNickname();
        } else {
            sid = sid+","+user.getId();
            sname = sname+","+user.getNickname();
        }
    }
    return "de";
}

public String addPlot(){
    String[] gid = this.getGid().split(",");
    String[] sid = this.getSid().split(",");
    String gsql = "from Authorization a where a.columnId=? and a.auth=1";
    String ssql = "from Authorization a where a.columnId=? and a.auth=2";
    Integer[] value = {Integer.parseInt(this.getTyp())};
    List glist = newsService.selectSQL(gsql,value);
    List slist = newsService.selectSQL(ssql,value);
    Authorization ga = (Authorization) glist.get(0);
    Authorization sa = (Authorization) slist.get(0);

    String sql = "select ua from Usr u,Userauth ua,Authorization a " +"where
        u.deptid=? and u.id=ua.userId and a.columnId=? " +"and a.auth=1
        and a.id=ua. authId";
    Integer[] v = {Integer.parseInt(this.getDept()),
            Integer.parseInt(this.getTyp())};
    List list = newsService.selectSQL(sql, v);
    for(int i=0;i<list.size();i++){
        Userauth ua = (Userauth) list.get(i);
        newsService.deleteObject(ua);
    }
    sql = "select ua from Usr u,Userauth ua, Authorization a where " +
```

```
                "u.deptid=? and u.id=ua.userId and a.columnId=? and " + "a.auth=2
                and a.id=ua.authId";
        list = newsService.selectSQL(sql, v);
        for(int i=0;i<list.size();i++){
            Userauth ua = (Userauth) list.get(i);
            newsService.deleteObject(ua);
        }
        for(int i=0;i<gid.length;i++){
            if(gid[0]!=null && !"".equals(gid[0])){
                Userauth ua = new Userauth();
                ua.setUserId(Integer.parseInt(gid[i]));
                ua.setAuthId(ga.getId());
                newsService.addObject(ua);
            }
        }
        for(int i=0;i<sid.length;i++){
            if(sid[0]!=null && !"".equals(sid[0])){
                Userauth ua = new Userauth();
                ua.setUserId(Integer.parseInt(sid[i]));
                ua.setAuthId(sa.getId());
                newsService.addObject(ua);
            }
        }
        return "am";
    }
}
```

（3）属性驱动和模型驱动

熟悉 Struts 1 的读者都知道，Struts 1 提供了 ActionForm 来专门封装用户请求，这种方式在逻辑上显得更加清晰：Action 只负责处理用户请求，而 ActionForm 专门用于封装请求参数。如果 Struts 2 的开发者怀念这种开发方式，则可以使用 Struts 2 提供的模型驱动模式，这种模式也通过专门的 JavaBean 来封装请求参数。

当 Struts 1 拦截到用户请求后，Struts 1 框架会负责将请求参数封装成 ActionForm 对象。这个对象的作用就是封装用户的请求参数，并可以进行验证。至于处理这些请求参数的功能，则有 Action 类负责。Struts 2 则不同，Struts 2 的 Action 对象封装了更多的信息，它不仅可以封装用户的请求参数，还可以封装 Action 的处理结果。相比于 Struts 1 的 Action 类，Struts 2 的 Action 承担了太多责任：既用于封装来回请求的参数，也保护了控制逻辑。相对而言，这种模式确实不太清晰。出于结构清晰的考虑，应该采用单独的 Model 实例来封装请求参数和处理结果，这就是所谓的模型驱动。也就是使用单独的 JavaBean 实例来贯穿整个 MVC 流程；与之对应的属性驱动模式，则使用属性（Property）作为贯穿 MVC 流程的信息携带者。简单地说，模型驱动使用单独的 Value Object（值对象）来封装请求参数和处理结果，除了这个 JavaBean 之外，还必须提供一个包含处理逻辑的 Action 类；而属性驱动则使用 Action 实例来封装请求参数和处理结果。

对于采用模型驱动的 Action 而言，该 Action 必须实现 ModelDriven 接口，实现该接口则必须实现 getModel 方法，该方法用于把 Action 和与之对应的 Model 实例关联　　起来。

配置模型驱动的 Action 与配置属性驱动的 Action 没有任何区别，Struts 2 不要求配置模型对象，即不需要配置 UserBean 实例。

模型驱动和属性驱动各有利弊，模型驱动结构清晰，但编程烦琐（需要额外提供一个 JavaBean 来作为模型）；属性驱动则编程简洁，但结构不够清晰。我们不推荐使用模型驱动，属性驱动完全可以实现模型驱动的效果。毕竟，大量定义 JavaBean 是一件烦琐的事情。

## 5.2.5 创建 Model 组件

Struts 中的 Model 指的是业务逻辑组件，它可以使用 JavaBean 或 EJB。下面我们来逐一介绍。

### 1. JavaBean 概述

你用到的应用程序的需求文档很可能集中于创建用户界面，然而你应该保证每个提交的请求所需要的处理也要被清楚地定义。通常说来，Model 组件的开发者侧重于创建支持所有功能需求的 JavaBeans 类。它们通常可以分成下面讨论的几种类型。然而，首先对"范围"概念做一个简短的回顾是有用的，因为它与 Beans 有关。

（1）JavaBeans 和范围

在一个基于 Web 的应用程序中，JavaBeans 可以被保存在一些不同"属性"的集合中。每一个集合都有集合生存期和所保存的 Beans 可见度的不同规则。总地说来，定义生存期和可见度的这些规则被叫做 Beans 的范围。JSP 规范中使用以下术语定义可选的范围（括号中定义的是 Servlet API 中的等价物）。

- page：在一个单独的 JSP 页面中可见的 Beans，生存期限于当前请求。（service()方法中的局部变量）
- request：在一个单独的 JSP 页面中可见的 Beans，也包括所有包含于这个页面或从这个页面重定向到的页面或 Servlet。（Request 属性）
- session：参与一个特定的用户 session 的所有 JSP 和 Servlet 都可见的 Beans，跨越一个或多个请求。（Session 属性）
- application：一个 Web 应用程序的所有 JSP 页面和 Servlet 都可见的 Beans。（Servlet context 属性）

同一个 Web 应用程序的 JSP 页面和 Servlets 共享同样一组 Bean 集合是很重要的。例如，一个 Bean 作为一个 Request 属性保存在一个 Servlet 中，就像这样：

```
MyCart mycart = new MyCart(...);
request.setAttribute("cart", mycart);
```

将立即被这个 Servlet 重定向到的一个 JSP 页面使用一个标准的行为标记看到，就像这样：

```
<jsp:useBean id="cart"; scope="request" class="com.mycompany.MyApp. MyCart"/>
```

（2）系统状态 Beans

系统的实际状态通常表示为一组一个或多个的 JavaBeans 类，其属性定义当前状态。例如，一个购物车系统包括一个表示购物车的 Bean，这个 Bean 为每个单独的购物者维护，这个 Bean 中包括一组购物者当前选择购买的商品。同时，系统也包括保存用户信息（包括他们的信用卡和送货地址）、可提供商品的目录和他们当前库存水平的不同的 Beans。

对于小规模的系统，或者对于不需要长时间保存的状态信息，一组系统状态 Beans 可以包含所有系统曾经经历的特定细节的信息。或者，系统状态 Beans 表示永久保存在一些外部数据库中的信息（例如，CustomerBean 对象对应于表 Customers 中特定的一行），在需要时从服务器的内存中创建或清除。在大规模应用程序中，Entity EJBs 也用于这种用途。

（3）商业逻辑 Beans

你应该把应用程序中的功能逻辑封装成为此目的设计的 JavaBeans 的方法调用。这些方法可以是用于系统状态 Beans 的相同类的一部分，或者可以是在专门执行商业逻辑的独立类中。在后一种情况下，你通常需要将系统状态 Beans 传递给这些方法作为参数处理。

为了代码最大的可重用性，商业逻辑 Beans 应该被设计和实现为它们不知道自己被执行于 Web 应用环境中。如果你发现在 Bean 中必须 import 一个 javax.servlet.* 类，你就把这个商业逻辑捆绑在了 Web 应用环境中，这时候需要考虑重新组织事物使 Action 类把所有 HTTP 请求处理为对商业逻辑 Beans 属性 set 方法调用的信息，然后可以发出一个对 execute() 的调用。这样的一个商业逻辑类可以被重用在 Web 应用程序以外的环境中。

取决于应用程序的复杂度和范围，商业逻辑 Beans 可以是与作为参数传递的系统状态 Beans 交互作用的普通的 JavaBeans，或者使用 JDBC 调用访问数据库的普通的 JavaBeans。而对于较大的应用程序，这些 Beans 经常是有状态或无状态的 EJB。

项目中使用了基于 Spring 的 JavaBean，我们会在学习 Spring 及 Hibernate 时再详细介绍。

### 2．Enterprise JavaBean（EJB）概述

在复杂的大型项目开发中，我们需要使用 EJB 技术。EJB 是用于开发和部署多层结构的、分布式的、面向对象的 Java 应用系统的跨平台的构件体系结构。采用 EJB 可以使开发商业应用系统变得容易，应用系统可以在一个支持 EJB 的环境中开发，开发完之后部署在其他的环境中，随着需求的改变，应用系统可以不加修改地迁移到其他功能更强、更复杂的服务器上。

（1）EJB 的基本概念

如今开发电子商务平台已大量使用组件技术。这是因为组件技术提供了服务器上的自治、企业级和分布式功能，并帮助开发者在不同颗粒度级别上定义和封装系统功能。通过采纳组件技术，已建立旧系统的企业在与从一开始就围绕前沿组件体系结构设计的新公司竞争起来更容易。而且软件组件比传统程序更易于为日后的需求进行维护、支持和修改。在金融行业中，利用以服务器为中心方式的优势在于，可以定义商业过程，将它作为一组软件组件编写一次，然后通过多种渠道传递。一旦使金融系统变为由单独的自治组件（而非单一庞大程序）组成的，灵活性就随之而来了。

EJB 的组件结构是以作为可复用的服务器端组件而设计的，它使企业能够建立可升级、安全可靠、可运行于多种平台且以商务为重点的应用程序。EJB 可以让企业开发人员只集中于开发商务逻辑，而不用花费精力处理分布式服务器端系统所带来的底层问题，从而使开发人员可以快速开发大规模的企业应用。

使用 EJB 技术可以使我们获得以下收益。

- **生产效率**：使用 EJB，企业开发人员将会进一步提高生产效率。他们不仅能够获得在 Java 平台上的开发成果，而且能够将注意力集中于商务逻辑，从而使效率倍增。
- **业内支持**：试图建立 EJB 系统的客户会获得一系列可供选择的解决方案。对于现有的应用系统，许多 EJB 产品的供应商（例如 IBM 和 BEA）都提供了完善的升级手段，将系统升级到 EJB 模式。EJB 技术已经被越来越多的公司所接受、支持和应用。
- **结构独立**：EJB 技术支持"即插即用"的企业级特性。它将开发人员和底层中间件相隔离；开发人员看到的仅仅是 J2EE 平台，使得 EJB 服务器厂商在不干扰用户的 EJB 应用程序的前提下，有机会改进中间件层。
- **跨平台、跨厂商**：通过对 Java 平台的支持，EJB 技术将"仅写一次，随处运行"的概念提高到了一个新的水平。它可以保证一个 EJB 应用程序可运行于任何服务器，只要这个服务器能够真正提供 EJB API。

- **EJB 组件能提供真正的可重用框架**：每一个 jar 包代表一个 EJB 组件，一个系统可以由多个可重用的 EJB 组件构成，例如：树形结构 EJB 组件；自增序号 EJB 组件；用户资料 EJB 组件等，这样的 EJB 组件可以像积木一样搭配在大部分应用系统中，提高了系统的开发效率，保证了开发质量。
- **EJB 提供了事务机制**：事务机制对于一些关键事务是很重要的，例如 ATM 机提款，提款有多个动作：修改数据库以及数钱等，如果这其中有任何一个环节出错，那么其他已经实现的操作必须还原；否则，就会出现提款人没有拿到钱，但是卡上已经扣款等不可思议的事情。EJB 提供的事务机制非常周全。

（2）EJB 的体系结构

① EJB 的基础结构

容器和服务提供者实现了 EJB 的基础结构。这些基础结构处理了 EJB 的分布式、事务管理、安全性方面。EJB 规范定义了基础结构和 Java API 为了适应各种情况的要求，而没有去指定用什么技术、平台、协议来实现它们。

Enterprise Beans、Container、Server 说明了 EJB 基础结构的要求，EJB 基础结构必须提供客户和 Enterprise Beans 通信的通道。虽然这不是 EJB 规范所定义的，但保证通道的安全也是很重要的。特别是当客户通过 Internet 访问远程的 Enterprise Beans 时。EJB 基础结构也必须能够加强 Enterprise Beans 的访问控制。EJB 的结构如图 5-3 所示。

EJB 上层的分布式应用程序是基于对象组件模型的，低层的事务服务用了 API 技术。EJB 技术简化了用 Java 语言编写的企业应用系统的开发、配置和执行。EJB 的体系结构的规范由 Sun Microsystems 公司制定。Inprise 的 EJB 容器是基于 1.1 版的规范。EJB 技术定义了一组可重用的组件：Enterprise Beans。你可以利用这些组件，像搭积木一样建立你的分布式应用程序。当你把代码写好之后，这些组件就被组合到特定的文件中。每个文件有一个或多个 Enterprise Beans，再加上一些配置参数。最后，这些 Enterprise Beans 被配置到一个装了 EJB 容器的平台上，客户能够通过这些 Beans 的 home 接口，定位到某个 Beans，并产生这个 Beans 的一个实例。这样，客户就能够调用 Beans 的应用方法和远程接口了。

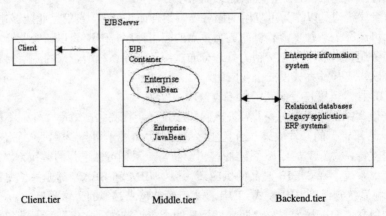

图 5-3　EJB 的结构

有 3 种途径来建立一个基于对象的、多层的、分布式的系统，即无状态服务的途径、基于会话的途径和持续对象的途径。

无状态的服务是通过对象的操作提供一种功能的函数，但是，不保持会话的状态。当一个客户使用无状态的对象时，客户不能够提供上一次操作的信息。

基于会话的设计产生了一个中间层的对象，称为一个会话（Session）。这个会话可以看成是这个客户的代理。典型的，会话的生命是由客户和所在的服务程序决定的。客户如果完成了会话，就可以将对象移走；如果服务终止了，会话对象就会超时并且无效了。

持续对象设计模式绑定了存在数据库中的一块数据，提供了操作这块数据的一些操作。持续对象是由多个客户共享的，它的生命期是由存储数据的库所决定的。

EJB 规范中将这些分别称做：Stateless Session、Stateful Session、Entity Beans。Session Beans 模式就是基于会话的设计模式。Entity Beans 模式就是持续对象设计模式。每种模式都定义了一些接口和命名约定。

② EJB 的体系结构

EJB 服务器作为容器和低层平台的桥梁管理着 EJB 容器和函数，它向 EJB 容器提供了访问系统服务的能力，例如：数据库的管理和事务的管理，或者对于其他的 Enterprise 的应用服务器。所有的 EJB 实例都运行在 EJB 容器中。容器提供了系统级的服务，控制了 EJB 的生命周期。EJB 分布式应用程序是基于对象组件模型的，低层的事务服务用了 API 技术。EJB 技术简化了用 Java 语言编写的企业应用系统的开发、配置。客户能够通过这些 Beans 的 home 接口，定位到某个 Beans，并产生这个 Beans 的一个实例。这样，客户就能够调用 Beans 的应用方法和远程接口了。EJB 中有一些易于使用的管理工具，如 Security——配置描述器（Deployment Descriptor）定义了客户能够访问的不同的应用函数，容器通过只允许授权的客户访问这些函数来达到这个效果。Remote Connectivity——容器为远程链接管理着低层的通信 issues，而且对 Enterprise Beans 的开发者和客户都隐藏了通信细节。EJB 的开发者在编写应用方法的时候，就像是在用本地的平台一样，客户也不清楚他们调用的方法可能是在远程被处理的。Life Cycle Management——客户简单地创建一个 Enterprise Beans 的实例，并通常取消一个实例。而容器管理着 Enterprise Beans 的实例，使 Enterprise Beans 实现最大的效能和内存利用率。容器能够这样来激活和使 Enterprise Beans 失效，保持众多客户共享的实例池。Transaction Management——配置描述器定义了 Enterprise Beans 的事务处理的需求。容器管理着那些管理分布式事务处理的复杂的 issues，这些事务可能要在不同的平台之间更新数据库。容器使这些事务之间互相独立，互不干扰，保证所有的更新数据库都是成功发生的；否则，就回滚到事务处理之前的状态。

EJB 组件是基于分布式事务处理的企业级应用程序的组件。所有的 EJB 都有如下的特点。

- EJB 包含了处理企业数据的应用逻辑。
- 定义了 EJB 的客户界面，这样的界面不受容器和服务器的影响。于是，当一个 EJB 被集合到一个应用程序中时，不用更改代码和重新编译。
- Enterprise Beans 能够被定制。
- 各种系统级的服务，例如安全和事务处理的特性，都不是属于 Enterprise Beans Class 的，而是由配置和组装应用程序的工具来实现的。

有 3 种类型的 EJB：Session Beans、Entity Beans 和 Message-driven Beans（消息驱动 Bean）。Session Beans 是一种作为单用户执行的对象。作为对远程的任务请求的响应，容器产生一个 Session Beans 的实例。一个 Session Beans 有一个用户，从某种程度上讲，一个 Session Bean 对于服务器来说就代表了它的那个用户。Session Beans 也能用于事务，它能够更新共享的数据，但它不直接描绘这些共享的数据。Session Beans 的生命周期相对较短。典型的，只有当用户保持会话的时候，Session Beans 才是活着的。一旦用户退出了，Session

Beans 就不再与用户联系了。Session Beans 被看成是瞬时的，因为如果容器崩溃了，那么用户必须重新建立一个新的 Session 对象来继续会话。

Session Bean 典型地声明了与用户的互操作或者会话。也就是说，Session Bean 在客户会话期间，通过方法的调用，掌握用户的信息。一个具有状态的 Session Bean，称为有状态的 Session Bean。当用户终止与 Session Beans 互操作时，会话就终止了，而且，Bean 也不再拥有状态值。Session Bean 也可能是无状态的，无状态的 Session Beans 并不掌握它的客户的信息或者状态。用户能够调用 Beans 的方法来完成一些操作，但是，Beans 只是在方法调用的时候才知道用户的参数变量。当方法调用完成以后，Beans 并不继续保持这些参数变量。这样，所有的无状态的 Session Beans 的实例都是相同的，除非它正在方法调用期间。这样，无状态的 Session Beans 就能够支持多个用户。容器能够声明一个无状态的 Session Beans，能够将任何 Session Beans 指定给任何用户。

Entity Beans 为数据库中的数据提供了一种对象的视图。例如：一个 Entity Bean 能够模拟数据库表中一行相关的数据。多个 Client 能够共享访问同一个 Entity Bean，多个 Client 也能够同时访问同一个 Entity Bean，Entity Beans 通过事务的上下文来访问或更新下层的数据，这样，数据的完整性就能够被保证。Entity Beans 能存活相对较长的时间，并且状态是持续的。只要数据库中的数据存在，Entity Beans 就一直存活，这不是按照应用程序或者服务进程来说的。即使 EJB 容器崩溃了，Entity Beans 也是存活的。Entity Beans 生命周期能够被容器或者 Beans 自己管理。如果由容器控制，则保证 Entity Beans 持续的 issus；如果由 Beans 自己管理，就必须写 Entity Beans 的代码，包括访问数据库的调用。

消息驱动 Bean（MDB）是设计用来专门处理基于消息请求的组件。一个 MDB 类必须实现 MessageListener 接口。当容器检测到 Bean 守候的队列中的一条消息时，就调用 onMessage()方法，将消息作为参数传入。MDB 在 OnMessage()中决定如何处理该消息。你可以用注释来配置 MDB 监听哪一条队列，当 MDB 部署时，容器将会用到其中的注释信息。

当一个业务执行的时间很长，而执行结果无须实时向用户反馈时，很适合使用消息驱动 Bean，如订单成功后给用户发送一封电子邮件或发送一条短信等。

（3）JavaBean 与 EJB 的不同

JavaBean 和 EJB 有一些基本相同之处。它们都是用一组特性创建，以执行其特定任务的对象或组件；它们还有从当前所驻留服务器上的容器获得其他特性的能力。这使得 Bean 的行为根据特定任务和所在环境的不同而有所不同。

这开辟了巨大商机。因为 JavaBean 是与平台无关的，所以对于将来的解决方案，供应商可以轻易地向不同用户推出其客户机方的 JavaBean，而不必创建或维护不同的版本。这些 JavaBean 可以与执行商业功能（如订购、信用卡处理、电子汇款、存货分配、运输等）的 EJB 配合使用。这里有巨大潜力，而这正是组件代理（WebSphere Application Server 企业版）设计提供的那种潜力。

JavaBean 是一种组件，它在内部有接口或有与其相关的属性，以便不同人在不同时间开发的 Bean 可以询问和集成。可以构建一个 Bean，而在以后构建时将其与其他 Bean 绑定。这种过程提供了先构建，然后重复使用的方法，这就是组件的概念。可以将这种单一应用程序部署成独立程序、ActiveX 组件或浏览器中。JavaBean 因其外部接口（即属性接口）而与纯对象不同。这种接口允许工具读取组件要执行的功能，将其与其他 Bean 挂钩，以及将其插入其他环境。JavaBean 设计成对单一进程而言是本地的，它们在运行时通常可视。这种可视组件可能是按钮、列表框、图形或图表，但这不是必需的。

Server Bean 或 EJB 是部署在服务器上的可执行组件或商业对象。有一个协议允许对其进行远程访问或在特定服务器上安装或部署它们。有一系列机制允许它们将服务安全性、事务行为、并发性（由多个客户机同时访问的能力）和持久性（其状态可以保存多久）的主要方面授权给 EJB 服务器上其所在的容器。当安装在容器中时，它们获得各自的行为，该行为提供不同质量的服务，因此，选择正确的 EJB 服务器至关重要。这正是 IBM WebSphere 企业版的优势所在。

EJB 是设计成运行在服务器上，并由客户机调用的非可视远程对象。可通过多个非可视 JavaBean 构建 EJB。它们有一个部署描述符，其目的与 JavaBean 属性相同：它是以后可由工具读取的 Bean 的描述。EJB 还独立于平台，一旦编写好，还可以在任何支持 Java 的平台（包括客户机和服务器）上使用。因为 EJB 由诸如 IBM VisualAge for Java 这样的工具集生成，所以，它是基于服务器的对象，并用于远程调用。它们安装在 EJB 服务器上，并像调用其他 CORBA 远程对象那样获得进行调用的远程接口。

ActiveX 对象：可以将 JavaBean 部署成 ActiveX 对象，虽然 EJB 的代理也可以这样做，但是，因为 ActiveX 运行在桌面上，所以，EJB 本身不能成为 ActiveX 对象。要在与平台相关的、仅 Windows 平台上做到这一点，开发人员可以将 JavaBean 变换成 ActiveX 组件。EJB 的主要好处在于：构建 Bean 时，Bean 开发人员可以规定需要什么类型的行为，而不必规定如何去做。开发分为两部分：程序员开发 Bean，然后验证。它可与构建工具一起工作，并包括标识所需服务质量行为种类的部署描述符。下一步，另一个程序员可以采用这个 Bean，并使用读取 EJB 部署描述符的部署工具，然后将该 Bean 安装到 Enterprise Java Server 上的容器中。在第二步中，部署工具采取一些操作，这可能意味着生成如状态保存代码、放入事务挂钩或执行安全性检查这样的代码。所有这些操作由部署工具生成，Bean 开发人员和部署人员可以是不同的人。

可以通过使用部署工具，将任何独立于平台的 JavaBean 改写成具有可靠服务质量、特定于平台的 EJB，以满足现有商业系统和应用程序的特定需求。这就是 EJB 服务器对集成系统、网络和体系结构如此重要的原因所在。Bean 的全部意义不只是其现有能力，更在于其可以为商业提供有竞争力的潜在能力。IT 设计师和应用开发人员现在可以将精力完全集中在商业逻辑，而将如事务、持久性和安全性的底层工作留给服务器。

（4）备受争议的 EJB

EJB 是一种企业应用技术，旨在建立一个企业应用开发框架，但从其诞生之日起，质疑之声一直不断。复杂、难以使用、性能低下、烦琐等在 Java 发展史上，曾有过很多重要的时刻。如在 20 世纪末，也就是在 1998 年，JSP 和 EJB 的诞生就是一个不同寻常的时刻。JSP 在诞生后，就立刻引起了很多开发人员的注意，并很快成为了 Web 开发的主流。而几乎和它同时诞生的 EJB 1.0 却一直备受冷落。在 EJB 1.0 诞生后的几年，Sun 又推出了 EJB 2.0 规范，不过它的命运也和 EJB 1.0 差不多，还是没有翻身。这其中最大的原因，我想是因为 Sun 没有兑现它的承诺而造成的。

Sun 在发布 J2EE 相关规范和产品时承诺，J2EE 将会使开发变得更容易，从而会显著降低开发成本。但在 J2EE 发布时，满心欢喜的人们却发现，被认为是 J2EE 中最有价值的组成部分——EJB 却是如此的复杂。在编写 EJB 时需要进行大量的配置，而且还需要实现一大堆的接口。这不但没有降低开发难度，反而成为很多开发人员的恶梦。在 EJB 2.x 刚出来的几年，国内有很多程序员盲目跟风，但当时，他们中的大多数都只是停留在 EJB 的"名词"阶段。而当他们开始熟悉并使用 EJB 时，却发现并不是像他们想的那样美妙。

实体 Bean 在 EJB 2.0 后就成为 EJB 最重要的一部分，但是它的概念从来就没清楚过。如 Sun 建议将业务逻辑代码放到会话 Bean 中，也就是说，前端应该直接访问会话 Bean。而作为对数据直接封装的实体 Bean 却提供了远程接口，这也就意味着前端也可以直接访问实体 Bean。这就与大多程序应用结构不太符合。还有就是实体 Bean 既然是对数据的原始封装，那为什么要提供事务、安全这些业务逻辑层的功能。更不可思议的是，实体 Bean 既然提供了本地接口，那又为什么不通过本地接口，而要通过 JNDI 查找呢？这些概念上的混淆使得 EJB 更加难以使用。

EJB 技术正在像其他辉煌过的技术一样走到了一个关口。2000 年以前这项技术充满了传奇色彩，被大批企业不假思索地接受。然而理想毕竟是理想，经过了几年的发展，今天这项技术却正在被怀疑或者说至少让技术人员犹豫不决，现实的是 J2EE 的对手出来了，.NET 似乎又有着后发的技术优势。大部分的探讨和争论已经开始转向这两个体系结构的对比。Java 阵营内部同样发出了怀疑的声音，最直接的就是对 EJB 的攻击，因为人们发现原来这项技术所做的承诺似乎都走向了相反的方向。EJB 不成熟，但不等于可以轻易被否定。是 EJB 使得很多普通的程序员能够介入原来贵族似的组件开发，甚至是简单的 Windows 上面开发 UNIX 上的组件，EJB 的历史问题大多数在于将这种技术错误地滥用：一个浏览人数少的可怜广告浏览程序也要用组件，对于一个只想简单算出库存的客户设计了所谓 $N$ 年后才需要的扩展性。同样，现实中在这一技术擅长的领域中，至少目前还无法找到更强大的竞争者。

J2EE 是第一个为业界所广为接受的完整的企业应用框架，而 EJB 在其中扮演重要角色。在 J2EE 框架的支持下，运行在 EJB 容器中的 EJB，完全符合企业应用关于分布、移植、安全和交易的要求。这对于企业应用的开发者来说，意义非同寻常。首先，现在大家可以在一个公共的平台技术上构建自己的企业应用，不必绞尽脑汁"发明"自己的"轮子"，从而节省大量无谓的、重复性的技术和时间投入；其次，一个公开的平台，让大量的企业应用开发者有了共同语言，可以相互交流平台的使用经验和教训。这样，随着平台上企业应用的不断增加，平台的优劣得失一览无遗，有利于平台的改进和发展。

（5）EJB 3.0 规范全新体验

期待以久的 EJB 3.0 规范在最近发布了它的初稿。EJB 3.0 中两个重要的变更分别是：使用了 Java 5 中的程序注释工具和基于 Hibernate 的 O/R 映射模型。

① Java5 中的程序注释工具

Java 5（以前叫 J2SE 1.5 或 Tiger）中加入了一种新的程序注释工具。通过这个工具你可以自定义注释标记，通过这些自定义标记来注释字段、方法、类等。这些注释并不会影响程序的语义，但是可以通过工具（编译时或运行时）来解释这些标记并产生附加的内容（比如部署描述文件），或者强制某些必需的运行时行为（比如 EJB 组件的状态特性）。注释的解析可以通过源文件的解析（比如编译器或 IDE 工具）或者使用 Java 5 中的 API 反射机制。注释只能被定义在源代码层。由于所有被提交到 EJB 3.0 草案中的注释标记都有一个运行时的 RetentionPolicy，因此会增加类文件占用的存储空间，但这却给容器制造商和工具制造商带来了方便。在已经提交的 EJB 3.0 规范中主要涉及两个方面的改变。

- 一套以注释为基础的 EJB 编程模型，再加上 EJB 2.1 中定义的通过部署描述符和几个接口定义的应用程序行为。
- 新的实体 Bean 持久化模型，EJBQL 也有许多重要的改变。

还有一些有关上述的提议，比如：一个新的客户端编程模型、业务接口的使用以及实体 Bean 的生命周期。请注意，EJB 2.1 编程模型（包括部署描述符和 home/remote 接口）仍然是有效的，新的简化模型并没有完全取代 EJB 2.1 模型。

EJB 规范组织一个重要的目标是减少原始代码的数量，并且他们为此给出了一个完美而简洁的办法。在 EJB 3.0 中，任何类型的企业级 Bean 只是一个加了适当注释的简单 Java 对象（POJO）。注释可以用于定义 Bean 的业务接口、O/R 映射信息、资源引用信息，效果与在 EJB 2.1 中定义部署描述符和接口是一样的。在 EJB 3.0 中部署描述符不再是必需的了；home 接口也没有了，你也不必实现业务接口（容器可以为你完成这些事情）。比如，你可以使用@Stateless 注释标记类把 Java 类声明为一个无状态会话 Bean。对于有状态会话 Bean 来说，@Remove 注释可以用来标记一个特定的方法，通过这个注释来说明在调用这个方法之后 Bean 的实例将被清除掉。为了减少描述组件的说明信息，规范组织还采纳了由异常进行配置（configuration-by-exception）的手段，意思是你可以为所有的注释提供一个明确的缺省值，这样多数常规信息就可以据此推断得出。

② 新的持久化模型

新的实体 Bean 也是一个加了注释的简单 Java 对象（POJO）。一旦它被 EntityManager 访问，它就成为了一个持久化对象，并且成为了持久化上下文（Context）的一部分。一个持久化上下文与一个事务上下文是松耦合的；严格地讲，它隐含地与一个事务会话共存。

实体关系也是通过注释来定义的，O/R 映射也是，并提供几种不同的数据库规范操作，在 EJB 2.1 中这些要通过开发人员自己的设计模式或者其他技术来完成（比如，自增长主键策略）。

EJB 3.0 必须实现的重要目标之一是，要使之成为更有用和更易于使用的开发工具。Sun 公司的 Linda DeMichiel 认识到，为了成功实现这一目标，EJB 3.0 必须要基于开发人员今天正在使用的现有库；否则，它将会导致一种困难的升级操作，并且可能会引不起足够的重视。因此，来自 Oracle、JBoss、Apache、BEA、Novell、Google 的成员和其他方面的专家都被邀请参与制定这一规范。这个小组的目标是，制定一种规范，能够使得 EJB 更易于开发，并且还要创建一种便于开发人员能够容易地实现升级的持久性存储标准。当这个小组开始开发 EJB 3.0 规范时，他们很快认识到，其中很多特征应该在功能上与所有的主要供应商和库保持一致。

■ EntityManager

这个 EntityManager 负责处理一个事务。在 JDO 中，它被称作持久性存储管理器；而在 Hibernate 中，称它为一个会话。在 GlassFish 工程中，EntityManager 被作如下描述：

其实，一个 EntityManager 实例与一个持久性存储上下文相关联。一个持久性存储上下文是一组实体实例，其中的任何一个持久性实体都是唯一的一个实体实例。在该持久性存储上下文中，实体实例及其生命周期都是可被管理的。这个接口定义了用于与持久性存储上下文进行交互的方法。EntityManager API 用于创建和删除持久性实体实例，通过其主键查找实体和查询实体。

一个给定的 EntityManager 实例管理的实体集合是通过一个持久性存储单元进行定义的。一个持久性存储单元定义了所有类的集合，这些类是相联系的或由应用程序加以分组的，并且它们必须共存于它们到单个数据库的映射中。

■ 命名查询

一个命名查询是一个预定义的查询，它被赋予一个名字，这样它可以在以后通过该名字加以存取。用数据库术语来说，命名查询被称作存储过程。当结合本机查询时，数据库查询应该是非常轻松的。

■ 本机查询

不是使用具有很多限制性的实体查询语言，本机查询允许直接从 EJB 中全面地使用 SQL 语言。现在，我们有可能直接在数据库上调用 count()、max()和其他功能而不必付出其他周折。

■ 回调监听器

回调监听器，是一种事件监听器，或用数据库术语来说，是一种触发器。它们支持当一个事件发生时进行代码调用。

■ 脱离/重新依附对象

能够脱离开一个 EntityManager 的控制范围但又能够重新返回而被持续化存储，这在 EJB 3.0 版本之前是无法实现的。在以前，为了实现这一目标，必须把来自于一个对象的值复制到一个 POJO（普通 Java 对象）中，然后再被往回复制。在 EJB 3.0 之前，笔者总是使用值-对象并且把来自于 EJB 的值复制到一个 POJO 中；然后，在前端使用该对象。如果该 POJO 中的一个值被改变，它将不得不被"推回"到该 EJB；然后，该值被复制回来。这种"混乱"状态现在已经不复存在了。一个对象甚至能够完全离开 JVM，并且在以后某个时期返回来，被重新依附。这种改变所带来的效率是不能被低估的。

值得注意的是，企业 JavaBean 现在被称为 POJO。随着注解技术的出现，JavaBean 不再需要接口、home 和描述符支持文件。仅仅这个特征就为 EJB 3.0 赢得了大批开发团队的青睐。现在，既然企业对象不再被锁定到应用程序服务器内，那么我们不再需要把它们复制进和复制出 POJO，这样就允许不必把应用程序服务器后端和前端区别得那么严格，从而使开发人员能够更容易地显示和编辑存储于 EJB 中的数据。

（6）使用 EJB 3.0 简化 EJB 开发

如果用过以前的规范开发 EJB，就会发现开发一个类似于 HelloWorldEJB 这样简单的 EJB 有多困难。你至少需要两个接口、一个 Bean 类和一个部署描述符。大多数开发人员都在想：我要这些干什么？在 Oracle JDeveloper、Eclipse 和 XDoclet 等 IDE 中，开发人员可以轻松地完成这些琐事。不过，在将 EJB 部署到所选的容器之前，开发人员仍需负责编译这些类并包装部署描述符。

EJB 3.0 使用以下方法来克服这种复杂性。

● 无须使用接口和部署描述符，而是由容器使用元数据标注生成。

● 将普通 Java 类用作 EJB，将普通业务接口用于 EJB。

● 简化容器管理的持久性，EJB 3.0 对 CMP 实体 Bean 进行了全面的革新，以吸引开发人员的注意力。持久性框架（如 OracleAS TopLink、开放源码的 Hibernate）已成为开发 J2EE 应用程序持久性框架的宠儿，而实体 Bean 由于既复杂又沉重，已不再受欢迎。EJB 3.0 采用了一个类似 TopLink 和 Hibernate 的轻量级持久性模型，以简化容器管理的持久性，而这对开发人员而言无疑很有诱惑力。我们来简单了解一下该实体 Bean 计划，关于持久性改进方面的详细内容，实体 Bean 正在作为 POJO 而重获新生，实体 Bean 也将不再需要组件接口。现在实体 Bean 将被视为纯粹的对象，因为它也将支持继承性和多态性。

● 简化 EJB 的客户端视图。

使用 EJB（即查找和调用）非常复杂，即使在应用程序中已经配置了 EJB。J2EE 1.4
和 EJB 3.0 规范正是要简化 EJB 的客户端视图。若现在就想使用 EJB，则必须在部署描述
符中定义 ejb-ref 或 ejb-local-ref，查找 EJB 然后再调用。EJB 3.0 建议使用另一种方法，即
使用 setter 注入来查找和调用 EJB。

## 5.2.6　创建 View 组件

这里我们侧重于创建应用程序中 View 组件，主要是使用 JSP 技术建立，当然 Struts 2
也支持其他 View 技术。

### 1．Struts 常用标签库（Struts Tag Library）

在 JSP 中，我们会大量使用标签。Struts 1.x 将标签库按功能分成 HTML、Tiles、Logic
和 Bean 等几部分，而 Struts 2.0 的标签库（Tag Library）严格上来说没有分类，所有标签都
在 URI 为"/struts-tags"命名空间下。不过，我们可以从功能上将其分为两大类：一般标签
和 UI 标签。

如果 Web 应用使用了 Servlet 2.3 以前的规范，Web 应用不会自动加载标签文件，因此
必须在 web.xml 文件中配置加载 Struts 2 标签库。

配置加载 Struts 2 标签库的配置片段如下：

```
<!--手动配置 Struts 2的标签库 -->
<taglib>
    <!--配置 Struts 2标签库的 URI-->
    <taglib-uri>/s</taglib-uri>
    <!--指定 Struts 2标签库定义文件的位置-->
    <taglib-location>/WEB-INF/struts-tags.tld</taglib-location>
</taglib>
```

在上面配置片段中，指定了 Struts 2 标签库配置文件物理位置：/WEB-INF/ strutstags.tld，
因此我们必须手动复制 Struts 2 的标签库定义文件，将该文件放置在 Web 应用的 WEB-INF
路径下。

如果 Web 应用使用 Servlet 2.4 以上的规范，则无须在 web.xml 文件中配置标签库定义，
因为 Servlet 2.4 规范会自动加载标签库定义文件。加载 struts-tag.tld 标签库定义文件时，该
文件的开始部分包含如下代码片段：

```
<taglib>
    <!--定义标签库的版本 -->
    <tlib-version>2.2.3</tlib-version>
    <!--定义标签库所需的 JSP 版 -->
    <jsp-version>1.2</jsp-version>
    <short-name>s</short-name>
    <!--定义 Struts 2标签库的 URI -->
    <uri>/sturts-tags</uri>
    …
</taglib>
```

因为该文件中已经定义了该标签库的 URI：struts-tags，这就避免了在 web.xml 文件中
重新定义 Struts 2 标签库文件的 URI。

要在 JSP 中使用 Struts 2.0 标签，先要指明标签的引入。通过在 JSP 的代码的顶部加入
以下代码可以做到这点。

```
<%@taglib prefix="s" uri="/struts-tags" %>
```

关于标签的开发和使用，有兴趣的读者可以参考作者所写系列教材中的《项目实践精解：Java Web 应用开发》一书。

下面我们开始介绍在实际开发工作中经常使用到的 Strruts 2 标签。

（1）一般标签

① if、elseif 和 else

■ 描述

执行基本的条件流转。

■ 参数（见表 5-8）

表 5-8　参数列表

| 名　　称 | 必　需 | 默　认 | 类　型 | 描　　述 | 注　　释 |
|---|---|---|---|---|---|
| test | 是 | | Boolean | 决定标签里内容是否显示的表达式 | else 标签没有这个参数 |
| id | 否 | | Object/String | 用来标识元素的 id。在 UI 和表单中为 HTML 的 id 属性 | |

■ 实例

```
<s:if test="%{false}">
    <div>Will Not Be Executed here 111</div>
</s:if>
<s:elseif test="%{true}">
    <div>Will Be Executed here 222</div>
</s:elseif>
<s:else>
    <div>Will Not Be Executed here 333</div>
</s:else>
```

② iterator

■ 描述

用于遍历集合（java.util.Collection）或枚举值（java.util.Iterator）。

■ 参数（见表 5-9）

表 5-9　参数列表

| 名　　称 | 必　需 | 默　认 | 类　型 | 描　　述 |
|---|---|---|---|---|
| status | 否 | | String | 如果设置此参数，一个 IteratorStatus 的实例将会压入每个遍历的堆栈 |
| value | 否 | | Object/String | 要遍历的可枚举的（iteratable）数据源，或者将放入新列表（List）的对象 |
| id | 否 | | Object/String | 用来标识元素的 id。在 UI 和表单中为 HTML 的 id 属性 |

■ 实例

```
<%@ page contentType="text/html; charset=UTF-8" %>
<%@ page import="java.util.List" %>
<%@ page import="java.util.ArrayList" %>
<%@ taglib prefix="s" uri="/struts-tags" %>

<!DOCTYPE HTML PUBLIC "-//W3C//DTD HTML 4.01 Transitional//EN">
<%
    List list = new ArrayList();
    list.add("Leon");
    list.add("John");
```

```
      list.add("Peter");
      list.add("Jeff");
      list.add("Linda");
      request.setAttribute("names", list);
    %>
    <html>
      <head>
        <title>Iterator Test</title>
      </head>
      <body>
        <h3>Names: </h3>
        <ol>
          <s:iterator value="#request.names" status="stuts">
            <s:if test="#stuts.odd == true">
              <li>White <s:property /></li>
            </s:if>
            <s:else>
              <li style="background-color:gray"><s:property /></li>  </s:else>
          </s:iterator>
        </ol>
      </body>
    </html>
```

③ sort

■ 描述

接受集合和比较器作为参数，对集合进行排序。如果声明了"var"属性，排序后的集合会使用 var 作为键名放在 PageContext 中。

■ 参数（见表 5-10）

表 5-10　参数列表

| 名　称 | 必　需 | 默　认 | 类　型 | 描　述 |
|--------|--------|--------|--------|--------|
| comparator | 是 | | java.util.Comparator | 排序使用的比较器 |
| id | 否 | | String | 不再建议使用。用"var"取代 |
| source | 否 | | String | 用来排序的集合 |
| var | 否 | | String | 用来存放排序后集合的键名 |

■ 实例

```
<s:sort var="mySortedList" comparator="myComparator" source="myList" />

<%
  Iterator sortedIterator = (Iterator)
pageContext.getAttribute("mySortedList");
  for (Iterator i = sortedIterator; i.hasNext(); ) {
    // do something with each of the sorted elements
  }
%>
```

④ i18n

■ 描述

加载资源包到值堆栈。它可以允许 text 标志访问任何资源包的信息，而不只是当前 Action 相关联的资源包。

■ 参数（见表 5-11）

表 5-11　参数列表

| 名　　称 | 必　需 | 默　认 | 类　　型 | 描　　述 |
|---|---|---|---|---|
| value | 是 | | Object/String | 资源包的类路径（如 com.xxxx.resources.AppMsg） |
| id | 否 | | Object/String | 用来标识元素的 id。在 UI 和表单中为 HTML 的 id 属性 |

■ 实例

```
<%@ page contentType="text/html; charset=UTF-8" %>
<%@ taglib prefix="s" uri="/struts-tags" %>

<!DOCTYPE HTML PUBLIC "-//W3C//DTD HTML 4.01 Transitional//EN">
<html>
  <head>
    <title>Internationization</title>
  </head>
  <body>
    <h3>
      <s:i18n name="ApplicationMessages">
        <s:text name="HelloWorld" />
      </s:i18n>
    </h3>
  </body>
</html>
```

⑤ include

■ 描述：

包含一个 Servlet 的输出（Servlet 或 JSP 的页面）。

■ 参数（见表 5-12）

表 5-12　参数列表

| 名　　称 | 必　需 | 默　认 | 类　　型 | 描　　述 |
|---|---|---|---|---|
| value | 是 | | String | 要包含的 JSP 或 Servlet |
| id | 否 | | Object/String | 用来标识元素的 id。在 UI 和表单中为 HTML 的 id 属性 |

■ 实例

```
<%@ page contentType="text/html; charset=UTF-8" %>
<%@ taglib prefix="s" uri="/struts-tags" %>

<!DOCTYPE HTML PUBLIC "-//W3C//DTD HTML 4.01 Transitional//EN">
<html>
  <head>
    <title>Include Test</title>
  </head>
  <body>
    <h3>Interator Page</h3>
    <s:include value="/condition.jsp">
      <s:param name="name">Max</s:param>
    </s:include>
    <h3>i18n</h3>
    <s:include value="/i18n.jsp" />
  </body>
</html>
```

⑥ param

■ 描述

为其他标签提供参数，比如 include 标签和 bean 标签。参数的 name 属性是可选的，如果提供，会调用 Component 的方法 addParameter(String，Object)；如果不提供，则外层嵌套标签必须实现 UnnamedParametric 接口(如 TextTag)。

■ 参数（见表 5-13）

表 5-13　参数列表

| 名　　称 | 必　需 | 默　认 | 类　型 | 描　　述 |
|---|---|---|---|---|
| name | 否 | | String | 参数名 |
| value | 否 | | String | value 表达式 |
| id | 否 | | Object/String | 用来标识元素的 id。在 UI 和表单中为 HTML 的 id 属性 |

■ 实例

```
<pre>
 <ui:component>
  <ui:param name="key"    value=" [0] "/>
  <ui:param name="value"   value=" [1] "/>
  <ui:param name="context" value=" [2] "/>
 </ui:component>
</pre>
```

⑦ property

■ 描述

得到"value"的属性，如果 value 没提供，则默认为堆栈顶端的元素。

■ 参数（见表 5-14）

表 5-14　参数列表

| 名　　称 | 必　需 | 默　认 | 类　型 | 描　　述 |
|---|---|---|---|---|
| default | 否 | | String | 如果属性是 null，则显示 default 值 |
| escape | 否 | true | Booelean | 是否 escape HTML |
| value | 否 | 栈顶 | Object | 要显示的值 |
| id | 否 | | Object/String | 用来标识元素的 id。在 UI 和表单中为 HTML 的 id 属性 |

■ 实例

```
<s:push value="myBean">
    <!-- Example 1: -->
    <s:property value="myBeanProperty" />

    <!-- Example 2: -->TextUtils
    <s:property value="myBeanProperty" default="a default value" />
</s:push>
```

⑧ set

■ 描述

set 标签赋予变量一个特定范围内的值。当希望给一个变量赋一个复杂的表达式时，每次访问该变量而不是复杂的表达式时用到。其在两种情况下非常有用：复杂的表达式很耗时（性能提升）或者很难理解（代码可读性提高）时。

■ 参数（见表 5-15）

表 5-15　参数列表

| 名　称 | 必　需 | 默　认 | 类　型 | 描　述 |
|---|---|---|---|---|
| name | 是 | | String | 变量名字 |
| scope | 否 | | String | 变量作用域，可以为 application、session、request、page 或 action |
| value | 否 | | Object/String | 将会赋给变量的值 |
| id | 否 | | Object/String | 用来标识元素的 id。在 UI 和表单中为 HTML 的 id 属性 |

■ 实例

```
<s:set name="personName" value="person.name"/>
Hello, <s:property value="#personName"/>.
```

⑨ text

■ 描述

支持国际化信息的标签。国际化信息必须放在一个和当前 Action 同名的 Resource Bundle 中，如果没有找到相应的 message，标签体将被当做默认 message；如果没有标签体，message 的 name 会被作为默认 message。

■ 参数（见表 5-16）

表 5-16　参数列表

| 名　称 | 必　需 | 默　认 | 类　型 | 描　述 |
|---|---|---|---|---|
| name | 是 | | String | 资源属性的名字 |
| id | 否 | | Object/String | 用来标识元素的 id。在 UI 和表单中为 HTML 的 id 属性 |

■ 实例

```
<!--实例1-->
<s:i18n name="struts.action.test.i18n.Shop">
    <s:text name="main.title"/>
</s:i18n>

<!--实例2-->
<s:text name="main.title" />

<!--实例3-->
<s:text name="i18n.label.greetings">
    <s:param >Mr Smith</s:param>
</s:text>
```

⑩ url

■ 描述

该标签用于创建 url，可以通过"param"标签提供 request 参数。当 includeParams 的值为"all"或"get"时，param 标签中定义的参数将有优先权，也就是说，其会覆盖其他同名参数的值。

■ 参数（见表 5-17）

表 5-17　参数列表

| 名　称 | 必　需 | 默　认 | 类　型 | 描　述 |
|---|---|---|---|---|
| Action | 否 | | String | 用来生成 URL 的 Action |
| Anchor | 否 | | String | URL 包括的 Anchor |

续表

| 名　称 | 必　需 | 默　认 | 类　型 | 描　述 |
|---|---|---|---|---|
| Encode | 否 | 是 | Boolean | 是否对参数加密 |
| escapeAmp | 否 | 是 | Boolean | 是否屏蔽&符号 |
| forceAddSchemeHostAndPort | 否 | 否 | Boolean | 是否强制加入 Scheme、Host 和 Port |
| Id | 否 | | String | 尽量使用 var |
| IncludeContext | 否 | 是 | Boolean | URL 中是否包括实际的上下文 |
| includeParams | 否 | get | String | includeParams 属性的值可能是"none"、"get"或"all" |
| Method | 否 | : | String | Action 使用的方法 |
| Namespace | 否 | | String | 使用的 namespace |
| portletMode | 否 | | String | Portlet 结果模式 |
| portletUrlType | 否 | | String | 明确提供 Portlet 或 Action 的类型 |
| Scheme | 否 | | String | 设定 Scheme 属性 |
| Value | 否 | | String | 目标值 |
| Var | 否 | | String | 代表目标值的变量名 |
| windowState | 否 | | String | Portlet window 结果状态 |

■ 实例

```
<%@ page contentType="text/html; charset=UTF-8" %>
<%@ taglib prefix="s" uri="/struts-tags" %>
<!DOCTYPE HTML PUBLIC "-//W3C//DTD HTML 4.01 Transitional//EN">
<html>
  <head>
    <title>URL</title>
  </head>
  <body>
    <h3>URL</h3>
    <a href='<s:url value="/i18n.jsp" />'>i18n</a><br />
    <s:url id="url" value="/condition.jsp">
      <s:param name="name">Max</s:param>
    </s:url>
    <s:a href="%{url}">if\elseif\else</s:a>
  </body>
</html>
```

（2）UI 标签

UI 标签又可以分为表单 UI 和非表单 UI 两部分。表单 UI 部分基本与 Struts 1.x 相同，都是对 HTML 表单元素的包装，包括 form、checkbox、radio、label、file、hidden、select、textfield、textarea、submit 等，这里就不再赘述了。不过，Struts 2.0 中加了几个我们经常在项目中用到的控件，如 doubleselect、optiontransferselect 等。非表单 UI 部分常用的有 actionerror、actionmessage、fielderror 等。

① doubleselect

■ 描述

提供两套 HTML 列表框（select）元素。其中第二套元素显示的值会根据第一套元素被选中的值而改变。

■ 参数（见表 5-18）

表 5-18　参数列表

| 名　称 | 必　需 | 默　认 | 类　型 | 描　述 |
|---|---|---|---|---|
| accesskey | 否 | | String | 在生成 HTML 标签时设置 HTML 标签的 accesskey（快捷键访问）属性 |
| cssClass | 否 | | String | 指定该元素使用的 CSS 样式类 |
| cssStyle | 否 | | String | 指定该元素使用的 CSS 样式风格定义 |
| disabled | 否 | | String | 在生成 HTML 标签时设置 HTML 标签的 disabled（无效）属性 |
| doubleAccesskey | 否 | | String | 设置 HTML 标签中的 accesskey（快捷键访问）属性 |
| doubleCssClass | 否 | | String | 第二个列表框的 CSS 样式类 |
| doubleCssStyle | 否 | | String | 第二个列表框的 CSS 样式风格 |
| doubleDisabled | 否 | | String | 是否将 disable 属性添加到第二个列表框中 |
| doubleEmptyOption | 否 | | String | 是否在第二个列表框中添加空选项 |
| doubleHeaderKey | 否 | | String | 第二个列表框的 header 主键 |
| doubleHeaderValue | 否 | | String | 第二个列表框的 header 值 |
| doubleId | 否 | | String | 第二个列表框的 id |
| doubleList | 是 | | String | 第二个列表框可迭代操作的数据源的出处 |
| doubleListKey | 否 | | String | 用于第二个列表框的主键表达式 |
| DoubleListValue | 否 | | String | 用于第二个列表框的值表达式 |
| doubleMultiple | 否 | | String | 是否在第二个列表框上设置多个属性 |
| doubleName | 是 | | String | 一个完整组件的名称 |
| doubleOnblur | 否 | | String | 第二个列表框的 onblur（失去焦点）属性 |
| doubleOnchange | 否 | | String | 第二个列表框的 onchange 属性 |
| doubleOnclick | 否 | | String | 第二个列表框的 onclick 属性 |
| doubleOndblclick | 否 | | String | 第二个列表框的 ondbclick 属性 |
| doubleOnfocus | 否 | | String | 第二个列表框的 onfocus 属性 |
| doubleOnkeydown | 否 | | String | 第二个列表框的 onkeydown 属性 |
| doubleOnkeypress | 否 | | String | 第二个列表框的 onkeypress 属性 |
| doubleOnkeyup | 否 | | String | 第二个列表框的 onkeyup 属性 |
| doubleOnmousedown | 否 | | String | 第二个列表框的 onmousedown 属性 |
| doubleOnmousemove | 否 | | String | 第二个列表框的 onmousemove 属性 |
| doubleOnmouseout | 否 | | String | 第二个列表框的 onmouseout 属性 |
| doubleOnmouseover | 否 | | String | 第二个列表框的 onmouseover 属性 |
| doubleOnmouseup | 否 | | String | 第二个列表框的 onmouseup 属性 |
| doubleOnselect | 否 | | String | 第二个列表框的 onselect 属性 |
| doubleSize | 否 | | String | 第二个列表框的 size 属性 |
| doubleValue | 否 | | String | 一个完整组件的值表达式 |
| emptyOption | 否 | 否 | Boolean | 是否在第二个列表框中添加空选项 |
| formName | 否 | | String | 组件所在的表单名称 |
| headerKey | 否 | | String | 为第二个列表框设置 header 主键，不能为空，-1 和 '' 正确，"" 错误 |

| 名　称 | 必需 | 默认 | 类型 | 描述 |
|---|---|---|---|---|
| HeaderValue | 否 | | String | 为第二个列表框设置 header 值信息 |
| id | 否 | | String | HTML 标签的 id 属性 |
| javascriptTooltip | 否 | 否 | Boolean | 使用 JavaScript 语言产生 tooltips（小提示） |
| key | 否 | | String | 为特殊的组件设置主键（名称、值、标签） |
| label | 否 | | String | 描绘一个元素特殊标签所使用的标签表达式 |
| labelSeparator | 否 | : | String | 在标签后面追加的字符串 |
| labelposition | 否 | | String | 为表单元素定义标签的位置（顶部/左部） |
| list | 是 | | String | 可迭代的数据源的出处。如果该列表是 Map（键，值）类型，其中 key 将成为 HTML 标签中 option 选项中的 value 属性的值，而 value 将成为 option 选项的标签体中的内容 |
| listKey | 否 | | String | 用于获取列表中对象字段值的属性 |
| listValue | 否 | | String | 用于获取列表中对象字段内容的属性 |
| multiple | 否 | | String | 创建多项选择列表框。该标签通过 value 属性可以预先选择多个值，条件是列表框中的值是通过类似数组这样的结构进行传递的 |
| name | 否 | | String | 为元素设置名称 |
| onblur | 否 | | String | 为 HTML 元素设置 onblur 属性 |
| onchange | 否 | | String | 为 HTML 元素设置 onchange 属性 |
| onclick | 否 | | String | 为 HTML 元素设置 onclick 属性 |
| ondblclick | 否 | | String | 为 HTML 元素设置 ondbclick 属性 |
| onfocus | 否 | | String | 为 HTML 元素设置 onfocus 属性 |
| onkeydown | 否 | | String | 为 HTML 元素设置 onkeydown 属性 |
| onkeypress | 否 | | String | 为 HTML 元素设置 onkeypress 属性 |
| onkeyup | 否 | | String | 为 HTML 元素设置 onkeyup 属性 |
| onmousedown | 否 | | String | 为 HTML 元素设置 onmousedown 属性 |
| onmousemove | 否 | | String | 为 HTML 标签设置 onmousemove 属性 |
| onmouseout | 否 | | String | 为 HTML 元素设置 onmouseout 属性 |
| onmouseover | 否 | | String | 为 HTML 元素设置 onmouseover 属性 |
| onmouseup | 否 | | String | 为 HTML 元素设置 ommouseup 属性 |
| onselect | 否 | | String | 为 HTML 元素设置 onselect 属性 |
| required | 否 | 否 | Boolean | 如果设置成 true，表示必须要求输入该元素 |
| requiredposition | 否 | | String | 定义需要的表单元素的位置（左/右） |
| size | 否 | | Integer | 元素列表框的容量（用于显示元素） |
| tabindex | 否 | | String | 设置 HTML 元素的 tabindex 属性 |
| template | 否 | | String | 用于产生 HTML 元素所采用的模板（而不是默认的） |
| templateDir | 否 | | String | 模板目录 |
| theme | 否 | | String | 产生 HTML 元素的主题（而不是默认的） |

| 名　称 | 必　需 | 默　认 | 类　型 | 描　述 |
|---|---|---|---|---|
| Title | 否 | | String | 设置产生的 HTML 元素的 title 属性 |
| tooltip | 否 | | String | 为特殊组件设置的小提示功能 |
| tooltipConfig | 否 | | String | 已经废弃，用独立的 tooltip 配置属性来代替 |
| tooltipCssClass | 否 | StrutsTTClassic | String | 用于 JavaScript 脚本提示的 CSS 类 |
| tooltipDelay | 否 | Classic | String | 在显示 JavaScript 提示之前需要延迟的毫秒数 |
| tooltipIconPath | 否 | | String | 工具提示所使用图像图标的路径 |
| value | 否 | | String | 为输入的元素预先设置一个值 |

■ 实例

```
<s:doubleselect label="doubleselect test1" name="menu" list="{'fruit', 'other'}"
doubleName="dishes" doubleList="top == 'fruit' ? {'apple', 'orange'} : {'monkey',
'chicken'}" />
    <s:doubleselect label="doubleselect test2" name="menu" list="#{'fruit':
'Nice Fruits', 'other':'Other Dishes'}" doubleName="dishes" doubleList="top ==
'fruit' ? {'apple', 'orange'} : {'monkey', 'chicken'}" />
```

② optiontransferselect

■ 描述

创建一个可传递选项的列表框组件，该组件是基于在两个<select>标签中间添加按钮，并允许两个列表框之间的选项可以相互移动到对方的选择框中。在包含了表单提交动作基础上，可以自动选择所有的列表框选项。

■ 参数（见表 5-19）

表 5-19　参数列表

| 名　称 | 必　需 | 默　认 | 类　型 | 描　述 |
|---|---|---|---|---|
| accesskey | 否 | | String | 设置产生的 HTML 元素的 accesskey（快捷键访问）属性 |
| addAllToLeftLabel | 否 | | String | 设置添加所有选项到左边按钮的标签 |
| addAllToLeftOnclick | 否 | | String | 设置添加所有选项到左边按钮的 JavaScript 代码 |
| addAllToRightLabel | 否 | | String | 设置添加所有选项到右侧按钮的标签 |
| addAllToRightOnclick | 否 | | String | 设置添加所有到右边按钮的 JavaScript 代码 |
| addToLeftLabel | 否 | | String | 设置添加选项到左边的按钮标签 |
| addToLeftOnclick | 否 | | String | 设置添加选项到左边的 JavaScript 事件 |
| addToRightLabel | 否 | | String | 设置添加选项到右边的按钮标签 |
| addToRightOnclick | 否 | | String | 设置添加选项到右边的 JavaScript 事件 |
| allowAddAllToLeft | 否 | | String | 允许添加所有选项到左边按钮 |
| allowAddAllToRight | 否 | | String | 允许添加所有选项到右边按钮 |
| allowAddToLeft | 否 | | String | 允许添加选项到左边 |
| allowAddToRight | 否 | | String | 允许添加选项到右边 |
| allowSelectAll | 否 | | String | 使用选择所有按钮 |
| allowUpDownOnLeft | 否 | | String | 允许在左边的列表框中上下翻滚 |
| allowUpDownOnRight | 否 | | String | 允许在右边的列表框中上下翻滚 |
| buttonCssClass | 否 | | String | 设置按钮的 CSS 样式类 |

续表

| 名　　称 | 必　需 | 默　认 | 类　型 | 描　　述 |
|---|---|---|---|---|
| buttonCssStyle | 否 | | String | 设置按钮的 CSS 风格 |
| cssClass | 否 | | String | 列表选项的 CSS 样式类 |
| cssStyle | 否 | | String | 列表选项使用的 CSS 样式风格定义 |
| disabled | 否 | | String | 设置 HTML 元素的 disabled 属性 |
| doubleAccesskey | 否 | | String | 设置 HTML 的 accesskey 属性 |
| doubleCssClass | 否 | | String | 第二个列表框的 CSS 样式类 |
| doubleCssStyle | 否 | | String | 第二个列表框的 CSS 样式风格 |
| doubleDisabled | 否 | | String | 是否将 disable 属性添加到第二个列表框中 |
| doubleEmptyOption | 否 | | String | 是否在第二个列表框中添加空选项 |
| doubleHeaderKey | 否 | | String | 第二个列表框的 header 主键 |
| doubleHeaderValue | 否 | | String | 第二个列表框的 header 值 |
| doubleId | 否 | | String | 第二个列表框的 id |
| doubleList | 是 | | String | 第二个列表框可迭代操作的数据源的出处 |
| doubleListKey | 否 | | String | 用于第二个列表框的主键表达式 |
| doubleListValue | 否 | | String | 用于第二个列表框的值表达式 |
| doubleMultiple | 否 | | String | 是否在第二个列表框上设置多个属性 |
| doubleName | 是 | | String | 一个完整组件的名称 |
| doubleOnblur | 否 | | String | 第二个列表框的 onblur（失去焦点）属性 |
| doubleOnchange | 否 | | String | 第二个列表框的 onchange 属性 |
| doubleOnclick | 否 | | String | 第二个列表框的 onclick 属性 |
| doubleOndblclick | 否 | | String | 第二个列表框的 ondbclick 属性 |
| doubleOnfocus | 否 | | String | 第二个列表框的 onfocus 属性 |
| doubleOnkeydown | 否 | | String | 第二个列表框的 onkeydown 属性 |
| doubleOnkeypress | 否 | | String | 第二个列表框的 onkeypress 属性 |
| doubleOnkeyup | 否 | | String | 第二个列表框的 onkeyup 属性 |
| doubleOnmousedown | 否 | | String | 第二个列表框的 onmousedown 属性 |
| doubleOnmousemove | 否 | | String | 第二个列表框的 onmousemove 属性 |
| doubleOnmouseout | 否 | | String | 第二个列表框的 onmouseout 属性 |
| doubleOnmouseover | 否 | | String | 第二个列表框的 onmouseover 属性 |
| doubleOnmouseup | 否 | | String | 第二个列表框的 onmouseup 属性 |
| doubleOnselect | 否 | | String | 第二个列表框的 onselect 属性 |
| doubleSize | 否 | | String | 第二个列表框的 size 属性 |
| doubleValue | 否 | | String | 一个完整组件的值表达式 |
| emptyOption | 否 | 否 | Boolean | 是否在第二个列表框中添加空选项 |
| formName | 否 | | String | 组件所在的表单名称 |
| headerKey | 否 | | String | 为第二个列表框设置 header 主键，不能为空，-1 和' '正确，"错误 |
| headerValue | 否 | | String | 为第二个列表框设置 header 值信息 |
| id | 否 | | String | HTML 标签的 id 属性 |

| 名　　称 | 必　需 | 默　认 | 类　型 | 描　　述 |
|---|---|---|---|---|
| javascriptTooltip | 否 | 否 | Boolean | 使用 JavaScript 语言产生 tooltips（小提示） |
| key | 否 | | String | 为特殊的组件设置主键（名称、值、标签） |
| label | 否 | | String | 描绘一个元素特殊标签所使用的标签表达式 |
| labelSeparator | 否 | : | String | 在标签后面追加的字符串 |
| labelposition | 否 | | String | 为表单元素定义标签的位置（顶部/左部） |
| leftDownLabel | 否 | | String | 左边列表框下方的标记 |
| leftTitle | 否 | | String | 设置左侧列表框的标题 |
| leftUpLabel | 否 | | String | 左侧列表框上方的标记 |
| List | 是 | | String | 可迭代的数据源的出处。如果该列表是 Map（键，值）类型，其中 key 将成为 HTML 标签中 option 选项中的 value 属性的值，而 value 将成为 option 选项的标签体中的内容 |
| listKey | 否 | | String | 用于获取列表中对象字段值的属性 |
| listValue | 否 | | String | 用于获取列表中对象字段内容的属性 |
| multiple | 否 | | String | 创建多项选择列表框。该标签通过 value 属性可以预先选择多个值，条件是列表框中的值是通过类似数组这样的结构进行传递的 |
| name | 否 | | String | 为元素设置名称 |
| onblur | 否 | | String | 为 HTML 元素设置 onblur 属性 |
| onchange | 否 | | String | 为 HTML 元素设置 onchange 属性 |
| onclick | 否 | | String | 为 HTML 元素设置 onclick 属性 |
| ondblclick | 否 | | String | 为 HTML 元素设置 ondbclick 属性 |
| onfocus | 否 | | String | 为 HTML 元素设置 onfocus 属性 |
| onkeydown | 否 | | String | 为 HTML 元素设置 onkeydown 属性 |
| onkeypress | 否 | | String | 为 HTML 元素设置 onkeypress 属性 |
| onkeyup | 否 | | String | 为 HTML 元素设置 onkeyup 属性 |
| onmousedown | 否 | | String | 为 HTML 元素设置 onmousedown 属性 |
| onmousemove | 否 | | String | 为 HTML 标签设置 onmousemove 属性 |
| onmouseout | 否 | | String | 为 HTML 元素设置 onmouseout 属性 |
| onmouseover | 否 | | String | 为 HTML 元素设置 ommouseover 属性 |
| onmouseup | 否 | | String | 为 HTML 元素设置 onmouseup 属性 |
| onselect | 否 | | String | 为 HTML 元素设置 onselect 属性 |
| required | 否 | 否 | Boolean | 如果设置成 true，表示必须要求输入该元素 |
| requiredposition | 否 | | String | 定义需要的表单元素的位置（左/右） |
| rightDownLabel | 否 | | String | 右侧列表框下方的标签 |
| rightTitle | 否 | | String | 设置右侧列表框的标题 |
| rightUpLabel | 否 | | String | 右侧列表框上方的标签 |
| selectAllLabel | 否 | | String | 设置选择所有选项按钮的标签 |
| selectAllOnclick | 否 | | String | 在按下选择所有选项按钮时的 JavaScript 脚本代码 |

| 名　称 | 必　需 | 默　认 | 类型 | 描　述 |
|---|---|---|---|---|
| Size | 否 | | Integer | 列表框的容量（显示元素的个数） |
| tabindex | 否 | | String | 设置 HTML 元素的 tabindex 标签 |
| template | 否 | | String | 生成 HTML 元素所用的模板（而不是默认的） |
| templateDir | 否 | | String | 模板目录 |
| theme | 否 | | String | 产生 HTML 元素的主题（而不是默认的） |
| title | 否 | | String | 设置产生的 HTML 元素的 title 属性 |
| tooltip | 否 | | String | 为特殊组件设置的小提示功能 |
| tooltipConfig | 否 | | String | 已经废弃，用独立的 tooltip 配置属性来代替 |
| tooltipCssClass | 否 | StrutsTTClassic | String | 用于 JavaScript 脚本提示的 CSS 类 |
| tooltipDelay | 否 | Classic | String | 在显示 JavaScript 提示之前需要延迟的毫秒数 |
| tooltipIconPath | 否 | | String | 工具提示所使用图像图标的路径 |
| upDownOnLeftOnclick | 否 | | String | 左侧上/下翻动按钮被按下时的 JavaScript 代码 |
| upDownOnRightOnclick | 否 | | String | 右侧上/下翻动按钮被按下时的 JavaScript 代码 |
| value | 否 | | String | 为输入的元素预先设置一个值 |

■ 实例

```
<-- minimum configuration -->
<s:optiontransferselect
    label="Favourite Cartoons Characters"
    name="leftSideCartoonCharacters"
    list="{'Popeye', 'He-Man', 'Spiderman'}"
    doubleName="rightSideCartoonCharacters"
    doubleList="{'Superman', 'Mickey Mouse', 'Donald Duck'}"
/>

<-- possible configuration -->
<s:optiontransferselect
    label="Favourite Cartoons Characters"
    name="leftSideCartoonCharacters"
    leftTitle="Left Title"
    rightTitle="Right Title"
    list="{'Popeye', 'He-Man', 'Spiderman'}"
    multiple="true"
    headerKey="headerKey"
    headerValue="--- Please Select ---"
    emptyOption="true"
    doubleList="{'Superman', 'Mickey Mouse', 'Donald Duck'}"
    doubleName="rightSideCartoonCharacters"
    doubleHeaderKey="doubleHeaderKey"
    doubleHeaderValue="--- Please Select ---"
    doubleEmptyOption="true"
    doubleMultiple="true"
/>
```

③ actionerror

■ 描述

根据特定布局风格提供由 Action 产生的错误。

■ 参数（见表 5-20）

表 5-20　参数列表

| 名　　称 | 必　需 | 默　　认 | 类　型 | 描　　述 |
|---|---|---|---|---|
| accesskey | 否 | | String | 在生成 HTML 标签时设置 HTML 标签的 accesskey（快捷键访问）属性 |
| cssClass | 否 | | String | 指定该元素使用的 CSS 样式类 |
| cssStyle | 否 | | String | 指定该元素使用的 CSS 样式风格定义 |
| disabled | 否 | | String | 在生成 HTML 标签时设置 HTML 标签的 disabled（无效）属性 |
| id | 否 | | String | 设置 HTML 标签的 id 属性 |
| javascriptTooltip | 否 | 否 | Boolean | 使用 JavaScript 语言产生 tooltips（小提示） |
| key | 否 | | String | 为特殊的组件设置主键（名称、值、标签） |
| label | 否 | | String | 描绘一个元素特殊标签所使用的标签表达式 |
| labelSeparator | 否 | : | String | 在标签后面追加的字符串 |
| labelposition | 否 | | String | 为表单元素定义标签的位置（顶部/左部） |
| name | 否 | | String | 元素的名称 |
| onblur | 否 | | String | 为 HTML 元素设置 onblur 属性 |
| onchange | 否 | | String | 为 HTML 元素设置 onchange 属性 |
| onclick | 否 | | String | 为 HTML 元素设置 onclick 属性 |
| ondblclick | 否 | | String | 为 HTML 元素设置 ondbclick 属性 |
| onfocus | 否 | | String | 为 HTML 元素设置 onfocus 属性 |
| onkeydown | 否 | | String | 为 HTML 元素设置 onkeydown 属性 |
| onkeypress | 否 | | String | 为 HTML 元素设置 onkeypress 属性 |
| onkeyup | 否 | | String | 为 HTML 元素设置 onkeyup 属性 |
| onmousedown | 否 | | String | 为 HTML 元素设置 onmousedown 属性 |
| onmousemove | 否 | | String | 为 HTML 标签设置 onmousemove 属性 |
| onmouseout | 否 | | String | 为 HTML 元素设置 onmouseout 属性 |
| onmouseover | 否 | | String | 为 HTML 元素设置 onmouseover 属性 |
| onmouseup | 否 | | String | 为 HTML 元素设置 ommouseup 属性 |
| onselect | 否 | | String | 为 HTML 元素设置 onselect 属性 |
| required | 否 | 否 | Boolean | 如果设置成 true，表示必须要求输入该元素 |
| requiredposition | 否 | | String | 定义需要的表单元素的位置（左/右） |
| tabindex | 否 | | String | 设置 HTML 元素的 tabindex 属性 |
| template | 否 | | String | 用于产生 HTML 元素所采用的模板（而不是默认的） |
| templateDir | 否 | | String | 模板目录 |
| theme | 否 | | String | 产生 HTML 元素的主题（而不是默认的） |
| title | 否 | | String | 设置产生的 HTML 元素的 title 属性 |
| tooltip | 否 | | String | 为特殊组件设置的小提示功能 |
| tooltipConfig | 否 | | String | 已经废弃，用独立的 tooltip 配置属性来代替 |
| tooltipCssClass | 否 | StrutsTTClassic | String | 用于 JavaScript 脚本提示的 CSS 类 |

续表

| 名　　称 | 必　需 | 默　　认 | 类　　型 | 描　　述 |
|---|---|---|---|---|
| TooltipDelay | 否 | Classic | String | 在显示 JavaScript 提示之前需要延迟的毫秒数 |
| tooltipIconPath | 否 | | String | 工具提示所使用图像图标的路径 |
| value | 否 | | String | 为输入的元素预先设置一个值 |

■ 实例

```
<s:actionerror />
  <s:form .... >
   ....
  </s:form>
```

④ Actionmessage

■ 描述

根据特定布局风格提供由 Action 产生的消息。

■ 参数（见表 5-21）

表 5-21　参数列表

| 名　　称 | 必　需 | 默　　认 | 类　　型 | 描　　述 |
|---|---|---|---|---|
| accesskey | 否 | | String | 在生成 HTML 标签时设置 HTML 标签的 accesskey（快捷键访问）属性 |
| cssClass | 否 | | String | 指定该元素使用的 CSS 样式类 |
| cssStyle | 否 | | String | 指定该元素使用的 CSS 样式风格定义 |
| disabled | 否 | | String | 在生成 HTML 标签时设置 HTML 标签的 disabled（无效）属性 |
| id | 否 | | String | 设置 HTML 标签的 id 属性 |
| javascriptTooltip | 否 | 否 | Boolean | 使用 JavaScript 语言产生 tooltips（小提示） |
| key | 否 | | String | 为特殊的组件设置主键（名称、值、标签） |
| label | 否 | | String | 描绘一个元素特殊标签所使用的标签表达式 |
| labelSeparator | 否 | : | String | 在标签后面追加的字符串 |
| labelposition | 否 | | String | 为表单元素定义标签的位置（顶部/左部） |
| name | 否 | | String | 元素的名称 |
| onblur | 否 | | String | 为 HTML 元素设置 onblur 属性 |
| onchange | 否 | | String | 为 HTML 元素设置 onchange 属性 |
| onclick | 否 | | String | 为 HTML 元素设置 onclick 属性 |
| ondblclick | 否 | | String | 为 HTML 元素设置 ondbclick 属性 |
| onfocus | 否 | | String | 为 HTML 元素设置 onfocus 属性 |
| onkeydown | 否 | | String | 为 HTML 元素设置 onkeydown 属性 |
| onkeypress | 否 | | String | 为 HTML 元素设置 onkeypress 属性 |
| onkeyup | 否 | | String | 为 HTML 元素设置 onkeyup 属性 |
| onmousedown | 否 | | String | 为 HTML 元素设置 onmousedown 属性 |
| onmousemove | 否 | | String | 为 HTML 标签设置 onmousemove 属性 |
| onmouseout | 否 | | String | 为 HTML 元素设置 onmouseout 属性 |
| onmouseover | 否 | | String | 为 HTML 元素设置 onmouseover 属性 |

续表

| 名　称 | 必　需 | 默　认 | 类　型 | 描　述 |
|---|---|---|---|---|
| onmouseup | 否 | | String | 为 HTML 元素设置 ommouseup 属性 |
| onselect | 否 | | String | 为 HTML 元素设置 onselect 属性 |
| required | 否 | 否 | Boolean | 如果设置成 true，表示必须要求输入该元素 |
| requiredposition | 否 | | String | 定义需要的表单元素的位置（左/右） |
| tabindex | 否 | | String | 设置 HTML 元素的 tabindex 属性 |
| template | 否 | | String | 用于产生 HTML 元素所采用的模板（而不是默认的） |
| templateDir | 否 | | String | 模板目录 |
| theme | 否 | | String | 产生 HTML 元素的主题（而不是默认的） |
| title | 否 | | String | 设置产生的 HTML 元素的 title 属性 |
| Tooltip | 否 | | String | 为特殊组件设置的小提示功能 |
| tooltipConfig | 否 | | String | 已经废弃，用独立的 tooltip 配置属性来代替 |
| tooltipCssClass | 否 | StrutsTTClassic | String | 用于 JavaScript 脚本提示的 CSS 类 |
| tooltipDelay | 否 | Classic | String | 在显示 JavaScript 提示之前需要延迟的毫秒数 |
| tooltipIconPath | 否 | | String | 工具提示所使用图像图标的路径 |
| value | 否 | | String | 为输入的元素预先设置一个值 |

■ 实例

```
<s:actionmessage />
  <s:form .... >
    ....
</s:form>
```

⑤ fielderror

■ 描述

根据特定布局风格提供由 field 产生的错误。

■ 参数（见表 5-22）

表 5-22　参数列表

| 名　称 | 必　需 | 默　认 | 类　型 | 描　述 |
|---|---|---|---|---|
| accesskey | 否 | | String | 在生成 HTML 标签时设置 HTML 标签的 accesskey（快捷键访问）属性 |
| cssClass | 否 | | String | 指定该元素使用的 CSS 样式类 |
| cssStyle | 否 | | String | 指定该元素使用的 CSS 样式风格定义 |
| disabled | 否 | | String | 在生成 HTML 标签时设置 HTML 标签的 disabled（无效）属性 |
| id | 否 | | String | 设置 HTML 标签的 id 属性 |
| javascriptTooltip | 否 | 否 | Boolean | 使用 JavaScript 语言产生 tooltips（小提示） |
| key | 否 | | String | 为特殊的组件设置主键（名称、值、标签） |
| label | 否 | | String | 描绘一个元素特殊标签所使用的标签表达式 |
| labelSeparator | 否 | : | String | 在标签后面追加的字符串 |
| labelposition | 否 | | String | 为表单元素定义标签的位置（顶部/左部） |

续表

| 名　称 | 必　需 | 默　认 | 类　型 | 描　述 |
|---|---|---|---|---|
| Name | 否 | | String | 元素的名称 |
| onblur | 否 | | String | 为 HTML 元素设置 onblur 属性 |
| onchange | 否 | | String | 为 HTML 元素设置 onchange 属性 |
| onclick | 否 | | String | 为 HTML 元素设置 onclick 属性 |
| ondblclick | 否 | | String | 为 HTML 元素设置 ondbclick 属性 |
| onfocus | 否 | | String | 为 HTML 元素设置 onfocus 属性 |
| onkeydown | 否 | | String | 为 HTML 元素设置 onkeydown 属性 |
| onkeypress | 否 | | String | 为 HTML 元素设置 onkeypress 属性 |
| onkeyup | 否 | | String | 为 HTML 元素设置 onkeyup 属性 |
| onmousedown | 否 | | String | 为 HTML 元素设置 onmousedown 属性 |
| Onmousemove | 否 | | String | 为 HTML 标签设置 onmousemove 属性 |
| onmouseout | 否 | | String | 为 HTML 元素设置 onmouseout 属性 |
| onmouseover | 否 | | String | 为 HTML 元素设置 onmouseover 属性 |
| onmouseup | 否 | | String | 为 HTML 元素设置 ommouseup 属性 |
| onselect | 否 | | String | 为 HTML 元素设置 onselect 属性 |
| required | 否 | 否 | Boolean | 如果设置成 true，表示必须要求输入该 元素 |
| requiredposition | 否 | | String | 定义需要的表单元素的位置（左/右） |
| tabindex | 否 | | String | 设置 HTML 元素的 tabindex 属性 |
| template | 否 | | String | 用于产生 HTML 元素所采用的模板（而不是默认的） |
| templateDir | 否 | | String | 模板目录 |
| theme | 否 | | String | 产生 HTML 元素的主题（而不是默认的） |
| title | 否 | | String | 设置产生的 HTML 元素的 title 属性 |
| tooltip | 否 | | String | 为特殊组件设置的小提示功能 |
| tooltipConfig | 否 | | String | 已经废弃，用独立的 tooltip 配置属性来代替 |
| tooltipCssClass | 否 | StrutsTTClassic | String | 用于 JavaScript 脚本提示的 CSS 类 |
| tooltipDelay | 否 | Classic | String | 在显示 JavaScript 提示之前需要延迟的毫秒数 |
| tooltipIconPath | 否 | | String | 工具提示所使用图像图标的路径 |
| value | 否 | | String | 为输入的元素预先设置一个值 |

■ 实例

```
<!--实例 1 -->
  <s:fielderror />

  <!-- example 2 -->
  <s:fielderror>
      <s:param>field1</s:param>
      <s:param>field2</s:param>
  </s:fielderror>
  <s:form .... >
     ....
     </s:form>

<!--实例 2 -->
  <s:fielderror>
```

```
            <s:param value="%{'field1'}" />
            <s:param value="%{'field2'}" />
    </s:fielderror>
    <s:form .... >
        ....
    </s:form>
```

- 实例 1：显示所有字段错误；
- 实例 2：只显示字段 1 和字段 2 的错误。

### 2．Struts 2 中的表达式语言

在 View 层 JSP 页面开发中，我们还会经常使用表达式语言（Expression Language，EL）。使用表达式语言主要有以下几大好处。

- 避免<%= Var %>、<%= (MyType) request.getAttribute()%>和<%=myBean.getMy Property()%>之类的语句，使页面更简洁；
- 支持运算符（如+、-、*、/），比普通的标志具有更高的自由度和更强的功能；
- 简单明了地表达代码逻辑，使代码可读性更强，便于维护。

Struts 2 支持以下几种表达式语言。

- OGNL（Object-Graph Navigation Language），可以方便地操作对象属性的开源表达式语言；
- JSTL（JSP Standard Tag Library），JSP 2.0 集成的标准的表达式语言；
- Groovy，基于 Java 平台的动态语言，它具有时下比较流行的动态语言（如 Python、Ruby 和 Smarttalk 等）的一些特性；
- Velocity，严格来说不是表达式语言，它是一种基于 Java 的模板匹配引擎，据说其性能要比 JSP 好。

我们重点介绍 OGNL 和 JSTL 两种语言。

#### （1）OGNL

Struts 2 默认的表达式语言是 OGNL，OGNL 是 Object-Graph Navigation Language 的缩写，它是一种功能强大的表达式语言（Expression Language，EL），通过它的简单一致的表达式语法，可以存取对象的任意属性，调用对象的方法，遍历整个对象的结构图，实现字段类型转化等功能。它使用相同的表达式去存取对象的属性。关于 OGNL 的详细信息，可以参考相关文档。我们在这里只讲解 OGNL 表达式语言的基本概念。

① 常量（见表 5-23）

表 5-23　常量

| 常　　量 | 举　　例 |
|---|---|
| Char | 'a' |
| String | 'hello' 或 "hello"<br>单个字符 /"a/" |
| Boolean | true/false |
| Int | 123 |

**注意**：String 可以用单引号也可以用双引号。但是单个字母如'a'与"a"是不同的，前者是 Char，后者是 String。

② 操作符（见表 5-24）

表 5-24　操作符

| 操作符 | 举例 |
|---|---|
| +、-、*、/、Mod | 1+1　'hello'+'world' |
| ++、-- | foo++ |
| ==、!= | |
| in、not in | foo in aList |
| =、赋值 | foo=1 |

③ 方法调用

```
class Test{
    int fun();
}
```

调用方式：

```
t.fun()
```

④ 访问静态方法和变量

格式为：

```
@[类全名（包括包路径）]@[方法名 | 值名]
```

例如：

```
@some.pkg.SomeClass@CONSTANTS
@some.pkg.SomeClass@someFun()
```

⑤ 访问 OGNL 上下文（OGNL Context）和 ActionContext

| 访问 OGNL 上下文（OGNL Context） | 访问 ActionContext |
|---|---|
| ActionContext().getContext().getSession().get（"kkk"） | #session.kkk |
| ActionContext().getContext().get（"person"） | #person |

# 符号相当于 ActionContext。

表 5-25 中所示是 ActionContext 中几个有用的属性。

表 5-25　ActionContext 中的属性

| 名　称 | 作　用 | 例　子 |
|---|---|---|
| parameters | 包含当前 HTTP 请求参数的 Map | #parameters.id[0]相当于 request.getParameter("id") |
| request | 包含当前 HttpServletRequest 属性（attribute）的 Map | #request.userName 相当于 request.getAttribute("userName") |
| session | 包含当前 HttpSession 属性的 Map | #session.userName 相当于 session.getAttribute("userName") |
| application | 包含当前应用的 ServletContext 属性的 Map | #application.userName 相当于 application.getAttribute("userName") |
| attr | 用于按 request > session > application 顺序访问其属性 | #attr.userName 相当于按顺序在以上三个范围（scope）内读取 userName 属性，直到找到为止 |

⑥ 集合操作

■ 访问 list & array

| | |
|---|---|
| List.get(0)　　array[0] | list[0]　　array[0] |
| List.get(0).getName() | list[0].name |
| list.size()　array.length | list.size　　　array.length |
| list.isEmpty() | list.isEmpty |
| List list = new ArrayList()<br>list.ad（"foo"）; list.add（"bar"）; | {"foo"，"bar"}<br>{1,2,3} |

■ 访问 Map

动态创建 Map，例如#{1: 'a', 2: 'b'} #{'foo1':'bar1', 'foo2':'bar2'}。

| | |
|---|---|
| Map.get（"foo"） | map['foo']　　或　　map.foo |
| Map.get(1) | map[1] |
| Map map = new HashMap()<br>map.put（"k1"，"v1"）; map.put（"k2"，"v2"）; | #{"k1"："v1"，"k2"："v2"} |

⑦ 筛选与投影（见表 5-26）

表 5-26　筛选与投影举例

| | |
|---|---|
| Children.{name} | （投影）得到 Collection\<String\> names，只有孩子名字的 list |
| Children.{?#this.age>2} | （筛选）得到 collection\<Person\> age>2 的记录 |
| Children.{?#this.age<=2}.{name} | 先筛选再投影 |
| Children.{name+'->'+mother.name} | （筛选）得到元素为 str->str 的集合 |

筛选：collection.{? expr }　　#this 代表当前循环到的 object。

投影：collection.{ expr }

最后我们再补充"%"和"$"符号的用途。

"%"符号的用途是在标志的属性为字符串类型时，计算 OGNL 表达式的值。例如，在 ognl.jsp 中加入以下代码：

```
<hr />
    <h3>%的用途</h3>
    <p><s:url value="#foobar['foo1']" /></p>
    <p><s:url value="%{#foobar['foo1']}" /></p>
```

使用"#"，会原样打印"#foobar['foo1']"；而使用"%"，会计算"#foobar['foo1']"的值，例如，得到 bar1。

"$"有两个主要的用途：

- 用于在国际化资源文件中，引用 OGNL 表达式；
- 在 Struts 2 配置文件中，引用 OGNL 表达式。例如：

```
<action name="AddPhoto" class="addPhoto">
    <interceptor-ref name="fileUploadStack" />
    <result type="redirect">ListPhotos.action?albumId=${albumId} </result>
</action>
```

（2）JSTL（JSP Standard Tag Library）

在功能上，JSTL 可以划分成两部分：标签库集和表达式语言。标签库提供了一系列标签，用来实现一些通用功能，如迭代和条件处理、数据格式化与本地化、XML 处理以及数据库访问。表达式语言简化了对 JSP 中 Java 语言结构的访问。这两者一起组成了一个强大的功能集，用来开发 JSP 应用程序。我们在这里重点讲解 JSTL 表达式语言。

JSTL 起源于 Java Conununity Process（JCP），因此融合了行业中许多知名组织和权威人士的远见卓识。2000 年 6 月，第一个 JSTL 规范被确定下来，目标是与 JSP 1.2 和 Servlet 2.3 规范一起使用。然后，在 2004 年 1 月又发布了更新版 1.1。目前，JSTL 表达式可以只作为属性值与支持它的标签库标签一起使用。但是，当 JSP 2.0 确立以后，所有 JSP 都将支持表达式。这意味着表达式可以在 JSP 内的任何地方使用，并且不像现在这样只限于在启用了 JSTL 的标签中使用。

① JSTL 表达式语言

JSTL 的最大优势在于它的表达式语言。表达式语言简化了从 JSP 内部访问 Java 语言结构的流程，而且它是 JSTL 标签库发挥作用的基石。使用表达式语言，您可以创建具有返回值的简单表达式。例如，有一个表达式可以用来检索请求参数的值；另一个表达式可以用来计算条件表达式的值，返回一个 boolean 型结果。当对 JSP 中的内容分条件进行处理时，第二个表达式非常有用。

JSTL 表达式以"${"开始，以"}"结束，如下面的代码行所示：

```
<c:out value="${userObj}">
```

起始"${"与结束"}"之间的内容是表达式。表达式可以包含对 JSP 页面范围对象和隐含对象的引用，并且可以使用操作符访问不同层次的对象和处理对象。下面将详细介绍表达式语言。

■ 访问对象

JSTL 表达式语言提供了一种用来访问对象及其属性的简单机制。点（.）操作符用于访问层次结构中不同层次的对象并访问对象的属性。以下代码行给出了点操作符使用的一个简单示例。

```
<c:out value="${customer.address.city}"/>
```

在此示例中，用点操作符访问 customer 对象的 address 属性，接着访问 address 对象的 city 属性。表达式中每个点操作符将对 customer 对象调用 getAddress()，返回的对象调节器用 getCity()方法。为了使点操作符工作，在操作符右边的对象必须具有操作符左边属性的某种值获取方法；否则，操作符将失败。

正如您看到的那样，用这种方法访问层次结构中不同层次的对象既快捷又简单。如果不使用 JSTL，您不得不使用与下面类似的 JSP 表达式来访问各个层次的属性。

```
<%-customer.getAddress().getCity()%>
```

对于访问简单属性，点操作符非常有用；但是，不能用它访问数组或集合中的元素。因此，JSTL 还提供了方括号（[]）操作符。方括号操作符使您可以指定需要访问的元素的索引，如下所示。

```
<c:set var="highBid" value=" ${bids[0]} "/>
```

此方法用于数组和基于列表的集合。对于基于映射的集合，指定需要访问的元素的关键字，如下所示。

```
<c:set var="color" value=" ${param['color']}"/>
```

■ 隐含对象

JSTL 提供了一些用于表达式语言的对象，并将其作为隐含对象。这些隐含对象是内置的，任何表达式都可以使用它们，无须对它们进行初始化或设置。在默认情况下就可以使用这些对象。使用隐含对象十分简单，只需要在表达式中引用它的名称即可，如下所示。

```
<c:out value=" ${header['user-Agent']}"/>
```

在此示例中，核心标签库的 out 标签用于输出 "User-Agent" HTTP 标题的值。Header 隐含对象是 java.util.Map 的一个实例，包含了传入请求的 HTTP 标题。

表 5-27 中列出并说明了每个 JSTL 隐含对象。

表 5-27　JSTL 隐含对象

| 分　类 | 隐含对象 | 说　　明 |
| --- | --- | --- |
| Cookie | cookie | Java.util.Map 的一个实例，包含了当前请求的 cookie |
| 初始化参数 | initParam | Java.util.Map 的一个实例，包含了 web.xml 中指定的、Web 应用程序的环境初始化参数 |
| JSP | pageContext | 当前页面的 java.servlet.jsp.PaecContext 实例 |
| 请求标题 | header | Java.util.Map 的一个实例，包含了当前请求的 HTTP 标题的主要值 |
| | headerValues | Java.util.Map 的一个实例，包含了当前请求的 HTTP 标题的所有值 |
| 请求参数 | param | Java.util.Map 的一个实例，包含了当前请求的参数的主要值 |
| | paramValues | Java.util.Map 的一个实例，包含了当前请求的参数的所有值 |
| 范围 | applicationScope | Java.util.Map 的一个实例，包含了应用程序范围的属性 |
| | pageScope | Java.util.Map 的一个实例，包含了页面范围的属性 |
| | requestScope | Java.util.Map 的一个实例，包含了请求范围的属性 |
| | sessionScope | Java.util.Map 的一个实例，包含了会话范围的属性 |

■ 使用操作符

JSTL 表达式语言支持一些用来比较并处理表达式中数据的操作符。如果表达式包含操作符，则通过操作符处理操作数，得到的结果值用作表达式的值。请看下面的示例代码行。

```
<c:set var="sqrFt"value=" ${width*length}"/>
```

在此示例中，使用星号（*）乘法操作符，将 length 变量乘以 width 变量，并将结果存储在 JSP 脚本变量中。

还可以合并操作符以创建较复杂的表达式，如下所示。

```
<c:set var="halfSqrFc"value=" ${(width*length)/2}"/>
```

在上面的示例中，width 与 length 相乘，然后再被 2 除，并存储结果值。

逻辑和关系操作符的工作原理与上面类似，不同的是它们的结果通常与条件标签一起使用，如下所示。

```
<c:if test=" ${count == 5}">
    Count equsls 5.
</c:if>
```

上面的示例将 count 对象的值与 5 进行比较，看它们是否相等，如果相等，将执行起始与结束 if 标签之间的内容；否则跳过这部分内容。

表 5-28 中列出了 JSTL 表达式语言的各个操作符。

表 5-28　JSTL 表达式语言的操作符

| 分　　类 | 操　作　符 |
|---|---|
| 数学 | +、-、*、/（或 div）、%（或 mod） |
| 逻辑 | &&（或 and）、‖（或 or）、|（或 not） |
| 关系 | =（或 eq）、|=（或 ne）、<（或 lt）、>（或 gt）、<=（或 le）、>=（或 ge） |
| 验证 | Empty |

如上所述，一个表达式中可以同时使用多个操作符，下面列出了操作符的优先级。

- []
- ()
- unary-、not、1、empty
- *、/、div、%、mod
- +、binary-
- <、>、<=、>=、lt、gt、le、ge
- ==、|=、eq、ne
- &&、and
- ‖、or

② JSTL 标签库

JSTL 提供了用来开发 JSP 应用程序的公用线程，具有大多数应用程序所需的基本功能。JSTL 标签库与任何其他 JSP 标签库的工作方式类似，并具有为标签属性值提供 JSTL 表达式支持的新增功能。我们在这里就不再详细讲解 JSTL 标签库了，有兴趣的读者可参考相关文档。

## 5.2.7　转换器

我们知道，Web 应用程序实际上是分布在不同的主机上的两个进程之间的交互。这种交互建立在 HTTP 之上，它们互相传递的都是字符串。换句话说，服务器可以接收到的来自用户的数据只能是字符串或字符数组，而在服务器上的对象中，这些数据往往有多种不同的类型，如日期（Date）、整数（int）、浮点数（float）或自定义类型（UDT）等。同样的问题也发生在使用 UI 展示服务器数据的情况。HTML 的 Form 控件不同于桌面应用程序可以表示对象，其值只能为字符串类型，所以我们需要通过某种方式将特定对象转换成字符串。

在 Struts 1 开发中，有个问题我们不得不经常考虑，那就是在创建 FormBean 时，对于某个属性到底应该用 String 还是其他类型？这些 String 如何与其他类型进行转换？为了解决这些问题，我们必须一遍又一遍地重复编写诸如此类代码：

```
Date birthday = DateFormat.getInstance(DateFormat.SHORT).parse(strDate);
<input type="text" value="<%= DateFormat.getInstance(DateFormat.SHORT).
format(birthday) %>" />
```

显然，这是非常烦琐的，我们需要一种更好的解决方法。在 Struts 2 中，要实现上述转换，我们可以使用**转换器（Converter）**来实现。Struts 2 的类型转换是基于 OGNL 表达式的，只要我们把 HTML 输入项（表单元素和其他 GET/POST 的参数）命名为合法的 OGNL 表达式，就可以充分利用 Struts 2 的转换机制。

对于一些经常用到的转换器，如日期、整数或浮点数等类型，Struts 2.0 已经为你实现了。下面列出已经实现的转换器。

- 预定义类型，例如 int、boolean、double 等；
- 日期类型，使用当前区域（Locale）的短格式转换，即 DateFormat.getInstance (DateFormat.SHORT)；
- 集合（Collection）类型，将 request.getParameterValues(String arg)返回的字符串数据与 java.util.Collection 转换；
- 集合（Set）类型，与 List 的转换相似，去掉相同的值；
- 数组（Array）类型，将字符串数组的每一个元素转换成特定的类型，并组成一个数组。

对于已有的转换器，大家不必再去重新发明轮子。Struts 在遇到这些类型时，会自动去调用相应的转换器。

除此之外，Struts 2 提供了很好的扩展性，开发者可以非常简单地开发自己的类型转换器，完成字符串和自定义复合类型之间的转换。总之，Struts 2 的类型转换器提供了非常强大的表现层数据处理机制，开发者可以利用 Struts 2 的类型转换机制来完成任意的类型转换。

## 5.2.8　拦截器（Interceptor）

拦截器是 Struts 2 的一个强有力的工具。前面我们提到，正是大量的内置拦截器完成了 Struts 框架的大部分操作，像 params 拦截器将 http 请求中参数解析出来赋值给 Action 中对应的属性；Servlet-config 拦截器负责把请求中 HttpServletRequest 实例和 HttpServletResponse 实例传递给 Action，以及国际化、转换器、校验等。

### 1．拦截器概述

拦截器，在 AOP（Aspect-Oriented Programming）中用于在某个方法或字段被访问之前，进行拦截，然后在之前或之后加入某些操作。拦截是 AOP 的一种实现策略。关于 AOP，我们会在 Spring 部分详细讲解。

拦截器是动态拦截 Action 调用的对象。它提供了一种机制可以使开发者定义在一个 Action 执行的前后执行的代码，也可以在一个 Action 执行前阻止其执行。同时也提供了一种可以提取 Action 中可重用的部分的方式。

谈到拦截器，还有一个词大家应该知道——拦截器链（Interceptor Chain，在 Struts 2 中称为拦截器栈 Interceptor Stack）。拦截器链就是将拦截器按一定的顺序联结成一个链条。在访问被拦截的方法或字段时，拦截器链中的拦截器就会按其之前定义的顺序被调用。

Struts 2 的拦截器实现相对简单。当请求到达 Struts 2 的 ServletDispatcher 时，Struts 2 会查找配置文件，并根据其配置实例化相对的拦截器对象，然后串成一个列表（list），最后一个一个地调用列表中的拦截器，如图 5-4 所示。

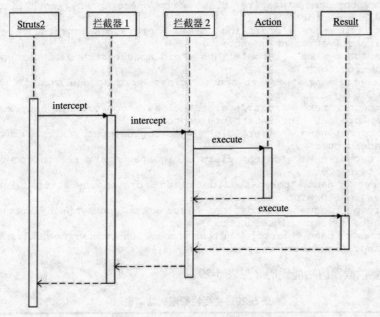

图 5-4　拦截器调用序列图

## 2. 已有的拦截器

Struts 2 已经为您提供了丰富多样的、功能齐全的拦截器实现。大家可以到 struts2-all-2.0.1.jar 或 struts2-core-2.0.1.jar 包的 struts-default.xml 中查看关于默认的拦截器与拦截器链的配置。以下部分就是从 struts-default.xml 文件中摘取的主要内容。

```
< interceptor name ="alias"
        class ="com.opensymphony.xwork2.interceptor.AliasInterceptor" />
< interceptor name ="chain" class ="com.opensymphony.xwork2.interceptor.
ChainingInterceptor" />
< interceptor name ="checkbox" class ="org.apache.struts2.interceptor.
CheckboxInterceptor" />
< interceptor name ="conversionError" class ="org.apache.struts2.
interceptor.StrutsConversionErrorInterceptor" />
< interceptor name ="createSession" class ="org.apache.struts2.interceptor.
CreateSessionInterceptor" />
< interceptor name ="debugging" class ="org.apache.struts2.interceptor.
debugging.DebuggingInterceptor" />
< interceptor name ="execAndWait" class ="org.apache.struts2.interceptor.
ExecuteAndWaitInterceptor" />
< interceptor name ="exception" class ="com.opensymphony.xwork2.interceptor.
ExceptionMappingInterceptor" />
< interceptor name ="fileUpload" class ="org.apache.struts2.interceptor.
FileUploadInterceptor" />
< interceptor name ="i18n" class ="com.opensymphony.xwork2.interceptor.
I18nInterceptor" />
< interceptor name ="logger" class ="com.opensymphony.xwork2.interceptor.
LoggingInterceptor" />
< interceptor name ="store" class ="org.apache.struts2.interceptor.
MessageStoreInterceptor" />
< interceptor name ="model-driven" class ="com.opensymphony.xwork2.
interceptor.ModelDrivenInterceptor" />
< interceptor name ="scoped-model-driven" class ="com.opensymphony.xwork2.
interceptor.ScopedModelDrivenInterceptor" />
< interceptor name ="params" class ="com.opensymphony.xwork2.interceptor.
ParametersInterceptor" />
```

```
< interceptor name ="prepare" class ="com.opensymphony.xwork2.interceptor.
PrepareInterceptor" />
< interceptor name ="profiling" class ="org.apache.struts2.interceptor.
ProfilingActivationInterceptor" />
< interceptor name ="scope" class ="org.apache.struts2.interceptor.
ScopeInterceptor" />
< interceptor name ="servlet-config" class ="org.apache.struts2.interceptor.
ServletConfigInterceptor" />
< interceptor name ="static-params" class ="com.opensymphony.xwork2.
interceptor.StaticParametersInterceptor" />
< interceptor name ="timer" class ="com.opensymphony.xwork2.interceptor.
TimerInterceptor" />
< interceptor name ="token" class ="org.apache.struts2.interceptor.
TokenInterceptor" />
< interceptor name ="token-session" class ="org.apache.struts2.interceptor.
TokenSessionStoreInterceptor" />
< interceptor name ="validation" class ="com.opensymphony.xwork2.
validator.ValidationInterceptor" />
< interceptor name ="workflow" class ="com.opensymphony.xwork2.interceptor.
DefaultWorkflowInterceptor" />
```

（1）主要拦截器的功能说明（见表 5-29）

表 5-29　主要拦截器的功能说明

| 拦截器 | 名字 | 说明 |
|---|---|---|
| Alias Interceptor | alias | 在不同请求之间将请求参数在不同名字间转换，请求内容不变 |
| Chaining Interceptor | chain | 让前一个 Action 的属性可以被后一个 Action 访问，现在和 chain 类型的 result（<result type="chain">）结合使用。 |
| Checkbox Interceptor | checkbox | 添加了 checkbox 自动处理代码，将没有选中的 checkbox 的内容设定为 false，而 HTML 默认情况下不提交没有选中的 checkbox |
| Conversion Error Interceptor | conversionError | 将错误从 ActionContext 中添加到 Action 的属性字段中 |
| Create Session Interceptor | createSession | 自动地创建 HttpSession，用来为需要使用到 HttpSession 的拦截器服务 |
| Debugging Interceptor | debugging | 提供不同的调试用的页面来展现内部的数据状况 |
| Execute and Wait Interceptor | execAndWait | 在后台执行 Action，同时将用户带到一个中间的等待页面 |
| Exception Interceptor | exception | 将异常定位到一个画面 |
| File Upload Interceptor | fileUpload | 提供文件上传功能 |
| I18n Interceptor | i18n | 记录用户选择的 Locale |
| Logger Interceptor | logger | 输出 Action 的名字 |
| Message Store Interceptor | store | 存储或者访问实现 ValidationAware 接口的 Action 类出现的消息、错误、字段错误等 |
| Model Driven Interceptor | model-driven | 如果一个类实现了 ModelDriven，将 getModel 得到的结果放在 Value Stack 中 |
| Scoped Model Driven | scoped-model-driven | 如果一个 Action 实现了 ScopedModelDriven，则这个拦截器会从相应的 Scope 中取出 Model，调用 Action 的 setModel 方法将其放入 Action 内部 |
| Parameters Interceptor | params | 将请求中的参数设置到 Action 中 |
| Prepare Interceptor | prepare | 如果 Action 实现了 Preparable，则该拦截器调用 Action 类的 prepare 方法 |

| 拦 截 器 | 名 字 | 说 明 |
|---|---|---|
| Profiling Interceptor | profiling | 通过参数激活 profile |
| Scope Interceptor | scope | 将 Action 状态存入 Session 和 Application 的简单方法 |
| Servlet Config Interceptor | servletConfig | 提供访问 HttpServletRequest 和 HttpServletRes ponse 的方法，以 Map 的方式访问 |
| Static Parameters Interceptor | staticParams | 从 struts.xml 文件中将<action>中的<param>中的内容设置到对应的 Action 中 |
| Timer Interceptor | timer | 输出 Action 执行的时间 |
| Token Interceptor | token | 通过 Token 来避免双击 |
| Token Session Interceptor | tokenSession | 和 Token Interceptor 一样，不过双击的时候把请求的数据存储在 Session 中 |
| Validation Interceptor | validation | 使用 action-validation.xml 文件中定义的内容校验提交的数据 |
| Workflow Interceptor | workflow | 调用 Action 的 validate 方法，一旦有错误返回，则重新定位到 input 画面 |

（2）配置和使用拦截器

在 struts-default.xml 中已经配置了以上的拦截器。如果想要使用上述拦截器，则只需要在应用程序 struts.xml 文件中通过 "<include file="struts-default.xml" />" 将 struts-default.xml 文件包含进来，并继承其中的 struts-default 包（Package），最后在定义 Action 时，使用 "<interceptor-ref name="xx" />" 引用拦截器或拦截器栈（Interceptor Stack）。一旦继承了 struts-default 包（Package），所有 Action 都会调用拦截器栈——defaultStack。当然，在 Action 配置中加入 "<interceptor-ref name="xx" />" 可以覆盖 defaultStack。

以下是注册并引用 Interceptor 的配置片段。

```
<package name="default" extends="struts-default">
    <interceptors>
        <interceptor name="timer" class=".."/>
        <interceptor name="logger" class=".."/>
    </interceptors>

    <action name="login" class="tutorial.Login">
        <interceptor-ref name="timer"/>
        <interceptor-ref name="logger"/>
        <result name="input">login.jsp</result>
        <result name="success"
            type="redirect-action">/secure/home</result>
    </action>
</package>
```

下面是关于拦截器 Timer 使用的例子。首先，新建 Action 类 tuotrial/TimerInterceptorAction.java，内容如下：

```
package tutorial;
import com.opensymphony.xwork2.ActionSupport;
public class TimerInterceptorAction extends ActionSupport {
    @Override
    public String execute(){
        try {
            // 模拟耗时的操作
            Thread.sleep( 500 );
```

```
        } catch (Exception e) {
            e.printStackTrace();
        }
        return SUCCESS;
    }
}
```

配置 Action，名为 Timer，配置文件如下：

```
<! DOCTYPE struts PUBLIC
        "-//Apache Software Foundation//DTD Struts Configuration 2.0//EN"
        "http://struts.apache.org/dtds/struts-2.0.dtd" >
< struts >
    < include file ="struts-default.xml" />
    < package name ="InterceptorDemo" extends ="struts-default" >
        < action name ="Timer" class ="tutorial.TimerInterceptorAction" >
            < interceptor-ref name ="timer" />
            < result > /Timer.jsp </ result >
        </ action >
    </ package >
</ struts >
```

至于 Timer.jsp，可以随意写些什么内容作为测试入口。发布运行应用程序，在浏览器的地址栏键入 http://localhost:8080/Struts2_Interceptor/Timer.action，在出现 Timer.jsp 页面后，查看服务器的后台输出。

```
2006 - 12 - 6 14 : 27 : 32 com.opensymphony.xwork2.interceptor.
TimerInterceptor doLog
信息：Executed action [ //Timer!execute ] took 2859 ms.
```

在您的环境中执行 Timer!execute 的耗时，可能与上述的时间有些不同，这取决于您的 PC 的性能。但是无论如何，2859ms 与 500ms 还是相差太远了。这是什么原因呢？其实原因是第一次加载 Timer 时，需要进行一定的初始工作。当重新请求 Timer.action 时，以上输出会变为：

```
2006 - 12 - 6 14 : 29 : 18 com.opensymphony.xwork2.interceptor.Timer
Interceptor doLog
信息：Executed action [ //Timer!execute ] took 500 ms.
```

好的，这正是我们期待的结果。上述例子演示了拦截器 Timer 的用途：用于显示执行某个 Action 方法的耗时。在做一个粗略的性能调试时，这相当有用。

另外，我们还可以将多个拦截器合并在一起作为一个堆栈调用，当一个拦截器堆栈被附加到一个 Action 时，要想 Action 执行，必须执行拦截器堆栈中的每一个拦截器。

```
<package name="default" extends="struts-default">
    <interceptors>
        <interceptor name="timer" class=".."/>
        <interceptor name="logger" class=".."/>
        <interceptor-stack name="myStack">
            <interceptor-ref name="timer"/>
            <interceptor-ref name="logger"/>
        </interceptor-stack>
    </interceptors>

    <action name="login" class="tutuorial.Login">
        <interceptor-ref name="myStack"/>
```

```
        <result name="input">login.jsp</result>
        <result name="success"
            type="redirect-action">/secure/home</result>
    </action>
</package>
```

上面介绍的拦截器在默认的 Struts 2 应用中，根据惯例配置了若干个拦截器堆栈，详细的可以参看 struts-default.xml，其中有一个拦截器堆栈比较特殊，它会应用在默认的每一个 Action 上。

```
<interceptor-stack name="defaultStack">
    <interceptor-ref name="exception"/>
    <interceptor-ref name="alias"/>
    <interceptor-ref name="servletConfig"/>
    <interceptor-ref name="prepare"/>
    <interceptor-ref name="i18n"/>
    <interceptor-ref name="chain"/>
    <interceptor-ref name="debugging"/>
    <interceptor-ref name="profiling"/>
    <interceptor-ref name="scopedModelDriven"/>
    <interceptor-ref name="modelDriven"/>
    <interceptor-ref name="fileUpload"/>
    <interceptor-ref name="checkbox"/>
    <interceptor-ref name="staticParams"/>
    <interceptor-ref name="params">
      <param name="excludeParams">dojo\..*</param>
    </interceptor-ref>
    <interceptor-ref name="conversionError"/>
    <interceptor-ref name="validation">
        <param name="excludeMethods">input,back,cancel,browse</param>
    </interceptor-ref>
    <interceptor-ref name="workflow">
        <param name="excludeMethods">input,back,cancel,browse</param>
    </interceptor-ref>
</interceptor-stack>
```

每一个拦截器都可以配置参数，有两种方式配置参数：一是针对每一个拦截器定义参数；二是针对一个拦截器堆栈统一定义所有的参数。例如：

```
<interceptor-ref name="validation">
  <param name="excludeMethods">myValidationExcudeMethod</param>
</interceptor-ref>
<interceptor-ref name="workflow">
  <param name="excludeMethods">myWorkflowExcludeMethod</param>
</interceptor-ref>
```

或者

```
<interceptor-ref name="defaultStack">
    <param name="validation.excludeMethods">myValidationExcludeMethod</param>
    <param name="workflow.excludeMethods">myWorkflowExcludeMethod</param>
</interceptor-ref>
```

其中，每一个拦截器都有两个默认的参数：

- excludeMethods——过滤掉不使用拦截器的方法；
- includeMethods——使用拦截器的方法。

## 5.2.9　Eclipse 下 Struts 2 项目开发步骤

（1）下载和安装 Struts 2 框架。

在此笔者下载最新的 struts-2.0.11-all 完整包，里面包括 apps（示例）、docs（文档）、j4（Struts 2 支持 JDK 1.4 的 jar 文件）、lib（核心类库及 Struts 2 第三方插件类库）、src（源代码）。

（2）创建 Web 工程，添加 jar 包。

将 Struts 2 的必需类库：struts2-core-2.0.11.jar、xwork-2.0.4.jar、ognl-2.6.11.jar、freemarker-2.3.8.jar、commons-logging-1.0.4.jar 复制到 Web 应用的 WEB-INF/lib 路径下。当然，如果你的 Web 应用需要使用 Struts 2 的更多特性，则需要把其他相应 jar 包复制到 WEB-INF/lib 目录下。

（3）编辑 web.xml 文件，配置 Struts 2 的核心 Filter。

```xml
<?xml version="1.0" encoding="UTF-8"?>
<web-app version="2.4"
    xmlns="http://java.sun.com/xml/ns/j2ee"
    xmlns:xsi="http://www.w3.org/2001/XMLSchema-instance"
    xsi:schemaLocation="http://java.sun.com/xml/ns/j2ee
    http://java.sun.com/xml/ns/j2ee/web-app_2_4.xsd">

    <display-name>Struts 2.0 Hello World</display-name>
    <filter>
        <filter-name>struts2</filter-name>

<filter-class>org.apache.struts2.dispatcher.FilterDispatcher</filter-class>
    </filter>
    <filter-mapping>
        <filter-name>struts2</filter-name>
        <url-pattern>/*</url-pattern>
    </filter-mapping>

            <welcome-file-list>
                <welcome-file>index.jsp</welcome-file>
                <welcome-file>login.jsp</welcome-file>
            </welcome-file-list>
</web-app>
```

（4）写用户请求 JSP。

```jsp
<%@ page language="java" contentType="text/html; charset=utf-8"%>
<html>
<head>
<title>登录页面</title>
</head>
<body>

<form action="Login.action" method="post">
<table align="center">
<h3>用户登录</h3>
<tr align="center">

<td>用户名：<input type="text" name="username"/></td>
</tr>

<tr align="center"><td>密    码：<input type="text"
name="password"/></td></tr>
<tr align="center">
<td colspan="2"><input type="submit" value="提交"/><input
type="reset" value="重置"/></td>
</tr>
</table>
</form>
```

```
</body>
</html>
```

（5）写 Action 类。

```
package com.ascent.struts2.action;

public class LoginAction {

    private String username;
    private String password;
    public String getPassword() {
        return password;
    }
    public void setPassword(String password) {
        this.password = password;
    }
    public String getUsername() {
        return username;
        }
            public void setUsername(String username) {
            this.username = username;
        }
        public String execute(){
if(getUsername().equals("liang")&& getPassword().equals("liang")){
                return "success";
        }
        return "error";
        }
}
```

（6）在 src 下写 struts.xml。

```
<?xml version="1.0" encoding="GBK"?>
<!DOCTYPE struts PUBLIC
"-//Apache Software Foundation//DTD Struts Configuration 2.0//EN"
"http://struts.apache.org/dtds/struts-2.0.dtd">

<struts>
<package name="struts2_helloworld" extends="struts-default">
<action name="Login" class="com.ascent.struts2.action.LoginAction">
<result name="error">/error.jsp</result>
<result name="success">/welcome.jsp</result>
</action>
</package>
</struts>
```

（7）添加 error.jsp 和 welcome.jsp。

（8）部署和启动，进行测试。

> **注意**：Tomcat 5.5 有警告"警告：Settings: Could not parse struts.locale setting, substituting default VM locale)"。要解决也不难，创建 struts.properties 这个文件，加入以下内容，放在 src 目录下就可以了。
>
> ```
> struts.locale=en_GB
> ```

## 5.3　Hibernate 技术

介绍完 Struts 之后，我们来讨论数据持久层的处理。实际项目都需要数据的支持，而 Hibernate 就是目前最好的数据持久层框架之一。

### 5.3.1 Hibernate 概述

在今日的企业环境中，一起使用面向对象的软件和关系数据库可能是相当麻烦、浪费时间的。Hibernate 是一个面向 Java 环境的对象/关系数据库映射工具。对象/关系数据库映射（Object/Relational Mapping，ORM）这个术语表示一种技术，用来把对象模型表示的对象映射到基于 SQL 的关系模型数据结构中。

Hibernate 不仅仅管理 Java 类到数据库表的映射，还提供数据查询和获取数据的方法，可以大幅度减少开发时人工使用 SQL 和 JDBC 处理数据的时间。

Hibernate 高层概览如图 5-5 所示。

在全面解决体系中（见图 5-6），对于应用程序来说，所有的底层 JDBC/JTA API 都被抽象了，Hibernate 会替你照管所有的细节。

下面是图 5-2 中一些对象的定义。

（1）会话工厂（SessionFactory）

对属于单一数据库的编译过的映射文件的一个线程安全的、不可变的缓存快照。它是 Session 的工厂，是 ConnectionProvider 的客户。可能持有一个可选的（第二级）数据缓存，可以在进程级别或集群级别保存可以在事务中重用的数据。

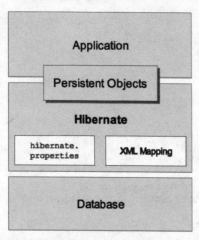

图 5-5　Hibernate 高层概览

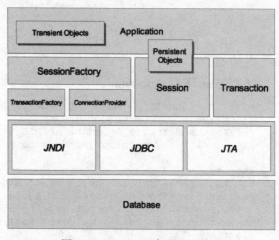

图 5-6　Hibernate 全面解决体系

（2）会话（Session）

单线程，生命周期短暂的对象，代表应用程序和持久化层之间的一次对话。封装了一个 JDBC 连接，也是 Transaction 的工厂。保存有必需的（第一级）持久化对象的缓存，用于遍历对象图，或者通过标识符查找对象。

（3）持久化对象（Persistent Object）及其集合（Collection）

生命周期短暂的单线程的对象，包含了持久化状态和商业功能。它们可能是普通的 JavaBeans/POJO，唯一特别的是它们从属于且仅从属于一个 Session。一旦 Session 被关闭，它们都将从 Session 中取消联系，可以在任何程序层自由使用。比如，直接作为传送到表现层的 DTO（数据传输对象）。

（4）临时对象（Transient Object）及其集合（Collection）

目前没有从属于一个 Session 的持久化类的实例。它们可能是刚刚被程序实例化，还没有来得及被持久化，或者是被一个已经关闭的 Session 所实例化的。

（5）事务（Transaction）

（可选）单线程，生命周期短暂的对象，应用程序用它来表示一批不可分割的操作。是底层的 JDBC、JTA 或者 CORBA 事务的抽象。一个 Session 在某些情况下可能跨越多个 Transaction 事务。

（6）ConnectionProvider

（可选）JDBC 连接的工厂和池。从底层的 Datasource 或者 DriverManager 抽象而来，对应用程序不可见，但可以被开发者扩展/实现。

（7）TransactionFactory

（可选）事务实例的工厂。对应用程序不可见，但可以被开发者扩展/实现。

## 5.3.2　Hibernate 单表的对象/关系数据库映射

### 1．持久化对象（Persistent Object）

首先来介绍数据持久化对象（Persistent Object）。它包括 3 个部分：关于整体数据库的 hiberenate.cfg.xml 文件、每个表的 POJO/JavaBean 类以及每个表的 hbm.xml 文件。

（1）hibernate.cfg.xml

首先我们来讨论一个重要的 XML 配置文件：hibernate.cfg.xml。这个文件可以被用于替代以前版本中的 hibernate.properties 文件，如果两者都出现，它会覆盖 properties 文件。

XML 配置文件默认会期望在 CLASSPATH 的根目录中找到。下面是一个实例。

```
<?xml version='1.0' encoding='UTF-8'?>
<!DOCTYPE hibernate-configuration PUBLIC
          "-//Hibernate/Hibernate Configuration DTD 3.0//EN"

"http://hibernate.sourceforge.net/hibernate-configuration-3.0.dtd">

<!-- Generated by MyEclipse Hibernate Tools. -->
<hibernate-configuration>

    <session-factory>
        <property name="connection.username">root</property>
        <property name="connection.url">jdbc:mysql://localhost:3306/my
</property>
        <property name="dialect">org.hibernate.dialect.MySQLDialect
</property>
        <property name="myeclipse.connection.profile">mysql driver
</property>
        <property name="connection.password"> </property>
        <property name="connection.driver_class">com.mysql.jdbc.Driver
</property>
    </session-factory>
</hibernate-configuration>
```

大家可以看到，这个配置文件主要是管理数据库的整体信息，比如：URL、driver class、dialect 等，同时管理数据库中各个表的映射文件（hbm.xml，后面会介绍）。

有了 hibernate.cfg.xml 文件，配置 Hibernate 是如此简单：

```
SessionFactory sf = new Configuration().configure().buildSessionFactory();
```

或者，可以使用一个叫做 HibernateSessionFactory 的工具类，它优化改进了 SessionFactory 和 Session 的管理，源代码如下：

```
import net.sf.hibernate.HibernateException;
import net.sf.hibernate.Session;
```

```java
import net.sf.hibernate.cfg.Configuration;

public class HibernateSessionFactory {

    /**
     * Location of hibernate.cfg.xml file.
     * NOTICE: Location should be on the classpath as Hibernate uses
     * #resourceAsStream style lookup for its configuration file. That
     * is place the config file in a Java package - the default location
     * is the default Java package.<br><br>
     * Examples: <br>
     * <code>CONFIG_FILE_LOCATION = "/hibernate.conf.xml".
     * CONFIG_FILE_LOCATION = "/com/foo/bar/myhiberstuff.conf.xml".</code>
     */
    private static String CONFIG_FILE_LOCATION = "/hibernate.cfg.xml";

    /** Holds a single instance of Session */
    private static final ThreadLocal threadLocal = new ThreadLocal();

    /** The single instance of hibernate configuration */
    private static final Configuration cfg = new Configuration();

    /** The single instance of hibernate SessionFactory */
    private static net.sf.hibernate.SessionFactory sessionFactory;

    /**
     * Returns the ThreadLocal Session instance.  Lazy initialize
     * the <code>SessionFactory</code> if needed.
     *
     *  @return Session
     *  @throws HibernateException
     */
    public static Session currentSession() throws HibernateException {
        Session session = (Session) threadLocal.get();

        if (session == null) {
            if (sessionFactory == null) {
                try {
                    cfg.configure(CONFIG_FILE_LOCATION);
                    sessionFactory = cfg.buildSessionFactory();
                }
                catch (Exception e) {
                    System.err.println("%%%% Error Creating SessionFactory %%%%");
                    e.printStackTrace();
                }
            }
            session = sessionFactory.openSession();
            threadLocal.set(session);
        }

        return session;
    }

    /**
     * Close the single hibernate session instance.
     *
     *  @throws HibernateException
     */
    public static void closeSession() throws HibernateException {
        Session session = (Session) threadLocal.get();
        threadLocal.set(null);

        if (session != null) {
            session.close();
```

```
        }
    }
}
```

（2）持久化类（Persistent Classes）

持久化类是应用程序用来解决商业问题的类（比如，项目中的 User 和 Order 等）。持久化类，就如同它的名字所暗示的，不是短暂存在的，它的实例会被持久地保存于数据库中。

如果这些类符合简单的规则，Hibernate 能够工作得最好，这些规则就是 Plain Old Java Object（POJO，简单传统 Java 对象）编程模型。

**POJO 简单示例：**

大多数 Java 程序都需要一个持久化类的表示方法。

本书以项目中的 News.java 表为例。

```java
package com.ascent.po;

import java.util.Date;

/**
 * News generated by MyEclipse Persistence Tools
 */

public class News implements java.io.Serializable {

    // Fields

    private Integer id;

    private String title;

    private String author;

    private Integer deptid;

    private String content;

    private Integer type;

    private String checkopinion;

    private String checkopinion2;

    private Integer checkstatus;

    private Integer crosscolumn;

    private Integer crossstatus;

    private String picturepath;

    private Date publishtime;

    private Date crosspubtime;

    private Integer preface;

    private Integer status;

    private Integer userid;
```

```
        // Constructors

        /** default constructor */
        public News() {
        }

        /** full constructor */
        public News(String title, String author, Integer deptid, String content,
                Integer type, String checkopinion, String checkopinion2,
                Integer checkstatus, Integer crosscolumn, Integer crossstatus,
                String picturepath, Date publishtime, Date crosspubtime,
                Integer preface, Integer status, Integer userid) {
            this.title = title;
            this.author = author;
            this.deptid = deptid;
            this.content = content;
            this.type = type;
            this.checkopinion = checkopinion;
            this.checkopinion2 = checkopinion2;
            this.checkstatus = checkstatus;
            this.crosscolumn = crosscolumn;
            this.crossstatus = crossstatus;
            this.picturepath = picturepath;
            this.publishtime = publishtime;
            this.crosspubtime = crosspubtime;
            this.preface = preface;
            this.status = status;
            this.userid = userid;
        }

        // Property accessors

        public Integer getId() {
            return this.id;
        }

        public void setId(Integer id) {
            this.id = id;
        }

        public String getTitle() {
            return this.title;
        }

        public void setTitle(String title) {
            this.title = title;
        }

        public String getAuthor() {
            return this.author;
        }

        public void setAuthor(String author) {
            this.author = author;
        }

        public Integer getDeptid() {
            return this.deptid;
        }

        public void setDeptid(Integer deptid) {
            this.deptid = deptid;
        }
```

```
public String getContent() {
    return this.content;
}

public void setContent(String content) {
    this.content = content;
}

public Integer getType() {
    return this.type;
}

public void setType(Integer type) {
    this.type = type;
}

public String getCheckopinion() {
    return this.checkopinion;
}

public void setCheckopinion(String checkopinion) {
    this.checkopinion = checkopinion;
}

public String getCheckopinion2() {
    return this.checkopinion2;
}

public void setCheckopinion2(String checkopinion2) {
    this.checkopinion2 = checkopinion2;
}

public Integer getCheckstatus() {
    return checkstatus;
}

public void setCheckstatus(Integer checkstatus) {
    this.checkstatus = checkstatus;
}

public Integer getCrosscolumn() {
    return this.crosscolumn;
}

public void setCrosscolumn(Integer crosscolumn) {
    this.crosscolumn = crosscolumn;
}

public Integer getCrossstatus() {
    return this.crossstatus;
}

public void setCrossstatus(Integer crossstatus) {
    this.crossstatus = crossstatus;
}

public String getPicturepath() {
    return this.picturepath;
}

public void setPicturepath(String picturepath) {
    this.picturepath = picturepath;
}
```

```java
        public Date getPublishtime() {
            return this.publishtime;
        }

        public void setPublishtime(Date publishtime) {
            this.publishtime = publishtime;
        }

        public Date getCrosspubtime() {
            return this.crosspubtime;
        }

        public void setCrosspubtime(Date crosspubtime) {
            this.crosspubtime = crosspubtime;
        }

        public Integer getPreface() {
            return this.preface;
        }

        public void setPreface(Integer preface) {
            this.preface = preface;
        }

        public Integer getStatus() {
            return this.status;
        }

        public void setStatus(Integer status) {
            this.status = status;
        }

        public Integer getUserid() {
            return this.userid;
        }

        public void setUserid(Integer userid) {
            this.userid = userid;
        }
    }
```

这里有 4 条主要的规则。

① 为持久化字段声明访问器（Accessors）和是否可变的标志（Mutators）

Productuser 为它的所有可持久化字段声明了访问方法。很多其他 ORM 工具直接对实例变量进行持久化。我们相信在持久化机制中不限定这种实现细节要好得多。Hibernate 对 JavaBeans 风格的属性实行持久化，采用如下格式来辨认方法：getFoo、isFoo 和 setFoo。

属性不一定需要声明为 public 的。Hibernate 可以对 default、protected 或者 private 的 get/set 方法对的属性一视同仁地执行持久化。

② 实现一个默认的构造方法（Constructor）

Productuser 有一个显式的无参数默认构造方法。所有的持久化类都必须具有一个默认的构造方法（可以不是 public 的），这样，Hibernate 就可以使用 Constructor. newInstance() 来实例化它们。

③ 提供一个标识属性（Identifier Property）（可选）

Productuser 有一个属性叫做 uid，这个属性包含了数据库表中的主键字段。这个属性可以叫做任何名字，其类型可以是任何的原始类型、原始类型的包装类型、java.lang.String 或者 java.util.Date。（如果老式数据库表有联合主键，你甚至可以用一个用户自定义的类，其中每个属性都是这些类型之一。）

用于标识的属性是可选的，可以不管它，让 Hibernate 内部来追踪对象的识别。当然，对于大多数应用程序来说，这是一个好的设计方案。

更进一步，一些功能只能对声明了标识属性的类起作用。

级联更新（Cascaded Updates）：

```
Session.saveOrUpdate()
```

我们建议对所有的持久化类采取同样的名字作为标识属性。更进一步，我们建议使用一个可以为空（也就是说，不是原始类型）的类型。

④ 建议使用不是 final 的类（可选）

Hibernate 的关键功能之一——代理（Proxy），要求持久化类不是 final 的，或者是一个全部方法都是 public 的接口的具体实现。

可以对一个 final 的、没有实现接口的类执行持久化，但是不能对它们使用代理，这多多少少会影响你进行性能优化的选择。

（3）hbm.xml

现在我们要讨论一下 hbm.xml 文件，这也是 O/R Mapping 的基础。这个映射文件被设计为易读的，并且可以手工修改。映射语言是以 Java 为中心的，意味着映射是按照持久化类的定义来创建的，而非表的定义。

请注意，虽然很多 Hibernate 用户选择手工定义 XML 映射文件，也有一些工具来生成映射文件，包括 XDoclet、Middlegen 和 AndroMDA。

让我们从 News 映射的 News.hbm.xml 例子开始。

```xml
<?xml version="1.0" encoding="utf-8"?>
<!DOCTYPE hibernate-mapping PUBLIC "-//Hibernate/Hibernate Mapping DTD 3.0//EN"
"http://hibernate.sourceforge.net/hibernate-mapping-3.0.dtd">
<!--
    Mapping file autogenerated by MyEclipse Persistence Tools
-->
<hibernate-mapping>
    <class name="com.ascent.po.News" table="news">
        <id name="id" type="integer">
            <column name="id" />
            <generator class="native" />
        </id>
        <property name="title" type="string">
            <column name="title" length="100" />
        </property>
        <property name="author" type="string">
            <column name="author" length="45" />
        </property>
        <property name="deptid" type="integer">
            <column name="deptid" />
        </property>
        <property name="content" type="string">
            <column name="content" />
        </property>
        <property name="type" type="integer">
            <column name="type" />
        </property>
        <property name="checkopinion" type="string">
            <column name="checkopinion" />
        </property>
        <property name="checkopinion2" type="string">
            <column name="checkopinion2" />
```

```
            </property>
            <property name="checkstatus" type="integer">
                <column name="checkstatus" />
            </property>
            <property name="crosscolumn" type="integer">
                <column name="crosscolumn" />
            </property>
            <property name="crossstatus" type="integer">
                <column name="crossstatus" />
            </property>
            <property name="picturepath" type="string">
                <column name="picturepath" length="100" />
            </property>
            <property name="publishtime" type="date">
                <column name="publishtime" length="10" />
            </property>
            <property name="crosspubtime" type="date">
                <column name="crosspubtime" length="10" />
            </property>
            <property name="preface" type="integer">
                <column name="preface" />
            </property>
            <property name="status" type="integer">
                <column name="status" />
            </property>
            <property name="userid" type="integer">
                <column name="userid" />
            </property>
        </class>
</hibernate-mapping>
```

我们现在开始讨论映射文件的内容。我们只描述 Hibernate 在运行时用到的文件元素和属性。映射文件还包括一些额外的可选属性和元素，它们在使用 schema 导出工具时会影响导出的数据库 schema 结果（比如，not-null 属性）。

■ doctype

所有的 XML 映射都需要定义如上所示的 doctype。DTD 可以从上述 URL 中获取，或者在 hibernate-x.x.x/src/net/sf/hibernate 目录中或 hibernate.jar 文件中找到。Hibernate 总是会在它的 CLASSPATH 中首先搜索 DTD 文件。

■ hibernate-mapping

这个元素包括3个可选的属性。schema 属性，指明了这个映射所引用的表所在的 schema 名称。假若指定了这个属性，表名会加上所指定的 schema 的名字扩展为全限定名；假若没有指定，表名就不会使用全限定名。default-cascade 指定了未明确注明 cascade 属性的 Java 属性和集合类 Java 会采取什么样的默认级联风格。auto-import 属性默认让我们在查询语言中可以使用非全限定名的类名。

```
<hibernate-mapping
        schema="schemaName"                          ①
        default-cascade="none|save-update"           ②
        auto-import="true|false"                     ③
        package="package.name"                       ④
 />
```

① schema（可选）：数据库 schema 名称。

② default-cascade（可选，默认为 none）：默认的级联风格。

③ auto-import（可选，默认为 true）：指定我们是否可以在查询语言中使用非全限定的

类名（仅限于本映射文件中的类）。

④ package（可选）：指定一个包前缀，如果在映射文件中没有指定全限定名，就使用这个包名。

假若有两个持久化类，它们的非全限定名是一样的（就是在不同的包里面），则应该设置 auto-import="false"。假若把一个"import 过"的名字同时对应两个类，Hibernate 会抛出一个异常。

■ class

可以使用 class 元素来定义一个持久化类。

```
<class
        name="ClassName"                                    ①
        table="tableName"                                   ②
        discriminator-value="discriminator_value"           ③
        mutable="true|false"                                ④
        schema="owner"                                      ⑤
        proxy="ProxyInterface"                              ⑥
        dynamic-update="true|false"                         ⑦
        dynamic-insert="true|false"                         ⑧
        select-before-update="true|false"                  ⑨
        polymorphism="implicit|explicit"                   ⑩
        where="arbitrary sql where condition"              ⑪
        persister="PersisterClass"                         ⑫
        batch-size="N"                                      ⑬
        optimistic-lock="none|version|dirty|all"           ⑭
        lazy="true|false"                                   ⑮
/>
```

① name：持久化类（或者接口）的 Java 全限定名。

② table：对应的数据库表名。

③ discriminator-value（辨别值）（可选，默认和类名一样）：一个用于区分不同的子类的值，在多态行为时使用。

④ mutable（可变）（可选，默认值为 true）：表明该类的实例可变（不可变）。

⑤ schema（可选）：覆盖在根<hibernate-mapping>元素中指定的 schema 名字。

⑥ proxy（可选）：指定一个接口，在延迟装载时作为代理使用。你可以在这里使用该类自己的名字。

⑦ dynamic-update（动态更新）（可选，默认为 false）：指定用于 UPDATE 的 SQL 将会在运行时动态生成，并且只更新那些改变过的字段。

⑧ dynamic-insert（动态插入）（可选，默认为 false）：指定用于 INSERT 的 SQL 将会在运行时动态生成，并且只包含那些非空值字段。

⑨ select-before-update（可选，默认值为 false）：指定 Hibernate 除非确定对象的确被修改了，否则不会执行 SQL UPDATE 操作。在特定场合（实际上，只会发生在一个临时对象关联到一个新的 Session 中，执行 update()的时候），这说明 Hibernate 会在 UPDATE 之前执行一次额外的 SQL SELECT 操作，来决定是否应该进行 UPDATE。

⑩ polymorphism（多形，多态）（可选，默认值为 implicit（隐式））：界定是隐式还是显式地使用查询多态。

⑪ where（可选）：指定一个附加的 SQL WHERE 条件，在抓取这个类的对象时会一直增加这个条件。

⑫ persister（可选）：指定一个定制的 ClassPersister。

⑬ batch-size（可选，默认是 1）：指定一个用于根据标识符抓取实例时使用的"batch size"（批次抓取数量）。

⑭ optimistic-lock（乐观锁定）（可选，默认是 version）：决定乐观锁定的策略。

⑮ lazy（延迟）（可选）：假若设置 lazy="true"，就是设置这个类自己的名字作为 Proxy 接口的一种等价快捷形式。

若指明的持久化类实际上是一个接口，也可以被完美地接受，然后你可以用<subclass> 来指定该接口的实际实现类名。你可以持久化任何 static（静态的）内部类，记得应该使用标准的类名格式。

不可变类，mutable="false"不可以被应用程序更新或者删除。这可以让 Hibernate 做一些性能优化。

可选的 proxy 属性可以允许延迟加载类的持久化实例。Hibernate 开始会返回实现了这个命名接口的 CGLIB 代理。当代理的某个方法被实际调用时，真实的持久化对象才会被装载。

implicit（隐式）的多态是指，如果查询中给出的是任何超类、该类实现的接口或者该类的名字，都会返回这个类的实例；如果查询中给出的是子类的名字，则会返回子类的实例。explicit（显式）的多态是指，只有在查询中明确给出的是该类的名字时才会返回这个类的实例；同时只有当在这个<class>的定义中作为<subclass>或者<joined-subclass>出现的子类时，才可能返回。大多数情况下，默认的 polymorphism="implicit"都是合适的。显式的多态在有两个不同的类映射到同一个表的时候很有用。

persister 属性可以让你定制这个类使用的持久化策略。你可以指定自己实现的 net.sf. hibernate.persister.EntityPersister 的子类，甚至可以完全从头开始编写一个 net.sf.hibernate. persister.ClassPersister 接口的实现，可能是用存储过程调用、序列化到文件或者 LDAP 数据库来实现的。

请注意 dynamic-update 和 dynamic-insert 的设置并不会继承到子类，所以在<subclass> 或者<joined-subclass>元素中可能需要再次设置。这些设置是否能够提高效率要视情形而定。

使用 select-before-update 通常会降低性能，但是在防止数据库不必要地触发 update 触发器时，这就很有用了。

如果打开了 dynamic-update，则可以选择几种乐观锁定的策略。

• version（版本检查）：检查 version/timestamp 字段；
• all（全部）：检查全部字段；
• dirty（脏检查）：只检查修改过的字段；
• none（不检查）：不使用乐观锁定。

我们建议你在 Hibernate 中使用 version/timestamp 字段来进行乐观锁定。对性能来说，这是最好的选择，并且这也是唯一能够处理在 Session 外进行操作的策略（也就是说，当使用 Session. update()时）。记住 version 或 timestamp 属性永远不能使用 null，不管何种 unsaved-value 策略，否则实例会被认为是尚未被持久化的。

■ id

被映射的类必须声明对应数据库表主键字段。大多数类有一个 JavaBeans 风格的属性，为每一个实例包含唯一的标识。<id>元素定义了该属性到数据库表主键字段的映射。

```
<id
        name="propertyName"                              ①
        type="typename"                                  ②
        column="column_name"                             ③
        unsaved-value="any|none|null|id_value"           ④
        access="field|property|ClassName">               ⑤
        <generator class="generatorClass"/>
</id>
```

① name（可选）：标识属性的名字。

② type（可选）：标识 Hibernate 类型的名字。

③ column（可选，默认为属性名）：主键字段的名字。

④ unsaved-value（可选，默认为 null）：一个特定的标识属性值，用来标志该实例是刚刚创建的，尚未保存。这可以把这种实例和从以前的 Session 中装载过（可能又做过修改）但未再次持久化的实例区分开来。

⑤ access（可选，默认为 property）：Hibernate 用来访问属性值的策略。

如果 name 属性不存在，会认为这个类没有标识属性。

unsaved-value 属性很重要！如果类的标识属性不是默认为 null 的，你应该指定正确的默认值。

另外还有一个<composite-id>声明可以访问旧式的多主键数据，我们不鼓励使用这种方式。

id generator

必须声明的<generator>子元素是一个 Java 类的名字，用来为该持久化类的实例生成唯一的标识。如果这个生成器实例需要某些配置值或者初始化参数，则用<param>元素来传递。

```
<id name="id" type="long" column="uid" unsaved-value="0">
        <generator class="net.sf.hibernate.id.TableHiLoGenerator">
                <param name="table">uid_table</param>
                <param name="column">next_hi_value_column</param>
        </generator>
</id>
```

所有的生成器都实现 net.sf.hibernate.id.IdentifierGenerator 接口。这是一个非常简单的接口；某些应用程序可以选择提供它们自己特定的实现。当然，Hibernate 提供了很多内置的实现。下面是一些内置生成器的快捷名字。

● increment（递增）

用于为 long、short 或者 int 类型生成唯一标识。只有在没有其他进程往同一张表中插入数据时才能使用。在集群下不要使用。

● identity

对 DB2、MySQL、MS SQL Server、Sybase 和 HypersonicSQL 的内置标识字段提供支持。返回的标识符是 long、short 或者 int 类型的。

● sequence（序列）

在 DB2、PostgreSQL、Oracle、SAP DB、McKoi 中使用序列（sequence），而在 Interbase 中使用生成器（generator）。返回的标识符是 long、short 或者 int 类型的。

● hilo（高低位）

使用一个高/低位算法来高效地生成 long、short 或者 int 类型的标识符。给定一个表和字段（默认分别是 hibernate_unique_key 和 next_hi）作为高位值的来源。高/低位算法生成的标识符只在一个特定的数据库中是唯一的。在使用 JTA 获得的连接或者用户自行提供的连接中，不要使用这种生成器。

- seqhilo（使用序列的高低位）

使用一个高/低位算法来高效地生成 long、short 或者 int 类型的标识符，给定一个数据库序列（sequence）的名字。

- uuiad.hex

用一个 128bit 的 UUID 算法生成字符串类型的标识符，在一个网络中是唯一的（使用了 IP 地址）。UUID 被编码为一个 32 位十六进制数字的字符串。

- uuid.string

使用同样的 UUID 算法。UUID 被编码为一个 16 个字符长的任意 ASCII 字符组成的字符串。不能在 PostgreSQL 数据库中使用。

- native（本地）

根据底层数据库的能力选择 identity、sequence 或者 hilo 中的一个。

- assigned（程序设置）

让应用程序在 save() 之前为对象分配一个标识符。

- foreign（外部引用）

使用另外一个相关联的对象的标识符。和 <one-to-one> 联合一起使用。

- 高/低位算法（Hi/Lo Algorithm）

hilo 和 seqhilo 生成器给出了两种 Hi/Lo 算法的实现，这是一种很令人满意的标识符生成算法。第一种实现需要一个"特殊"的数据库表来保存下一个可用的"hi"值；第二种实现使用一个 Oracle 风格的序列。

```
<id name="id" type="long" column="cat_id">
        <generator class="hilo">
                <param name="table">hi_value</param>
                <param name="column">next_value</param>
                <param name="max_lo">100</param>
        </generator>
</id>
<id name="id" type="long" column="cat_id">
        <generator class="seqhilo">
                <param name="sequence">hi_value</param>
                <param name="max_lo">100</param>
        </generator>
</id>
```

很遗憾，在为 Hibernate 自行提供 Connection，或者 Hibernate 使用 JTA 获取应用服务器的数据源连接时无法使用 hilo。Hibernate 必须能够在一个新的事务中得到一个"hi"值。在 EJB 环境中，实现 Hi/Lo 算法的标准方法是使用一个无状态的 Session Bean。

- UUID 算法（UUID Algorithm）

UUID 包含 IP 地址、JVM 的启动时间（精确到 1/4 秒）、系统时间和一个计数器值（在 JVM 中唯一）。在 Java 代码中不可能获得 MAC 地址或者内存地址，所以这已经是我们在不使用 JNI 的前提下能做的最好的实现了。

- 标识字段和序列（Identity Columns and Sequences）

对于内部支持标识字段的数据库（DB2、MySQL、Sybase、MS SOL Server），你可以使用 identity 关键字生成；对于内部支持序列的数据库（DB2、Oracle、PostgreSQL、Interbase、

McKoi、SAP DB），你可以使用 sequence 风格的关键字生成。这两种方式对于插入一个新的对象都需要两次 SQL 查询。

```
<id name="id" type="long" column="uid">
        <generator class="sequence">
                <param name="sequence">uid_sequence</param>
        </generator>
</id>
<id name="id" type="long" column="uid" unsaved-value="0">
        <generator class="identity"/>
</id>
```

对于跨平台开发，native 策略会从 identity、sequence 和 hilo 中进行选择，取决于底层数据库的支持能力。

- 程序分配的标识符（Assigned Identifiers）

如果需要应用程序分配一个标识符（而非 Hibernate 来生成它们），你可以使用 assigned 生成器。这种特殊的生成器会使用已经分配给对象的标识符属性的标识符值。用这种特性来分配商业行为的关键字要特别小心。因为继承关系，使用这种生成器策略的实体不能通过 Session 的 saveOrUpdate()方法保存。作为替代，你应该明确告知 Hibernate 是应该被 save 还是 update，分别调用 Session 的 save()或 update()方法。

■ composite-id 联合 ID

```
<composite-id
        name="propertyName"
        class="ClassName"
        unsaved-value="any|none"
        access="field|property|ClassName">
        <key-property name="propertyName" type="typename" column="column_
name"/>
        <key-many-to-one name="propertyName class="ClassName"
column="column _name"/>
        ......
</composite-id>
```

如果表使用联合主键，则可以把类的多个属性组合成标识符属性。<composite-id>元素接受<key-property>属性映射和<key-many-to-one>属性映射作为子元素。

```
<composite-id>
        <key-property name="medicareNumber"/>
        <key-property name="dependent"/>
</composite-id>
```

你的持久化类必须重载 equals()和 hashCode()方法，来实现组合的标识符判断等价，也必须实现 Serializable 接口。

遗憾的是，这种组合关键字的方法意味着一个持久化类是它自己的标识。除了对象自己之外，没有什么方便的引用可用。你必须自己初始化持久化类的实例，在使用组合关键字 load()持久化状态之前，必须填充它的联合属性。

- name（可选）：一个组件类型，持有联合标识。
- class（可选，默认为通过反射（Reflection）得到的属性类型）：作为联合标识的组件类名。
- unsaved-value（可选，默认为 none）：假如被设置为非 none 的值，就表示新创建，尚未被持久化的实例将持有的值。

■ 识别器（Discriminator）

在"一棵对象继承树对应一个表"的策略中，<discriminator>元素是必需的，它声明了表的识别器字段。识别器字段包含标志值，用于告知持久化层应该为某个特定的行创建哪一个子类的实例。只能使用如下受到限制的一些类型：string、character、integer、byte、short、boolean、yes_no、true_false。

```
<discriminator
        column="discriminator_column"          ①
        type="discriminator_type"              ②
        force="true|false"                     ③
/>
```

① column（可选，默认为 class）：识别器字段的名字。

② type（可选，默认为 string）：一个 Hibernate 字段类型的名字。

③ force（强制）（可选，默认为 false）："强制"Hibernate 指定允许的识别器值。

标识器字段的实际值是根据<class>和<subclass>元素的 discriminator-value 得来的。

force 属性仅仅是在表中包含一些未指定应该映射到哪个持久化类的时候才是有用的。这种情况不是经常会遇到。

■ 版本（version）（可选）

<version>元素是可选的，表明表中包含附带版本信息的数据。这在你准备使用长事务（Long Transactions）的时候特别有用。

```
<version
        column="version_column"                ①
        name="propertyName"                    ②
        type="typename"                        ③
        access="field|property|ClassName"      ④
        unsaved-value="null|negative|undefined" ⑤
/>
```

① column（可选，默认为属性名）：指定持有版本号的字段名。

② name：持久化类的属性名。

③ type（可选，默认是 integer）：版本号的类型。

④ access（可选，默认是 property）：Hibernate 用于访问属性值的策略。

⑤ unsaved-value（可选，默认是 undefined）：用于标明某个实例时刚刚被实例化的（尚未保存）版本属性值，依靠这个值就可以把这种情况和已经在先前的 Session 中保存或装载的实例区分开。（undefined 指明使用标识属性值进行这种判断。）

版本号必须是以下类型：long、integer、short、timestamp 或者 calendar。

■ 时间戳（timestamp）（可选）

可选的<timestamp>元素指明了表中包含时间戳数据，这用来作为版本的替代。时间戳本质上是一种对乐观锁定的一种不是特别安全的实现。当然，有时候应用程序可能在其他方面使用时间戳。

```
<timestamp
        column="timestamp_column"              ①
        name="propertyName"                    ②
        access="field|property|ClassName"      ③
        unsaved-value="null|undefined"         ④
/>
```

① column（可选，默认为属性名）：持有时间戳的字段名。

② name：在持久化类中 JavaBeans 风格的属性名，其 Java 类型是 date 或者 timestamp 的。

③ access（可选，默认是 property）：Hibernate 用于访问属性值的策略。

④ unsaved-value（可选，默认是 null）：用于标明某个实例时刚刚被实例化的（尚未保存）版本属性值，依靠这个值就可以把这种情况和已经在先前的 Session 中保存或装载的实例区分开。

> **注意**：<timestamp>和<version type="timestamp">是等价的。

■ property

<property>元素为类声明了一个持久化的、JavaBean 风格的属性。

```
<property
        name="propertyName"                    ①
        column="column_name"                   ②
        type="typename"                        ③
        update="true|false"                    ④
        insert="true|false"                    ④
        formula="arbitrary SQL expression"     ⑤
        access="field|property|ClassName"      ⑥
/>
```

① name：属性的名字，以小写字母开头。

② column（可选，默认为属性名字）：对应的数据库字段名。也可以通过嵌套的 <column>元素指定。

③ type（可选）：一个 Hibernate 类型的名字。

④ update、insert（可选，默认为 true）：表明在用于 UPDATE 和/或 INSERT 的 SQL 语句中是否包含这个字段。这二者如果都设置为 false，则表明这是一个"衍生（Derived）"的属性，它的值来源于映射到同一个（或多个）字段的某些其他属性，或者通过一个 Trigger（触发器），或者其他程序。

⑤ formula（可选）：一个 SQL 表达式，定义了这个计算（Computed）属性的值。计算属性没有和它对应的数据库字段。

⑥ access（可选，默认值为 property）：Hibernate 用来访问属性值的策略。

typename 可以是如下几种：

- Hibernate 基础类型之一（比如：integer、string、character、date、timestamp、float、binary、serializable、object、blob）。
- 一个 Java 类的名字，这个类属于一种默认基础类型（比如：int、float、char、java.lang.String、java.util.Date、java.lang.Integer、java.sql.Clob）。
- 一个 PersistentEnum 的子类的名字。
- 一个可以序列化的 Java 类的名字。
- 一个自定义类型的类的名字。

如果你没有指定类型，Hibernarte 会使用反射来得到这个名字的属性，以此来猜测正确的 Hibernate 类型。Hibernate 会对属性读取器（getter 方法）的返回类进行解释，按照规则 2、3、4 的顺序。然而，这并不足够，在某些情况下你仍然需要 type 属性（比如，为了区别 Hibernate.DATE 和 Hibernate.TIMESTAMP，或者为了指定一个自定义类型）。

access 属性用来让你控制 Hibernate 如何在运行时访问属性。在默认情况下，Hibernate 会使用属性的 get/set 方法对。如果指明 access="field"，Hibernate 会忽略 get/set 方法对，直

接使用反射来访问成员变量。你也可以指定自己的策略，这就需要你自己实现
net.sf.hibernate. property.PropertyAccessor 接口，再在 access 中设置自定义策略类的名字。

### 2．DAO（Data Access Object）

至此，我们完成了 PO（Persistent Object，持久化对象）的开发工作。那么，如何使用
PO 呢？这里我们引入 DAO（Data Access Object，数据存取对象）的概念，它是 PO 的客
户端，负责所有与数据操作有关的逻辑，例如数据查询、增加、删除及更新。为了演示
一个完整的流程，我们这里开发测试 DAO 类来调用 PO（在真正项目中，DAO 会有些区
别，它是由 Spring 提供的集成模板 HibernateTemplate 实现的，这在介绍 Spring 技术时会
具体展开）。

```java
package com.ascent.dao;

import java.util.Collection;
import java.util.List;

import org.hibernate.Query;
import org.hibernate.Session;
import org.hibernate.Transaction;

import com.po.HibernateSessionFactory;
import com.po.News;

public class INewsDAOImpl {

    /**
     * 根据 id 查询用户新闻方法
     */
    public News findNewsById(int id){
        News news = null;
        Session session = null;
        try{
            session = HibernateSessionFactory.getSession();
            Query query = session.createQuery("from News n where n.id=?");
            query.setInteger(0, id);
            List list = query.list();
            news = (News) list.get(0);
        } catch (Exception e){
            e.printStackTrace();
            return null;
        } finally {
            session.close();
        }
        return news;
    }

    /**
     * 查询所有新闻方法
     */
    public Collection findAllNews(){
        Collection collection = null;
        Session session = null;
        try{
            session = HibernateSessionFactory.getSession();
            Query query = session.createQuery("from News");
            List list = query.list();
            collection = (Collection)list;
        } catch (Exception e){
            e.printStackTrace();
            return null;
```

```
    } finally {
        session.close();
    }
    return collection;
}

/**
 * 添加新闻方法
 */
public void addNews(News news){
    boolean status = false;
    Session session = null;
    Transaction tr = null;
    try{
        session = HibernateSessionFactory.getSession();
        tr = session.beginTransaction();
        session.save(news);
        tr.commit();
        status = true;
    } catch (Exception e){
        tr.rollback();
        e.printStackTrace();
        status = false;
    } finally {
        session.close();
    }
    if(status){
        System.out.println("添加新闻成功。");
    } else {
        System.out.println("添加新闻失败。");
    }
}

/**
 * 根据 id 删除用户方法
 */
public void deleteNews(int id){
    boolean status = false;
    Session session = null;
    Transaction tr = null;
    try{
        session = HibernateSessionFactory.getSession();
        tr = session.beginTransaction();
        News news = (News)session.load(News.class, new Integer(id));
        session.delete(news);
        tr.commit();
        status = true;
    } catch (Exception e){
        tr.rollback();
        e.printStackTrace();
        status = false;
    } finally {
        session.close();
    }
    if(status){
        System.out.println("删除新闻成功。");
    } else {
        System.out.println("删除新闻失败。");
    }
}

/**
 * 修改新闻内容方法
```

```java
         */
        public void updateNews(News news){
            boolean status = false;
            Session session = null;
            Transaction tr = null;
            try{
                session = HibernateSessionFactory.getSession();
                tr = session.beginTransaction();
                session.update(news);
                tr.commit();
                status = true;
            }catch(Exception e){
                tr.rollback();
                e.printStackTrace();
                status = false;
            }
            if(status)
                System.out.print("修改新闻成功。");
            else
                System.out.print("修改新闻失败。");
        }

        /**
         * @param args
         */
        public static void main(String[] args) {
            INewsDAOImpl newsDAO = new INewsDAOImpl();

            //根据id查询用户测试
            News news1 = newsDAO.findNewsById(14);
            System.out.println("新闻标题："+news1.getTitle());

            //查询所有新闻测试
            int newsSize = newsDAO.findAllNews().size();
            System.out.println("新闻总和："+newsSize);

            //添加新闻测试
            News news2 = new News();
            news2.setTitle("添加新闻测试");
            news2.setContent("测试一下添加新闻的方法");
            news2.setAuthor("梁立新");
            newsDAO.addNews(news2);


            //删除新闻测试
            newsDAO.deleteNews(24);

            //修改新闻测试
            News news3 = newsDAO.findNewsById(25);
            news3.setTitle("修改新闻测试");
            newsDAO.updateNews(news3);
        }
    }
```

这样，我们就完成了对 News 表数据的增加、删除、修改和查询功能。

### 5.3.3  Hibernate 多表的对象/关系数据库映射

以上为单表的实例，现实中我们可能遇到更多的情况是联表操作。表和表之间通过主键/外键建立了联系。如何处理联表关系？首先是 hbm.xml 配置文件中增加了对关系的描述

（包括一对多/多对一、一对一以及多对多 3 种）；其次在 PO 持久化 JavaBean 中增加了针对关系的 getter/setter 方法。

**1. 多对一/一对多关系**

我们以 department/usr 为例，首先介绍多对一/一对多关系的处理。

（1）数据库建表语句

```
CREATE TABLE `department` (
  `id` int(10) unsigned NOT NULL auto_increment,
  `name` varchar(100) default NULL,
  `description` varchar(200) default NULL,
  `status` varchar(45) default NULL,
  `goal` varchar(45) default NULL,
  PRIMARY KEY (`id`)
) ENGINE=InnoDB DEFAULT CHARSET=gb2312;
CREATE TABLE `usr` (
  `id` int(10) unsigned NOT NULL auto_increment,
  `name` varchar(45) default NULL,
  `password` varchar(45) default NULL,
  `address` varchar(45) default NULL,
  `phone` int(10) unsigned default NULL,
  `title` varchar(45) default NULL,
  `power` varchar(45) default NULL,
  `auth` varchar(45) default NULL,
  `deptid` int(10) unsigned default NULL,
  `homephone` int(10) unsigned default NULL,
  `superauth` varchar(45) default NULL,
  `groupid` int(10) unsigned default NULL,
  `birthdate` varchar(45) default NULL,
  `gender` varchar(45) default NULL,
  `email` varchar(45) default NULL,
  `nickname` varchar(45) default NULL,
  PRIMARY KEY (`id`)
) ENGINE=InnoDB DEFAULT CHARSET=gb2312;
```

（2）hbm.xml 文件

```
<hibernate-mapping package="com.ascent.po">
    <class name="Department" table="department">
        <id name="id" column="id" type="integer">
            <generator class="native" />
        </id>
        <property name="name" type="string">
            <column name="name" length="100" />
        </property>
        <property name="description" type="string">
            <column name="description" length="200" />
        </property>
        <property name="status" type="string">
            <column name="status" length="45" />
        </property>
        <property name="goal" type="string">
            <column name="goal" length="45" />
        </property>
<set name="users" table="usr" lazy="false" inverse="false"
            cascade="all" sort="unsorted">
            <key column="deptid" />
            <one-to-many class="com.ascent.po.Usr" />
        </set>
    </class>
</hibernate-mapping>
```

```
<hibernate-mapping package="com.ascent.po">
    <class name="Usr" table="usr">
        <id name="id" column="id" type="integer">
            <generator class="native" />
        </id>
        <property name="name" type="string">
            <column name="name" length="45" />
        </property>
        <property name="password" type="string">
            <column name="password" length="45" />
        </property>
        <property name="address" type="string">
            <column name="address" length="45" />
        </property>
        <property name="phone" type="integer">
            <column name="phone" />
        </property>
        <property name="title" type="string">
            <column name="title" length="45" />
        </property>
        <property name="power" type="string">
            <column name="power" length="45" />
        </property>
        <property name="auth" type="string">
            <column name="auth" length="45" />
        </property>
        <property name="deptid" type="integer">
            <column name="deptid" />
        </property>
        <property name="homephone" type="integer">
            <column name="homephone" />
        </property>
        <property name="superauth" type="string">
            <column name="superauth" length="45" />
        </property>
        <property name="groupid" type="integer">
            <column name="groupid" />
        </property>
        <property name="birthdate" type="string">
            <column name="birthdate" length="45" />
        </property>
        <property name="gender" type="string">
            <column name="gender" length="45" />
        </property>
        <property name="email" type="string">
            <column name="email" length="45" />
        </property>
        <property name="nickname" type="string">
            <column name="nickname" length="45" />
        </property>
<many-to-one name="department"
            class="com.ascent.po.Department" cascade="all" outer-join="false"
            update="false" insert="false" column="id" not-null="true" />

    </class>
</hibernate-mapping>
```

配置文件解释如下。

■ 映射集合（Mapping Collection）

在 Hibernate 配置文件中使用<set>、<list>、<map>、<bag>、<array>和<primitive-array>等元素来定义集合，而<map>是最典型的一个。

```
<map
    name="propertyName"                                              ①
    table="table_name"                                               ②
    schema="schema_name"                                             ③
    lazy="true|false"                                                ④
    inverse="true|false"                                             ⑤
    cascade="all|none|save-update|delete|all-delete-orphan"          ⑥
    sort="unsorted|natural|comparatorClass"                          ⑦
    order-by="column_name asc|desc"                                  ⑧
    where="arbitrary sql where condition"                            ⑨
    outer-join="true|false|auto"                                     ⑩
    batch-size="N"                                                   ⑪
    access="field|property|ClassName"                                ⑫
>

    <key .... />
    <index .... />
    <element .... />
</map>
```

① name：集合属性的名称。

② table（可选，默认为属性的名称）：这个集合表的名称（不能在一对多的关联关系中使用）。

③ schema（可选）：表的 schema 的名称，它将覆盖在根元素中定义的 schema。

④ lazy（可选，默认为 false）：允许延迟加载（lazy initialization）。

⑤ inverse（可选，默认为 false）：标记这个集合作为双向关联关系中的方向一端。

⑥ cascade（可选，默认为 none）：让操作级联到子实体。

⑦ sort（可选）：指定集合的排序顺序，其可以为自然的（natural）或者给定一个用来比较的类。

⑧ order-by（可选，仅用于 JDK 1.4）：指定表的字段（一个或几个），再加上 asc 或者 desc（可选），定义 Map、Set 和 Bag 的迭代顺序。

⑨ where（可选）：指定任意的 SQL WHERE 条件，该条件将在重新载入或者删除这个集合时使用（当集合中的数据仅仅是所有可用数据的一个子集时这个条件非常 有用）。

⑩ outer-join（可选）：指定这个集合，只要可能，应该通过外连接（Outer Join）取得。在每一个 SQL 语句中，只能有一个集合可以通过外连接抓取。

⑪ batch-size（可选，默认为 1）：指定通过延迟加载取得集合实例的批处理块大小（Batch Size）。

⑫ access（可选，默认为属性 property）：Hibernate 取得属性值时使用的策略。

■ 多对一（many-to-one）

通过 many-to-one 元素，可以定义一种常见的与另一个持久化类的关联。这种关系模型是多对一关联（实际上是一个对象引用）。

```
<many-to-one
    name="propertyName"                                              ①
    column="column_name"                                             ②
    class="ClassName"                                                ③
    cascade="all|none|save-update|delete"                            ④
    outer-join="true|false|auto"                                     ⑤
    update="true|false"                                              ⑥
    insert="true|false"                                              ⑥
    property-ref="propertyNameFromAssociatedClass"                   ⑦
    access="field|property|ClassName"                                ⑧
/>
```

① name：属性名。

② column（可选）：字段名。

③ class（可选，默认是通过反射得到属性类型）：关联的类的名字。

④ cascade（级联）（可选）：指明哪些操作会从父对象级联到关联的对象。

⑤ outer-join（外连接）（可选，默认为自动）：当设置 hibernate.use_outer_join 时，对这个关联允许外连接抓取。

⑥ update、insert（可选，默认为 true）：指定对应的字段是否在用于 UPDATE 和/或 INSERT 的 SQL 语句中包含。如果二者都是 false，则这是一个纯粹的"衍生（Derived）"关联，它的值是通过映射到同一个（或多个）字段的某些其他属性得到的，或者通过 Trigger（触发器），或者其他程序。

⑦ property-ref：（可选）：指定关联类的一个属性，这个属性将会和本外键相对应。如果没有指定，会使用对方关联类的主键。

⑧ access（可选，默认是 property）：Hibernate 用来访问属性的策略。

cascade 属性允许下列值：all、save-update、delete、none。设置除了 none 以外的其他值会传播特定的操作到关联的（子）对象中。

outer-join 参数允许下列 3 个不同值。

- auto（默认）：如果被关联的对象没有代理（Proxy），使用外连接抓取关联（对象）；
- true：一直使用外连接来抓取关联；
- false：永远不使用外连接来抓取关联。

<one-to-many>

**<one-to-many>**标记指明了一个一对多的关联。

```
<one-to-many class="ClassName"/>
```

**class**（必需）：被关联类的名称。

**（3）PO 类**

```
package com.ascent.po;

import java.util.Set;

/**
 * Department generated by MyEclipse Persistence Tools
 */

public class Department implements java.io.Serializable {

    // Fields

    private Integer id;

    private String name;

    private String description;

    private String status;

    private String goal;
```

```java
private Set users;

// Constructors

/** default constructor */
public Department() {
}

/** full constructor */
public Department(String name, String description, String status,
        String goal) {
    this.name = name;
    this.description = description;
    this.status = status;
    this.goal = goal;
}

// Property accessors

public Set getUsers() {
    return usres;
}

public void setUsers(Set users) {
    this.users = users;
}

public Integer getId() {
    return this.id;
}

public void setId(Integer id) {
    this.id = id;
}

public String getName() {
    return this.name;
}

public void setName(String name) {
    this.name = name;
}

public String getDescription() {
    return this.description;
}

public void setDescription(String description) {
    this.description = description;
}

public String getStatus() {
    return this.status;
```

```
        }

        public void setStatus(String status) {
            this.status = status;
        }

        public String getGoal() {
            return this.goal;
        }

        public void setGoal(String goal) {
            this.goal = goal;
        }
    }


package com.ascent.po;

/**
 * Usr generated by MyEclipse Persistence Tools
 */

public class Usr implements java.io.Serializable {

    // Fields

    private Integer id;

    private String name;

    private String password;

    private String address;

    private Integer phone;

    private String title;

    private String power;

    private String auth;

    private Integer deptid;

    private Integer homephone;

    private String superauth;

    private Integer groupid;

    private String birthdate;

    private String gender;

    private String email;
```

```
    private String nickname;

    private Department department;

    // Constructors

    /** default constructor */
    public Usr() {
    }

    /** full constructor */
    public Usr(String name, String password, String address, Integer phone,
            String title, String power, String auth, Integer deptid,
            Integer homephone, String superauth, Integer groupid,
            String birthdate, String gender, String email, String nickname)
{
        this.name = name;
        this.password = password;
        this.address = address;
        this.phone = phone;
        this.title = title;
        this.power = power;
        this.auth = auth;
        this.deptid = deptid;
        this.homephone = homephone;
        this.superauth = superauth;
        this.groupid = groupid;
        this.birthdate = birthdate;
        this.gender = gender;
        this.email = email;
        this.nickname = nickname;
    }

    // Property accessors


    public Integer getId() {
        return this.id;
    }

    public void setId(Integer id) {
        this.id = id;
    }

    public String getName() {
        return this.name;
    }

    public void setName(String name) {
        this.name = name;
    }

    public String getPassword() {
        return this.password;
    }
```

```
public void setPassword(String password) {
    this.password = password;
}

public String getAddress() {
    return this.address;
}

public void setAddress(String address) {
    this.address = address;
}

public Integer getPhone() {
    return this.phone;
}

public void setPhone(Integer phone) {
    this.phone = phone;
}

public String getTitle() {
    return this.title;
}

public void setTitle(String title) {
    this.title = title;
}

public String getPower() {
    return this.power;
}

public void setPower(String power) {
    this.power = power;
}

public String getAuth() {
    return this.auth;
}

public void setAuth(String auth) {
    this.auth = auth;
}

public Integer getDeptid() {
    return this.deptid;
}

public void setDeptid(Integer deptid) {
    this.deptid = deptid;
}

public Integer getHomephone() {
    return this.homephone;
}
```

```java
public void setHomephone(Integer homephone) {
    this.homephone = homephone;
}

public String getSuperauth() {
    return this.superauth;
}

public void setSuperauth(String superauth) {
    this.superauth = superauth;
}

public Integer getGroupid() {
    return this.groupid;
}

public void setGroupid(Integer groupid) {
    this.groupid = groupid;
}

public String getBirthdate() {
    return this.birthdate;
}

public void setBirthdate(String birthdate) {
    this.birthdate = birthdate;
}

public String getGender() {
    return this.gender;
}

public void setGender(String gender) {
    this.gender = gender;
}

public String getEmail() {
    return this.email;
}

public void setEmail(String email) {
    this.email = email;
}

public String getNickname() {
    return this.nickname;
}

public void setNickname(String nickname) {
    this.nickname = nickname;
}

public Department getDepartment() {
    return department;
}
```

```
        public void setDepartment(Department department) {
            this.department = department;
        }
    }
```

**（4）DAO 类**

在 DAO 类中，我们可以通过 getter/setter 来使用关系，完成联表操作。

```java
package com.ascent.dao;

import java.util.ArrayList;
import java.util.HashSet;
import java.util.List;

import org.hibernate.Session;
import org.hibernate.Transaction;

import com.po.Department;
import com.po.HibernateSessionFactory;
import com.po.Usr;

public class UserAndDeptDAOImpl {

    public void saveObject(Department deptObj, List userObj) throws
Exception {
        Session session = HibernateSessionFactory.getSession();
        Transaction tx = null;
        try {
            tx = session.beginTransaction();
            for (int i = 0; i < userObj.size(); i++) {
                Usr user = (Usr) userObj.get(i);
                user.setDepartment(deptObj);
                deptObj.getUsers().add(user);
            }
            session.save(deptObj);
            tx.commit();

        } catch (Exception e) {
            if (tx != null) {
                // Something went wrong; discard all partial changes
                tx.rollback();
            }
            e.printStackTrace();
        } finally {
            // No matter what, close the session
            session.close();
        }
    }

    public static void main(String args[]) throws Exception {
        Department pt = new Department();
        List list = new ArrayList();
        pt.setName("测试部");
        pt.setDescription("市场调查人员");
        pt.setStatus("1");
```

```
        pt.setUsers(new HashSet());

        Usr user1 = new Usr();
        user1.setName("admin");
        user1.setPassword("123");
        user1.setAddress("北京");
        user1.setNickname("管理员");
        list.add(user1);

        Usr user2 = new Usr();
        user2.setName("user_1");
        user2.setPassword("123");
        user2.setAddress("秦皇岛");
        user2.setNickname("李明");
        list.add(user2);

        new UserAndDeptDAOImpl().saveObject(pt, list);

    }
}
```

### 2．一对一关系

接下来我们以 Address 和 Customer 为例介绍一对一关系的处理。

（1）数据库建表语句

```
create table CUSTOMER (
   ID bigint not null,
   NAME varchar(15),
   primary key (ID)
);
create table ADDRESS(
   ID bigint not null,
   STREET varchar(128),
   CITY varchar(128),
   PROVINCE varchar(128),
   ZIPCODE varchar(6),
   primary key (ID)
);
```

（2）hbm.xml 文件

```
<hibernate-mapping package="mypack">
   <class name="Customer" table="customer">
      <id name="id" column="ID" type="long">
         <generator class="identity"/>
      </id>
      <property name="name" column="NAME" type="string" />
      <one-to-one name="address"
       class="mypack.Address"
       cascade="all"
      />
   </class>
</hibernate-mapping>
<hibernate-mapping package="mypack">
   <class name="Address" table="address">
      <id name="id" column="ID" type="long">
         <generator class="identity"/>
      </id>
      <property name="street" column="STREET" type="string" />
```

```
                    <property name="city" column="CITY" type="string" />
                    <property name="province" column="PROVINCE" type="string" />
                    <property name="zipcode" column="ZIPCODE" type="string" />
                     <one-to-one name="customer"
                      class="mypack.Customer"
                      constrained="true"
                    />
        </class>
        </hibernate-mapping>
```

持久化对象之间一对一的关联关系是通过 one-to-one 元素定义的。

```
<one-to-one
        name="propertyName"                                        ①
        class="ClassName"                                          ②
        cascade="all|none|save-update|delete"                      ③
        constrained="true|false"                                   ④
        outer-join="true|false|auto"                               ⑤
        property-ref="propertyNameFromAssociatedClass"             ⑥
        access="field|property|ClassName"                          ⑦

    />
```

① name：属性的名字。

② class（可选，默认是通过反射得到的属性类型）：被关联的类的名字。

③ cascade（级联）（可选）：表明操作是否从父对象级联到被关联的对象。

④ constrained（约束）（可选）：表明该类对应的数据库表和被关联的对象所对应的数据库表之间，通过一个外键引用对主键进行约束。这个选项影响 save()和 delete()在级联执行时的先后顺序（也在 schema export tool 中被使用）。

⑤ outer-join（外连接）（可选，默认为自动）：当设置 hibernate.use_outer_join 时，对这个关联允许外连接抓取。

⑥ property-ref（可选）：指定关联类的一个属性，这个属性将会和本外键相对应。如果没有指定，会使用对方关联类的主键。

⑦ access（可选，默认是 property）：Hibernate 用来访问属性的策略。

（3）PO 类

```
package mypack;

/**
 * Address generated by MyEclipse Persistence Tools
 */

public class Address implements java.io.Serializable {

    // Fields

    private Long id;

    private String street;

    private String city;

    private String province;
```

```java
    private String zipcode;

    // Constructors

    /** default constructor */
    public Address() {
    }

    /** full constructor */
    public Address(String street, String city, String province, String
zipcode) {
        this.street = street;
        this.city = city;
        this.province = province;
        this.zipcode = zipcode;
    }

    // Property accessors

    public Long getId() {
        return this.id;
    }

    public void setId(Long id) {
        this.id = id;
    }

    public String getStreet() {
        return this.street;
    }

    public void setStreet(String street) {
        this.street = street;
    }

    public String getCity() {
        return this.city;
    }

    public void setCity(String city) {
        this.city = city;
    }

    public String getProvince() {
        return this.province;
    }

    public void setProvince(String province) {
        this.province = province;
    }

    public String getZipcode() {
        return this.zipcode;
    }
```

```
        public void setZipcode(String zipcode) {
            this.zipcode = zipcode;
        }
    }

    package mypack;

    /**
     * Customer generated by MyEclipse Persistence Tools
     */

    public class Customer implements java.io.Serializable {

        // Fields

        private Long id;

        private String name;

        // Constructors

        /** default constructor */
        public Customer() {
        }

        /** full constructor */
        public Customer(String name) {
            this.name = name;
        }

        // Property accessors

        public Long getId() {
            return this.id;
        }

        public void setId(Long id) {
            this.id = id;
        }

        public String getName() {
            return this.name;
        }

        public void setName(String name) {
            this.name = name;
        }
    }
```

（4）DAO 类

在 DAO 类中，我们可以通过 getter/setter 来使用关系，完成联表操作。

```
    package mypack;

    import net.sf.hibernate.*;
    import java.util.*;
```

```
public class CustomerAndAddressDAO{

  public void saveCustomer(Customer customer) throws Exception{
    Session session = HibernateSessionFactory.currentSession();
    Transaction tx = null;
    try {
      tx = session.beginTransaction();
      session.save(customer);
      tx.commit();

    }catch (Exception e) {
      if (tx != null) {
        tx.rollback();
      }
      throw e;
    } finally {
      // No matter what, close the session
      //session.close();
    }
  }


  public Customer loadCustomer(Long id) throws Exception{
    Session session = HibernateSessionFactory.currentSession();
    Transaction tx = null;
    try {
      tx = session.beginTransaction();
      Customer customer=(Customer)session.load(Customer.class,id);
      tx.commit();

      return customer;

    }catch (Exception e) {
      if (tx != null) {
        tx.rollback();
      }
      throw e;
    } finally {
      // No matter what, close the session
      //session.close();
    }
  }

  public void printCustomer(Customer customer) throws Exception{
    Address address=customer.getAddress();
    System.out.println("Address of "+customer.getName()+" is: "
      +address.getProvince()+" "
      +address.getCity()+" "
      +address.getStreet());

    if(address.getCustomer()==null)
      System.out.println("Can not naviagte from address to Customer.");

  }

public void test() throws Exception{

    Customer customer=new Customer();
    //Address address=new
Address("province1","city1","street1","100001",customer);
    Address address=new Address();
```

```
        address.setProvince("province1");
        address.setCity("city1");
        address.setStreet("street1");
        address.setZipcode("100085");
        address.setCustomer(customer);

        customer.setName("Peter");
        customer.setAddress(address);

        saveCustomer(customer);
        customer=loadCustomer(customer.getId());
        printCustomer(customer);

    }

    public static void main(String args[]) throws Exception {
      new CustomerAndAddressDAO ().test();

    }
}
```

### 3．多对多关系

最后我们以用户／权限为例来介绍多对多关系：

一般来说，在数据库设计阶段，对于有多对多关系的两个表，我们会增加一个代表关系的中间表。在这个例子中，我们在 Usr 和 Authorization 之间建立 Userauth 中间表。

（1）数据库语句

```
CREATE TABLE `authorization` (
  `id` int(10) unsigned NOT NULL auto_increment,
  `columnid` int(10) unsigned default NULL,
  `auth` int(10) unsigned default NULL,
  `init` int(10) unsigned default NULL,
  `authorize` int(10) unsigned default NULL,
  PRIMARY KEY (`id`)
) ENGINE=InnoDB DEFAULT CHARSET=gb2312;
CREATE TABLE `userauth` (
  `id` int(10) unsigned NOT NULL auto_increment,
  `userid` int(10) unsigned default NULL,
  `authid` int(10) unsigned default NULL,
  PRIMARY KEY (`id`)
) ENGINE=InnoDB DEFAULT CHARSET=gb2312;
CREATE TABLE `usr` (
  `id` int(10) unsigned NOT NULL auto_increment,
  `name` varchar(45) default NULL,
  `password` varchar(45) default NULL,
  `address` varchar(45) default NULL,
  `phone` int(10) unsigned default NULL,
  `title` varchar(45) default NULL,
  `power` varchar(45) default NULL,
  `auth` varchar(45) default NULL,
  `deptid` int(10) unsigned default NULL,
  `homephone` int(10) unsigned default NULL,
  `superauth` varchar(45) default NULL,
  `groupid` int(10) unsigned default NULL,
  `birthdate` varchar(45) default NULL,
  `gender` varchar(45) default NULL,
  `email` varchar(45) default NULL,
  `nickname` varchar(45) default NULL,
  PRIMARY KEY (`id`)
) ENGINE=InnoDB DEFAULT CHARSET=gb2312;
```

（2）hbm.xml 文件

```xml
<hibernate-mapping package="com.ascent.po">
    <class name="Usr" table="usr">
        <id name="id" column="id" type="integer">
            <generator class="native" />
        </id>
        <property name="name" type="string">
            <column name="name" length="45" />
        </property>
        <property name="password" type="string">
            <column name="password" length="45" />
        </property>
        <property name="address" type="string">
            <column name="address" length="45" />
        </property>
        <property name="phone" type="integer">
            <column name="phone" />
        </property>
        <property name="title" type="string">
            <column name="title" length="45" />
        </property>
        <property name="power" type="string">
            <column name="power" length="45" />
        </property>
        <property name="auth" type="string">
            <column name="auth" length="45" />
        </property>
        <property name="deptid" type="integer">
            <column name="deptid" />
        </property>
        <property name="homephone" type="integer">
            <column name="homephone" />
        </property>
        <property name="superauth" type="string">
            <column name="superauth" length="45" />
        </property>
        <property name="groupid" type="integer">
            <column name="groupid" />
        </property>
        <property name="birthdate" type="string">
            <column name="birthdate" length="45" />
        </property>
        <property name="gender" type="string">
            <column name="gender" length="45" />
        </property>
        <property name="email" type="string">
            <column name="email" length="45" />
        </property>
        <property name="nickname" type="string">
            <column name="nickname" length="45" />
        </property>
<set name="auths" table="userauth"
        lazy="false"
        cascade="all">
        <key column="userid" />
        <many-to-many class="com.ascent.po.Authorization" column="authid" />
</set>
</class>
</hibernate-mapping>

<hibernate-mapping>
    <class name="com.ascent.po.Authorization" table="authorization">
        <id name="id" type="integer">
```

```
            <column name="id" />
            <generator class="native" />
        </id>
        <property name="columnId" type="integer">
            <column name="columnId" />
        </property>
        <property name="auth" type="integer">
            <column name="auth" />
        </property>
        <property name="init" type="integer">
            <column name="init" />
        </property>
        <property name="authorize" type="integer">
            <column name="authorize" />
        </property>
<set name="users" table="userauth"
        lazy="false"
        cascade="all">
        <key column="authid" />
        <many-to-many class="com.ascent.po.Usr" column="userid" />
</set>
    </class>
</hibernate-mapping>
```

除了前面所讲到的<set>定义以外，持久化对象之间多对多的关联关系是通过 many-to-many 元素定义的。

```
<many-to-many
        column="column_name"                          ①
        class="ClassName"                              ②
        outer-join="true|false|auto"                   ③
/>
```

① column（必需）：这个元素的外键关键字段名。

② class（必需）：关联类的名称。

③ outer-join（可选，默认为 auto）：在 Hibernate 系统参数中 hibernate.use_outer_join 被打开的情况下，该参数用来允许使用 Outer Join（外连接）来载入此集合的数据。

（3）PO 类

```
package com.ascent.po;

import java.util.Set;

/**
 * Usr generated by MyEclipse Persistence Tools
 */

public class Usr implements java.io.Serializable {

    // Fields

    private Integer id;

    private String name;

    private String password;

    private String address;

    private Integer phone;
```

```java
    private String title;

    private String power;

    private String auth;

    private Integer deptid;

    private Integer homephone;

    private String superauth;

    private Integer groupid;

    private String birthdate;

    private String gender;

    private String email;

    private String nickname;

    private Set auhts;

    // Constructors

    /** default constructor */
    public Usr() {
    }

    /** full constructor */
    public Usr(String name, String password, String address, Integer phone,
            String title, String power, String auth, Integer deptid,
            Integer homephone, String superauth, Integer groupid,
            String birthdate, String gender, String email, String nickname)
    {

        this.name = name;
        this.password = password;
        this.address = address;
        this.phone = phone;
        this.title = title;
        this.power = power;
        this.auth = auth;
        this.deptid = deptid;
        this.homephone = homephone;
        this.superauth = superauth;
        this.groupid = groupid;
        this.birthdate = birthdate;
        this.gender = gender;
        this.email = email;
        this.nickname = nickname;
    }

    // Property accessors

    public Integer getId() {
        return this.id;
    }

    public void setId(Integer id) {
        this.id = id;
    }

    public String getName() {
```

```
            return this.name;
        }

        public void setName(String name) {
            this.name = name;
        }

        public String getPassword() {
            return this.password;
        }

        public void setPassword(String password) {
            this.password = password;
        }

        public String getAddress() {
            return this.address;
        }

        public void setAddress(String address) {
            this.address = address;
        }

        public Integer getPhone() {
            return this.phone;
        }

        public void setPhone(Integer phone) {
            this.phone = phone;
        }

        public String getTitle() {
            return this.title;
        }

        public void setTitle(String title) {
            this.title = title;
        }

        public String getPower() {
            return this.power;
        }

        public void setPower(String power) {
            this.power = power;
        }

        public String getAuth() {
            return this.auth;
        }

        public void setAuth(String auth) {
            this.auth = auth;
        }

        public Integer getDeptid() {
            return this.deptid;
        }

        public void setDeptid(Integer deptid) {
            this.deptid = deptid;
        }

        public Integer getHomephone() {
```

```java
        return this.homephone;
    }

    public void setHomephone(Integer homephone) {
        this.homephone = homephone;
    }

    public String getSuperauth() {
        return this.superauth;
    }

    public void setSuperauth(String superauth) {
        this.superauth = superauth;
    }

    public Integer getGroupid() {
        return this.groupid;
    }

    public void setGroupid(Integer groupid) {
        this.groupid = groupid;
    }

    public String getBirthdate() {
        return this.birthdate;
    }

    public void setBirthdate(String birthdate) {
        this.birthdate = birthdate;
    }

    public String getGender() {
        return this.gender;
    }

    public void setGender(String gender) {
        this.gender = gender;
    }

    public String getEmail() {
        return this.email;
    }

    public void setEmail(String email) {
        this.email = email;
    }

    public String getNickname() {
        return this.nickname;
    }

    public void setNickname(String nickname) {
        this.nickname = nickname;
    }

    public Set getAuhts() {
        return auhts;
    }

    public void setAuhts(Set auhts) {
        this.auhts = auhts;
    }

}
```

```java
package com.ascent.po;

import java.util.Set;

/**
 * Authorization generated by MyEclipse Persistence Tools
 */

public class Authorization implements java.io.Serializable {

    // Fields

    private Integer id;

    private Integer columnId;

    private Integer auth;

    private Integer init;

    private Integer authorize;

    private Set users;

    // Constructors

    /** default constructor */
    public Authorization() {
    }

    /** full constructor */
    public Authorization(Integer columnId, Integer auth, Integer init,
            Integer authorize) {
        this.columnId = columnId;
        this.auth = auth;
        this.init = init;
        this.authorize = authorize;
    }

    // Property accessors

    public Integer getId() {
        return this.id;
    }

    public void setId(Integer id) {
        this.id = id;
    }

    public Integer getColumnId() {
        return this.columnId;
    }

    public void setColumnId(Integer columnId) {
        this.columnId = columnId;
    }

    public Integer getAuth() {
        return this.auth;
    }

    public void setAuth(Integer auth) {
```

```
            this.auth = auth;
        }

        public Integer getInit() {
            return this.init;
        }

        public void setInit(Integer init) {
            this.init = init;
        }

        public Integer getAuthorize() {
            return this.authorize;
        }

        public void setAuthorize(Integer authorize) {
            this.authorize = authorize;
        }

        public Set getUsers() {
            return users;
        }

        public void setUsers(Set users) {
            this.users = users;
        }
}
```

（4）DAO 类

```
package com.ascent.dao;

import java.util.Iterator;
import java.util.List;

import org.hibernate.HibernateException;
import org.hibernate.Session;
import org.hibernate.Transaction;

import com.po.Authorization;
import com.po.HibernateSessionFactory;
import com.po.Usr;

public class UserAndAuthDAOImpl {

    public List listAll() throws HibernateException{
        List list = null;
        Session  session = null;
        Transaction tx = null;
        session = HibernateSessionFactory.getSession();
        tx = session.beginTransaction();
        list = session.createQuery("from Usr u").list();
        tx.commit();
        session.close();
        return list;
    }

    /**
     * @param args
     */
    public static void main(String[] args) {
        // TODO Auto-generated method stub
        UserAndAuthDAOImpl ua = new UserAndAuthDAOImpl ();
        List list = null;
```

```
        Usr user = null;
        Authorization auth = null;
        try {
            list = ua.listAll();
            Iterator it = list.iterator();
            while(it.hasNext()){
                user = (Usr)it.next();
                System.out.println("用户名："+user.getNickname());

                Iterator its = user.getAuths().iterator();
                while(its.hasNext()){
                    auth = (Authorization)its.next();
                    System.out.println("拥有权限："+auth.getAuth());
                }

            }
        } catch (HibernateException e) {
            // TODO Auto-generated catch block
            e.printStackTrace();
        }

    }
}
```

## 5.3.4　HQL 语言（Hibernate Query Language）

接下来，我们介绍 Hibernate 最为强大的功能之一：Hibernate 查询。Hibernate 支持三种查询方式：HQL（Hibernate Query Language）、条件查询（Criteria Query）以及原生 SQL 查询。其中最重要的是第一种，即 Hibernate Query Language。

### 1．HQL（Hibernate Query Language）

Hibernate 具有一种极为有力的查询语言 HQL，它看上去很像 SQL。但是别被语法蒙蔽，HQL 是完全面向对象的，具备继承、多态和关联等特性。

（1）大小写敏感性（Case Sensitivity）

除了 Java 类和属性名称外，查询都是大小写不敏感的。所以，SeLeCT、sELEct 和 SELECT 是相同的，但是 net.sf.hibernate.eg.FOO 和 net.sf.hibernate.eg.Foo 是不同的，foo.barSet 和 foo.BARSET 也是不同的。

（2）from 子句

最简单的 Hibernate 查询是这样的形式：

```
from eg.Cat
```

它简单地返回所有 eg.Cat 类的实例。

在大部分情况下，你需要赋予它一个别名（alias），因为你在查询的其他地方也会引用这个 Cat。

```
from eg.Cat as cat
```

上面的语句为 Cat 赋予了一个别名 cat，所以后面的查询可以用这个简单的别名了。as 关键字是可以省略的，我们也可以写成这样：

```
from eg.Cat cat
```

可以出现多个类，结果是它们的笛卡儿积，或者称为"交叉"连接。

```
from Formula, Parameter
from Formula as form, Parameter as param
```

让查询中的别名服从首字母小写的规则，这是一个好习惯。这和 Java 对局部变量的命名规范是一致的（比如，domesticCat）。

（3）联合（Association）和连接（Join）

你可以使用 join 定义两个实体的连接，同时指明别名。

```
from eg.Cat as cat
    inner join cat.mate as mate
    left outer join cat.kittens as kitten

from eg.Cat as cat left join cat.mate.kittens as kittens

from Formula form full join form.parameter param
```

支持的连接类型是从 ANSI SQL 借用的：

- 内连接，inner join；
- 左外连接，left outer join；
- 右外连接，right outer join；
- 全连接，full join（不常使用）。

inner join、left outer join 和 right outer join 都可以简写。

```
from eg.Cat as cat
    join cat.mate as mate
    left join cat.kittens as kitten
```

并且，加上"fetch"后缀的抓取连接可以让联合的对象随着它们的父对象的初始化而初始化，只需要一个 select 语句。这在初始化一个集合的时候特别有用。它有效地覆盖了映射文件中对关联和集合的外连接定义。

```
from eg.Cat as cat
    inner join fetch cat.mate
    left join fetch cat.kittens
```

抓取连接一般不需要赋予别名，因为被联合的对象应该不会在 where 子句（或者任何其他子句）中出现。并且，被联合的对象也不会在查询结果中直接出现，它们是通过父对象进行访问的。

（4）select 子句

select 子句选择在结果集中返回哪些对象和属性。思考一下下面的例子：

```
select mate
from eg.Cat as cat
    inner join cat.mate as mate
```

这个查询会选择出作为其他猫（Cat）朋友（mate）的那些猫。当然，你可以更加直接地写成下面的形式：

```
select cat.mate from eg.Cat cat
```

你甚至可以选择集合元素，使用特殊的 elements 功能。下面的查询返回所有猫的小猫。

```
select elements(cat.kittens) from eg.Cat cat
```

查询可以返回任何值类型的属性，包括组件类型的属性。

```
select cat.name from eg.DomesticCat cat
where cat.name like 'fri%'

select cust.name.firstName from Customer as cust
```

查询可以用元素类型是 Object[]的一个数组返回多个对象和/或多个属性。

```
select mother, offspr, mate.name
from eg.DomesticCat as mother
    inner join mother.mate as mate
    left outer join mother.kittens as offspr
```

或者，实际上是类型安全的 Java 对象。

```
select new Family(mother, mate, offspr)
from eg.DomesticCat as mother
    join mother.mate as mate
    left join mother.kittens as offspr
```

上面的代码假定 Family 有一个合适的构造函数。

（5）统计函数（Aggregate Function）

HQL 查询可以返回属性的统计函数的结果。

```
select avg(cat.weight), sum(cat.weight), max(cat.weight), count(cat)
from eg.Cat cat
```

在 select 子句中，统计函数的变量也可以是集合。

```
select cat, count( elements(cat.kittens) )
from eg.Cat cat group by cat
```

下面是支持的统计函数列表：

- avg(...)、sum(...)、min(...)、max(...)
- count(*)
- count(...)、count(distinct ...)、count(all...)

distinct 和 all 关键字的用法及语义与 SQL 相同。

```
select distinct cat.name from eg.Cat cat
```

```
select count(distinct cat.name), count(cat) from eg.Cat cat
```

（6）多态（Polymorphism）查询

类似下面的查询：

```
from eg.Cat as cat
```

返回的实例不仅仅是 Cat，也有可能是子类的实例，比如 DomesticCat。Hibernate 查询可以在 from 子句中使用任何 Java 类或者接口的名字。查询可能返回所有继承自这个类或者实现这个接口的持久化类的实例。下列查询会返回所有的持久化对象。

```
from java.lang.Object o
```

可能有多个持久化类都实现了 Named 接口。

```
from eg.Named n, eg.Named m where n.name = m.name
```

请注意，上面两个查询都使用了超过一个 SQL 的 select。这意味着 order by 子句将不会正确排序。

（7）where 子句

where 子句让你缩小所要返回的实例的列表范围。

```
from eg.Cat as cat where cat.name='Fritz'
```

返回所有名字为"Fritz"的 Cat 的实例。

```
select foo
from eg.Foo foo, eg.Bar bar
where foo.startDate = bar.date
```

会返回所有满足下列条件的 Foo 实例，它们存在一个对应的 bar 实例，其 date 属性与 Foo 的 startDate 属性相等。复合路径表达式令 where 子句变得极为有力。请看下面的例子：

```
from eg.Cat cat where cat.mate.name is not null
```

这个查询会被翻译为带有一个表间连接的 SQL 查询。如果写下类似这样的语句：

```
from eg.Foo foo
where foo.bar.baz.customer.address.city is not null
```

你最终得到的查询，其对应的 SQL 需要 4 个表间连接。

"=" 操作符不仅仅用于判断属性是否相等，也可以用于实例。

```
from eg.Cat cat, eg.Cat rival where cat.mate = rival.mate
```

```
select cat, mate
from eg.Cat cat, eg.Cat mate
where cat.mate = mate
```

特别的，小写的 id 可以用来表示一个对象的唯一标识。

```
from eg.Cat as cat where cat.id = 123
```

```
from eg.Cat as cat where cat.mate.id = 69
```

第二个查询是很高效的，不需要进行表间连接！

组合的标识符也可以使用。假设 Person 有一个组合标识符，是由 country 和 medicareNumber 组合而成的。

```
from bank.Person person
where person.id.country = 'AU'
    and person.id.medicareNumber = 123456
```

```
from bank.Account account
where account.owner.id.country = 'AU'
    and account.owner.id.medicareNumber = 123456
```

这里我们再次看到，第二个查询不需要表间连接。

类似的，在存在多态持久化的情况下，特殊属性 class 用于获取某个实例的标识值。在 where 子句中嵌入的 Java 类名将会转换为它的标识值。

```
from eg.Cat cat where cat.class = eg.DomesticCat
```

你也可以指定组件（或者是组件的组件，依此类推）或者组合类型中的属性。但是在一个存在路径的表达式中，最后不能以一个组件类型的属性结尾（这里不是指组件的属性）。比如，假若 store.owner 这个实体的 address 是一个组件。

```
store.owner.address.city    //ok!
store.owner.address         //no!
```

"any（任意）"类型也有特殊的 id 属性和 class 属性，这让我们可以用下面的形式来表达连接（这里 AuditLog.item 是一个对应到<ant>的属性）。

```
from eg.AuditLog log, eg.Payment payment
where log.item.class = 'eg.Payment' and log.item.id = payment.id
```

（8）表达式（Expression）

where 子句中允许出现的表达式包括了在 SQL 中可以使用的大多数。

- 数学操作：+、-、*、/
- 真假比较操作：=、>=、<=、<>、!=、like
- 逻辑操作：and、or、not
- 字符串连接：‖
- SQL 标量（Scalar）函数，如 upper()和 lower()
- 没有前缀的( )表示分组
- in、between、is null
- JDBC 传入参数：?
- 命名参数：:name、:start_date、:x1
- SQL 文字：'foo'、69、'1970-01-01 10:00:01.0'
- Java 的 public、static、final 常量，比如 Color.TABBY

in 和 between 可以如下例一样使用：

```
from eg.DomesticCat cat where cat.name between 'A' and 'B'
```

```
from eg.DomesticCat cat where cat.name in ( 'Foo', 'Bar', 'Baz' )
```

其否定形式为：

```
from eg.DomesticCat cat where cat.name not between 'A' and 'B'
```

```
from eg.DomesticCat cat where cat.name not in ( 'Foo', 'Bar', 'Baz' )
```

类似的，is null 和 is not null 可以用来测试 null 值。

通过在 Hibernate 配置中声明 HQL 查询的替换方式，Boolean 也是很容易在表达式中使用的。

```
<property name="hibernate.query.substitutions">true 1, false 0</property>
```

在从 HQL 翻译成 SQL 时，关键字 true 和 false 就会被替换成 1 和 0。

```
from eg.Cat cat where cat.alive = true
```

你可以用特殊属性 size 来测试一个集合的长度，或者用特殊的 size()函数也可以。

```
from eg.Cat cat where cat.kittens.size > 0
```

```
from eg.Cat cat where size(cat.kittens) > 0
```

对于排序集合，可以用 minIndex 和 maxIndex 来获取其最大索引值和最小索引值。类似的，minElement 和 maxElement 可以用来获取集合中最小和最大的元素，前提是必须是基本类型的集合。

```
from Calendar cal where cal.holidays.maxElement > current date
```

也有函数的形式（和上面的形式不同，函数形式是大小写不敏感的）：

```
from Order order where maxindex(order.items) > 100
```

```
from Order order where minelement(order.items) > 10000
```

SQL 中的 any、some、all、exists、in 功能也是支持的，前提是必须把集合的元素或者索引集作为它们的参数（使用 elements 和 indices 函数），或者使用子查询的结果作为参数。

```
select mother from eg.Cat as mother, eg.Cat as kit
where kit in elements(foo.kittens)

select p from eg.NameList list, eg.Person p
where p.name = some elements(list.names)

from eg.Cat cat where exists elements(cat.kittens)

from eg.Player p where 3 > all elements(p.scores)

from eg.Show show where 'fizard' in indices(show.acts)
```

请注意：size、elements、indices、minIndex、maxIndex、minElement、maxElement 都有一些使用限制。

- 在 where 子句中，只对支持子查询的数据库有效；
- 在 select 子句中，只有 elements 和 indices 有效。

有序的集合（数组、list、map）的元素可以用索引来进行引用（只限于在 where 子句中）。

```
from Order order where order.items[0].id = 1234

select person from Person person, Calendar calendar
where calendar.holidays['national day'] = person.birthDay
    and person.nationality.calendar = calendar

select item from Item item, Order order
where order.items[ order.deliveredItemIndices[0] ] = item and order.id = 11

select item from Item item, Order order
where order.items[ maxindex(order.items) ] = item and order.id = 11
```

[]中的表达式允许是另一个数学表达式。

```
select item from Item item, Order order
where order.items[ size(order.items) - 1 ] = item
```

HQL 也对一对多关联或者值集合提供内置的 index()函数。

```
select item, index(item) from Order order
    join order.items item
where index(item) < 5
```

底层数据库支持的标量 SQL 函数也可以使用。

```
from eg.DomesticCat cat where upper(cat.name) like 'FRI%'
```

假如以上的这些还没有让你信服的话，请想象一下下面的查询假若用 SQL 来写，会变得多么长，多么难读。

```
select cust
from Product prod,
    Store store
    inner join store.customers cust
where prod.name = 'widget'
    and store.location.name in ( 'Melbourne', 'Sydney' )
    and prod = all elements(cust.currentOrder.lineItems)
```

对应的 SQL 语句可能是这样的：

```
SELECT cust.name, cust.address, cust.phone, cust.id, cust.current_order
FROM customers cust,
    stores store,
    locations loc,
    store_customers sc,
    product prod
WHERE prod.name = 'widget'
    AND store.loc_id = loc.id
    AND loc.name IN ( 'Melbourne', 'Sydney' )
    AND sc.store_id = store.id
    AND sc.cust_id = cust.id
    AND prod.id = ALL(
        SELECT item.prod_id
        FROM line_items item, orders o
        WHERE item.order_id = o.id
            AND cust.current_order = o.id
    )
```

（9）order by 子句

查询返回的列表，可以按照任何返回的类或者组件的属性排序。

```
from eg.DomesticCat cat
order by cat.name asc, cat.weight desc, cat.birthdate
```

asc 和 desc 是可选的，分别代表升序或者降序。

（10）group by 子句

返回统计值的查询，可以按照返回的类或者组件的任何属性排序。

```
select cat.color, sum(cat.weight), count(cat)
from eg.Cat cat
group by cat.color

select foo.id, avg( elements(foo.names) ), max( indices(foo.names) )
from eg.Foo foo
group by foo.id
```

**注意**：你可以在 select 子句中使用 elements 和 indices 指令，即使你的数据库不支持子查询也可以。

having 子句也是允许的。

```
select cat.color, sum(cat.weight), count(cat)
from eg.Cat cat
group by cat.color
having cat.color in (eg.Color.TABBY, eg.Color.BLACK)
```

在 having 子句中允许出现 SQL 函数和统计函数，当然这需要底层数据库支持才行。

```
select cat
from eg.Cat cat
    join cat.kittens kitten
group by cat
having avg(kitten.weight) > 100
order by count(kitten) asc, sum(kitten.weight) desc
```

**注意**：group by 子句和 order by 子句都不支持数学表达式。

（11）子查询

对于支持子查询的数据库来说，Hibernate 支持在查询中嵌套子查询。子查询必须由圆括号包围（常常是在一个 SQL 统计函数中）。也允许关联子查询（在外部查询中作为一个别名出现的子查询）。

```
from eg.Cat as fatcat
where fatcat.weight > (
    select avg(cat.weight) from eg.DomesticCat cat
)

from eg.DomesticCat as cat
where cat.name = some (
    select name.nickName from eg.Name as name
)

from eg.Cat as cat
where not exists (
    from eg.Cat as mate where mate.mate = cat
)

from eg.DomesticCat as cat
where cat.name not in (
    select name.nickName from eg.Name as name
)
```

### 2. 条件查询（Criteria Query）

现在 Hibernate 也支持一种直观的、可扩展的条件查询 API。到目前为止，这个 API 还没有更成熟的 HQL 查询那么强大，也没有那么多查询能力。特别要指出的是，条件查询也不支持投影（Projection）或统计函数（Aggregation）。

（1）创建一个 Criteria 实例

net.sf.hibernate.Criteria 这个接口代表对一个特定的持久化类的查询。Session 是用来制造 Criteria 实例的工厂。

```
Criteria crit = sess.createCriteria(Cat.class);
crit.setMaxResults(50);
List cats = crit.list();
```

（2）缩小结果集范围

一个查询条件（Criterion）是 net.sf.hibernate.expression.Criterion 接口的一个实例。类 net.sf.hibernate.expression.Expression 定义了获得一些内置的 Criterion 类型。

```
List cats = sess.createCriteria(Cat.class)
    .add( Expression.like("name", "Fritz%") )
    .add( Expression.between("weight", minWeight, maxWeight) )
    .list();
```

表达式（Expression）可以按照逻辑分组。

```
List cats = sess.createCriteria(Cat.class)
    .add( Expression.like("name", "Fritz%") )
    .add( Expression.or(
      Expression.eq( "age", new Integer(0) ),
      Expression.isNull("age")
    ) )
    .list();
List cats = sess.createCriteria(Cat.class)
    .add( Expression.in( "name", new String[] { "Fritz", "Izi", "Pk" } ) )
    .add( Expression.disjunction()
      .add( Expression.isNull("age") )
      .add( Expression.eq("age", new Integer(0) ) )
      .add( Expression.eq("age", new Integer(1) ) )
      .add( Expression.eq("age", new Integer(2) ) )
```

```
) )
    .list();
```

有很多预制的条件类型（Expression 的子类）。有一个特别有用，可以让你直接嵌入 SQL。

```
List cats = sess.createCriteria(Cat.class)
    .add( Expression.sql("lower($alias.name) like lower(?)", "Fritz%",
Hibernate.STRING))
    .list();
```

其中的{alias}是一个占位符，它将会被所查询实体的行别名所替代。

（3）对结果排序

可以使用 net.sf.hibernate.expression.Order 对结果集排序。

```
List cats = sess.createCriteria(Cat.class)
    .add( Expression.like("name", "F%")
    .addOrder( Order.asc("name") )
    .addOrder( Order.desc("age") )
    .setMaxResults(50)
    .list();
```

（4）关联（Association）

你可以在关联之间使用 createCriteria()，很容易地在存在关系的实体之间指定约束。

```
List cats = sess.createCriteria(Cat.class)
    .add( Expression.like("name", "F%")
    .createCriteria("kittens")
        .add( Expression.like("name", "F%")
    .list();
```

**注意**：第二个 createCriteria()返回一个 Criteria 的新实例，指向 kittens 集合类的元素。

下面的替代形式在特定情况下有用。

```
List cats = sess.createCriteria(Cat.class)
    .createAlias("kittens", "kt")
    .createAlias("mate", "mt")
    .add( Expression.eqProperty("kt.name", "mt.name") )
    .list();
```
（createAlias()）并不会创建一个 Criteria 的新实例。）

请注意：前面两个查询中 Cat 实例所持有的 kittens 集合类并没有通过 criteria 预先过滤！如果你希望只返回满足条件的 kittens，则必须使用 returnMaps()。

```
List cats = sess.createCriteria(Cat.class)
    .createCriteria("kittens", "kt")
        .add( Expression.eq("name", "F%") )
    .returnMaps()
    .list();
Iterator iter = cats.iterator();
while ( iter.hasNext() ) {
    Map map = (Map) iter.next();
    Cat cat = (Cat) map.get(Criteria.ROOT_ALIAS);
    Cat kitten = (Cat) map.get("kt");
}
```

（5）动态关联对象获取（Dynamic Association Fetching）

可以在运行时通过 setFetchMode()来改变关联对象自动获取的策略。

```
List cats = sess.createCriteria(Cat.class)
```

```
    .add( Expression.like("name", "Fritz%") )
    .setFetchMode("mate", FetchMode.EAGER)
    .setFetchMode("kittens", FetchMode.EAGER)
    .list();
```

这个查询会通过外连接（Outer Join）同时获得 mate 和 kittens。

（6）根据示例查询（Example Queries）

net.sf.hibernate.expression.Example 类允许你从指定的实例创造查询条件。

```
Cat cat = new Cat();
cat.setSex('F');
cat.setColor(Color.BLACK);
List results = session.createCriteria(Cat.class)
    .add( Example.create(cat) )
    .list();
```

版本属性、标识符属性和关联都会被忽略。在默认情况下，null 值的属性也被排除在外。你可以调整示例（Example）如何应用。

```
Example example = Example.create(cat)
    .excludeZeroes()            //exclude zero valued properties
    .excludeProperty("color")   //exclude the property named "color"
    .ignoreCase()               //perform case insensitive string comparisons
    .enableLike();              //use like for string comparisons
List results = session.createCriteria(Cat.class)
    .add(example)
    .list();
```

你甚至可以用示例对关联对象建立 criteria。

```
List results = session.createCriteria(Cat.class)
    .add( Example.create(cat) )
    .createCriteria("mate")
        .add( Example.create( cat.getMate() ) )
    .list();
```

### 3．原生 SQL 查询

你也可以直接使用数据库方言表达查询。在你想使用数据库的某些特性时，这是非常有用的，比如 Oracle 中的 CONNECT 关键字。这也会扫清你把原来直接使用 SQL/JDBC 的程序移植到 Hibernate 道路上的障碍。

（1）创建一个基于 SQL 的 Query

和普通的 HQL 查询一样，SQL 查询同样是从 Query 接口开始的。唯一的区别是使用 Session.createSQLQuery()方法。

```
Query sqlQuery = sess.createSQLQuery("select {cat.*} from cats {cat}", "cat",
Cat.class);
sqlQuery.setMaxResults(50);
List cats = sqlQuery.list();
```

传递给 createSQLQuer()的 3 个参数是：

● SQL 查询语句；

● 表的别名；

● 查询返回的持久化类。

别名是为了在 SQL 语句中引用对应的类（本例中是 Cat）的属性。你也可以传递一个别名的 String 数组和一个对应的 Class 的数组进去，每行就可以得到多个对象。

### （2）别名和属性引用

上面使用的{cat.*}标记是"所有属性"的简写。你可以显式地列出所需要的属性，但是你必须让 Hibernate 为每个属性提供 SQL 列别名。这些列的占位符是以表别名为前导的，再加上属性名。在下面的例子中，我们从一个其他的表（cat_log）中获取 Cat 对象，而非 Cat 对象原本在映射元数据中声明的表。注意，你在 where 子句中也可以使用属性别名。

```
String sql = "select cat.originalId as {cat.id}, "
    + " cat.mateid as {cat.mate}, cat.sex as {cat.sex}, "
    + " cat.weight*10 as {cat.weight}, cat.name as {cat.name}"
    + "    from cat_log cat where {cat.mate} = :catId"
List loggedCats = sess.createSQLQuery(sql, "cat", Cat.class)
    .setLong("catId", catId)
    .list();
```

> **注意**：如果你明确地列出了每个属性，则必须包含这个类和它的子类的属性。

### （3）为 SQL 查询命名

可以在映射文件中定义 SQL 查询的名字，然后就可以像调用一个命名 HQL 查询一样直接调用命名 SQL 查询了。

```
<sql-query name="mySqlQuery">
    <return alias="person" class="eg.Person"/>
    SELECT {person}.NAME AS {person.name},
           {person}.AGE AS {person.age},
           {person}.SEX AS {person.sex}
    FROM PERSON {person} WHERE {person}.NAME LIKE 'Hiber%'
</sql-query>
```

## 5.3.5 Hibernate 过滤器（filters）

Hibernate 3 提供了一种创新的方式来处理具有"可视性（Visibility）"规则的数据，那就是使用 Hibernate filter（过滤器）。Hibernate filter 是全局有效的、具有名字、可以带参数的过滤器，对于某个特定的 Hibernate session，我们可以选择是否启用（或禁用）某个过滤器。

Hibernate 3 新增了对某个类或者集合使用预先定义的过滤器条件（Filter Criteria）的功能。过滤器条件相当于定义一个非常类似于类和各种集合上的"where"属性的约束子句，但是过滤器条件可以带参数。应用程序可以在运行时决定是否启用给定的过滤器，以及使用什么样的参数值。过滤器的用法很像数据库视图，只不过是在应用程序中确定使用什么样的参数。

要使用过滤器，必须首先在相应的映射节点中定义。而定义一个过滤器，要用到位于<hibernate-mapping/>节点之内的<filter-def/>节点。

```
<filter-def name="myFilter">

    <filter-param name="myFilterParam" type="string"/>

</filter-def>
```

定义好之后，就可以在某个类中使用这个过滤器了。

```
<class name="myClass" ...>

    ...
```

```
    <filter name="myFilter" condition=":myFilterParam =MY_FILTERED_COLUMN "/>
</class>
```

也可以在某个集合使用它。

```
<set ...>

<filter name="myFilter" condition=":myFilterParam = MY_FILTERED_COLUMN"/>
</set>
```

可以在多个类或集合中使用某个过滤器；某个类或者集合中也可以使用多个过滤器。

Session 对象中会用到的方法有：enableFilter(String filterName)、getEnabledFilter (String filterName)和 disableFilter(String filterName)。Session 中默认是不启用过滤器的，必须通过 Session.enabledFilter()方法显式地启用。该方法返回被启用的 Filter 的实例。以上文定义的过滤器为例：

```
session.enableFilter("myFilter").setParameter("myFilterParam",
"some-value");
```

**注意**：org.hibernate.Filter 的方法允许链式方法调用（类似上面例子中启用 Filter 之后设定 Filter 参数这个"方法链"）。Hibernate 的其他部分也大多有这个特性。

下面是一个比较完整的例子，使用了记录生效日期模式过滤有时效的数据。

```
<filter-def name="effectiveDate">

    <filter-param name="asOfDate" type="date"/>

</filter-def>



<class name="Employee" ...>
...

    <many-to-one name="department" column="dept_id" class="Department"/>

    <property name="effectiveStartDate" type="date" column="eff_start_dt"/>

    <property name="effectiveEndDate" type="date" column="eff_end_dt"/>
...

    <!--
```

**注意**：为了简单起见，此处假设雇佣关系生效期尚未结束的记录的 eff_end_dt 字段的值等于数据库最大的日期。

```
    -->

    <filter name="effectiveDate"
            condition=":asOfDate BETWEEN eff_start_dt and eff_end_dt"/>

</class>
```

```
<class name="Department" ...>

...

    <set name="employees" lazy="true">

        <key column="dept_id"/>

        <one-to-many class="Employee"/>

        <filter name="effectiveDate"

                condition=":asOfDate BETWEEN eff_start_dt and eff_end_dt"/>

    </set>

</class>
```

定义好后，如果想要保证取回的都是目前处于生效期的记录，则只需在获取雇员数据的操作之前开启过滤器即可。

```
Session session = ...;

session.enabledFilter("effectiveDate").setParameter("asOfDate", new
Date());

List results = session.createQuery("from Employee as e where e.salary
> :targetSalary")

        .setLong("targetSalary", new Long(100000))

        .list();
```

在上面的 HQL 中，虽然我们仅仅显式地使用了一个薪水条件，但因为启用了过滤器，查询将仅返回那些目前雇佣关系处于生效期之内的，并且薪水高于 10 万美元的雇员的数据。

> **注意**：如果你打算在使用外连接（或者通过 HQL 或 load fetching）的同时使用过滤器，要注意条件表达式的方向（左还是右）。最安全的方式是使用左外连接（Left Outer Joining）。并且通常来说，先写参数，然后是操作符，最后写数据库字段名。

## 5.3.6  对象状态管理

Hibernate 是完整的对象/关系映射解决方案，它提供了对象状态管理（State Management）的功能，使开发者不再需要考虑底层数据库系统的细节。也就是说，相对于常见的 JDBC/SQL 持久层方案中需要管理 SQL 语句，Hibernate 采用了更自然的面向对象的视角来持久化 Java 应用中的数据。

换句话说，使用 Hibernate 的开发者应该总是关注对象的状态（State），而不必考虑 SQL 语句的执行。这部分细节已经由 Hibernate 妥当管理，只有开发者在进行系统性能调优的时候才需要进行了解。

## 1. Hibernate 对象状态（Object State）

Hibernate 定义并支持下列对象状态（State）。

- 瞬时（Transient）——由 new 操作符创建，且尚未与 Hibernate Session 关联的对象被认定为瞬时的。瞬时对象不会被持久化到数据库中，也不会被赋予持久化标识（Identifier）。如果程序中没有保持对瞬时对象的引用，它会被垃圾回收器（Garbage Collector）销毁。使用 Hibernate Session 可以将其变为持久（Persistent）状态（Hibernate 会自动执行必要的 SQL 语句）。

- 持久（Persistent）——持久的实例在数据库中有对应的记录，并拥有一个持久化标识（Identifier）。持久的实例可能是刚被保存的，或刚被加载的，无论哪一种，按定义对象都仅在相关联的 Session 生命周期内保持这种状态。Hibernate 会检测到处于持久状态的对象的任何改动，在当前操作单元（Unit of Work）执行完毕时将对象数据与数据库同步（Synchronize）。开发者不需要手动执行 UPDATE。将对象从持久状态变成瞬时状态同样也不需要手动执行 DELETE 语句。

- 脱管（Detached）——与持久对象关联的 Session 被关闭后，对象就变为脱管（Detached）的。对脱管对象的引用依然有效，对象可继续被修改。脱管对象如果重新关联到某个新的 Session 上，会再次转变为持久的（脱管期间的改动将被持久化到数据库）。这个功能使得一种编程模型，即中间会给用户思考时间（User Think-time）的长时间运行的操作单元的编程模型成为可能。我们称之为应用程序事务，即从用户观点看是一个操作单元。

对象状态可以相互转化，如图 5-7 所示。

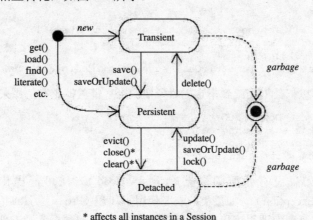

\* affects all instances in a Session

图 5-7 对象状态的相互转化

接下来我们来细致地讨论状态（State）及状态间的转换（State Transition）（以及触发状态转换的 Hibernate 方法）。

## 2. 使对象持久化

Hibernate 认为持久化类（Persistent Class）新实例化的对象是瞬时（Transient）的。我们可将瞬时对象与 Session 关联而变为持久（Persistent）的。

```
DomesticCat fritz = new DomesticCat();
fritz.setColor(Color.GINGER);
fritz.setSex('M');
fritz.setName("Fritz");
Long generatedId = (Long) sess.save(fritz);
```

如果 Cat 的持久化标识（Identifier）是 generated 类型的，那么该标识会自动在 save() 被调用时产生并分配给 Cat。如果 Cat 的持久化标识是 assigned 类型的，或是一个复合主键（Composite Key），那么该标识应当在调用 save() 之前手动赋予给 Cat。

此外，你可以用一个重载版本的 save() 方法。

```
DomesticCat pk = new DomesticCat();
pk.setColor(Color.TABBY);
pk.setSex('F');
pk.setName("PK");
pk.setKittens( new HashSet() );
pk.addKitten(fritz);
sess.save( pk, new Long(1234) );
```

如果持久化的对象有关联的对象（Associated Object）（例如上例中的 kittens 集合），那么对这些对象进行持久化的顺序是任意的（也就是说，可以先对 kittens 进行持久化，也可以先对 pk 进行持久化），除非在外键列上有 NOT NULL 约束。Hibernate 不会违反外键约束，但是如果用错误的顺序持久化对象，那么可能会违反 NOT NULL 约束。

通常你不会为这些细节烦心，因为你会使用 Hibernate 的传播性持久化（Transitive Persistence）功能自动保存相关联的那些对象。这样连违反 NOT NULL 约束情况都不会出现了，Hibernate 会管好所有的事情。传播性持久化将在稍后讨论。

### 3．装载对象

如果你知道某个实例的持久化标识，你就可以使用 Session 的 load() 方法来获取它。load() 的另一个参数是指定类的 .class 对象。本方法会创建指定类的持久化实例，并从数据库加载其数据。

```
Cat fritz = (Cat) sess.load(Cat.class, generatedId);
// you need to wrap primitive identifiers
long pkId = 1234;
DomesticCat pk = (DomesticCat) sess.load( Cat.class, new Long(pkId) );
```

此外，你可以把数据加载到指定的对象实例上（覆盖掉该实例原来的数据）。

```
Cat cat = new DomesticCat();
// load pk's state into cat
sess.load( cat, new Long(pkId) );
Set kittens = cat.getKittens();
```

请注意：如果没有匹配的数据库记录，load() 方法可能抛出无法恢复的异常（Unrecoverable Exception）。如果类的映射使用了代理（Proxy），load() 方法会返回一个未初始化的代理，直到你调用该代理的某方法时才会去访问数据库。若你希望在某对象中创建一个指向另一个对象的关联，又不想在从数据库中装载该对象时同时装载相关联的那个对象，那么这种操作方式就很有用处了。如果为相应类映射关系设置了 batch-size，那么使用这种操作方式允许多个对象被一批装载。

如果你不确定是否有匹配的行存在，应该使用 get() 方法，它会立刻访问数据库；如果没有对应的行，会返回 null。

```
Cat cat = (Cat) sess.get(Cat.class, id);
if (cat==null) {
    cat = new Cat();
    sess.save(cat, id);
}
return cat;
```

你甚至可以选用某个 LockMode，用 SQL 的 SELECT ... FOR UPDATE 装载对象。请查阅 API 文档以获取更多信息。

```
Cat cat = (Cat) sess.get(Cat.class, id, LockMode.UPGRADE);
```

> **注意**：任何关联的对象或者包含的集合都不会被以 FOR UPDATE 方式返回，除非指定了 lock 或者 all 作为关联（Association）的级联风格（Cascade Style）。

任何时候都可以使用 refresh()方法强迫装载对象和它的集合。如果使用数据库触发器功能来处理对象的某些属性，这个方法就很有用了。

```
sess.save(cat);
sess.flush(); //force the SQL INSERT
sess.refresh(cat); //re-read the state (after the trigger executes)
```

### 4. 查询

如果不知道所要寻找的对象的持久化标识，那么你需要使用查询。Hibernate 支持强大且易于使用的面向对象查询语言 HQL。如果希望通过编程的方式创建查询，Hibernate 提供了完善的按条件（Query By Criteria, QBC）以及按样例（Query By Example, QBE）进行查询的功能。你也可以用原生 SQL（Native SQL）描述查询，Hibernate 提供了将结果集（Result Set）转化为对象的部分支持。我们已经详细讨论过 HQL，这里就不再赘述了。

### 5. 修改持久对象

事务中的持久实例（就是通过 Session 装载、保存、创建或者查询出的对象）被应用程序操作所造成的任何修改都会在 Session 被刷出（Flushed）的时候被持久化。这里不需要调用某个特定的方法（比如 update()，设计它的目的是不同的）将你的修改持久化。所以，最直接的更新一个对象的方法就是在 Session 处于打开状态时 load()它，然后直接修改即可。

```
DomesticCat cat = (DomesticCat) sess.load( Cat.class, new Long(69) );
cat.setName("PK");
sess.flush();  // changes to cat are automatically detected and persisted
```

有时这种程序模型效率低下，因为它在同一 Session 里需要一条 SQL SELECT 语句（用于加载对象），以及一条 SQL UPDATE 语句（持久化更新的状态）。为此，Hibernate 提供了另一种途径，使用脱管（Detached）实例。

### 6. 修改脱管（Detached）对象

很多程序需要在某个事务中获取对象，然后将对象发送到界面层去操作，最后在一个新的事务中保存所做的修改。在高并发访问的环境中使用这种方式，通常使用附带版本信息的数据来保证这些"长"工作单元之间的隔离。

Hibernate 通过提供使用 Session.update()或 Session.merge()方法，重新关联脱管实例的办法来支持这种模型。

```
// in the first session
Cat cat = (Cat) firstSession.load(Cat.class, catId);
Cat potentialMate = new Cat();
firstSession.save(potentialMate);

// in a higher layer of the application
cat.setMate(potentialMate);

// later, in a new session
secondSession.update(cat);  // update cat
secondSession.update(mate); // update mate
```

如果具有 catId 持久化标识的 Cat 之前已经被另一个 Session(secondSession) 装载了，应用程序进行重关联操作（Reattach）的时候会抛出一个异常。

如果你确定当前 Session 没有包含与之具有相同持久化标识的持久实例，则使用 update()。如果想随时合并你的改动而不考虑 Session 的状态，则使用 merge()。换句话说，在一个新 Session 中通常第一个调用的是 update()方法，以便保证重新关联脱管对象的操作首先被执行。

希望相关联的脱管对象的数据也要更新到数据库中时，应用程序需要对该相关联的脱管对象单独调用 update()，当然这些可以自动完成，即通过使用传播性持久化（Transitive Persistence）。

lock()方法也允许程序将某个对象重新关联到一个新的 Session 上。不过，该脱管的对象必须是没有修改过的。

```
//just reassociate:
sess.lock(fritz, LockMode.NONE);
//do a version check, then reassociate:
sess.lock(izi, LockMode.READ);
//do a version check, using SELECT ... FOR UPDATE, then reassociate:
sess.lock(pk, LockMode.UPGRADE);
```

请注意：lock()可以搭配多种 LockMode，更多信息请阅读 API 文档以及关于事务处理的内容。重新关联不是 lock()的唯一用途。

### 7. 自动状态检测

Hibernate 的用户曾要求一个既可自动分配新持久化标识保存瞬时对象，又可更新/重新关联脱管实例的通用方法。saveOrUpdate()方法实现了这个功能。

```
// in the first session
Cat cat = (Cat) firstSession.load(Cat.class, catID);

// in a higher tier of the application
Cat mate = new Cat();
cat.setMate(mate);

// later, in a new session
secondSession.saveOrUpdate(cat);   // update existing state (cat has a
non-null id)
secondSession.saveOrUpdate(mate);  // save the new instance (mate has a null
id)
```

saveOrUpdate()用途和语义可能会使新用户感到迷惑。首先，只要你没有尝试在某个 Session 中使用来自另一个 Session 的实例，应该就不需要使用 update()、saveOrUpdate()或 merge()。有些程序从来不用这些方法。

通常下面的场景会使用 update()或 saveOrUpdate()：

- 程序在第一个 Session 中加载对象；
- 该对象被传递到表现层；
- 对象发生了一些改动；
- 该对象被返回到业务逻辑层；
- 程序调用第二个 Session 的 update()方法持久化这些改动。

saveOrUpdate()做下面的事情：

- 如果对象已经在本 Session 中持久化了，则不做任何事情；
- 如果另一个与本 Session 关联的对象拥有相同的持久化标识，则抛出一个异常；

- 如果对象没有持久化标识属性，则对其调用 save();
- 如果对象的持久标识表明其是一个新实例化的对象，则对其调用 save();
- 如果对象是附带版本信息的（通过<version>或<timestamp>），并且版本属性的值表明其是一个新实例化的对象，则 save()它；
- 否则，update()这个对象。

merge()则有显著区别：

- 如果 Session 中存在相同持久化标识的实例，则用用户给出的对象的状态覆盖旧有的持久实例；
- 如果 Session 没有相应的持久实例，则尝试从数据库中加载，或创建新的持久化实例，最后返回该持久实例；
- 用户给出的这个对象没有被关联到 Session 上，它依旧是脱管的。

### 8. 删除持久对象

使用 Session.delete()会把对象的状态从数据库中移除。当然，应用程序可能仍然持有一个指向已删除对象的引用。所以，最好这样理解：delete()的用途是把一个持久实例变成瞬时（Transient）实例。

```
sess.delete(cat);
```

你可以用自己喜欢的任何顺序删除对象，不用担心外键约束冲突。当然，如果搞错了顺序，还是有可能引发在外键字段定义的 NOT NULL 约束冲突的。例如，删除了父对象，但是忘记删除子对象。

### 9. 在两个不同数据库间复制对象

我们偶尔会用到不重新生成持久化标识（Identifier），将持久实例以及其关联的实例持久到不同的数据库中的操作。

```
//retrieve a cat from one database
Session session1 = factory1.openSession();
Transaction tx1 = session1.beginTransaction();
Cat cat = session1.get(Cat.class, catId);
tx1.commit();
session1.close();

//reconcile with a second database
Session session2 = factory2.openSession();
Transaction tx2 = session2.beginTransaction();
session2.replicate(cat, ReplicationMode.LATEST_VERSION);
tx2.commit();
session2.close();
```

ReplicationMode 决定数据库中已存在相同行时，replicate()如何处理。

- ReplicationMode.IGNORE——忽略它；
- ReplicationMode.OVERWRITE——覆盖相同的行；
- ReplicationMode.EXCEPTION——抛出异常；
- ReplicationMode.LATEST_VERSION——如果当前的版本较新，则覆盖，否则忽略。

这个功能的用途包括使录入的数据在不同数据库中一致，产品升级时升级系统配置信息，回滚 non-ACID 事务中的修改等。（ACID，Atomic，Consistent，Isolated and Durable 的缩写。）

## 10．Session 刷出（flush）

每间隔一段时间，Session 会执行一些必需的 SQL 语句来把内存中对象的状态同步到 JDBC 连接中。这个过程被称为刷出（flush），默认会在下面的时间点执行。

在某些查询执行之前：

- 在调用 org.hibernate.Transaction.commit()时；
- 在调用 Session.flush()时。

涉及的 SQL 语句会按照下面的顺序发出执行：

- 所有对实体进行插入的语句，其顺序按照对象执行 Session.save()的时间顺序；
- 所有对实体进行更新的语句；
- 所有进行集合删除的语句；
- 所有对集合元素进行删除、更新或者插入的语句；
- 所有进行集合插入的语句；
- 所有对实体进行删除的语句，其顺序按照对象执行 Session.delete()的时间顺序。

除非你明确地发出了 flush()指令。关于 Session 何时会执行这些 JDBC 调用是完全无法保证的，只能保证它们执行的前后顺序。

也可以改变默认的设置，来让刷出操作发生得不那么频繁。FlushMode 类定义了 3 种不同的方式。仅在提交时刷出（仅当 Hibernate 的 Transaction API 被使用时有效），按照刚才说的方式刷出，以及除非明确使用 flush()，否则从不刷出。最后一种方式对于那些需要长时间保持 Session 为打开或者断线状态的长时间运行的工作单元很有用。

```
sess = sf.openSession();
Transaction tx = sess.beginTransaction();
sess.setFlushMode(FlushMode.COMMIT); // allow queries to return stale state

Cat izi = (Cat) sess.load(Cat.class, id);
izi.setName(iznizi);

// might return stale data
sess.find("from Cat as cat left outer join cat.kittens kitten");

// change to izi is not flushed!
...
tx.commit(); // flush occurs
```

刷出期间，可能会抛出异常。

## 11．传播性持久化（Transitive Persistence）

对每一个对象都要执行保存、删除或重关联操作，让人感觉有点琐碎，尤其是在处理许多彼此关联的对象的时候。一个常见的例子是父子关系。考虑下面的例子。

如果一个父子关系中的子对象是值类型（Value Typed）（例如，地址或字符串的集合）的，它们的生命周期会依赖于父对象，可以享受方便的级联操作（Cascading），不需要额外的动作。父对象被保存时，这些值类型子对象也将被保存；父对象被删除时，子对象也将被删除。这对将一个子对象从集合中移除时同样有效：Hibernate 会检测到，并且因为值类型的对象不可能被其他对象引用，所以 Hibernate 会在数据库中删除这个子对象。

现在考虑同样的场景，不过父子对象都是实体（Entities）类型，而非值类型（例如，类别与个体，或母猫和小猫）。实体有自己的生命周期，允许共享对其的引用（因此，从集合中移除一个实体，不意味着它可以被删除），并且实体到其他关联实体之间默认没有级联操作的设置。Hibernate 默认不实现所谓的可到达即持久化（Persistence by Reachability）的策略。

每个 Hibernate Session 的基本操作——包括 persist()、merge()、saveOrUpdate()、delete()、lock()、refresh()、evict()、replicate()——都有对应的级联风格（Cascade Style）。这些级联风格分别命名为 create、merge、save-update、delete、lock、refresh、evict、replicate。如果你希望一个操作被顺着关联关系级联传播，则必须在映射文件中指出这一点。例如：

```
<one-to-one name="person" cascade="create"/>
```

级联风格是可组合的：

```
<one-to-one name="person" cascade="create,delete,lock"/>
```

你可以使用 cascade="all" 来指定全部操作都顺着关联关系级联。默认值是 cascade="none"，即任何操作都不会被级联。

**注意**：有一个特殊的级联风格 delete-orphan，只应用于 one-to-many 关联，表明 delete() 操作应该被应用于所有从关联中删除的对象。

**建议：**

通常在 `<many-to-one>` 或 `<many-to-many>` 关系中应用级联没什么意义。级联通常在 `<one-to-one>` 和 `<one-to-many>` 关系中比较有用。

如果子对象的寿命限定在父亲对象的寿命之内，则可通过指定 cascade="all,delete-orphan" 将其变为自动生命周期管理的对象（Lifecycle Object）。

在其他情况下，根本不需要级联。但是如果你认为你会经常在某个事务中同时用到父对象与子对象，并且希望少写代码，则可以考虑使用 cascade="create,merge,save-update"。

可以使用 cascade="all" 将一个关联关系（无论是对值对象的关联，或者对一个集合的关联）标记为父/子关系的关联。这样对父对象进行 save/update/delete 操作就会导致子对象也进行 save/update/delete 操作。

此外，一个持久的父对象对子对象的浅引用（Mere Reference）会导致子对象被同步 save/update。不过，这个隐喻（Metaphor）的说法并不完整。除非关联是 `<one-to-many>` 关联并且被标记为 cascade="delete-orphan"，否则父对象失去对某个子对象的引用不会导致该子对象被自动删除。父子关系的级联操作准确语义如下：

- 如果父对象被 persist()，那么所有子对象也会被 persist()；
- 如果父对象被 merge()，那么所有子对象也会被 merge()；
- 如果父对象被 save()、update() 或 saveOrUpdate()，那么所有子对象则会被 saveOrUpdate()；
- 如果某个持久的父对象引用了瞬时或者脱管的子对象，那么子对象将会被 saveOrUpdate()；
- 如果父对象被删除，那么所有子对象也会被 delete()。
- 除非被标记为 cascade="delete-orphan"（删除"孤儿"模式，此时不被任何一个父对象引用的子对象会被删除），否则子对象失掉父对象对其的引用时，什么事也不会发生。如果有特殊需要，应用程序可通过显式调用 delete() 删除子对象。

### 5.3.7 继承映射（Inheritance Mapping）

**1. 策略**

Hibernate 支持 3 种不同的基本继承映射策略。

- 每个继承树一个表（只对父类映射一个表）；
- 每个子类映射一个表；
- 每个具体类映射一个表（有一些限制）。

假设我们有一个 Employee 父类，它有两个子类：HourlyEmployee 和 SalariedEmployee。"继承树共享一个表"的映射是这样的：

```
<class name="mypack.Employee" table="EMPLOYEES">
   <id name="id" type="long" column="ID">
    <generator class="increment"/>
   </id>
   <discriminator column="EMPLOYEE_TYPE" type="string" />
   <property name="name" type="string" column="NAME" />

   <subclass name="mypack.HourlyEmployee" discriminator-value="HE" >
    <property name="rate" column="RATE" type="double" />
   </subclass>

   <subclass name="mypack.SalariedEmployee" discriminator-value="SE" >
    <property name="salary" column="SALARY" type="double" />
   </subclass>

</class>
```

这种方式只需要一个表。这种映射策略有一个大限制：子类定义的字段不能有 NOT NULL 限制。

"每个子类一个表"的映射是这样的：

```
<class name="mypack.HourlyEmployee" table="HOURLY_EMPLOYEES">
    <id name="id" type="long" column="ID">
     <generator class="increment"/>
    </id>

    <property name="name" type="string" column="NAME" />

    <property name="rate" column="RATE" type="double" />

    ......
   </class>

   <class name="mypack.SalariedEmployee" table="SALARIED_EMPLOYEES">
    <id name="id" type="long" column="ID">
     <generator class="increment"/>
    </id>

    <property name="name" type="string" column="NAME" />

    <property name="salary" column="SALARY" type="double" />
    ......
   </class>
```

"每个具体类一个表"的策略非常不同：

```
<class name="mypack.Employee" table="EMPLOYEES">
   <id name="id" type="long" column="ID">
    <generator class="increment"/>
```

```
</id>
<property name="name" type="string" column="NAME" />

<joined-subclass name="mypack.HourlyEmployee"
   table="HOURLY_EMPLOYEES" >
   <key column="EMPLOYEE_ID" />
   <property name="rate" column="RATE" type="double" />
</joined-subclass>

<joined-subclass name="mypack.SalariedEmployee"
   table="SALARIED_EMPLOYEES" >
   <key column="EMPLOYEE_ID" />
   <property name="salary" column="SALARY" type="double" />
</joined-subclass>

</class>
```

**2．限制**

Hibernate 假设关联严格地和一个外键字段相映射。如果一个外键具有多个关联，也是可以接受的（你可能需要指定 inverse="true"或者 insert="false" update="false"），但是不能为多重外键指定任何映射的关联。这意味着：

- 当更改一个关联时，永远是更新的同一个外键；
- 当一个关联是延迟抓取（Fetched Lazily）时，只需要用一次数据库查询；
- 当一个关联是提前抓取（Fetched Eagerly）时，使用一次 Outer Join 即可。

特别要指出的是，使用"每个具体类一个表"的策略来实行多态的一对多关联是不支持的。

表 5-30 列出了在 Hibernte 中，"每个具体类一个表"策略与隐含多态机制的限制。

表 5-30　继承映射特性（Features of Inheritance Mapping）

| 继承策略（Inheritance Strategy） | 多态 多对一 | 多态 一对一 | 多态 一对多 | 多态 多对多 | 多态 load()/get() | 多态查询 | 多态连接（join） | Outer Join 抓取 |
|---|---|---|---|---|---|---|---|---|
| 每个继承树一个表 | \<many-to-one> | \<one-to-one> | \<one-to-many> | \<many-to-many> | s.get(Payment.class, id) | from Payment p | from Order o join o.payment p | 支持 |
| 每个子类一个表 | \<many-to-one> | \<one-to-one> | \<one-to-many> | \<many-to-many> | s.get(Payment.class, id) | from Payment p | from Order o join o.payment p | 支持 |
| 每个具体类一个表（隐含多态） | \<any> | 不支持 | 不支持 | \<many-to-any> | use a query | from Payment p | 不支持 | 不支持 |

## 5.3.8　组件（**Component**）映射

Component 这个概念在 Hibernate 中不同的地方为了不同的目的被重复使用。

**1．依赖对象（Dependent Object）**

Component 是一个被包含的对象，它作为值类型被持久化，而非一个实体。"Component（组件）"这一术语指的是面向对象的合成概念（而并不是系统构架层次上组件的概念）。举个例子，你可以对人（Person）这样来建模：

```
public class Person {
   private java.util.Date birthday;
   private Name name;
```

```
            private String key;
            public String getKey() {
                return key;
            }
            private void setKey(String key) {
                this.key=key;
            }
            public java.util.Date getBirthday() {
                return birthday;
            }
            public void setBirthday(java.util.Date birthday) {
                this.birthday = birthday;
            }
            public Name getName() {
                return name;
            }
            public void setName(Name name) {
                this.name = name;
            }
            ......
            ......
        }
        public class Name {
            char initial;
            String first;
            String last;
            public String getFirst() {
                return first;
            }
            void setFirst(String first) {
                this.first = first;
            }
            public String getLast() {
                return last;
            }
            void setLast(String last) {
                this.last = last;
            }
            public char getInitial() {
                return initial;
            }
            void setInitial(char initial) {
                this.initial = initial;
            }
        }
```

现在，姓名（Name）是作为人（Person）的一个组成部分。需要注意的是：需要对姓名的持久化属性定义 getter 和 setter 方法，但是不需要实现任何的接口或声明标识符字段。

以下是这个例子的 Hibernate 映射文件。

```
<class name="eg.Person" table="person">
    <id name="Key" column="pid" type="string">
      <generator class="uuid.hex"/>
    </id>
    <property name="birthday" type="date"/>
    <component name="Name" class="eg.Name"> <!-- class attribute optional -->
```

```
      <property name="initial"/>
      <property name="first"/>
      <property name="last"/>
   </component>
</class>
```

人员（Person）表中将包括 pid、birthday、initial、first 和 last 等字段。

就像所有的值类型一样，Component 不支持共享引用。Component 的值为空，从语义学上来讲是专有的。每当重新加载一个包含组件的对象时，如果 Component 的所有字段为空，那么 Hibernate 将假定整个 Component 为空。对于绝大多数目的，这样假定是没有问题的。

Component 的属性可以是 Hibernate 类型（包括 Collections、many-to-one 关联，以及其他 Component 等）。嵌套 Component 不应该作为特殊的应用被考虑。Hibernate 趋向于支持设计细致（fine-grained）的对象模型。

<component>元素还允许有<parent>子元素，用来表明 Component 类中的一个属性返回包含它的实体的引用。

```
<class name="eg.Person" table="person">
   <id name="Key" column="pid" type="string">
      <generator class="uuid.hex"/>
   </id>
   <property name="birthday" type="date"/>
   <component name="Name" class="eg.Name">
      <parent name="namedPerson"/> <!-- reference back to the Person -->
      <property name="initial"/>
      <property name="first"/>
      <property name="last"/>
   </component>
</class>
```

在集合中出现的依赖对象：

Hibernate 支持 Component 的集合（例如：一个元素是"姓名"这种类型的数组）。可以使用<composite-element>标签替代<element>标签来定义 Component 集合。

```
<set name="someNames" table="some_names" lazy="true">
   <key column="id"/>
   <composite-element class="eg.Name"> <!-- class attribute required -->
      <property name="initial"/>
      <property name="first"/>
      <property name="last"/>
   </composite-element>
</set>
```

**注意**：如果你决定定义一个元素是联合元素的 Set，正确地实现 equals()和 hashCode()是非常重要的。

组合元素可以包含 Component，但是不能包含集合。如果组合元素自身包含 Component，则必须使用<nested-composite-element>标签。这是一个相当特殊的案例——组合元素的集合自身可以包含 Component。这个时候你就应该考虑使用 one-to-many 关联是否会更恰当。尝试对这个组合元素重新建模为一个实体——但是需要注意的是，虽然 Java 模型和重新建模前是一样的，但关系模型和持久性语义上仍然存在轻微的区别。

请注意：如果使用<set>标签，一个组合元素的映射不支持可能为空的属性。当删除对象时，Hibernate 必须使用每一个字段来确定一条记录（在组合元素表中，没有单个的关键字段），如果有为 null 的字段，这样做就不可能了。你必须做出一个选择，要么在组合元素中使用不能为空的属性，要么选择使用\<list\>、\<map\>、\<bag\>或者\<idbag\>，而不是\<set\>。

组合元素有个特别的案例，即组合元素可以包含一个\<many-to-one\>元素。类似这样的映射，允许你映射一个 many-to-mang 关联表作为组合元素额外的字段。接下来的例子是从 Order 到 Item 的一个多对多的关联关系，而 purchaseDate、price 和 quantity 是 Item 的关联属性。

```
<class name="eg.Order" .... >
   ....
   <set name="purchasedItems" table="purchase_items" lazy="true">
      <key column="order_id">
      <composite-element class="eg.Purchase">
         <property name="purchaseDate"/>
         <property name="price"/>
         <property name="quantity"/>
         <many-to-one name="item" class="eg.Item"/> <!-- class attribute is
optional -->
      </composite-element>
   </set>
</class>
```

即使三重或多重管理都是可能的：

```
<class name="eg.Order" .... >
   ....
   <set name="purchasedItems" table="purchase_items" lazy="true">
      <key column="order_id">
      <composite-element class="eg.OrderLine">
         <many-to-one name="purchaseDetails" class="eg.Purchase"/>
         <many-to-one name="item" class="eg.Item"/>
      </composite-element>
   </set>
</class>
```

在查询中，组合元素使用的语法和关联到其他实体的语法是一样的。

（1）组件作为 Map 的索引（Components as Map Indices）

\<composite-index\>元素允许映射一个 Component 类作为 Map 的 key，但是必须确定正确地在这个类中重写了 hashCode()和 equals()方法。

（2）组件作为联合标识符（Components as Composite Identifiers）

可以使用一个 Component 作为一个实体类的标识符。Component 类必须满足以下要求：

- 必须实现 java.io.Serializable 接口；
- 必须重新实现 equals()和 hashCode()方法，始终和组合关键字在数据库中的概念保持一致。

你不能使用一个 IdentifierGenerator 产生组合关键字。作为替代应用程序必须分配它自己的标识符。

既然联合标识符必须在对象存储之前被分配，我们就不能使用标识符的 unsaved-value 来把刚刚新建的实例和在先前的 Session 中保存的实例区分开。

如果希望使用 saveOrUpdate()或者级联保存/更新，则应该实现 Interceptor.is Unsaved()。使用\<composite-id\>标签（它和\<component\>标签有同样的属性和元素）代替\<id\>标签。下面是一个联合标识符类的定义。

```
<class name="eg.Foo" table"FOOS">
   <composite-id name="compId" class="eg.FooCompositeID">
```

```
        <key-property name="string"/>
        <key-property name="short"/>
        <key-property name="date" column="date_" type="date"/>
    </composite-id>
    <property name="name"/>
    ....
</class>
```

这时候，任何到 FOOS 的外键也同样是联合的，在其他类的映射文件中也必须同样定义。一个到 Foo 的定义应该像以下这样：

```
<many-to-one name="foo" class="eg.Foo">
<!-- the "class" attribute is optional, as usual -->
    <column name="foo_string"/>
    <column name="foo_short"/>
    <column name="foo_date"/>
</many-to-one>
```

新的**<column>**标签同样被用于包含多个字段的自定义类型。事实上，在各个地方它都是一个可选的字段属性。要定义一个元素是 Foo 的集合类，要这样写：

```
<set name="foos">
    <key column="owner_id"/>
    <many-to-many class="eg.Foo">
        <column name="foo_string"/>
        <column name="foo_short"/>
        <column name="foo_date"/>
    </many-to-many>
</set>
```

另外，**<one-to-many>**元素通常不定义字段。

如果 Foo 自己包含集合，那么它们也需要使用联合外键。

```
<class name="eg.Foo">
    ....
    ....
    <set name="dates" lazy="true">
        <key>  <!-- a collection inherits the composite key type -->
            <column name="foo_string"/>
            <column name="foo_short"/>
            <column name="foo_date"/>
        </key>
        <element column="foo_date" type="date"/>
    </set>
</class>
```

### 2. 动态组件（Dynamic Components）

你甚至可以映射 Map 类型的属性：

```
<dynamic-component name="userAttributes">
    <property name="foo" column="FOO"/>
    <property name="bar" column="BAR"/>
    <many-to-one name="baz" class="eg.Baz" column="BAZ"/>
</dynamic-component>
```

从**<dynamic-component>**映射的语义上来讲，它和**<component>**是相同的。这种映射类型的优点在于通过修改映射文件，就可以具有在部署时检测真实属性的能力。（利用一个 DOM 解析器，是有可能在运行时刻操作映射文件的。）

### 5.3.9　缓存管理

缓存管理是性能优化必不可少的一个技术。Hibernate 对缓存有很好的支持，它提供了双层缓存架构（Hibernate Dual-Layer Cache Architecture）。

一级缓存是由 Session 完成的。Hibernate 的 Session 在事务级别进行持久化数据的缓存操作。当然，也有可能分别为每个类（或集合），配置集群或 JVM 级别（SessionFactory 级别）的缓存。你甚至可以为之插入一个集群的缓存。注意：缓存永远不知道其他应用程序对持久化仓库（数据库）可能进行的修改（即使可以将缓存数据设定为定期失效）。

我们重点讨论二级缓存技术。二级缓存是由缓存策略提供商（Cache Providers）完成的，见表 5-31。在默认情况下，Hibernate 使用 EHCache 进行 JVM 级别的缓存。你可以通过设置 hibernate.cache.provider_class 属性，指定其他的缓存策略，该缓存策略必须实现 org.hibernate.cache.CacheProvider 接口。

表 5-31　缓存策略提供商（Cache Providers）

| Cache | Provider class | Type | Cluster Safe | Query Cache Supported |
|---|---|---|---|---|
| Hashtable (not intended for production use) | net.sf.hibernate.cache.HashtableCacheProvider | memory | | yes |
| EHCache | net.sf.hibernate.cache.EhCacheProvider | memory, disk | | yes |
| OSCache | net.sf.hibernate.cache.OSCacheProvider | memory, disk | | yes |
| SwarmCache | net.sf.hibernate.cache.SwarmCacheProvider | clustered (ip multicast) | yes (clustered invalidation) | |
| JBoss TreeCache | net.sf.hibernate.cache.TreeCacheProvider | clustered (ip multicast), transactional | yes (replication) | |

例如：为了使用 EHCache，我们需要 ehcache.xml 配置文件。

```
<ehcache>

    <diskStore path="C:\\temp"/>

    <defaultCache
        maxElementsInMemory="10000"
        eternal="false"
        timeToIdleSeconds="120"
        timeToLiveSeconds="120"
        overflowToDisk="true"
        />

    <cache name="com.ascent.po.Customer"
        maxElementsInMemory="1"
        eternal="false"
        timeToIdleSeconds="300"
        timeToLiveSeconds="600"
        overflowToDisk="true"
        />
```

```
<cache name="com.ascent.po.Customer.orders"
    maxElementsInMemory="1000"
    eternal="true"
    overflowToDisk="false"
/>

<cache name="com.ascent.po.Order"
    maxElementsInMemory="10000"
    eternal="false"
    timeToIdleSeconds="300"
    timeToLiveSeconds="600"
    overflowToDisk="true"
/>

<cache name="customerQueries"
    maxElementsInMemory="1000"
    eternal="false"
    timeToIdleSeconds="300"
    timeToLiveSeconds="600"
    overflowToDisk="true"
/>

</ehcache>
```

### 1．缓存映射（Cache Mappings）

类或者集合映射的"<cache>元素"可以有下列形式：

```
<cache
    usage="transactional|read-write|nonstrict-read-write|read-only"
/>
```

usage 说明了缓存的策略：transactional、read-write、nonstrict-read-write 或 read-only。

另外（首选做法），你可以在 hibernate.cfg.xml 中指定<class-cache>和 <collection- cache>元素。

这里的 usage 属性指明了缓存并发策略（Cache Concurrency Strategy）。

### 2．策略：只读缓存（Strategy: read-only）

如果应用程序只需读取一个持久化类的实例，而无须对其修改，那么就可以对其进行只读缓存。这是最简单也是实用性最好的方法。甚至在集群中，它也能完美地运作。

```
<class name="eg.Immutable" mutable="false">
    <cache usage="read-only"/>
    ....
</class>
```

### 3．策略：读/写缓存（Strategy: read/write）

如果应用程序需要更新数据，那么使用读/写缓存比较合适。如果应用程序要求"序列化事务"的隔离级别（Serializable Transaction Isolation Level），那么就决不能使用这种缓存策略。如果在 JTA 环境中使用缓存，则必须指定 hibernate. transaction.manager _lookup_ class 属性的值，通过它，Hibernate 才能知道该应用程序中 JTA 的 TransactionManager 的具体策略。在其他环境中，你必须保证在 Session.close()或 Session.disconnect()调用前，整个事务已经结束。如果想在集群环境中使用此策略，则必须保证底层的缓存实现支持锁定（Locking）。Hibernate 内置的缓存策略并不支持锁定功能。

```
<class name="eg.Cat" ... >
    <cache usage="read-write"/>
    ....
    <set name="kittens" ... >
        <cache usage="read-write"/>
        ....
    </set>
</class>
```

#### 4．策略：非严格读/写缓存（Strategy: nonstrict read/write）

如果应用程序只偶尔需要更新数据（也就是说，两个事务同时更新同一记录的情况很不常见），也不需要十分严格的事务隔离，那么比较适合使用非严格读/写缓存策略。如果在 JTA 环境中使用该策略，则必须为其指定 hibernate.transaction. manager_lookup_class 属性的值，在其他环境中，则必须保证在 Session.close()或 Session.disconnect()调用前，整个事务已经结束。

#### 5．策略：事务缓存（transactional）

Hibernate 的事务缓存策略提供了全事务的缓存支持，例如对 JBoss TreeCache 的支持。这样的缓存只能用于 JTA 环境中，你必须为其指定 hibernate.transaction.manager_lookup_class 属性。

没有一种缓存提供商能够支持上述的所有缓存并发策略。表 5-32 中列出了各种缓存提供商及其各自适用的并发策略。

表 5-32　各种缓存提供商对缓存并发策略的支持情况（Cache Concurrency Strategy Support）

| Cache | read-only | nonstrict read/write | read-write | transactional |
|---|---|---|---|---|
| Hashtable (not intended for production use) | yes | yes | yes | |
| EHCache | yes | yes | yes | |
| OSCache | yes | yes | yes | |
| SwarmCache | yes | yes | | |
| JBoss TreeCache | yes | | | yes |

#### 6．管理缓存（Managing Caches）

无论何时，当给 save()、update()或 saveOrUpdate()方法传递一个对象时，或使用 load()、get()、list()、iterate()或 scroll()方法获得一个对象时，该对象都将被加入到 Session 的内部缓存中。

当随后 flush()方法被调用时，对象的状态会和数据库取得同步。如果不希望此同步操作发生，或者你正处理大量对象、需要有效管理内存时，则可以调用 evict()方法，从一级缓存中去掉这些对象及其集合。

```
ScrollableResult cats = sess.createQuery("from Cat as cat").scroll(); //a
huge result set
while ( cats.next() ) {
    Cat cat = (Cat) cats.get(0);
    doSomethingWithACat(cat);
    sess.evict(cat);
}
```

Session 还提供了一个 contains()方法，用来判断某个实例是否处于当前 Session 的缓存中。

如果要把所有的对象从 Session 缓存中彻底清除，则需要调用 Session.clear()。

对于二级缓存来说，在 SessionFactory 中定义了许多方法，清除缓存中实例、整个类、集合实例或者整个集合。

```
sessionFactory.evict(Cat.class, catId); //evict a particular Cat
sessionFactory.evict(Cat.class);  //evict all Cats
sessionFactory.evictCollection("Cat.kittens", catId); //evict a particular
collection of kittens
sessionFactory.evictCollection("Cat.kittens"); //evict all kitten
collections
```

CacheMode 参数用于控制具体的 Session 如何与二级缓存进行交互。

- CacheMode.NORMAL——从二级缓存中读、写数据。
- CacheMode.GET——从二级缓存中读取数据，仅在数据更新时对二级缓存写数据。
- CacheMode.PUT——仅向二级缓存写数据，但不从二级缓存中读数据。
- CacheMode.REFRESH——仅向二级缓存写数据，但不从二级缓存中读数据。通过 hibernate.cache.use_minimal_puts 的设置，强制二级缓存从数据库中读取数据，刷新缓存内容。

如果需要查看二级缓存或查询缓存区域的内容，则可以使用统计（Statistics）API。

```
Map cacheEntries = sessionFactory.getStatistics()
      .getSecondLevelCacheStatistics(regionName)
      .getEntries();
```

此时，必须手工打开统计选项。可选的，你可以让 Hibernate 以人工可读的方式维护缓存内容。

```
hibernate.generate_statistics true
hibernate.cache.use_structured_entries true
```

### 7. 查询缓存（Query Cache）

查询的结果集也可以被缓存。只有当经常使用同样的参数进行查询时，这才会有些用处。要使用查询缓存，首先必须打开它：

```
hibernate.cache.use_query_cache true
```

该设置将会创建两个缓存区域：一个用于保存查询结果集（org.hibernate.cache.StandardQueryCache）；另一个则用于保存最近查询的一系列表的时间戳（org.hibernate.cache.UpdateTimestampsCache）。请注意：在查询缓存中，它并不缓存结果集中所包含的实体的确切状态；它只缓存这些实体的标识符属性的值以及各值类型的结果。所以，查询缓存通常会和二级缓存一起使用。

绝大多数的查询并不能从查询缓存中受益，所以 Hibernate 默认是不进行查询缓存的。如果需要进行缓存，请调用 Query.setCacheable（true）方法。这个调用会让查询在执行过程中先从缓存中查找结果，并将自己的结果集放到缓存中。

如果要对查询缓存的失效政策进行精确的控制，则必须调用 Query.setCacheRegion()方法，为每个查询指定其命名的缓存区域。

```
List blogs = sess.createQuery("from Blog blog where blog.blogger = :blogger")
     .setEntity("blogger", blogger)
```

```
.setMaxResults(15)
.setCacheable(true)
.setCacheRegion("frontpages")
.list();
```

如果查询需要强行刷新其查询缓存区域，那么你应该调用 Query.setCacheMode（CacheMode.REFRESH）方法。这对在其他进程中修改底层数据（例如，不通过 Hibernate 修改数据），或对那些需要选择性更新特定查询结果集的情况特别有用。这是对 SessionFactory.evictQueries()的更为有效的替代方案，同样可以清除查询缓存区域。

## 5.3.10　批量处理（Batch Processing）

使用 Hibernate 将 100000 条记录插入到数据库中的一个很自然的做法可能是这样的：

```
Session session = sessionFactory.openSession();
Transaction tx = session.beginTransaction();
for ( int i=0; i<100000; i++ ) {
    Customer customer = new Customer(.....);
    session.save(customer);
}
tx.commit();
session.close();
```

这段程序大概运行到 50000 条记录左右会失败并抛出内存溢出异常（OutOf MemoryExceptizon）。这是因为 Hibernate 把所有新插入的客户（Customer）实例在 Session 级别的缓存区进行了缓存的缘故。

如何避免此类问题呢？首先，如果要执行批量处理并且想要达到一个理想的性能，那么使用 JDBC 的批量（batching）功能是至关重要的。将 JDBC 的批量抓取数量（Batch Size）参数设置到一个合适值（比如，10～50 之间）。

```
hibernate.jdbc.batch_size 20
```

你也可能需要在执行批量处理时关闭二级缓存。

```
hibernate.cache.use_second_level_cache false
```

### 1. 批量插入（Batch Insert）

如果要将很多对象持久化，你必须通过经常地调用 flush()以及稍后调用 clear()来控制第一级缓存的大小。

```
Session session = sessionFactory.openSession();
Transaction tx = session.beginTransaction();

for ( int i=0; i<100000; i++ ) {
    Customer customer = new Customer(.....);
    session.save(customer);
    if ( i % 20 == 0 ) { //20, same as the JDBC batch size //20,与 JDBC 批量
设置相同
        //flush a batch of inserts and release memory:
        //将本批插入的对象立即写入数据库并释放内存
        session.flush();
        session.clear();
    }
}

tx.commit();
session.close();
```

### 2．批量更新（Batch Update）

此方法同样适用于检索和更新数据。此外，在进行会返回很多行数据的查询时，你需要使用 scroll()方法，以便充分利用服务器端游标所带来的好处。

```
Session session = sessionFactory.openSession();
Transaction tx = session.beginTransaction();

ScrollableResults customers = session.getNamedQuery("GetCustomers")
    .setCacheMode(CacheMode.IGNORE)
    .scroll(ScrollMode.FORWARD_ONLY);
int count=0;
while ( customers.next() ) {
    Customer customer = (Customer) customers.get(0);
    customer.updateStuff(...);
    if ( ++count % 20 == 0 ) {
        //flush a batch of updates and release memory:
        session.flush();
        session.clear();
    }
}

tx.commit();
session.close();
```

### 3．大批量更新/删除（Bulk Update/Delete）

就像已经讨论的那样，自动和透明的对象/关系映射（Object/Relational Mapping）关注于管理对象的状态。这就意味着对象的状态存在于内存，因此直接更新或者删除（使用 SQL 语句 UPDATE 和 DELETE）数据库中的数据将不会影响内存中的对象状态和对象数据。不过，Hibernate 提供通过 Hibernate 查询语言来执行大批量 SQL 风格的（UPDATE）和（DELETE）语句的方法。

UPDATE 和 DELETE 语句的语法为：

( UPDATE | DELETE ) FROM? ClassName (WHERE WHERE_CONDITIONS)?

有几点说明：

- 在 FROM 子句（from-clause）中，FROM 关键字是可选的；
- 在 FROM 子句（from-clause）中，只能有一个类名，并且它不能有别名；
- 不能在大批量 HQL 语句中使用连接（显式或者隐式的都不行）。不过，在 WHERE 子句中可以使用子查询；
- 整个 WHERE 子句是可选的。

举个例子：使用 Query.executeUpdate()方法执行一条 HQL UPDATE 语句。

```
Session session = sessionFactory.openSession();
    Transaction tx = session.beginTransaction();

    String hqlUpdate = "update Customer set name = :newName where name = :oldName";
    int updatedEntities = s.createQuery( hqlUpdate )
                    .setString( "newName", newName )
                    .setString( "oldName", oldName )
                    .executeUpdate();
    tx.commit();
    session.close();
```

执行一条 HQL DELETE 语句，同样使用 Query.executeUpdate()方法（此方法是为那些熟悉 JDBC PreparedStatement.executeUpdate()的人们而设定的）。

```
Session session = sessionFactory.openSession();
    Transaction tx = session.beginTransaction();

    String hqlDelete = "delete Customer where name = :oldName";
    int deletedEntities = s.createQuery( hqlDelete )
                    .setString( "oldName", oldName )
                    .executeUpdate();
    tx.commit();
    session.close();
```

### 5.3.11  Hibernate 实战开发步骤

① 建立 package：com.ascent.po、com.ascent.dao，如图 5-8 所示。

② 单击项目右键，选择"MyEclipse→Add Hibernate Capabilities"，打开如图 5-9 所示的对话框。

图 5-8　建立 package

图 5-9　配置 Hibernate 库文件

③ 选中"Hibernate 3.1"，勾选"MyEclipse Libraries"，选择"Copy checked Library Jars to project folder and add to build-path"，单击"Next"按钮，进入下一步，如图 5-10 所示。

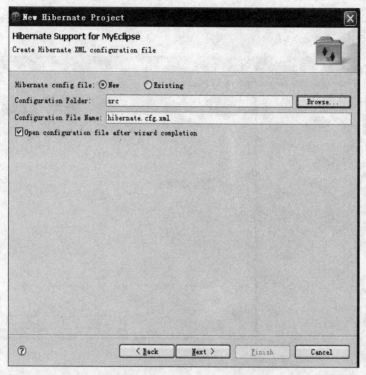

图 5-10　建立 Hibernate 配置文件

④ 保留默认值，单击"Next"按钮，进入下一步，如图 5-11 所示。

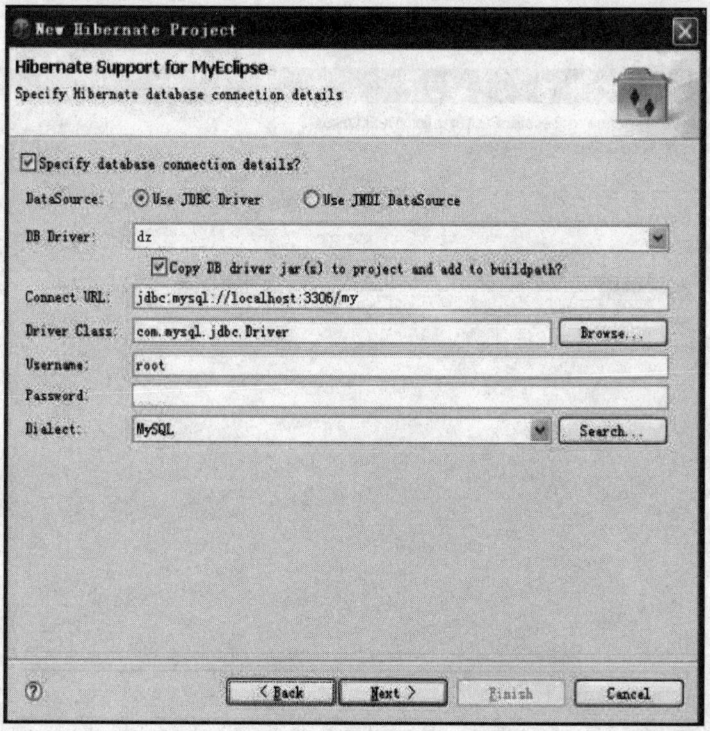

图 5-11　配置数据库信息

⑤ 选择 "Use JDBC Driver"，选择配置好的 DB Driver 单击 "Next" 按钮，进入下一步，如图 5-12 所示。

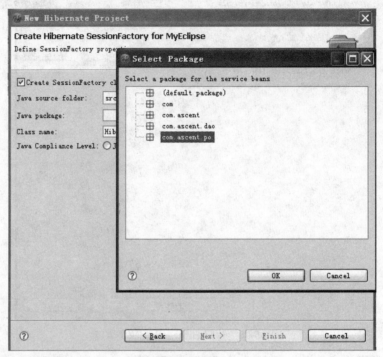

图 5-12　bean 所属的包

⑥ 选择 "com.ascent.po"，单击 "OK" 按钮，如图 5-13 所示。

图 5-13　创建 SessionFactory

⑦ 单击"Finish"按钮。这时，工具会为我们导入 Hibernate 开发所需的 jar 包，生成 HibernateSessionFactory 类，生成 hibernate.cfg.xml 文件（也可以修改 JDBC 属性），如图 5-14 所示。

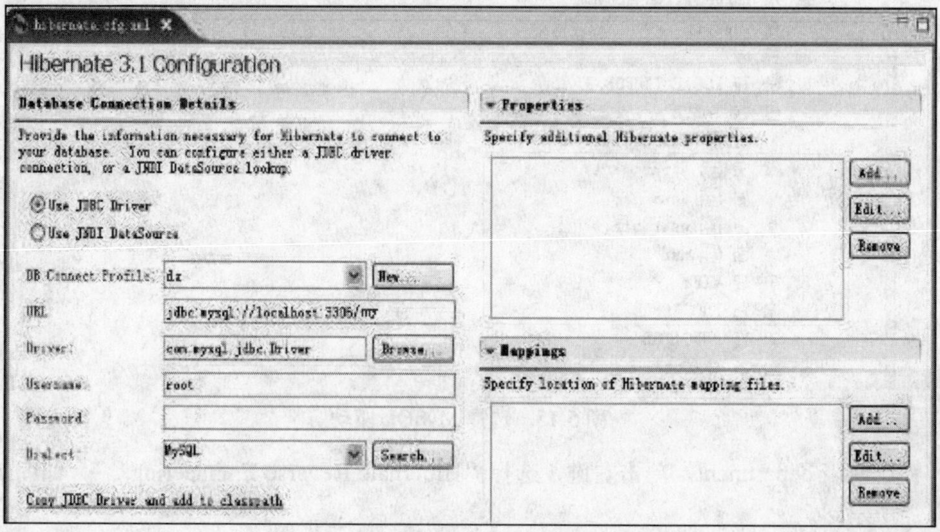

图 5-14　hibernate.cfg.xml 配置文件

生成的配置文件如下：

```
<?xml version='1.0' encoding='UTF-8'?>
<!DOCTYPE hibernate-configuration PUBLIC
    "-//Hibernate/Hibernate Configuration DTD 3.0//EN"
    "http://hibernate.sourceforge.net/hibernate-configuration-3.0.dtd">

<!-- Generated by MyEclipse Hibernate Tools. -->
<hibernate-configuration>

    <session-factory>
        <property name="connection.username">root</property>
        <property name="connection.url">jdbc:mysql://localhost:3306/my
</property>
        <property name="dialect">org.hibernate.dialect.MySQLDialect
</property>
        <property name="myeclipse.connection.profile">dz</property>
        <property name="connection.password"></property>
        <property name="connection.driver_class">com.mysql.jdbc.Driver
</property>

    </session-factory>
</hibernate-configuration>
```

⑧ 生成持久化对象（Persistence Object）。

● 通过 Show Views 找到 DB Browser，如图 5-15 所示。

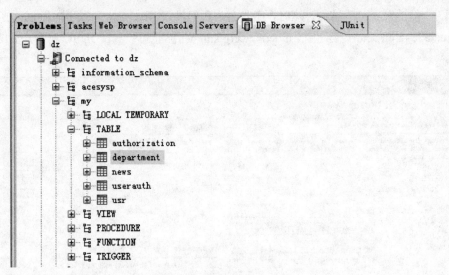

图 5-15　选择 MySQL 驱动

- 选择表 department，单击右键，选择"Hibernate Reverse Engineering…"，如图 5-16 所示。

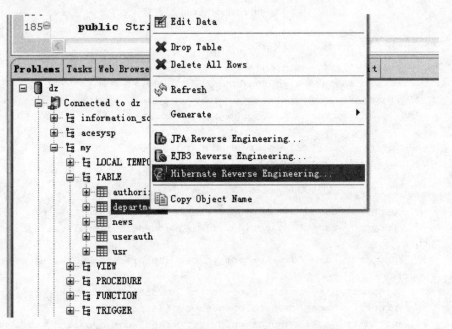

图 5-16　选择"Hibernate Reverse Engineering"

- Java src folder 选择正确工程下的"src"；Java package 选择"com.ascent.po"；下面可以选择产生 abstract class，也可以不产生；Hibernate 3 中可以选择产生 DAO，也可以不选择产生，在此做如图 5-17 所示的选择，然后单击"Next"按钮。

图 5-17　配置 Hibernate Reverse Engineering 属性

- 选择"Hibernate types"，ID Generator 选择"native"或"identity"，如图 5-18 所示。

图 5-18　选择 Hibernate types 和 ID Generator 类型

单击"Finish"按钮，Eclipse 会为我们生成 Department.java 类，以及重要的映射文件 Department.hbm.xml，如下所示。

Department.java 代码：

```java
package com.ascent.po;

import java.util.Set;

/**
 * Department generated by MyEclipse Persistence Tools
 */

public class Department implements java.io.Serializable {

    // Fields

    private Integer id;

    private String name;

    private String description;

    private String status;

    private String goal;

    private Set usrs;

    // Constructors

    /** default constructor */
    public Department() {
    }

    /** full constructor */
    public Department(String name, String description, String status,
            String goal) {
        this.name = name;
        this.description = description;
        this.status = status;
        this.goal = goal;
    }

    // Property accessors

    public Set getUsrs() {
        return usrs;
    }

    public void setUsrs(Set usrs) {
        this.usrs = usrs;
    }

    public Integer getId() {
        return this.id;
    }

    public void setId(Integer id) {
        this.id = id;
    }

    public String getName() {
```

```
            return this.name;
    }

    public void setName(String name) {
        this.name = name;
    }

    public String getDescription() {
        return this.description;
    }

    public void setDescription(String description) {
        this.description = description;
    }

    public String getStatus() {
        return this.status;
    }

    public void setStatus(String status) {
        this.status = status;
    }

    public String getGoal() {
        return this.goal;
    }

    public void setGoal(String goal) {
        this.goal = goal;
    }

}
```

**Department.hbm.xml 代码：**

```
<?xml version="1.0" encoding="utf-8"?>
<!DOCTYPE hibernate-mapping PUBLIC "-//Hibernate/Hibernate Mapping DTD
3.0//EN" "http://hibernate.sourceforge.net/hibernate-mapping-3.0.dtd">
<!--
    Mapping file autogenerated by MyEclipse Persistence Tools
-->
<hibernate-mapping>
    <class name="com.ascent.p.Department" table="department" catalog="my">
        <id name="id" type="integer">
            <column name="id" />
            <generator class="native" />
        </id>
        <property name="name" type="string">
            <column name="name" length="100" />
        </property>
        <property name="description" type="string">
            <column name="description" length="200" />
        </property>
        <property name="status" type="string">
            <column name="status" length="45" />
        </property>
        <property name="goal" type="string">
            <column name="goal" length="45" />
```

```
        </property>
    </class>
</hibernate-mapping>
```

> **提示**：配置文件中的 catalog="my"需要删除，避免执行 SQL 语句时出现库名的重复。

依此类推，我们可以自动生成所有的 PO 持久化类，这大大简化了开发任务。我们只需要继续开发数据存取对象（Data Access Object）以及业务对象（Business Object）就可以了。

> **注意**：这里的代码与实际项目的源代码有些区别，配置文件也会不同，这是因为这里还没有使用 Spring 的集成功能，包括 HibernateTemplate 对象。

## 5.4 Spring 技术

接下来我们来讨论 Spring 框架，它是连接 Struts 与 Hibernate 的桥梁，同时它很好地处理了业务逻辑层。

### 5.4.1 Spring 概述

Spring 是一个开源框架，是为了解决企业应用程序开发复杂性而创建的。框架的主要优势之一就是其分层架构，分层架构允许你选择使用哪一个组件，同时为 J2EE 应用程序开发提供集成的框架。

Spring 框架是一个分层架构，由 7 个定义好的模块组成。Spring 模块构建在核心容器之上，核心容器定义了创建、配置和管理 bean 的方式，如图 5-19 所示。

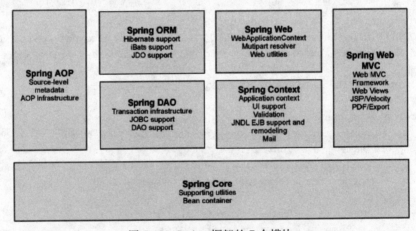

图 5-19 Spring 框架的 7 个模块

组成 Spring 框架的每个模块（或组件）都可以单独存在，或者与其他一个或多个模块联合实现。每个模块的功能如下：

- **核心容器**：核心容器提供 Spring 框架的基本功能。核心容器的主要组件是 BeanFactory，它是工厂模式的实现。BeanFactory 使用控制反转（IoC）模式将应用程序的配置和依赖性规范与实际的应用程序代码分开。
- **Spring 上下文**：Spring 上下文是一个配置文件，向 Spring 框架提供上下文信息。Spring 上下文包括企业服务，例如 JNDI、EJB、电子邮件、国际化、校验和调度功能。

- **Spring AOP**：通过配置管理特性，Spring AOP 模块直接将面向方面的编程功能集成到了 Spring 框架中。所以，可以很容易地使 Spring 框架管理的任何对象支持 AOP。Spring AOP 模块为基于 Spring 的应用程序中的对象提供了事务管理服务。通过使用 Spring AOP，不用依赖 EJB 组件，就可以将声明性事务管理集成到应用程序中。

- **Spring DAO**：JDBC DAO（Data Access Object）抽象层提供了有意义的异常层次结构，可用该结构来管理异常处理和不同数据库供应商抛出的错误消息。异常层次结构简化了错误处理，并且极大地降低了需要编写的异常代码数量。Spring DAO 的面向 JDBC 的异常遵从通用的 DAO 异常层次结构。

- **Spring ORM**：Spring 框架插入了若干个 Object/Relation Mapping 框架，从而提供了 ORM 的对象关系映射工具，其中包括 JDO、Hibernate 和 iBatis SQL Map。所有这些都遵从 Spring 的通用事务和 DAO 异常层次结构。

- **Spring Web 模块**：Web 上下文模块建立在应用程序上下文模块之上，为基于 Web 的应用程序提供了上下文。所以，Spring 框架支持与 Jakarta Struts 的集成。Web 模块还简化了处理多部分请求以及将请求参数绑定到域对象的工作。

- **Spring MVC 框架**：MVC 框架是一个全功能的构建 Web 应用程序的 MVC 实现。通过策略接口，MVC 框架变成为高度可配置的，MVC 容纳了大量视图技术，其中包括 JSP、Velocity、Tiles、iText 和 POI。

Spring 框架的功能可以用在任何 J2EE 服务器中，大多数功能也适用于不受管理的环境。Spring 的核心要点是：支持不绑定到特定 J2EE 服务的可重用业务和数据访问对象。毫无疑问，这样的对象可以在不同 J2EE 环境（Web 或 EJB）、独立应用程序、测试环境之间重用。

了解了以上概述后，接下来详细展开介绍 Spring 的主要内容。

## 5.4.2　Spring 控制反转 IoC（Inversion of Control）

我们首先介绍 Spring IoC 这个最核心、最重要的概念。

### 1. IoC 原理

IoC，直观地讲，就是由容器控制程序之间的关系，而非传统实现中由程序代码直接操控。这也就是所谓的"控制反转"的概念所在：控制权由应用代码中转到了外部容器，控制权的转移，是所谓反转。IoC 还有另外一个名字："依赖注入（Dependency Injection）"。从名字上理解，所谓依赖注入，即组件之间的依赖关系由容器在运行期决定，形象地说，即由容器动态地将某种依赖关系注入到组件之中。

下面通过一个生动形象的例子介绍控制反转。

比如：一个女孩希望找到合适的男朋友，示意图如图 5-20 所示。

可以有 3 种方式：

（1）青梅竹马；

（2）亲友介绍；

（3）父母包办。

第一种方式是青梅竹马，如图 5-21 所示。

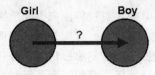

图 5-20　例子示意图

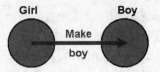

图 5-21　第一种方式

通过代码表示如下：

```
public class Girl {
  void kiss(){
    Boy boy = new Boy();
  }
}
```

第二种方式是亲友介绍，如图 5-22 所示。

通过代码表示如下：

```
public class Girl {
  void kiss(){
    Boy boy = BoyFactory.createBoy();
  }
}
```

第三种方式是父母包办，如图 5-23 所示。

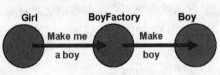

图 5-22　第二种方式

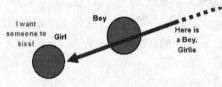

图 5-23　第三种方式

通过代码表示如下：

```
public class Girl {
  void kiss(Boy boy){
    // kiss boy
    boy.kiss();
  }
}
```

哪一种为控制反转（IoC）呢？虽然在现实生活中我们都希望青梅竹马，但在 Spring 世界里，选择的却是父母包办，它就是控制反转，而这里具有控制力的父母，就是 Spring 的所谓容器概念。

典型的 IoC 可以如图 5-24 所示。

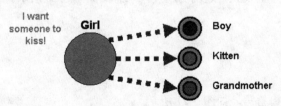

图 5-24　典型的 IoC

IoC 的 3 种依赖注入类型如下。

第一种是通过接口注射，这种方式要求类必须实现容器给定的一个接口，然后容器会利用这个接口给这个类来注射它所依赖的类。

```
public class Girl implements Servicable {
  Kissable kissable;
  public void service(ServiceManager mgr) {
    kissable = (Kissable) mgr.lookup("kissable");
  }
  public void kissYourKissable() {
    kissable.kiss();
  }
}

<container>
  <component name="kissable" class="Boy">
    <configuration> … </configuration>
  </component>  <component name="girl" class="Girl" />
</container>
```

第二种是通过 setter 方法来注射，这种方式也是 Spring 推荐的方式。

```
public class Girl {
private Kissable kissable;
  public void setKissable(Kissable kissable) {
    this.kissable = kissable;
  }
  public void kissYourKissable() {
    kissable.kiss();
  }
}

<beans>
  <bean id="boy" class="Boy"/>
  <bean id="girl" class="Girl">
    <property name="kissable">
      <ref bean="boy"/>
    </property>
  </bean>
</beans>
```

第三种是通过构造方法来注射类，这种方式 Spring 同样给与了实现。它和通过 setter 方式一样，都在类里无任何侵入性，但是不是没有侵入性，只是把侵入性转移了。显然第一种方式要求实现特定的接口，侵入性非常强，不方便以后移植。

```
public class Girl {
  private Kissable kissable;
  public Girl(Kissable kissable) {
    this.kissable = kissable;
  }
  public void kissYourKissable() {
    kissable.kiss();
  }
}

PicoContainer container = new DefaultPicoContainer();
container.registerComponentImplementation(Boy.class);
container.registerComponentImplementation(Girl.class);
Girl girl = (Girl) container.getComponentInstance(Girl.class);
girl.kissYourKissable();
```

## 2．Bean Factory

Spring IoC 设计的核心是 org.springframework.beans 包，它的设计目标是与 JavaBean 组件一起使用。这个包通常不是由用户直接使用的，而是由服务器将其用作其他多数功能的底层中介。下一个最高级抽象是 BeanFactory 接口，它是工厂设计模式的实现，允许通过名称创建和检索对象。BeanFactory 也可以管理对象之间的关系。

BeanFactory 支持两个对象模型：

- 单态模型：它提供了具有特定名称的对象的共享实例，可以在查询时对其进行检索。singleton 是默认的也是最常用的对象模型。对于无状态服务对象很理想。
- 原型模型：它确保每次检索都会创建单独的对象。在每个用户都需要自己的对象时，原型模型最适合。

bean 工厂的概念是 Spring 作为 IoC 容器的基础，IoC 将处理事情的责任从应用程序代码转移到框架。Spring 框架使用 JavaBean 属性和配置数据来指出必须设置的依赖关系。

（1）BeanFactory

BeanFactory 实际上是实例化、配置和管理众多 bean 的容器。这些 bean 通常会彼此合作，因而它们之间会产生依赖。BeanFactory 使用的配置数据可以反映这些依赖关系（一些依赖可能不像配置数据一样可见，而是在运行期作为 bean 之间程序交互的函数）。

一个 BeanFactory 可以用接口 org.springframework.beans.factory. BeanFactory 表示，这个接口有多个实现。最常使用的简单的 BeanFactory 实现是 org.springframework. beans.factory.xml.XmlBeanFactory（这里提醒一下：ApplicationContext 是 BeanFactory 的子类，所以大多数的用户更喜欢使用 ApplicationContext 的 XML 形式）。

虽然大多数情况下，几乎所有被 BeanFactory 管理的用户代码都不需要知道 BeanFactory，但是 BeanFactory 还是以某种方式实例化。可以使用下面的代码实例化 BeanFactory。

```
InputStream is = new FileInputStream("beans.xml");
XmlBeanFactory factory = new XmlBeanFactory(is);
```

或者

```
ClassPathResource res = new ClassPathResource("beans.xml");
XmlBeanFactory factory = new XmlBeanFactory(res);
```

或者

```
ClassPathXmlApplicationContext appContext = new ClassPathXmlApplication
Context(
        new String[] {"applicationContext.xml", "applicationContext-part2.
xml"});
// of course, an ApplicationContext is just a BeanFactory
BeanFactory factory = (BeanFactory) appContext;
```

很多情况下，用户代码不需要实例化 BeanFactory，因为 Spring 框架代码会做这件事。例如，Web 层提供支持代码，在 J2EE Web 应用启动过程中自动载入一个 Spring ApplicationContext。这个声明过程在这里描述。编程操作 BeanFactory 将会在后面提到，下面部分将集中描述 BeanFactory 的配置。

一个最基本的 BeanFactory 配置由一个或多个它所管理的 bean 定义组成。在一个 XmlBeanFactory 中，根节点 beans 中包含一个或多个 bean 元素。

```
<?xml version="1.0" encoding="UTF-8"?>
<!DOCTYPE beans PUBLIC "-//SPRING//DTD BEAN//EN" "http://www.springframework.
org/dtd/spring-beans.dtd">

<beans>

  <bean id="..." class="...">
    ...
  </bean>
  <bean id="..." class="...">
    ...
  </bean>

  ...

</beans>
```

（2）Bean Definition

一个 XmlBeanFactory 中的 bean 定义包括的内容有：

- classname：这通常是 bean 的真正的实现类。但是如果一个 bean 使用一个静态工厂方法所创建而不是被普通的构造函数创建，那么这实际上就是工厂类的 classname。
- bean 行为配置元素：它声明这个 bean 在容器的行为方式（比如 prototype 或 singleton、自动装配模式、依赖检查模式、初始化和析构方法）。
- 构造函数的参数和新创建 bean 需要的属性：举一个例子，一个管理连接池的 bean 使用的连接数目（即可以指定为一个属性，也可以作为一个构造函数参数），或者池的大小限制。
- 和这个 bean 工作相关的其他 bean：比如它的合作者（同样可以作为属性或者构造函数的参数）。这个也被叫做依赖。

上面列出的概念直接转化为组成 bean 定义的一组元素。这些元素在下面的表 5-33 中列出，它们每一个都有更详细的说明链接。

表 5-33　bean 定义的解释

| 特　　性 | 说　　明 |
| --- | --- |
| class | bean 的类 |
| id 和 name | bean 的标志符（id 与 name） |
| singleton 或 prototype | singleton 的使用与否 |
| 构造函数参数 | 设置 bean 的属性和合作者 |
| bean 的属性 | 设置 bean 的属性和合作者 |
| 自动装配模式 | 自动装配协作对象 |
| 依赖检查模式 | 依赖检查 |
| 初始化模式 | 生命周期接口 |
| 析构方法 | 生命周期接口 |

**注意**：bean 定义可以表示为真正的接口 org.springframework.beans.factory. config. BeanDefinition，以及它的各种子接口和实现。然而，绝大多数的用户代码不需要与 BeanDefinition 直接接触。

（3）bean 类

class 属性通常是强制性的，有两种用法。在绝大多数情况下，BeanFactory 直接调用 bean 的构造函数来"new"一个 bean（相当于调用 new 的 Java 代码），class 属性指定了需要创建的 bean 的类。在少数情况下，BeanFactory 调用某个类的静态的工厂方法来创建 bean，class 属性指定了实际包含静态工厂方法的那个类（至于静态工厂方法返回的 bean 的类型是同一个类还是完全不同的另一个类，这并不重要）。

① 通过构造函数创建 bean

当使用构造函数创建 bean 时，所有普通的类都可以被 Spring 使用并且和 Spring 兼容。这就是说，被创建的类不需要实现任何特定的接口或者按照特定的样式进行编写，仅仅指定 bean 的类就足够了。然而，根据 bean 使用的 IoC 类型，你可能需要一个默认的（空的）构造函数。

另外，BeanFactory 并不局限于管理真正的 JavaBean，它也能管理任何你想让它管理的类。虽然很多使用 Spring 的人喜欢在 BeanFactory 中用真正的 JavaBean（仅包含一个默认的(无参数的)构造函数，在属性后面定义相对应的 setter 和 getter 方法），但是在 BeanFactory 中也可以使用特殊的非 bean 样式的类。举例来说，如果你需要使用一个遗留下来的完全没有遵守 JavaBean 规范的连接池，不要担心，Spring 同样能够管理它。

使用 XmlBeanFactory，你可以像下面这样定义你的 bean class：

```
<bean id="exampleBean"
    class="examples.ExampleBean"/>
<bean name="anotherExample"
    class="examples.ExampleBeanTwo"/>
```

至于为构造函数提供（可选的）参数，以及对象实例创建后设置实例属性，将会在后面叙述。

② 通过静态工厂方法创建 bean

当你定义一个使用静态工厂方法创建的 bean，同时使用 class 属性指定包含静态工厂方法的类时，这个时候需要 factory-method 属性来指定工厂方法名。Spring 调用这个方法（包含一组可选的参数）并返回一个有效的对象，之后这个对象就完全和构造方法创建的对象一样。用户可以使用这样的 bean 定义在遗留代码中调用静态工厂。

下面是一个 bean 定义的例子，声明这个 bean 要通过 factory-method 指定的方法创建。注意这个 bean 定义并没有指定返回对象的类型，只指定包含工厂方法的类。在这个例子中，createInstance 必须是 static 方法。

```
<bean id="exampleBean"
    class="examples.ExampleBean2"
    factory-method="createInstance"/>
```

至于为工厂方法提供（可选的）参数，以及对象实例被工厂方法创建后设置实例属性，将会在后面叙述。

③ 通过实例工厂方法创建 bean

使用一个实例工厂方法（非静态的）创建 bean 和使用静态工厂方法非常类似，调用一个已存在的 bean（这个 bean 应该是工厂类型）的工厂方法来创建新的 bean。

使用这种机制，class 属性必须为空，而且 factory-bean 属性必须指定一个 bean 的名字，这个 bean 一定要在当前的 bean 工厂或者父 bean 工厂中，并包含工厂方法。而工厂方法本身仍然要通过 factory-method 属性设置。

下面是一个例子。

```
<!-- The factory bean, which contains a method called
    createInstance -->
<bean id="myFactoryBean"
    class="...">
 ...
</bean>
<!-- The bean to be created via the factory bean -->
<bean id="exampleBean"
    factory-bean="myFactoryBean"
    factory-method="createInstance"/>
```

虽然我们要在后面讨论设置 bean 的属性，但是这个方法意味着工厂 bean 本身能够被容器通过依赖注射来管理和配置。

（4）bean 的标志符（id 与 name）

每一个 bean 都有一个或多个 id（也叫做标志符，或名字；这些名词说的是一回事）。这些 id 在管理 bean 的 BeanFactory 或 ApplicationContext 中必须是唯一的。一个 bean 差不多总是只有一个 id，但是如果一个 bean 有超过一个的 id，那么另外的那些本质上可以认为是别名。

在一个 XmlBeanFactory 中（包括 ApplicationContext 的形式），你可以用 id 或者 name 属性来指定 bean 的 id(s)，并且在这两个或其中一个属性中至少指定一个 id。id 属性允许你指定一个 id，并且它在 XML DTD（定义文档）中作为一个真正的 XML 元素的 ID 属性被标记，所以 XML 解析器能够在其他元素指向它的时候做一些额外的校验。正因如此，用 id 属性指定 bean 的 id 是一个比较好的方式。然而，XML 规范严格限定了在 XML ID 中合法的字符。通常这并不是真正限制，但是如果有必要使用这些字符（在 ID 中的非法字符），或者想给 bean 增加其他的别名，那么你可以通过 name 属性指定一个或多个 id（用逗号","或者分号";"分隔）。

（5）singleton 的使用与否

beans 被定义为两种部署模式中的一种：singleton 或 non-singleton（后一种也叫做 prototype，尽管这个名词用得不精确）。如果一个 bean 是 singleton 形态的，那么就只有一个共享的实例存在，所有和这个 bean 定义的 id 符合的 bean 请求都会返回这个唯一的、特定的实例。

如果 bean 以 non-singleton，prototype 模式部署，对这个 bean 的每次请求都会创建一个新的 bean 实例。这对于例如每个 user 需要一个独立的 user 对象这样的情况是非常理想的。

beans 默认被部署为 singleton 模式，除非指定。要记住把部署模式变为 non-singletion（prototype）后，每一次对这个 bean 的请求都会导致一个新创建的 bean，而这可能并不是你真正想要的。所以仅仅在绝对需要的时候才把模式改成 prototype。

在下面这个例子中，两个 bean 中的一个被定义为 singleton，而另一个被定义为 non-singleton（prototype）。客户端每次向 BeanFactory 请求都会创建新的 exampleBean，而 AnotherExample 仅仅被创建一次；每次对它请求都会返回这个实例的引用。

```
<bean id="exampleBean"
    class="examples.ExampleBean" singleton="false"/>
<bean name="yetAnotherExample"
    class="examples.ExampleBeanTwo" singleton="true"/>
```

> **注意**：当部署一个 bean 为 prototype 模式时，这个 bean 的生命周期就会有稍许改变。通过定义，Spring 无法管理一个 non-singleton/prototype bean 的整个生命周期，因为当它创建之后，它被交给客户端而且容器根本不再跟踪它了。当说起 non-singleton/prototype bean 的时候，你可以把 Spring 的角色想象成"new"操作符的替代品，从那之后的任何生命周期方面的事情都由客户端来处理。

### 3. ApplicationContext

beans 包提供了以编程的方式管理和操控 bean 的基本功能，而 context 包增加了 ApplicationContext，它以一种更加面向框架的方式增强了 BeanFactory 的功能。多数用户可以以一种完全的声明式方式来使用 ApplicationContext，甚至不用去手工创建它，但是却去依赖像 ContextLoader 的支持类，在 J2EE 的 Web 应用的启动进程中用它启动 ApplicationContext。当然，这种情况下还是可以以编程的方式创建一个 ApplicationContext。

context 包的基础是位于 org.springframework.context 包中的 ApplicationContext 接口。它是由 BeanFactory 接口集成而来，提供 BeanFactory 所有的功能。为了以一种更像面向框架的方式工作，context 包使用分层和有继承关系的上下文类，包括：

- MessageSource，提供对 i18n 消息的访问；
- 资源访问，比如 URL 和文件；
- 事件传递给实现了 ApplicationListener 接口的 bean；
- 载入多个（有继承关系）上下文类，使得每一个上下文类都专注于一个特定的层次，比如应用的 Web 层。

因为 ApplicationContext 包括了 BeanFactory 所有的功能，所以通常建议先于 BeanFactory 使用，除了有限的一些场合，比如在一个 Applet 中，内存的消耗是关键的，每 KB 都很重要。接下来叙述 ApplicationContext 在 BeanFactory 的基本能力上增加的功能。

（1）使用 MessageSource

ApplicationContext 接口继承 MessageSource 接口，所以提供了 messaging 功能（i18n 或者国际化）。同 NestingMessageSource 一起使用，就能够处理分级的信息，这些是 Spring 提供的处理信息的基本接口。让我们很快浏览一下这里定义的方法。

- String getMessage(String code, Object[] args, String default, Locale loc)：这个方法是从 MessageSource 取得信息的基本方法。如果对于指定的 locale 没有找到信息，则使用默认的信息。传入的参数 args 被用来代替信息中的占位符，这是通过 Java 标准类库的 MessageFormat 实现的。
- String getMessage(String code, Object[] args, Locale loc)：本质上和上一个方法是一样的，除了一点区别：没有默认值可以指定；如果信息找不到，就会抛出一个 NoSuchMessage Exception。
- String getMessage(MessageSourceResolvable resolvable, Locale locale)：上面两个方法使用的所有属性都是封装到一个叫做 MessageSourceResolvable 的类中，可以通过这个方法直接使用它。

当 ApplicationContext 被加载的时候，它会自动查找在 context 中定义的 MessageSource bean。这个 bean 必须叫做 messageSource。如果找到了这样的一个 bean，所有对上述方法的调用将会被委托给找到的 message source。如果没有找到 message source，ApplicationContext 将会尝试它的父亲是否包含这个名字的 bean。如果有，它将会把找到的 bean 作为 Message Source；如果它最终没有找到任何的信息源，一个空的 StaticMessage

Source 将会被实例化，使它能够接受上述方法的调用。

Spring 目前提供了两个 MessageSource 的实现，它们是 ResourceBundleMessage Source 和 StaticMessageSource。这两个都实现了 NestingMessageSource，以便能够嵌套地解析信息。StaticMessageSource 很少被使用，但是它提供以编程的方式向 source 增加信息；ResourceBundleMessageSource 用得更多一些，下面是它的一个例子。

```
<beans>
    <bean id="messageSource"

            class="org.springframework.context.support.ResourceBundleMessage
Source">
        <property name="basenames">
            <list>
                <value>format</value>
                <value>exceptions</value>
                <value>windows</value>
            </list>
        </property>
    </bean>
</beans>
```

这段配置假定在 CLASSPATH 中有 3 个 resource bundle，分别叫做 format、exceptions 和 windows。使用 JDK 通过 ResourceBundle 解析信息的标准方式，任何解析信息的请求都会被处理。

（2）事件传递

ApplicationContext 中的事件处理是通过 ApplicationEvent 类和 ApplicationListener 接口来提供的。如果上下文中部署了一个实现了 ApplicationListener 接口的 bean，每次一个 ApplicationEvent 发布到 ApplicationContext 时，那个 bean 就会被通知。实质上，这是标准的 Observer 设计模式。Spring 提供了 3 个标准事件，如表 5-34 所示。

表 5-34　内置事件

| 事　件 | 解　释 |
|---|---|
| ContextRefreshedEvent | 当 ApplicationContext 已经初始化或刷新后发送的事件。这里初始化意味着：所有的 bean 被装载，singleton 被预实例化，以及 ApplicationContext 已准备好 |
| ContextClosedEvent | 当使用 ApplicationContext 的 close()方法结束上下文的时候发送的事件。这里结束意味着：singleton 被销毁 |
| RequestHandledEvent | 一个与 Web 相关的事件，告诉所有的 bean 一个 HTTP 请求已经被响应了（这个事件将会在一个请求结束后被发送）。注意，这个事件只能应用于使用了 Spring 的 DispatcherServlet 的 Web 应用 |

同样也可以实现自定义的事件。通过调用 ApplicationContext 的 publishEvent()方法，并且指定一个参数，这个参数是你自定义的事件类的一个实例。我们来看一个例子。首先是 ApplicationContext：

```
<bean id="emailer" class="example.EmailBean">
    <property name="blackList">
        <list>
            <value>black@list.org</value>
            <value>white@list.org</value>
            <value>john@doe.org</value>
        </list>
    </property>
```

```
    </bean>

    <bean id="blackListListener" class="example.BlackListNotifier">
        <property name="notificationAddress">
            <value>spam@list.org</value>
        </property>
    </bean>
```

然后是实际的 bean：

```
public class EmailBean implements ApplicationContextAware {

    /** the blacklist */
    private List blackList;

    public void setBlackList(List blackList) {
        this.blackList = blackList;
    }

    public void setApplicationContext(ApplicationContext ctx) {
        this.ctx = ctx;
    }

    public void sendEmail(String address, String text) {
        if (blackList.contains(address)) {
            BlackListEvent evt = new BlackListEvent(address, text);
            ctx.publishEvent(evt);
            return;
        }
        // send email
    }
}

public class BlackListNotifier implement ApplicationListener {

    /** notification address */
    private String notificationAddress;

    public void setNotificationAddress(String notificationAddress) {
        this.notificationAddress = notificationAddress;
    }

    public void onApplicationEvent(ApplicationEvent evt) {
        if (evt instanceof BlackListEvent) {
            // notify appropriate person
        }
    }
}
```

（3）在 Spring 中使用资源

很多应用程序都需要访问资源。Spring 提供了一个清晰透明的方案，以一种与协议无关的方式访问资源。ApplicationContext 接口包含一个方法 getResource(String)负责这项工作。

Resource 类定义了几个方法，这几个方法被所有的 Resource 实现所共享，如表 5-35 所示。

282

表 5-35　资源功能

| 方　　法 | 解　　释 |
|---|---|
| getInputStream() | 用 InputStream 打开资源，并返回这个 InputStream |
| exists() | 检查资源是否存在，如果不存在返回 false |
| isOpen() | 如果这个资源不能打开多个流将会返回 true。因为除了基于文件的资源，一些资源不能被同时多次读取，它们就会返回 false |
| getDescription() | 返回资源的描述，通常是全限定文件名或者实际的 URL |

Spring 提供了几个 Resource 的实现，它们都需要一个 String 表示的资源的实际位置。依据这个 String，Spring 将会自动为你选择正确的 Resource 实现。当向 ApplicationContext 请求一个资源时，Spring 首先检查你指定的资源位置，寻找任何前缀。根据不同的 Application Context 的实现，不同的 Resource 实现可被使用。Resource 最好是使用 ResourceEditor 来配置，比如 XmlBeanFactory。

### 5.4.3　Spring AOP 面向方面编程原理

介绍完 IoC 之后，我们来介绍另外一个重要的概念：AOP（Aspect Oriented Programming），也就是面向方面编程的技术。AOP 是基于 IoC 基础上，是对 OOP 的有益补充。

AOP 将应用系统分为两部分：核心业务逻辑（Core Business Concerns）和横向的通用逻辑（Crosscutting Enterprise Concerns），也就是所谓的方面，例如，所有大中型应用都要涉及持久化管理（Persistent）、事务管理（Transaction Management）、安全管理（Security）、日志管理（Logging）和调试管理（Debugging）等。

AOP 正在成为软件开发的下一个光环。使用 AOP，你可以将处理方面的代码注入主程序，通常主程序的主要目的并不在于处理这些方面。AOP 可以防止代码混乱。

Spring 框架是很有前途的 AOP 技术。作为一种非侵略性的、轻型的 AOP 框架，你无须使用预编译器或其他的元标签，便可以在 Java 程序中使用它。这意味着开发团队里只需一人要了解 AOP 框架，其他人还是像往常一样编程。

#### 1．AOP 概念

让我们从定义一些重要的 AOP 概念开始。

- 方面（Aspect）：一个关注点的模块化，这个关注点实现可能另外横切多个对象。事务管理是 J2EE 应用中一个很好的横切关注点例子。方面用 Spring 的 Advisor 或拦截器实现。
- 连接点（Joinpoint）：程序执行过程中明确的点，如方法的调用或特定的异常被抛出。
- 通知（Advice）：在特定的连接点，AOP 框架执行的动作。各种类型的通知包括 "around"、"before" 和 "throws" 通知（通知类型将在下面讨论）。许多 AOP 框架包括 Spring 都是以拦截器做通知模型，维护一个"围绕"连接点的拦截器链。
- 切入点（Pointcut）：指定一个通知将被引发的一系列连接点的集合。AOP 框架必须允许开发者指定切入点，例如，使用正则表达式。
- 引入（Introduction）：添加方法或字段到被通知的类。Spring 允许引入新的接口到任何被通知的对象。例如，你可以使用一个引入使任何对象实现 IsModified 接口，来简化缓存。

- 目标对象（Target Object）：包含连接点的对象。也被称作被通知或被代理对象。
- AOP 代理（AOP Proxy）：AOP 框架创建的对象，包含通知。在 Spring 中，AOP 代理可以是 JDK 动态代理或者 CGLIB 代理。
- 编织（Weaving）：组装方面来创建一个被通知对象。这可以在编译时完成（例如使用 AspectJ 编译器），也可以在运行时完成。Spring 和其他纯 Java AOP 框架一样，在运行时完成织入。

各种通知类型包括：

- Around 通知：包围一个连接点的通知，如方法调用。这是最强大的通知。Around 通知在方法调用前后完成自定义的行为。它们负责选择继续执行连接点或通过返回它们自己的返回值或抛出异常来短路执行。
- Before 通知：在一个连接点之前执行的通知，但这个通知不能阻止连接点前的执行（除非它抛出一个异常）。
- Throws 通知：在方法抛出异常时执行的通知。Spring 提供强制类型的 Throws 通知，因此你可以书写代码捕获感兴趣的异常（和它的子类），不需要从 Throwable 或 Exception 强制类型转换。
- After returning 通知：在连接点正常完成后执行的通知，例如，一个方法正常返回，没有抛出异常。

Around 通知是最通用的通知类型。大部分基于拦截的 AOP 框架，如 Nanning 和 JBoss4，只提供 Around 通知。

如同 AspectJ，Spring 提供所有类型的通知，我们推荐使用最合适的通知类型来实现需要的行为。例如，如果只是需要用一个方法的返回值来更新缓存，则最好实现一个 After returning 通知而不是 Around 通知，虽然 Around 通知也能完成同样的事情。使用最合适的通知类型使编程模型变得简单，并能减少潜在错误。例如，不需要调用在 Around 通知中所需使用的 MethodInvocation 的 proceed()方法，因此就调用失败。

切入点的概念是 AOP 的关键，使 AOP 区别于其他使用拦截的技术。切入点使通知独立于 OO 的层次选定目标。例如，提供声明式事务管理的 Around 通知可以被应用到跨越多个对象的一组方法上。因此切入点构成了 AOP 的结构要素。

下面让我们实现一个 Spring AOP 的例子。在这个例子中，将实现一个 before advice，这意味着 advice 的代码在被调用的 public 方法开始前被执行。以下是这个 before advice 的实现代码。

```
package com.ascenttech.springaop.test;
import java.lang.reflect.Method;
import org.springframework.aop.MethodBeforeAdvice;
public class TestBeforeAdvice implements MethodBeforeAdvice {
public void before(Method m, Object[] args, Object target)
 throws Throwable {
 System.out.println("Hello world! (by "
   + this.getClass().getName()
   + ")");
 }
}
```

接口 MethodBeforeAdvice 只有一个方法 before 需要实现，它定义了 advice 的实现。before 方法共有 3 个参数，它们提供了相当丰富的信息。参数 Method m 是 advice 开始后执行的方法，方法名称可以用作判断是否执行代码的条件。Object[] args 是传给被调用的 public 方法的参数数组。当需要记日志时，参数 args 和被执行方法的名称都是非常有用的信息。你也可以改变传给 m 的参数，但要小心使用这个功能；编写最初主程序的程序员并不知道主程序可能会和传入的参数发生冲突。Object target 是执行方法 m 对象的引用。

在下面的 BeanImpl 类中，每个 public 方法调用前，都会执行 advice。

```
package com.ascenttech.springaop.test;
public class BeanImpl implements Bean {
 public void theMethod() {
  System.out.println(this.getClass().getName()
    + "." + new Exception().getStackTrace()[0].getMethodName()
    + "()"
    + " says HELLO!");
 }
}
```

类 BeanImpl 实现了下面的接口 Bean。

```
package com.ascenttech.springaop.test;
public interface Bean {
 public void theMethod();
}
```

虽然不是必须使用接口，但面向接口而不是面向实现编程是良好的编程实践，Spring 也鼓励这样做。

pointcut 和 advice 通过配置文件来实现，因此，接下来你只需编写主方法的 Java 代码即可。

```
package com.ascenttech.springaop.test;
import org.springframework.context.ApplicationContext;
import org.springframework.context.support.FileSystemXmlApplicationContext;
public class Main {
 public static void main(String[] args) {
  //Read the configuration file
  ApplicationContext ctx
    = new FileSystemXmlApplicationContext("springconfig.xml");
  //Instantiate an object
  Bean x = (Bean) ctx.getBean("bean");
  //Execute the public method of the bean (the test)
  x.theMethod();
 }
}
```

我们从读入和处理配置文件开始，接下来马上要创建它。这个配置文件将作为黏合程序不同部分的"胶水"。读入和处理配置文件后，我们会得到一个创建工厂 ctx。任何一个 Spring 管理的对象都必须通过这个工厂来创建。对象通过工厂创建后便可正常使用了。

仅仅用配置文件便可把程序的每一部分组装起来。

```
<?xml version="1.0" encoding="UTF-8"?>
<!DOCTYPE beans PUBLIC "-//SPRING//DTD BEAN//EN" "http://www.springframework.
org/dtd/spring-beans.dtd">
<beans>
 <!--CONFIG-->
 <bean id="bean" class="org.springframework.aop.framework.ProxyFactoryBean">
```

```
<property name="proxyInterfaces">
  <value>com.ascenttech.springaop.test.Bean</value>
</property>
<property name="target">
  <ref local="beanTarget"/>
</property>
<property name="interceptorNames">
  <list>
    <value>theAdvisor</value>
  </list>
</property>
</bean>
<!--CLASS-->
<bean id="beanTarget" class="com.ascenttech.springaop.test.BeanImpl"/>
<!--ADVISOR-->
<!--Note: An advisor assembles pointcut and advice-->
<bean id="theAdvisor" class="org.springframework.aop.support.RegexpMethod
PointcutAdvisor">
  <property name="advice">
    <ref local="theBeforeAdvice"/>
  </property>
  <property name="pattern">
    <value>com\.ascenttech\.springaop\.test\.Bean\.theMethod</value>
  </property>
</bean>
<!--ADVICE-->
<bean id="theBeforeAdvice" class="com.ascenttech.springaop.test.TestBefore
Advice"/>
</beans>
```

4 个 bean 定义的次序并不重要。我们现在有了一个 advice、一个包含了正则表达式 pointcut 的 advisor、一个主程序类和一个配置好的接口，通过工厂 ctx，这个接口返回自己本身实现的一个引用。

BeanImpl 和 TestBeforeAdvice 都是直接配置。我们用一个唯一的 ID 创建一个 bean 元素，并指定了一个实现类。这就是全部的工作。

advisor 通过 Spring Framework 提供的一个 RegexMethodPointcutAdvisor 类来实现。我们用 advisor 的一个属性来指定它所需的 advice-bean。第二个属性则用正则表达式定义了 pointcut，确保良好的性能和易读性。

最后配置的是 bean，它可以通过一个工厂来创建。bean 的定义看起来比实际上要复杂。bean 是 ProxyFactoryBean 的一个实现，它是 Spring Framework 的一部分。这个 bean 的行为通过以下的 3 个属性来定义。

- 属性 proxyInterface 定义了接口类。
- 属性 target 指向本地配置的一个 bean，这个 bean 返回一个接口的实现。
- 属性 interceptorNames 是唯一允许定义一个值列表的属性。这个列表包含所有需要在 beanTarget 上执行的 advisor。注意，advisor 列表的次序是非常重要的。

### 2．Spring 的切入点

下面让我们看看 Spring 是如何处理切入点这个重要的概念的。

（1）概念

Spring 的切入点模型能够使切入点独立于通知类型被重用。同样的切入点有可能接受不同的通知。

org.springframework.aop.Pointcut 接口是重要的接口，用来指定通知到特定的类和方法目标。完整的接口定义如下：

```
public interface Pointcut {

    ClassFilter getClassFilter();

    MethodMatcher getMethodMatcher();

}
```

将 Pointcut 接口分成两个部分有利于重用类和方法的匹配部分，并且组合细粒度的操作（如和另一个方法匹配器执行一个"并"的操作）。

ClassFilter 接口被用来将切入点限制到一个给定的目标类的集合。如果 matches()永远返回 true，所有的目标类都将被匹配。

```
public interface ClassFilter {

    boolean matches(Class clazz);
}
```

MethodMatcher 接口通常更加重要。完整的接口如下：

```
public interface MethodMatcher {

    boolean matches(Method m, Class targetClass);

    boolean isRuntime();

    boolean matches(Method m, Class targetClass, Object[] args);
}
```

matches(Method, Class)方法被用来测试这个切入点是否匹配目标类的给定方法。这个测试可以在 AOP 代理创建的时候执行，避免在所有方法调用时都需要进行测试。如果 2 个参数的匹配方法对某个方法返回 true，并且 MethodMatcher 的 isRuntime()也返回 true，那么 3 个参数的匹配方法将在每次方法调用的时候被调用。这使切入点能够在目标通知被执行之前立即查看传递给方法调用的参数。

大部分 MethodMatcher 都是静态的，意味着 isRuntime()方法返回 false。这种情况下 3 个参数的匹配方法永远不会被调用。

如果可能，尽量使切入点是静态的，使当 AOP 代理被创建时，AOP 框架能够缓存切入点的测试结果。

（2）切入点的运算

Spring 支持的切入点的运算中值得注意的是并和交。

● 并表示只要任何一个切入点匹配的方法。
● 交表示两个切入点都要匹配的方法。

并通常比较有用。

切入点可以用 org.springframework.aop.support.Pointcuts 类的静态方法来组合，或者使用同一个包中的 ComposablePointcut 类。

（3）实用切入点实现

Spring 提供几个实用的切入点实现。一些可以直接使用；另一些需要子类化来实现应用相关的切入点。

① 静态切入点

静态切入点只基于方法和目标类，而不考虑方法的参数。静态切入点足够满足大多数情况的使用。Spring 可以只在方法第一次被调用的时候计算静态切入点，不需要在每次方法调用的时候都计算。

让我们看一下 Spring 提供的一些静态切入点的实现。

■ 正则表达式切入点

一个很显然的指定静态切入点的方法是正则表达式。除了 Spring 以外，其他的 AOP 框架也实现了这一点。org.springframework.aop.support.RegexpMethodPointcut 是一个通用的正则表达式切入点，它使用 Perl 5 的正则表达式的语法。

使用这个类你可以定义一个模式的列表。如果任何一个匹配，那么切入点将被计算成 true（所以结果相当于是这些切入点的并集）。

用法如下：

```
<bean id="settersAndAbsquatulatePointcut"
    class="org.springframework.aop.support.RegexpMethodPointcut">
    <property name="patterns">
        <list>
            <value>.*get.*</value>
            <value>.*absquatulate</value>
        </list>
    </property>
</bean>
```

RegexpMethodPointcut 的一个实用子类 RegexpMethodPointcut Advisor，允许我们同时引用一个通知（通知可以是拦截器、before 通知、throws 通知等）。这简化了 bean 的装配，因为一个 bean 可以同时当做切入点和通知，如下所示。

```
<bean id="settersAndAbsquatulateAdvisor"
    class="org.springframework.aop.support.RegexpMethodPointcutAdvisor">
    <property name="interceptor">
        <ref local="beanNameOfAopAllianceInterceptor"/>
    </property>
    <property name="patterns">
        <list>
            <value>.*get.*</value>
            <value>.*absquatulate</value>
        </list>
    </property>
</bean>
```

RegexpMethodPointcutAdvisor 可以用于任何通知类型。

RegexpMethodPointcut 类需要 Jakarta ORO 正则表达式包。

■ 属性驱动的切入点

一类重要的静态切入点是元数据驱动的切入点。它使用元数据属性的值，典型地，使用源代码级元数据。

② 动态切入点

动态切入点的演算代价比静态切入点高得多。它们不仅考虑静态信息，还要考虑方法的参数。这意味着它们必须在每次方法调用的时候都被计算，并且不能缓存结果，因为参数是变化的。

控制流切入点：Spring 的控制流切入点在概念上和 AspectJ 的 cflow 切入点一致，虽然没有其那么强大（当前没有办法指定一个切入点在另一个切入点后执行）。一个控制流切入点匹配当前的调用栈。例如，连接点被 com.mycompany.web 包或者 SomeCaller 类中的一个方法调用的时候，触发该切入点。控制流切入点的实现类是 org.spring framework.aop. support.ControlFlowPointcut。

（4）切入点超类

Spring 提供非常实用的切入点的超类帮助你实现自己的切入点。

因为静态切入点非常实用，你很可能子类化 StaticMethodMatcherPointcut，如下所示。这只需要实现一个抽象方法（虽然可以改写其他的方法来自定义行为）。

```
class TestStaticPointcut extends StaticMethodMatcherPointcut {

    public boolean matches(Method m, Class targetClass) {
        // return true if custom criteria match
    }
}
```

当然也有动态切入点的超类。

Spring 1.0 RC2 或以上版本，自定义切入点可以用于任何类型的通知。

（5）自定义切入点

因为 Spring 中的切入点是 Java 类，而不是语言特性（如 AspectJ），因此可以定义自定义切入点，无论静态还是动态。但是，没有直接支持用 AspectJ 语法书写的复杂的切入点表达式。不过，Spring 的自定义切入点也可以任意的复杂。

**3．Spring 的通知类型**

现在让我们看看 Spring AOP 是如何处理通知的。

（1）通知的生命周期

Spring 的通知可以跨越多个被通知对象共享，或者每个被通知对象有自己的通知。这分别对应 per-class 或 per-instance 通知。

per-class 通知使用最为广泛。它适合于通用的通知，如事务 adisor。它们不依赖被代理的对象的状态，也不添加新的状态。它们仅仅作用于方法和方法的参数。

per-instance 通知适合于导入来支持混入（mixin）。在这种情况下，通知添加状态到被代理的对象。

可以在同一个 AOP 代理中混合使用共享和 per-instance 通知。

（2）Spring 中通知类型

Spring 提供几种现成的通知类型并可扩展提供任意的通知类型。让我们看看基本概念和标准的通知类型。

① Interception Around 通知

Spring 中最基本的通知类型是 Interception Around 通知。

Spring 使用方法拦截器的 Around 通知是和 AOP 联盟接口兼容的。实现 Around 通知的类需要实现接口 MethodInterceptor。

```
public interface MethodInterceptor extends Interceptor {

    Object invoke(MethodInvocation invocation) throws Throwable;
}
```

invoke()方法的 MethodInvocation 参数暴露将被调用的方法、目标连接点、AOP 代理和传递给被调用方法的参数。invoke()方法应该返回调用的结果：连接点的返回值。

一个简单的 MethodInterceptor 实现如下：

```
public class DebugInterceptor implements MethodInterceptor {

    public Object invoke(MethodInvocation invocation) throws Throwable {
        System.out.println("Before: invocation=[" + invocation + "]");
        Object rval = invocation.proceed();
        System.out.println("Invocation returned");
        return rval;
    }
}
```

注意 MethodInvocation 的 proceed()方法的调用。这个调用会应用到目标连接点的拦截器链中的每一个拦截器。大部分拦截器会调用这个方法，并返回它的返回值。但是，一个 MethodInterceptor 和任何 Around 通知一样，可以返回不同的值或者抛出一个异常，而不调用 proceed()方法。但是，没有好的原因让你这么做。

MethodInterceptor 提供了和其他 AOP 联盟兼容实现的交互能力。下面要讨论的其他的通知类型实现了 AOP 公共的概念，但是以 Spring 特定的方式。虽然使用特定通知类型有很多优点，但如果你可能需要在其他的 AOP 框架中使用，请坚持使用 MethodInterceptor around 通知类型。注意目前切入点不能和其他框架交互操作，并且 AOP 联盟目前也没有定义切入点接口。

② Before 通知

Before 通知是一种简单的通知类型。这个通知不需要一个 MethodInvocation 对象，因为它只在进入一个方法前被调用。

Before 通知的主要优点是它不需要调用 proceed()方法，因此没有无意中忘掉继续执行拦截器链的可能性。

MethodBeforeAdvice 接口如下所示（Spring 的 API 设计允许成员变量的 Before 通知，虽然一般的对象都可以应用成员变量拦截，但 Spring 有可能永远不会实现它）。

```
public interface MethodBeforeAdvice extends BeforeAdvice {

    void before(Method m, Object[] args, Object target) throws Throwable;
}
```

注意返回类型是 void。Before 通知可以在连接点执行之前插入自定义的行为，但是不能改变返回值。如果一个 Before 通知抛出一个异常，这将中断拦截器链的进一步执行。这个异常将沿着拦截器链后退着向上传播。如果这个异常是 unchecked 的，或者出现在被调用的方法的签名中，它将会被直接传递给客户代码；否则，它将被 AOP 代理包装到一个 unchecked 的异常里。

下面是 Spring 中一个 Before 通知的例子，这个例子计数所有正常返回的方法。

```
public class CountingBeforeAdvice implements MethodBeforeAdvice {
    private int count;
    public void before(Method m, Object[] args, Object target) throws
Throwable {
        ++count;
    }

    public int getCount() {
        return count;
    }
}
```

Before 通知可以被用于任何类型的切入点。

③ Throws 通知

如果连接点抛出异常，Throws 通知在连接点返回后被调用。Spring 提供强类型的 Throws 通知。这意味着 org.springframework.aop.ThrowsAdvice 接口不包含任何方法：它是一个标记接口，标识给定的对象实现了一个或多个强类型的 Throws 通知方法。这些方法形式如下：

```
afterThrowing([Method], [args], [target], subclassOfThrowable)
```

只有最后一个参数是必需的。这样从 1 个参数到 4 个参数，依赖于通知是否对方法和方法的参数感兴趣。下面是 Throws 通知的例子。

如果抛出 RemoteException 异常（包括子类），这个通知会被调用。

```
public  class RemoteThrowsAdvice implements ThrowsAdvice {

    public void afterThrowing(RemoteException ex) throws Throwable {
        // Do something with remote exception
    }
}
```

如果抛出 ServletException 异常，下面的通知会被调用。和上面的通知不一样，它声明了 4 个参数，所以它可以访问被调用的方法、方法的参数和目标对象。

```
public static class ServletThrowsAdviceWithArguments implements
ThrowsAdvice {

    public void afterThrowing(Method m, Object[] args, Object target,
ServletException ex) {
        // Do something will all arguments
    }
}
```

最后一个例子演示了如何在一个类中使用两个方法来同时处理 RemoteException 和 ServletException 异常。任意个数的 Throws 方法可以被组合在一个类中。

```
public static class CombinedThrowsAdvice implements ThrowsAdvice {

    public void afterThrowing(RemoteException ex) throws Throwable {
        // Do something with remote exception
    }

    public void afterThrowing(Method m, Object[] args, Object target, Servlet
Exception ex) {
        // Do something will all arguments
    }
}
```

Throws 通知可被用于任何类型的切入点。

④ After returning 通知

Spring 中的 After returning 通知必须实现 org.springframework.aop.AfterReturning Advice 接口，如下所示。

```
public interface AfterReturningAdvice extends Advice {

    void afterReturning(Object returnValue, Method m, Object[] args, Object
target)
        throws Throwable;
}
```

After returning 通知可以访问返回值（不能改变）、被调用的方法、方法的参数和目标对象。

下面的 After returning 通知统计所有成功的没有抛出异常的方法调用。

```
public class CountingAfterReturningAdvice implements AfterReturningAdvice
{
    private int count;

    public void afterReturning(Object returnValue, Method m, Object[] args,
Object target) throws Throwable {
        ++count;
    }

    public int getCount() {
        return count;
    }
}
```

这个方法不改变执行路径。如果它抛出一个异常，这个异常而不是返回值将被沿着拦截器链向上抛出。

After returning 通知可被用于任何类型的切入点。

⑤ Introduction 通知

Spring 将 Introduction 通知看做一种特殊类型的拦截通知。

Introduction 需要实现 IntroductionAdvisor 和 IntroductionInterceptor 接口。

```
public interface IntroductionInterceptor extends MethodInterceptor {

    boolean implementsInterface(Class intf);
}
```

继承自 AOP 联盟 MethodInterceptor 接口的 invoke()方法必须实现导入。也就是说，如果被调用的方法是在导入的接口中，导入拦截器负责处理这个方法调用，它不能调用 proceed()方法。

Introduction 通知不能被用于任何切入点，因为它只能作用于类层次上，而不是方法。你可以只用 InterceptionIntroductionAdvisor 来实现导入通知，它有下面的方法：

```
public interface InterceptionIntroductionAdvisor extends Interception
Advisor {

    ClassFilter getClassFilter();

    IntroductionInterceptor getIntroductionInterceptor();

    Class[] getInterfaces();
}
```

这里没有 MethodMatcher，因此也没有和导入通知关联的切入点。只有类过滤是合乎逻辑的。

getInterfaces()方法返回 advisor 导入的接口。

让我们看一个来自 Spring 测试套件中的简单例子。我们假设想要导入下面的接口到一个或者多个对象中。

```
public interface Lockable {
    void lock();
    void unlock();
    boolean locked();
}
```

在这个例子中，我们想要能够将被通知对象类型转换为 Lockable，不管它们的类型，并且调用 lock()和 unlock()方法。如果调用 lock()方法，我们希望所有 setter 方法抛出 LockedException 异常。这样我们能添加一个方面使对象不可变，而它们不需要知道这一点。这是一个很好的 AOP 例子。

首先，我们需要一个做大量转化的 IntroductionInterceptor。在这里，我们继承 org. springframework.aop.support.DelegatingIntroductionInterceptor 实用类。我们可以直接实现 IntroductionInterceptor 接口，但是大多数情况下 DelegatingIntroductionInterceptor 是最合适的。

DelegatingIntroductionInterceptor 的设计是将导入委托到真正实现导入接口的接口，隐藏完成这些工作的拦截器。委托可以使用构造方法参数设置到任何对象中；默认的委托就是自己（当无参数的构造方法被使用时）。这样在下面的例子里，委托是 Delegating IntroductionInterceptor 的子类 LockMixin。给定一个委托（默认是自身）的 Delegating IntroductionInterceptor 实例寻找被这个委托（而不是 IntroductionInterceptor）实现的所有接口，并支持它们中任何一个导入。子类如 LockMixin 也可能调用 suppressInterflace(Class intf)方法隐藏不应暴露的接口。然而，不管 IntroductionInter ceptor 准备支持多少接口，IntroductionAdvisor 将控制哪个接口被实际暴露。一个导入的接口将隐藏目标的同一个接口的所有实现。

这样，LockMixin 继承 DelegatingIntroductionInterceptor 并自己实现 Lockable。父类自动选择支持导入的 Lockable，所以我们不需要指定它。用这种方法可以导入任意数量的接口。

注意 locked 实例变量的使用。这有效地添加额外的状态到目标对象。

```java
public class LockMixin extends DelegatingIntroductionInterceptor
    implements Lockable {

    private boolean locked;

    public void lock() {
        this.locked = true;
    }

    public void unlock() {
        this.locked = false;
    }

    public boolean locked() {
        return this.locked;
    }

    public Object invoke(MethodInvocation invocation) throws Throwable {
        if (locked() && invocation.getMethod().getName().indexOf("set") == 0)
            throw new LockedException();
        return super.invoke(invocation);
    }

}
```

通常不需要改写 invoke()方法。实现 DelegatingIntroductionInterceptor 就足够了，如果是导入的方法，DelegatingIntroductionInterceptor 实现会调用委托方法，否则继续沿着连接点处理。在现在的情况下，我们需要添加一个检查：在上锁状态下不能调用 setter 方法。

所需的导入 advisor 是很简单的。只有保存一个独立的 LockMixin 实例，并指定导入的接口，在这里就是 Lockable。一个稍微复杂一点的例子可能需要一个导入拦截器（可以定义成 prototype）的引用：在这种情况下，LockMixin 没有相关配置，所以我们简单地使用 new 来创建它。

```
public class LockMixinAdvisor extends DefaultIntroductionAdvisor {

    public LockMixinAdvisor() {
        super(new LockMixin(), Lockable.class);
    }
}
```

我们可以非常简单地使用这个 advisor，它不需要任何配置（但是，有一点是必要的，就是不可能在没有 IntroductionAdvisor 的情况下使用 IntroductionInterceptor）。和导入一样，通常 advisor 必须是针对每个实例的，并且是有状态的。我们会有不同的 LockMixinAdvisor，每个被通知对象会有不同的 LockMixin。advisor 组成了被通知对象的状态的一部分。

和其他 advisor 一样，我们可以使用 Advised.addAdvisor()方法以编程方式使用这种 advisor，或者在 XML 中配置（推荐这种方式）。下面将讨论所有代理创建，包括"自动代理创建者"，选择代理创建以正确地处理导入和有状态的混入。

### 4．Spring 中的 advisor

在 Spring 中，一个 advisor 就是一个方面的完整的模块化表示。一般地，一个 advisor 包括通知和切入点。

撇开导入这种特殊情况，任何 advisor 可被用于任何通知。org.springframework.aop.support.DefaultPointcutAdvisor 是最通用的 advisor 类。例如，它可以和 MethodInterceptor、BeforeAdvice 或者 ThrowsAdvice 一起使用。

Spring 中可以将 advisor 和通知混合在一个 AOP 代理中。例如，你可以在一个代理配置中使用一个对 Around 通知、Throws 通知和 Before 通知的拦截，Spring 将自动创建必要的拦截器链。

### 5．用 ProxyFactoryBean 创建 AOP 代理

如果你在为你的业务对象使用 Spring 的 IoC 容器（例如 ApplicationContext 或者 BeanFactory），你应该会或者愿意使用 Spring 的 aopFactoryBean（记住，FactoryBean 引入了一个间接层，它能创建不同类型的对象）。

在 Spring 中创建 AOP Proxy 的基本途径是使用 org.springframework.aop.framework.ProxyFactoryBean，这样可以对 pointcut 和 advice 做精确控制。但是如果不需要这种控制，那些简单的选择可能更适合。

（1）基本概要

ProxyFactoryBean，和其他 Spring 的 FactoryBean 实现一样，引入一个间接的层次。如果你定义一个名字为 foo 的 ProxyFactoryBean，引用 foo 的对象所看到的不是 ProxyFactoryBean 实例本身，而是由实现 ProxyFactoryBean 的类的 getObject()方法所创建的对象。这个方法将创建一个包装了目标对象的 AOP 代理。

使用 ProxyFactoryBean 或者其他 IoC 可知的类来创建 AOP 代理的最重要的优点之一是

IoC 可以管理通知和切入点。这是一个非常强大的功能，能够实现其他 AOP 框架很难实现的特定的方法。例如，一个通知本身可以引用应用对象（除了目标对象，它在任何 AOP 框架中都可以引用应用对象），这完全得益于依赖注入所提供的可插入性。

（2）JavaBean 的属性

类似于 Spring 提供的绝大部分 FactoryBean 实现一样，ProxyFactoryBean 也是一个 JavaBean，我们可以利用它的属性来指定你将要代理的目标；指定是否使用 CGLIB。

一些关键属性来自 org.springframework.aop.framework.ProxyConfig，它是所有 AOP 代理工厂的父类。这些关键属性包括：

- proxyTargetClass：如果应该代理目标类，而不是接口，这个属性的值为 true。如果是 true，我们需要使用 CGLIB。
- optimize：是否使用强优化来创建代理。不要使用这个设置，除非你了解相关的 AOP 代理是如何处理优化的。目前这只对 CGLIB 代理有效；对 JDK 动态代理无效（默认）。
- frozen：是否禁止通知的改变，一旦代理工厂已经配置是否禁止改变通知。默认是 false。
- exposeProxy：当前代理是否要暴露在 ThreadLocal 中，以便可以被目标对象访问（它可以通过 MethodInvocation 得到，不需要 ThreadLocal）。如果一个目标需要获得它的代理并且 exposeProxy 的值是 ture，则可以使用 AopContext. currentProxy()方法。
- aopProxyFactory：所使用的 aopProxyFactory 具体实现。这个参数提供了一条途径来定义是使用动态代理、CGLIB 还是其他代理策略。默认实现将适当地选择动态代理或 CGLIB。一般不需要使用这个属性，它的意图是允许 Spring 1.1 使用另外新的代理类型。

其他 ProxyFactoryBean 特定的属性包括：

- proxyInterfaces：接口名称的字符串数组。如果这个没有提供，CGLIB 代理将被用于目标类。
- interceptorNames：advisor、interceptor 或其他被应用的通知名称的字符串数组。顺序是很重要的。这里的名称是当前工厂中 bean 的名称，包括来自祖先工厂的 bean 的名称。
- singleton：工厂是否返回一个单独的对象，无论 getObject()被调用多少次。许多 FactoryBean 的实现提供这个方法，默认值是 true。如果你想要使用有状态的通知，例如，用于有状态的 mixin——将这个值设为 false，使用 prototype 通知。

（3）代理接口

让我们来看一个简单的 ProxyFactoryBean 的实际例子。这个例子涉及：

- 一个将被代理的目标 bean，在这个例子里，这个 bean 被定义为"personTarget"。
- 一个 advisor 和一个 interceptor 来提供 advice。
- 一个 AOP 代理 bean 定义，该 bean 指定目标对象（这里是 personTarget bean）、代理接口和使用的 advice。

```
<bean id="personTarget" class="com.mycompany.PersonImpl">
    <property name="name"><value>Tony</value></property>
    <property name="age"><value>51</value></property>
</bean>

<bean id="myAdvisor" class="com.mycompany.MyAdvisor">
```

```
        <property name="someProperty"><value>Custom string property
value</value></property>
    </bean>

    <bean id="debugInterceptor" class="org.springframework.aop.interceptor.NopInterceptor">
    </bean>

    <bean id="person" class="org.springframework.aop.framework.ProxyFactoryBean">
        <property name="proxyInterfaces"><value>com.mycompany.Person</value>
        </property>

        <property name="target"><ref local="personTarget"/></property>
        <property name="interceptorNames">
            <list>
                <value>myAdvisor</value>
                <value>debugInterceptor</value>
            </list>
        </property>
    </bean>
```

请注意：person bean 的 interceptorNames 属性提供一个 String 列表，列出的是该 ProxyFactoryBean 使用的、在当前 bean 工厂定义的 interceptor 或者 advisor 的名字（advisor、interceptor、before、after returning 和 throws advice 对象皆可）。Advisor 在该列表中的次序很重要。

你也许会对该列表为什么不采用 bean 的引用存有疑问。原因就在于如果 ProxyFactoryBean 的 singleton 属性被设置为 false，那么 bean 工厂必须能返回多个独立的代理实例。如果有任何一个 advisor 本身是 prototype 的，那么它就需要返回独立的实例，也就是有必要从 bean 工厂获取 advisor 的不同实例，bean 的引用在这里显然是不够的。

上面定义的"person" bean 定义可以作为 Person 接口的实现来使用，如下所示。

```
Person person = (Person) factory.getBean("person");
```

在同一个 IoC 的上下文中，其他的 bean 可以依赖于 Person 接口，就像依赖于一个普通的 Java 对象一样。

```
    <bean id="personUser" class="com.mycompany.PersonUser">
        <property name="person"><ref local="person" /></property>
    </bean>
```

在这个例子里，PersonUser 类暴露了一个类型为 Person 的属性。只要是在用到该属性的地方，AOP 代理都能透明地替代一个真实的 Person 实现。但是，这个类可能是一个动态代理类，也就是有可能把它的类型转换为一个 Advised 接口（该接口在下面的章节中论述）。

（4）代理类

如果需要代理的是类，而不是一个或多个接口，又该怎么办呢？

想象一下上面的例子，如果没有 Person 接口，我们需要通知一个叫做 Person 的类，而且该类没有实现任何业务接口。在这种情况下，你可以配置 Spring 使用 CGLIB 代理，而不是动态代理。你只要在上面的 ProxyFactoryBean 定义中把它的 proxyTargetClass 属性改成 true 就行了。

只要你愿意，即使在有接口的情况下，也可以强迫 Spring 使用 CGLIB 代理。

CGLIB 代理是通过在运行期产生目标类的子类来进行工作的。Spring 可以配置这个生成的子类，来代理原始目标类的方法调用。这个子类是用 Decorator 设计模式置入到 advice 中的。

CGLIB 代理对于用户来说应该是透明的。然而，还有以下因素需要考虑：

Final 方法不能被通知，因为不能被重写。

你需要在 CLASSPATH 中包括 CGLIB 的二进制代码，而动态代理对任何 JDK 都是可用的。

CGLIB 和动态代理在性能上有微小的区别，对 Spring 1.0 来说，后者稍快。另外，以后可能会有变化。在这种情况下性能不是决定性因素。

### 5.4.4  事务处理

Spring 框架引人注目的重要因素之一是它全面的事务支持。Spring 框架提供了一致的事务管理抽象，这带来了以下好处：

- 为复杂的事务 API 提供了一致的编程模型，如 JTA、JDBC、Hibernate、JPA 和 JDO；
- 支持声明式事务管理；
- 提供比大多数复杂的事务 API（如 JTA）更简单的、更易于使用的编程式事务管理 API；
- 非常好地整合 Spring 的各种数据访问抽象。

#### 1. 声明式事务处理

我们首先重点介绍声明式事务处理（Declarative Transactions）。声明式事务处理是由 Spring AOP 实现的，大多数 Spring 用户选择声明式事务管理。这是最少影响应用代码的选择，因而这和非侵入性的轻量级容器的观念是一致的。如果应用中存在大量事务操作，那么声明式事务管理通常是首选方案。它将事务管理与业务逻辑分离，而且在 Spring 中配置也不难。

从考虑 EJB CMT 和 Spring 声明式事务管理的相似以及不同之处出发是很有益的。它们的基本方法是相似的：都可以指定事务管理到单独的方法；如果需要可以在事务上下文调用 setRollbackOnly()方法。

不同之处在于：

- 不像 EJB CMT 绑定在 JTA 上，Spring 声明式事务管理可以在任何环境下使用。只需更改配置文件，它就可以和 JDBC、JDO、Hibernate 或其他的事务机制一起工作。
- Spring 的声明式事务管理可以被应用到任何类（以及那个类的实例）上，不仅仅是像 EJB 那样的特殊类。
- Spring 提供了声明式的回滚规则：EJB 没有对应的特性，我们将在下面讨论。回滚可以声明式地控制，不仅仅是编程式的。
- Spring 允许通过 AOP 定制事务行为。例如，如果需要，你可以在事务回滚中插入定制的行为；也可以增加任意的通知，就像事务通知一样。使用 EJB CMT，除了使用 setRollbackOnly()，你没有办法能够影响容器的事务管理。

**提示**：Spring 不提供高端应用服务器提供的跨越远程调用的事务上下文传播。如果需要这些特性，我们推荐使用 EJB。然而，不要轻易使用这些特性。通常我们并不希望事务跨越远程调用。

回滚规则的概念比较重要：它使我们能够指定什么样的异常（和 throwable）将导致自动回滚。我们在配置文件中声明式地指定，无须在 Java 代码中。同时，我们仍旧可以通过调用 TransactionStatus 的 setRollbackOnly()方法编程式地回滚当前事务。通常，我们定义一条规则，声明 MyApplicationException 必须总是导致事务回滚。这种方式带来了显著的好处，它使业务对象不必依赖于事务设施。典型的例子是你不必在代码中导入 Spring API、事务等。

对 EJB 来说，默认的行为是 EJB 容器在遇到系统异常（通常指运行时异常）时自动回滚当前事务。EJB CMT 遇到应用异常（例如，除了 java.rmi.RemoteException 外其他的 checked exception）时并不会自动回滚。默认是 Spring 处理声明式事务管理的规则遵守 EJB 习惯（只在遇到 unchecked exceptions 时自动回滚），但通常定制这条规则会更有用。

Spring 的事务管理是通过 AOP 代理实现的。其中的事务通知由元数据（目前基于 XML 或注解）驱动。代理对象与事务元数据结合产生了一个 AOP 代理，它使用一个 PlatformTransactionManager 实现配合 TransactionInterceptor，在方法调用前后实施事务。从概念上来说，在事务代理上调用方法的工作过程看起来如图 5-25 所示。

类似于 EJB 的容器管理事务（Container Managed Transaction），你可以在配置文件中声明对事务的支持，可以精确到单个方法的级别。这通常通过 TransactionProxy FactoryBean 设置 Spring 事务代理。我们需要一个目标对象包装在事务代理中，这个目标对象一般是一个普通 Java 对象的 bean。当我们定义 TransactionProxyFactoryBean 时，必须提供一个相关的 PlatformTransactionManager 的引用和事务属性。事务属性含有上面描述的事务定义。

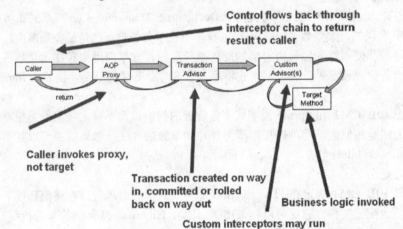

图 5-25　在事务代理上调用方法的工作过程

例如，我们可以使用以下配置。

```xml
<bean id="orderService" class="org.springframework.transaction.
   interceptor.TransactionProxyFactoryBean">

<property name="transactionManager">
 <ref local="myTransactionManager"/>
</property>

<property name="target"><ref local="orderTarget"/></property>

<property name="transactionAttributes">
<props>
  <prop key="find*">
 PROPAGATION_REQUIRED,readOnly,-OrderException
  </prop>
  <prop key="save*">
 PROPAGATION_REQUIRED,-OrderMinimumAmountException
```

```
      </prop>
      <prop key="update*">
      PROPAGATION_REQUIRED,-OrderException
      </prop>
    </props>
    </property>
  </bean>
```

通过以上配置声明，Spring 会自动帮助我们处理事务。也就是说，对于 orderTarget 类中的所有以 find、save 和 update 开头的方法，自动增加事务管理服务。

这里的 transaction attributes 属性定义在 org.springframework.transaction.interceptor. NameMatchTransactionAttributeSource 中的属性格式来设置。这个包含通配符的方法名称映射是很直观的。注意 save*的映射的值包括回滚规则。添加的-OrderMinimumAmountException 指定如果方法抛出 OrderMinimumAmountException 或它的子类，事务将会自动回滚。可以用逗号分隔定义多个回滚规则。-前缀强制回滚，+前缀指定提交（这允许即使抛出 unchecked 异常时也可以提交事务，当然你要明白自己在做什么）。

TransactionProxyFactoryBean 允许你通过 "preInterceptors" 和 "postInterceptors" 属性设置 "前" 或 "后" 通知来提供额外的拦截行为。可以设置任意数量的 "前" 和 "后" 通知，它们的类型可以是 Advisor（可以包含一个切入点）、MethodInterceptor 或被当前 Spring 配置支持的通知类型（例如 ThrowAdvice、AfterReturningtAdvice 或 BeforeAdvice，这些都是默认支持的）。这些通知必须支持实例共享模式。如果你需要高级 AOP 特性来使用事务，那么最好使用通用的 org.springframework.aop.framework. ProxyFactoryBean，而不是 TransactionProxyFactoryBean 实用代理创建者。

也可以设置自动代理：配置 AOP 框架，不需要单独的代理定义类就可以生成类的代理。

**提示**：Spring 2.0 及以后的版本中声明式事务的配置与之前的版本有相当大的不同。主要差异在于不再需要配置 TransactionProxyFactoryBean 了。当然，Spring 2.0 之前的旧版本风格的配置仍然是有效的。

本节项目中使用了这种方式。

```
<bean id="transactionInterceptor"
class="org.springframework.transaction.interceptor.
TransactionInterceptor">
        <!-- 事务拦截器 bean 需要依赖注入一个事务管理器 -->
        <property name="transactionManager" ref="transactionManager"/>
    <property name="transactionAttributes">
        <!-- 下面定义事务传播属性-->
        <props>
            <prop key="check*">PROPAGATION_REQUIRED,readOnly</prop>
         <prop key="*">PROPAGATION_REQUIRED</prop>
        </props>
    </property>
</bean>

<!-- 定义 BeanNameAutoProxyCreator-->
    <bean class="org.springframework.aop.framework.autoproxy.
    BeanNameAutoProxyCreator">
        <!-- 指定对满足哪些 bean name 的 bean 自动生成业务代理 -->
        <property name="beanNames">
         <!-- 下面是所有需要自动创建事务代理的 bean-->
         <list>
            <value>newsDAO</value>
```

```
            </list>
            <!--  此处可增加其他需要自动创建事务代理的 bean-->
         </property>
        <!--  下面定义 BeanNameAutoProxyCreator 所需的事务拦截器-->
        <property name="interceptorNames">
            <list>
                <!-- 此处可增加其他新的 Interceptor -->
                <value>transactionInterceptor</value>
            </list>
        </property>
    </bean>
```

### 2. 编程式事务处理

当只有很少的事务操作时，编程式事务管理（Programmatic Transactions）通常比较合适。例如，如果你有一个 Web 应用，其中只有特定的更新操作有事务要求，你可能不愿使用 Spring 或其他技术设置事务代理。

Spring 提供两种方式的编程式事务管理：

* 使用 TransactionTemplate；
* 直接使用一个 PlatformTransactionManager 实现。

我们推荐采用第一种方式（即使用 TransactionTemplate）。

（1）使用 TransactionTemplate

TransactionTemplate 采用与 Spring 中其他的模板同样的方法，如 JdbcTemplate 和 HibernateTemplate。它使用回调机制，将应用代码从样板式的资源获取和释放代码中解放出来，不再有大量的 try/catch/finally/try/catch 代码块。同样，和其他的模板类一样，TransactionTemplate 类的实例是线程安全的。

必须在事务上下文中执行的应用代码看起来像这样（注意，使用 Transaction Callback 可以有返回值）：

```
Object result = tt.execute(new TransactionCallback() {
    public Object doInTransaction(TransactionStatus status) {
        updateOperation1();
        return resultOfUpdateOperation2();
    }
});
```

如果不需要返回值，更方便的方式是创建一个 TransactionCallbackWithoutResult 的匿名类，如下：

```
tt.execute(new TransactionCallbackWithoutResult() {
    protected void doInTransactionWithoutResult(TransactionStatus status) {
        updateOperation1();
        updateOperation2();
    }
});
```

回调方法内的代码可以通过调用 TransactionStatus 对象的 setRollbackOnly()方法来回滚事务。

想要使用 TransactionTemplate 的应用类，必须能访问一个 PlatformTransaction Manager（在典型情况下，通过依赖注入提供）。这样的类很容易做单元测试，只需要引入一个 PlatformTransactionManager 的伪类或桩类。这里没有 JNDI 查找，没有静态诡计，它是一个如此简单的接口。像往常一样，使用 Spring 给你的单元测试带来极大的简化。

（2）使用 PlatformTransactionManager

你也可以直接使用 org.springframework.transaction.PlatformTransactionManager 的实现来管理事务。只需通过 bean 引用简单地传入一个 PlatformTransactionManager 实现，然后使用 TransactionDefinition 和 TransactionStatus 对象，你就可以启动一个事务，提交或回滚。

```
DefaultTransactionDefinition def = new DefaultTransactionDefinition();
def.setPropagationBehavior(TransactionDefinition.PROPAGATION_REQUIRED);

TransactionStatus status = txManager.getTransaction(def);
try {
    // execute your business logic here
}
catch (MyException ex) {
    txManager.rollback(status);
    throw ex;
}
txManager.commit(status);
```

### 5.4.5　Struts-Spring-Hibernate 集成

#### 1．环境搭建和基本配置

在 Eclipse 中可以增加对 Struts 2.0、Spring 2.0、Hibernate 3.1 的支持，具体如下。

（1）搭建简单的 Struts 2 Web 工程

① 下载和安装 Struts 2 框架。

在此下载最新的 struts-2.0.11-all 完整包，里面包括 apps（示例）、docs（文档）、j4（Struts 2 支持 JDK 1.4 的 jar 文件）、lib（核心类库及 Struts 2 第三方插件类库）、src（源代码）。

② 创建 Web 工程，添加 jar 包。

添加下载资源包中 lib 下的 struts2-core-2.0.11.jar、xwork-2.0.4.jar 和 ognl-2.6.11.jar（3 个为必需的 jar 包），就可以开发应用，但是会有错误消息。添加 commons-logging-1. 04.jar 和 freemarker-2.3.8.jar 就不会报错。

③ 编辑 web.xml 文件，配置 Struts 2 的核心 Filter。

```xml
<?xml version="1.0" encoding="UTF-8"?>
<web-app version="2.4"
    xmlns="http://java.sun.com/xml/ns/j2ee"
    xmlns:xsi="http://www.w3.org/2001/XMLSchema-instance"
    xsi:schemaLocation="http://java.sun.com/xml/ns/j2ee
    http://java.sun.com/xml/ns/j2ee/web-app_2_4.xsd">
  <listener>
    <listener-class>
        org.springframework.web.context.ContextLoaderListener
    </listener-class>
  </listener>
  <filter>
    <filter-name>struts2</filter-name>
    <filter-class>org.apache.struts2.dispatcher.FilterDispatcher
</filter-class>
  </filter>
  <filter-mapping>
      <filter-name>struts2</filter-name>
    <url-pattern>/*</url-pattern>
    </filter-mapping>
  <filter>
```

```
        <filter-name>struts-cleanup</filter-name>
        <filter-class>org.apache.struts2.dispatcher.ActionContextCleanUp
</filter-class>
    </filter>
    <filter-mapping>
        <filter-name>struts-cleanup</filter-name>
        <url-pattern>/*</url-pattern>
    </filter-mapping>
    <welcome-file-list>
      <welcome-file>index.jsp</welcome-file>
    </welcome-file-list>
</web-app>
```

④ 写用户请求 JSP。

```
<%@ page language="java" contentType="text/html; charset=utf-8"%>
<html>
    <head>
        <titlce>登录页面</title>
    </head>
    <body>c

        <form action="Login.action" method="post">
            <table align="center">
                <h3>
                    用户登录
                </h3>
                <tr align="center">

                    <td>
                        用户名：
                        <input type="text" name="username" />
                    </td>
                </tr>

                <tr align="center">
                    <td>
                        密　码：
                        <input type="text" name="password" />
                    </td>
                </tr>
                <tr align="center">
                    <td colspan="2">
                        <input type="submit" value="提交" />
                        <input type="reset" value="重置" />
                    </td>
                </tr>
            </table>
        </form>
    </body>
</html>
```

⑤ 写 Action 类。

```
package com.ascent.action;
```

```
public class LoginAction {

    private String username;

    private String password;

    public String getPasswordd() {
        return password;
    }

    public void setPassword(String password) {
        this.password = password;
    }

    public String getUsername() {
        return username;
    }

    public void setUsername(String username) {
        this.username = username;
    }

    public String execute() {
        if (getUsername().equals("liang") && getPassword().equals("liang")) {
            return "success";
        }
        return "error";
    }
}
```

⑥ 在 src 下写 struts.xml。

```
<?xml version="1.0" encoding="GBK"?>
<!DOCTYPE struts PUBLIC
    "-//Apache Software Foundation//DTD Struts Configuration 2.0//EN"
    "http://struts.apache.org/dtds/struts-2.0.dtd">
<struts>
    <package name="struts2_helloworld" extends="struts-default">
        <action name="Login"
            class="com.ascent.action.LoginAction">
            <result name="error">/error.jsp</result>
            <result name="success">/welcome.jsp</result>
        </action>
    </package>
</struts>
```

⑦ 添加 error.jsp 和 welcome.jsp。

⑧ 部署和启动，进行测试。

> **注意**：TOMCAT 5.5 有警告"警告: Settings: Could not parse struts.locale setting, substituting default VM locale)"，要解决也不难，创建 struts.properties 这个文件，放在 src 目录下就可以了。
>
> ```
> struts.locale=en_GB
> ```

（2）添加 Spring 2.0 支持，整合 Spring 2.0

① 右键单击工程名，选择"MyEclipse→Add Spring Capabilities…"，打开添加 Spring 支持配置页面，如图 5-26 所示。

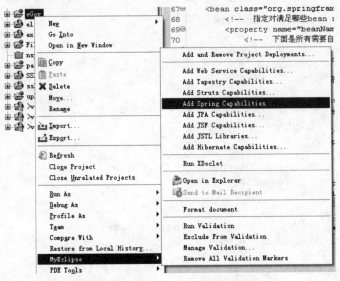

图 5-26　MyEclipse 配置 Spring 页面 1

② 打开如图 5-27 所示的配置页面，进行配置。

选择"Spring 2.0"，勾选 Spring 2.0 支持包，要选择"Spring 2.0 ORM/DAO/ Hibernate3 Libraries"，选择"Copy checked Libraty contents to project folder（TLDs always copied）"，并将其拷贝到路径/WebRoot/WEB-INF/lib，然后单击"Next"按钮，进行下一步设置。

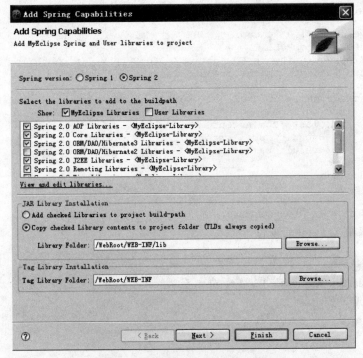

图 5-27　MyEclipse 配置 Spring 页面 2

③ 进入 Application 生成页面，如图 5-28 所示。

选择"New"，Folder 选择工程下的"WebRoot/WEB-INF"，File 为"application
Context.xml"，最后单击"Finish"按钮完成对 Spring 2.0 的添加。

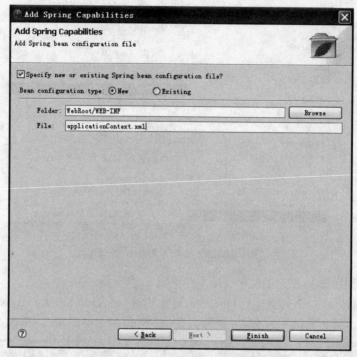

图 5-28   MyEclipse 配置 Spring 页面 3

④ 上面 3 步添加了 Spring 2.0 支持，还需要将 Spring 2.0 和 Struts 2.0 整合在一起，需
要添加 struts2-spring-plugin-2.0.11.jar 插件，需要在 web.xml 中配置 Spring 初始化监听，代
码如下：

```
<listener>
<listener-class>
org.springframework.web.context.ContextLoaderListener
</listener-class>
</listener>
```

插件添加很简单，将下载的 Struts 2 的资源包中 lib 下的 struts2-spring-plugin- 2.0.11.jar
拷贝到工程的 lib 下即可。

完成上述工作，Spring 的 IoC 容器会在 Web 应用启动时完成初始化，并且成为 Struts 2
框架默认的 objectFactory。

（3）添加 Hibernate 3.1 支持，整合 Hibernate 3.1

① 添加工程的包结构，分别为 DAO 和 PO 的类包，
如图 5-29 所示。

② 添加 Hibernatez 3.1 支持，右键单击工程名，选
择"MyEclipse→Add Hibernate Capabilities..."，如图
5-30 所示。

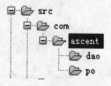

图 5-29   MyEclipse 配置
Hibernate 页面 1

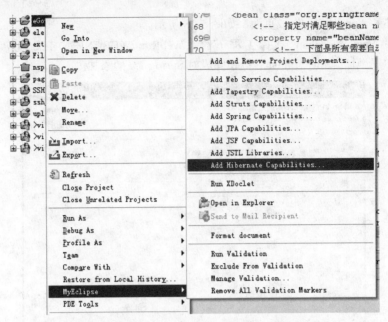

图 5-30　MyEclipse 配置 Hibernate 页面 2

③ 进入如图 5-31 所示的配置页面，进行如下配置。

选择"Hibernate 3.1"，勾选支持 Libraries，选择"Copy checked Library Jars to project folder and add to build-path"，Library folder 路径为"WebRoot/WEB-INF/lib"，单击"Next"按钮。

图 5-31　MyEclipse 配置 Hibernate 页面 3

④ 选择"Spring configuration file (applicationContext.xml)"，将 Hibernate 连接库的操作交给 Spring 来控制，然后单击"Next"按钮，如图 5-32 所示。

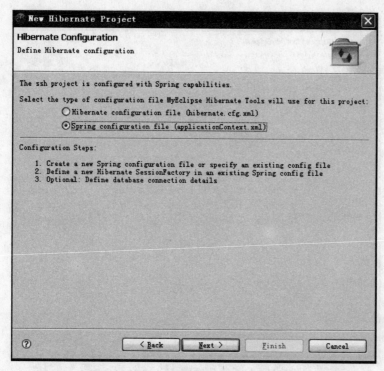

图 5-32　MyEclipse 配置 Hibernate 页面 4

⑤ 选择 "Existing Spring configuration file"，为前面配置好的 Spring 配置文件，SessionFaction ID 写为 "sessionFactory"，为 Hibernate 产生连接的 bean 的 id，如图 5-33 所示，然后单击 "Next" 按钮。

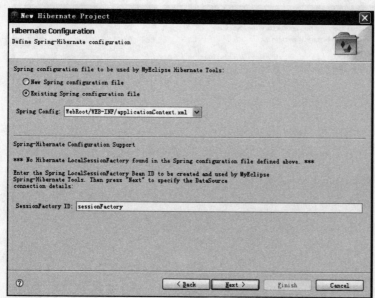

图 5-33　MyEclipse 配置 Hibernate 页面 5

⑥ 设置数据源，填写 Bean Id 为 "dataSource"，选择使用 JDBC 驱动，DB Driver 为设置好的 MySQL Driver，如图 5-34 所示，然后单击 "Next" 按钮。

图 5-34　MyEclipse 配置 Hibernate 页面 6

⑦ 取消创建 sessinFactory class，不勾选，因为前面已经将 sessionFactory 交给了 Spring 来产生，如图 5-35 所示配置，然后单击"Finish"按钮完成 Hibernate 支持的添加。

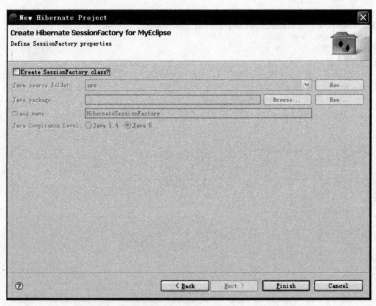

图 5-35　MyEclipse 配置 Hibernate 页面 7

⑧ 出现如图 5-36 所示的窗口，单击"Keep Existing"按钮。

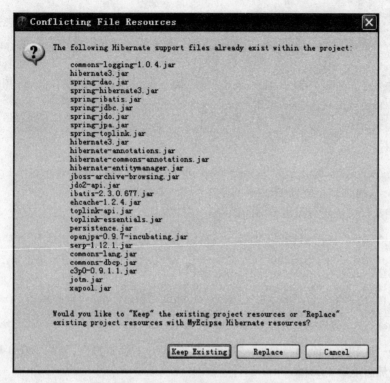

图 5-36　MyEclipse 配置 Hibernate 页面 8

⑨ 完成后 applicationContext.xml 中已经添加了数据源和 sessionFactory 的配置，如图 5-37 所示。

```xml
<bean id="dataSource"
    class="org.apache.commons.dbcp.BasicDataSource">
    <property name="driverClassName"
        value="com.mysql.jdbc.Driver">
    </property>
    <property name="url" value="jdbc:mysql://localhost:3306/my"></property>
    <property name="username" value="root"></property>
    <property name="password" value=""></property>
</bean>
<bean id="sessionFactory"
    class="org.springframework.orm.hibernate3.LocalSessionFactoryBean">
    <property name="dataSource">
        <ref bean="dataSource" />
    </property>
    <property name="hibernateProperties">
        <props>
            <prop key="hibernate.dialect">
                org.hibernate.dialect.MySQLDialect
            </prop>
        </props>
    </property>
</bean>
```

图 5-37　MyEclipse 配置 Hibernate 页面 9

⑩ 此时，已经完成了 Hibernate 3.1 的添加，其他 Hibernate 映射具体看 Struts 2 与 Hibernate 整合的章节。

**提示：** 完成了 Struts 2.0、Spring 2.0 和 Hibernate 3.1 的添加与整合，重新启动工程，验证连接程序时会出现如下错误：

> *严重*：Unable to initialize Struts ActionServlet due to an unexpected exception or error thrown, so marking the servlet as unavailable. Most likely, this is due to an incorrect or missing library dependency.
>
> **java.lang.NoClassDefFoundError: org/apache/commons/pool/impl/GenericObject Pool**
>
> at java.lang.Class.getDeclaredConstructors0(Native Method)
>
> ......

**解决办法：**

到 http://www.apache.org/dist/commons/pool/binaries/下载 commons-pool-1.3.zip，把里面的 commons-pool-1.3.jar 放到 Tomcat 目录下的 lib 文件夹。

再次启动，可能还会报出下面的错误：

```
java.lang.NoSuchMethodError: org.objectweb.asm.ClassVisitor.visit

2007-08-08 15:36:17,406 ERROR [org.hibernate.proxy.BasicLazy Initializer]
- CGLIB Enhancement failed: dao.User
java.lang.NoSuchMethodError: org.objectweb.asm.ClassVisitor.
visit(IILjava/lang/String;Ljava/lang/String;[Ljava/lang/String;Ljava/lan
g/String;]V
 at net.sf.cglib.core.ClassEmitter.begin_class(ClassEmitter. java:77)
```

Spring 和 Hibernate 共用的一些 jar 文件发生了版本冲突，删除 WEB-INF/lib/asm-2.2.3.jar，然后重启 Tomcat。

至此，我们完成了 Eclipse 对 Struts 2.0、Spring 2.0、Hibernate 3.1 的支持。我们可以看出，Spring 的配置主要在 WEB-INF 下的 applicationContext.xml 文件中。由于在 Struts-Spring-Hibernate 的开发中，Spring 处于承上启下的作用，所以这个文件是整个项目的核心文件。applicationContext.xml 文件具体内容如下：

```xml
<?xml version="1.0" encoding="UTF-8"?>
<beans
    xmlns="http://www.springframework.org/schema/beans"
    xmlns:xsi="http://www.w3.org/2001/XMLSchema-instance"
    xsi:schemaLocation="http://www.springframework.org/schema/beans
    http://www.springframework.org/schema/beans/spring-beans-2.0.xsd">

    <bean id="dataSource"
        class="org.apache.commons.dbcp.BasicDataSource">
        <property name="driverClassName"
            value="com.mysql.jdbc.Driver">
        </property>
        <property name="url"
            value="jdbc:mysql://localhost:3306/my?useUnicode=true&amp;
            characterEncoding=gb2312"></property>
        <property name="username" value="root"></property>
        <property name="password" value=""></property>
    </bean>
    <bean id="sessionFactory"
        class="org.springframework.orm.hibernate3.LocalSessionFactoryBean">
        <property name="dataSource">
            <ref bean="dataSource" />
        </property>
        <property name="hibernateProperties">
            <props>
                <prop key="hibernate.dialect">
```

```xml
                        org.hibernate.dialect.MySQLDialect
                    </prop>
                </props>
            </property>
            <property name="mappingResources">
                <list>
                    <value>com/ascent/po/Authorization.hbm.xml</value>
                    <value>com/ascent/po/News.hbm.xml</value>
                    <value>com/ascent/po/Userauth.hbm.xml</value>
                    <value>com/ascent/po/Usr.hbm.xml</value>
                    <value>com/ascent/po/Department.hbm.xml</value>
                </list>
            </property>
    </bean>
    <bean id="transactionManager"
        class="org.springframework.orm.hibernate3.Hibernate
        TransactionManager">
        <property name="sessionFactory" ref="sessionFactory"/>
    </bean>
    <bean id="transactionInterceptor"
        class="org.springframework.transaction.interceptor.
        TransactionInterceptor">
        <!-- 事务拦截器 bean 需要依赖注入一个事务管理器 -->
        <property name="transactionManager" ref="transactionManager"/>
    <property name="transactionAttributes">
            <!-- 下面定义事务传播属性-->
            <props>
                <prop key="check*">PROPAGATION_REQUIRED,readOnly</prop>
                <prop key="*">PROPAGATION_REQUIRED</prop>
            </props>
        </property>
    </bean>


    <!-- 定义 BeanNameAutoProxyCreator-->
    <bean class="org.springframework.aop.framework.autoproxy.
        BeanNameAutoProxyCreator">
        <!-- 指定对满足哪些 bean name 的 bean 自动生成业务代理 -->
        <property name="beanNames">
            <!-- 下面是所有需要自动创建事务代理的 bean-->
            <list>
                <value>newsDAO</value>
                <value>userDAO</value>
            </list>
            <!-- 此处可增加其他需要自动创建事务代理的 bean-->
        </property>
        <!-- 下面定义 BeanNameAutoProxyCreator 所需的事务拦截器-->
        <property name="interceptorNames">
            <list>
                <!-- 此处可增加其他新的 Interceptor -->
                <value>transactionInterceptor</value>
            </list>
        </property>
    </bean>


    <bean id="newsService"
        class="com.ascent.service.impl.INewsServiceImpl">
        <property name="newsDAO">
            <ref local="newsDAO"/>
```

```
            </property>
        </bean>
        <bean id="userService"
    class="com.ascent.service.impl.IUserServiceImpl">
            <property name="userDAO">
                <ref local="userDAO"/>
            </property>
        </bean>

        <bean id="newsDAO" class="com.ascent.dao.impl.INewsDAOImpl">
            <property name="sessionFactory">
                <ref local="sessionFactory" />
            </property>
        </bean>
        <bean id="userDAO" class="com.ascent.dao.impl.IUserDAOImpl">
            <property name="sessionFactory">
                <ref local="sessionFactory" />
            </property>
        </bean>
    </bean>
    </beans>
```

关于它的具体内容，我们稍后详细讲解。

### 2. Spring 和 Hibernate 集成

我们前面提到，Spring 与 Hibernate 的集成实际上是通过 applicationContext.xml 配置文件完成的。关于如何使用 Hibernate 来对数据库表做映射，我们在前面已经做了介绍，这里我们关心的是如何配置 Spring 使它能管理 Hibernate。其实只要在 Spring 的配置文件（我们这里是 applicationContext. xml）中配置一个叫做 sessionFactory 的 bean，Spring 就可以和 Hibernate 联系起来了。而 sessionFactory 会应用 dataSource 的 bean，它代表的是数据源信息。如下所示：

```
<bean id="dataSource"
        class="org.apache.commons.dbcp.BasicDataSource">
        <property name="driverClassName"
            value="com.mysql.jdbc.Driver">
        </property>
        <property name="url"
            value="jdbc:mysql://localhost:3306/my?useUnicode=true&amp;
            characterEncoding=gb2312"></property>
        <property name="username" value="root"></property>
        <property name="password" value=""></property>
    </bean>
    <bean id="sessionFactory"
    class="org.springframework.orm.hibernate3.LocalSessionFactoryBean">
        <property name="dataSource">
            <ref bean="dataSource" />
        </property>
        <property name="hibernateProperties">
            <props>
                <prop key="hibernate.dialect">
                    org.hibernate.dialect.MySQLDialect
                </prop>
            </props>
        </property>

    </bean>
```

这样 Spring 和 Hibernate 的第一步整合就完成了，现在到了关键的地方，也就是如何让 Spring 和 Hibernate 双剑合璧来实现业务逻辑呢？

还是在 applicationContext.xml 文件中我们做了一个配置：

```xml
<bean id="transactionManager"
    class="org.springframework.orm.hibernate3.HibernateTransactionManager">
    <property name="sessionFactory" ref="sessionFactory" />
</bean>
```

在上面你大概可以感觉到 Spring 给我们带来的好处了，Spring 的 IoC 模式可以统一管理各层，而又使各层松散耦合在一起。使各层之间实现最大的解耦性，这也是 Web 架构一贯的追求。

但是，Spring 带来的好处还不止于此，除了 IoC 还有 AOP，Spring 可以运用 AOP 来实现很多功能，最常用的就是事务处理。这里我们用了业务服务（Business Service）层和数据存取对象（Data Access Object）层，在 Business Service 层增加事务处理，DAO（Data Access Object）层负责数据读/写。

首先，组装配置好 Service Beans。

```xml
<bean id="transactionInterceptor"
        class="org.springframework.transaction.interceptor.
        TransactionInterceptor">
        <!-- 事务拦截器 bean 需要依赖注入一个事务管理器 -->
        <property name="transactionManager" ref="transactionManager"/>
        <property name="transactionAttributes">
                <!-- 下面定义事务传播属性-->
                <props>
                    <prop key="check*">PROPAGATION_REQUIRED,readOnly</prop>
                <prop key="*">PROPAGATION_REQUIRED</prop>
                </props>
        </property>
    </bean>


    <!-- 定义 BeanNameAutoProxyCreator-->
    <bean class="org.springframework.aop.framework.autoproxy.
    BeanNameAutoProxyCreator">
        <!-- 指定对满足哪些 bean name 的 bean 自动生成业务代理 -->
        <property name="beanNames">
            <!-- 下面是所有需要自动创建事务代理的 bean-->
            <list>
                    <value>newsDAO</value>
            </list>
                    <!-- 此处可增加其他需要自动创建事务代理的 bean-->
        </property>
        <!-- 下面定义 BeanNameAutoProxyCreator 所需的事务拦截器-->
        <property name="interceptorNames">
                <list>
                    <!-- 此处可增加其他新的 Interceptor -->
                    <value>transactionInterceptor</value>
                </list>
        </property>
    </bean>
```

然后，需要把 Business Service Object 和 DAO 也组装起来，并把这些对象配置到一个事务管理器（Transaction Manager）里。

在 Spring 中的配置信息还有以下内容：

```
<bean id="newsService" class="com.ascent.service.impl.INewsServiceImpl">
        <property name="newsDAO">
            <ref local="newsDAO"/>
        </property>
    </bean>
    <bean id="newsDAO" class="com.ascent.dao.impl.INewsDAOImpl"
        abstract="false" lazy-init="default" autowire="default"
        dependency-check="default">
        <property name="sessionFactory">
            <ref local="sessionFactory" />
        </property>
    </bean>
```

理解了以上的配置，就建立了整体框架，下面来进行具体代码实现。

首先开发我们的 DAO 类吧。先说明一点，由于 Spring 是提倡面向接口编程的，所以我们先为每个 DAO 类都定义一个接口。例如，com/ascent/dao 目录下的 INewsDAO 是业务接口，而 com/ascent/dao/impl 目录下的 INewsDAOImpl 是业务接口的实现类。在 DAO 的实现中，我们使用了 Spring 对 Hibernate 的集成类：HibernateTemplate。

典型的应用经常会被重复的资源管理代码搞乱。很多项目尝试创造自己的方案解决这个问题，有时会为了编程方便牺牲适当的故障处理。对于恰当的资源处理，Spring 提倡令人瞩目的简单的解决方案：使用 templating 的 IoC，比如基础的 class 和回调接口，或者提供 AOP 拦截器。基础的类负责固定的资源处理，以及将特定的异常转换为 unchecked 异常体系。Spring 引进了 DAO 异常体系，可适用于任何数据访问策略。Spring 提供了对 Hibernate 的支持：HibernateTemplate、HibernateInterceptor 以及一个 Hibernate Transaction Manager。这样做的主要目的是：能够清晰地划分应用层次而不管使用何种数据访问和事务技术；使应用对象之间的耦合松散。业务对象（Business Object）不再依赖于数据访问和事务策略；不再有硬编码的资源查找（lookup）；不再有难于替换的单点模式（singletons）；不再有自定义的服务注册。一个简单且坚固的方案连接了应用对象，并且使它们可重用尽可能地不依赖容器。虽然所有的数据访问技术都能独立使用，但是与 Spring Application Context 结合更好一些，它提供了基于 XML 的配置和普通的与 Spring 无关的 JavaBean 实例。在典型的 Spring 应用中，很多重要的对象都是 JavaBeans：数据访问 template、数据访问对象（使用 template）、Transaction Managers、业务对象（使用数据访问对象和 Transaction Managers）、Web View Resolvers、Web Controller（使用业务对象）等。代码如下：

```
package com.ascent.dao;

import java.util.List;

import com.ascent.po.Usr;

public interface INewsDAO {

        //根据 SQL 语句查询
```

```java
    public List selectSQL(String sql,Object[] value);

    //添加方法
    public void addObject(Object obj);

    //修改方法
    public void updateObject(Object obj);

    //分页查询方法
    public List findPage(final String sql,final int firstRow,
            final int maxRow,final Object[] obj);

    //删除方法
    public void deleteObject(Object obj);
}


package com.ascent.dao.impl;

import java.sql.SQLException;
import java.util.List;

import org.hibernate.HibernateException;
import org.hibernate.Query;
import org.hibernate.Session;
import org.springframework.orm.hibernate3.HibernateCallback;
import org.springframework.orm.hibernate3.support.HibernateDaoSupport;

import com.ascent.dao.INewsDAO;
import com.ascent.po.Usr;

public class INewsDAOImpl extends HibernateDaoSupport implements INewsDAO
{

    public List selectSQL(String sql, Object[] value) {
        if(value==null){
            return this.getHibernateTemplate().find(sql);
        } else {
            return this.getHibernateTemplate().find(sql,value);
        }
    }

    public void addObject(Object obj) {
        this.getHibernateTemplate().save(obj);
    }

    public void updateObject(Object obj) {
        this.getHibernateTemplate().update(obj);
    }

    public List findPage(final String sql,final int firstRow,
            final int maxRow,final Object[] obj) {
```

```
            return this.getHibernateTemplate().executeFind(new
HibernateCallback() {
            public Object doInHibernate(Session session) throws
                SQLException,HibernateException {
                if(obj==null){
                    Query q = session.createQuery(sql);
                    q.setFirstResult(firstRow);
                    q.setMaxResults(maxRow);
                    return q.list();
                }
                Query q = session.createQuery(sql);
                if(obj instanceof String[]){
                    String[] value = (String[]) obj;
                    for(int i=0;i<value.length;i++){
                        q.setString(i,value[i]);
                    }
                } else {
                    Integer[] value = (Integer[]) obj;
                    for(int i=0;i<value.length;i++){
                        q.setInteger(i,value[i]);
                    }
                }
                q.setFirstResult(firstRow);
                q.setMaxResults(maxRow);
                return q.list();
            }
        });
    }

    public void deleteObject(Object obj) {
        this.getHibernateTemplate().delete(obj);
    }
}
```

**Service** 的接口及实现如下：

```
package com.ascent.service;

import java.util.List;

import com.ascent.po.Usr;

public interface INewsService {


    //根据 SQL 语句查询
    public List selectSQL(String sql,Object[] value);

    //添加方法
    public void addObject(Object obj);

    //修改方法
    public void updateObject(Object obj);

    //分页查询方法
    public List findPage(final String sql,final int firstRow,
            final int maxRow,final Object[] obj);

    //删除方法
    public void deleteObject(Object obj);

}
```

```
package com.ascent.service.impl;

import java.util.List;

import com.ascent.dao.INewsDAO;
import com.ascent.po.Usr;
import com.ascent.service.INewsService;

public class INewsServiceImpl implements INewsService {

    private INewsDAO newsDAO;

    public void setNewsDAO(INewsDAO newsDAO) {
        this.newsDAO = newsDAO;
    }
    public INewsDAO getNewsDAO() {
        return newsDAO;
    }
    public List selectSQL(String sql, Object[] value) {
        return newsDAO.selectSQL(sql,value);
    }
    public void addObject(Object obj) {
        newsDAO.addObject(obj);
    }
    public void updateObject(Object obj) {
        newsDAO.updateObject(obj);
    }
    public List findPage(String sql, int firstRow, int maxRow, Object[] obj)
{
        return newsDAO.findPage(sql, firstRow, maxRow, obj);
    }
    public void deleteObject(Object obj) {
        newsDAO.deleteObject(obj);
    }
}
```

### 3. Spring 和 Struts 集成

Spring 和 Struts 的整合有很多种方式，如下 3 种解决方案，可以作为参考：

（1）使用 Spring 的 ActionSupport 类整合 Struts；

（2）使用 Spring 的 DelegatingRequestProcessor 覆盖 Struts 的 RequestProcessor；

（3）将 Struts Action 管理委托给 Spring 框架。

我们这里使用的是第 3 种方式，也就是通过 IoC 模式让 Spring 对 Struts 的 Action 进行管理，并且这里使用了 Spring 的自动装配功能。

首先建立一个 BaseAction，它继承了 Action 类，而其他自定义的 Action 都要继承这个 BaseAction。

```
package com.ascent.action;

import com.ascent.service.INewsService;
import com.ascent.service.IUserService;
import com.opensymphony.xwork2.ActionSupport;

public class BaseAction extends ActionSupport {
```

```
protected INewsService newsService;            //调用 Service 层对象
protected IUserService userService;            //调用 Service 层对象

public IUserService getUserService() {
    return userService;
}
public void setUserService(IUserService userService) {
    this.userService = userService;
}
public INewsService getNewsService() {
    return newsService;
}
public void setNewsService(INewsService newsService) {
    this.newsService = newsService;
}

}
```

一般情况下，我们使用 Spring 的 IoC 功能将业务逻辑 Service 组件注入到 Action 对象中，这时需要在 applicationContext.xml 中进行配置。例如以下片段：

```
<bean id="userService"
    class="com.ascent.service.impl.IUserServiceImpl">
        <property name="userDAO">
            <ref local="userDAO"/>
        </property>
</bean>
<bean id="loginAction" class="com.ascent.action.LoginAction">
        <property name="userService">
            <ref local="userService"/>
        </property>
</bean>
```

这种方式有一个明显的缺陷：所有的 Action 都需要在 applicationContext.xml 中进行配置，而 struts.xml 文件中还需要配置同样的 Action。对于有成百上千 Action 的一般应用，配置文件就会过于庞大臃肿和过多冗余。

为了简化，我们在 Spring 对 Struts 的集成中使用了 Spring 的自动装配功能。在这种策略下，Action 还是由 Spring 插件创建，但 Spring 插件在创建 Action 实例时，会将对应业务逻辑组件自动注入 Action 实例。通过使用自动装配，就不再需要在 applicationContext.xml 中对 Action 进行配置了，也就是省去了上面那些关于 Action 的相关内容。

指定 Spring 插件的自动装配策略通过 struts.objectFactory.spring.auto Wire 常量制定，该常量可以接受如下几个值。

- name：根据属性名自动装配。Spring 插件会查找容器中全部 Bean，找出其中 id 属性与 Action 所需的业务逻辑组件同名的 Bean，将该 Bean 实例注入到 Action 实例。
- type：根据属性类型自动装配。Spring 插件会查找容器中全部 Bean，找出其类型恰好与 Action 所需的业务逻辑组件相同的 Bean，将该 Bean 实例注入到 Action 实例。如果有多个这样的 Bean，就抛出一个致命异常；如果没有匹配的 Bean，则什么都不会发生，属性不会被设置。
- auto：Spring 插件会自动检测需要使用哪种自动装配方式。

- constructor：同 type 类似，区别是 constructor 使用构造器来构造注入的所需参数，而不是使用设值注入方式。

本应用使用按 name 来完成自动装配。如果我们不指定自动装配的方式，则系统默认使用按 name 自动装配，因此我们无须设置任何的 Struts 2 常量。

```
<!--
指定使用按 name 的自动装配策略
 -->

<constant name="struts.objectFactory.spring.autoWire" value="name" />
```

因为使用了自动装配，Spring 插件创建 Action 实例时，是根据配置 Action 的 class 属性指定实现类来创建 Action 实例的。

例如在 struts.xml 中，我们有以下内容：

```
<action name="loginAction" class="com.ascent.action.LoginAction">
        <result>/index.jsp</result>
        <result name="error">/error.jsp</result>
        <result name="welcome">welcome.jsp</result>
    </action>
```

LoginAction 继承了 BaseAction 类，该 Action 所需的业务逻辑组件名为 userService。我们查看刚才的 BaseAction 类代码，发现了如下的内容：

```
protected IUserService userService;          //调用 Service 层对象

    public IUserService getUserService() {
        return userService;
    }
    public void setUserService(IUserService userService) {
        this.userService = userService;
    }
```

配置业务逻辑组件时，我们必须在 applicationContext.xml 文件中指定其 id 属性为 userService，那么 Spring 插件就可以在创建时自动地将该业务逻辑组件注入给 Action 实例。相关代码如下：

```
<bean id="loginAction" class="com.ascent.action.LoginAction">
        <property name="userService">
            <ref local="userService"/>
        </property>
    </bean>
```

至此，Struts-Spring-Hibernate 已经可以一起来工作了。我们的项目编码实现工作基本完成了。

## 5.5  编程规范文档

在软件实现过程中，我们需要遵循编程规范。以下是编程规范文档的实例。

### 1  Java 程序编写规范

#### 1.1  命名规则

##### 1.1.1  文件的命名规则

请参考各模块相关设计文档。

### 1.1.2 变量的命名规则

变量的格式：变量的前缀+变量描述

**变量前缀**

| 数据类型 | 前缀标记 | 数据类型 | 前缀标记 |
|---|---|---|---|
| Char / signed char | ch | Enum | enu |
| Char[] | c | * | p |
| Unsigned char | uch | Structure | sct |
| Short [int] / signed short [int] | si | Union | unn |
| Unsigned short [int] | usi | String | sz |
| Int / signed [int] / Int[] | i | String[] | s |
| Unsigned [int] | ui | Hashtable | h |
| Long [int] / signed long [int] | li | Hashtable[] | hb |
| Unsigned long [int] | uli | Vector | v |
| Float | f | Boolean | b |
| Double | d | 其他数组 | arr_ |
| Long double | ld | 对象 | 结合对象名各英文单词首字母的缩写 |

（1）变量描述的第一个字符必须大写，与前缀区分开，前缀必须小写。

（2）数组变量的定义格式，要把数组的前缀放在前面。格式如下：

数组前缀+变量的前缀+描述

如：NodeList[] arrNLTemp[3] 表示节点列表数组。

（3）变量的定义，必须在程序的首部或函数的首部，不允许任意定义变量。

（4）变量必须在定义时初始化。

（5）变量表达尽量使用英文单词全称，每个单词首字母使用大写。

### 1.1.3 常量的命名规则

全部使用大写的字母，不需要前缀，但是每个描述名用下画线隔开。

如：private final int TRACE_FILE_NAME=12345

### 1.1.4 函数的命名规则

建议函数名称用体现功能的英文单词组成（可以是缩写的组合），第一个单词的首字母必须小写，后面的每一个单词的首字母必须大写。如：setMsg, removeMsg。

总之，对于常量、变量和函数等标识符的命名，应该做到"见名知意"，即选有含义的英文单词（或缩写）标识符。除数值运算程序外，不要用代数符号（如：a,b 等），以增加程序的可读性。

## 1.2 注释

### 1.2.1 需要注释地方

● 程序文件的首部。

● 方法定义之前。

● 程序的关键地方。

● 每个主要结构处。

如：if 结构、while 结构、switch 结构及结构内的关键语句处。

- 每个变量说明语句。
- 空出来准备将来添加代码的地方。
- 每个特殊的或容易引起误解的地方。

1.2.2　注释编写规范

- 注释符号"/**  */"、"/* */"和"//"，注释语句在注释符号之间要有 1 个或 1 个以上的空格。如：

```
/**  This is the comment  */
/*  This is the comment  */
//  This is the comment.
```

- 如果注释单独起一行，被注释的语句是紧跟其后的语句，单起一行的注释要与被注释的语句垂直对齐，被注释的语句不能与注释语句之间有空行，注释要与前面的语句有一个空行。单独起行的注释使用"//"，多行注释使用"/*  */"。

格式说明：

a. 上、下、左边框与注释语句首部垂直对齐。

b. 左边框的第一行用符号"/*"，最后一行用"*/"，其他行用符号"*"。左边框所有"*"必须垂直对齐。

c. 注释语句上下各有一个空行。

d. 注释语句与"*"之间要间隔 1 个空格。

- 程序某一语句之后的注释，要与语句本身之间保留 4 个空格的位置(注意不要用 Tab 键)，原则是尽量容易区分开程序的语句与注释。如：

```
语句1    /*  this is the comment  */
语句2    //  this is the comment.
```

- 函数的注释

注释格式如下：

```
/**
* function name：
* statement：
* @param
* @return
* @exception
* @call function
* Note
*/
```

格式说明：

a. 注释语句的上、下左边框必须对齐。

b. 注释语句（除第一行少一个空格外）与上边框各保留一个空行。

例如：

```
/**
* function name：KillComma ()
* statement：去掉字符串中的"，"
* @param  char[] arr_cTemp 传入字符串
* @return char [] arr_cA
* Note:  字符串不能为空
*/
```

● 程序文件的注释

对每一个程序文件，在文件头部必须有注释，注释符号的形式与函数的注释符号的形式相同。注释语句如下：

```
/**
*  Project:
*  Filename:
*  Description:
*  Methods:
*  Author:
*  Date:
*  ------------------------------------------------------------------
*     Modify 1
*     UpdateBy:
*     Update Date:
*     Update Description:
*  ------------------------------------------------------------------
*     Modify 2
*     UpdateBy:
*     Update Date:
*     Update Description:
*/
```

| Filename | 文件名称 |
|---|---|
| Description | 本程序的描述（功能、作用与之相关的程序等） |
| Project | 所属项目 |
| Methods | 列出在本程序文件中定义的方法及简要说明 |
| Author | 程序的编写者 |
| Date | 程序完成的日期，格式：yyyy-mm-dd |
| Modify 1 | 第一次修改 |
| UpdateBy | 修改者 |
| UpdateTime | 修改日期，格式：yyyy-mm-dd |
| Upd.Description | 修改说明（指明修改了什么地方、修改原因等） |

### 1.3  行宽、缩进与对齐

#### 1.3.1  行宽

为了在屏幕中不需要通过滑动条就能更好地看到程序的语句，程序每行的宽度不得超过 100 个字符，超过 100 个字符必须折行显示。

**注意**：如果语句需要换行，换行的位置要合适，一般在逗号、算术符号等处，不要在变量的中间换行。同一行不要写两条或两条以上语句。

例如：

```
If (req.getParameter ("submit")! =null &&
    ! Ret.getParameter ("submit"). Equals ("")){
    语句1;
    语句2;
}
```

#### 1.3.2  对齐

● 对齐是指垂直左对齐。

● 函数的定义与函数的注释，必须顶头写。

- 同一层次的相对语句必须对齐（例如：函数、操作语句、结构体定义等）。
- 不同行的左花括号"{"和与其相对应的右花括号"}"必须对齐。
- 单独起行的注释与被注释语句对齐。

### 1.3.3　缩进

- 缩进是指与上一条语句相比向右推进 4 个空格（注意不要使用 Tab 键）。
- 被派生出来的语句需要缩进。例如：

```
for (int i=0;i<10;i++){
    语句1;
    语句2;
}
```

- 有派生关系的语句还有：if 语句、函数头与主体、循环条件与循环体、结构体的定义语句与结构体变量说明语句。
- 当一条语句需要换行时，下一行相对需要缩进。

### 1.3.4　缩进与对齐的例子

```
/**
 * comment line1
 * comment line2
 * comment line3
 */

import java.io.*;
import java.util.*;

public class HelloWorldApp{
    int a=1;    // comment line

/**
 * function name: printString ()
 * statement:
 * @param        int        iTemp        process flag
 * @return       void
 * Note: input parameter iTemp can not be null.
 */
private void printString (int iTemp) {
    语句1;
    语句2;
    …

}
}
```

## 1.4　花括号

花括号一般要另起一行，下列情况例外。

例如，数组初始化：

```
int []  arrant={1,2,3};
```

另起一行的花括号要符合对齐规范。

## 1.5　空行、空格

空行只容许一行。必须空行的地方如下：

- 函数体与其他语句之间，以及函数与函数之间。
- 预编译命令与函数定义之间。

- 相对独立的小节之间。
- 主程序内，不同类型变量声明，以及变量声明与程序语句之间。

除语法规定要加空格的地方与缩进加空格以外，程序的其他地方不能加空格。

## 2 其他规范

（1）开发人员分工：每人至少负责一个模块的开发，由后端一直到前端，实现所有功能。

（2）每个人每天必须写出项目进度总结和工作日志。

（3）数据库中所有数据表格设计必须规范化，也就是保持数据的一致性。

（4）切记：写文档和写代码同样重要，必须完成相关文档的编写。

# 第 6 章　软件测试

测试是项目开发流程中重要的一个环节，它是质量保证的关键因素。

## 6.1　软件测试概述

### 1. 测试意义

软件测试是为了发现错误而执行程序的过程。或者说，软件测试是根据软件开发各个阶段的规格说明和程序的内部结构而精心设计一批测试用例（即输入数据及其预期结果），并利用这些测试用例去执行程序，以发现程序错误的过程。

无论怎样强调软件测试的重要性和它对软件可靠性的影响都不过分。在开发大型软件系统的漫长过程中，面对着极其错综复杂的问题，人的主观认识不可能完全符合客观现实，与工程密切相关的各类人员之间的通信和配合也不可能完美无缺，因此，在软件生命周期的每个阶段都不可避免地会产生差错。我们力求在每个阶段结束之前通过严格的技术审查，尽可能早地发现并纠正差错；但是，经验表明审查并不能发现所有差错，此外在编码过程中还不可避免地会引入新的错误。如果在软件投入生产性运行之前，没有发现并纠正软件中的大部分差错，则这些差错迟早会在生产过程中暴露出来，那时不仅改正这些错误的代价更高，而且往往会造成很恶劣的后果。测试的目的就是在软件投入生产性运行之前，尽可能多地发现软件中的错误。目前软件测试仍然是保证软件质量的关键步骤，它是对软件规格说明、设计和编码的最后复审。软件测试在软件生命周期中横跨两个阶段。通常在编写出每个模块之后就对它做必要的测试（称为单元测试），模块的编写者和测试者是同一个人，编码和单元测试属于软件生命周期的同一个阶段。在这个阶段结束之后，对软件系统还应该进行各种综合测试，这是软件生命周期中的另一个独立的阶段，通常由专门的测试人员承担这项工作。

大量统计资料表明，软件测试的工作量往往占软件开发总工作量的 40% 以上，在极端情况，测试那种关系人的生命安全的软件所花费的成本，可能相当于软件工程其他开发步骤总成本的三倍到五倍。因此，必须高度重视软件测试工作，绝不要以为写出程序之后软件开发工作就接近完成了，实际上，大约还有同样多的开发工作量需要完成。仅就测试而言，它的目标是发现软件中的错误，但是，发现错误并不是我们的最终目的。软件工程的根本目标是开发出高质量的完全符合用户需要的软件。

### 2. 测试目的

测试的目的是：

- 发现和确认系统有问题，而不是验证系统没问题。
- 确认软件生命周期中的各个阶段的产品是否正确。
- 确认最终交付的产品是否符合用户需求。

也可以这样说，测试的目标是以较少的用例、时间和人力找出软件中潜在的各种错误和缺陷，以确保系统的质量。

测试的正确定义是"为了发现程序中的错误而执行程序的过程"。这和某些人通常想象的"测试是为了表明程序是正确的"，"成功的测试是没有发现错误的测试"等是完全相反的。正确认识测试的目标是十分重要的，测试目标决定了测试方案的设计。如果为了表明程序是正确的而进行测试，就会设计一些不易暴露错误的测试方案；相反，如果测试是为了发现程序中的错误，就会力求设计出最能暴露错误的测试方案。

由于测试的目标是暴露程序中的错误，从心理学角度看，由程序的编写者自己进行测试是不恰当的。因此，在综合测试阶段通常由其他人员组成测试小组来完成测试工作。此外，应该认识到测试决不能证明程序是正确的。即使经过了最严格的测试之后，仍然可能还有没被发现的错误潜藏在程序中。测试只能查找出程序中的错误，不能证明程序中没有错误。

## 6.2  常用测试技术

### 1．静态测试

是指不用执行程序的测试。静态测试主要采取方案 review、代码检查、同行评审、检查单的方法对软件产品进行测试，确认与需求是否一致。

### 2．动态测试

是通过执行程序，找出产品问题的测试过程。分为黑盒测试和白盒测试：

（1）黑盒测试

也叫"功能测试"或"数据驱动测试"，它是在已知产品所应具有的功能，通过测试来检测每个功能是否都能正常使用，在测试时，把程序看做一个不能打开的黑盒子，在完全不考虑程序内部结构和内部特性的情况下，测试者在程序接口进行测试，它只检查程序功能是否按照需求规格说明书的规定正常使用，程序是否能适当地接收输入数据而产生正确的输出信息，并且保持外部信息（如数据库或文件）的完整性。

"黑盒"法着眼于程序外部结构、不考虑内部逻辑结构、针对软件界面和软件功能进行测试。"黑盒"法是穷举输入测试，只有把所有可能的输入都作为测试情况使用，才能以这种方法查出程序中所有的错误。实际上测试情况有无穷多个，人们不仅要测试所有合法的输入，而且还要对那些不合法但是可能的输入进行测试。

黑盒测试有两种基本方法，即通过测试和失败测试。

在进行通过测试时，实际上是确认软件能做什么，而不会去考验其能力如何。软件测试员只运用最简单，最直观的测试案例。

在设计和执行测试案例时，总是先要进行通过测试。在进行破坏性试验之前，看一看软件基本功能是否能够实现。这一点很重要，否则在正常使用软件时就会奇怪地发现，为什么会有那么多的软件缺陷出现？

在确信了软件正确运行之后，就可以采取各种手段通过搞"垮"软件来找出缺陷。纯粹为了破坏软件而设计和执行的测试案例，被称为失败测试或迫使出错测试。

"黑盒"测试着眼于程序外部结构、不考虑内部逻辑结构、针对软件界面和软件功能进行测试。"黑盒"法是穷举输入测试，只有把所有可能的输入都作为测试情况使用，才能以这种方法查出程序中所有的错误。实际上测试情况有无穷多个，人们不仅要测试所有合法的输入，而且还要对那些不合法但是可能的输入进行测试。

它不仅应用于开发阶段的测试，更重要的是在产品测试阶段及维护阶段必不可少。主要用于软件确认测试。

黑盒测试方法主要有：

- 等价类划分；
- 边值分析；
- 因果图；
- 错误推测；
- 正交实验设计法；
- 判定表驱动法；
- 功能测试等。

（2）白盒测试

白盒测试也称结构测试或逻辑驱动测试，它是知道产品内部工作过程，可通过测试来检测产品内部动作是否按照规格说明书的规定正常进行，按照程序内部的结构测试程序，检验程序中的每条通路是否都有能按预定要求正确工作，而不顾它的功能。

使用被测单元内部如何工作的信息，允许测试人员对程序内部逻辑结构及有关信息来设计和选择测试用例，对程序的逻辑路径进行测试。基于一个应用代码的内部逻辑知识，测试是基于覆盖全部代码、分支、路径、条件。

白盒测试的主要目的是：

- 保证一个模块中的所有独立路径至少被执行一次；
- 对所有的逻辑值均需要测试真、假两个分支；
- 在上下边界及可操作范围内运行所有循环；
- 检查内部数据结构以确保其有效性。

白盒测试的实施方案如下。

① 在开发阶段

要保证产品的质量，产品的生产过程应该遵循一定的行业标准。软件产品也是同样，没有标准可依自然谈不上质量的好坏。所有关心软件开发质量的组织、单位，都要定义或了解软件的质量标准、模型。其好处是保证公司实践的均匀性，产品的可维护性、可靠性以及可移植性等。

② 在测试阶段

与软件产品的开发过程一样，测试过程也需要有一定的准则，来指导、度量、评价软件测试过程的质量。

- 定义测试准则

为控制测试的有效性以及完成程度，必须定义准则和策略，以判断何时结束测试阶段。准则必须是客观的，可量化的元素，而不能是经验或感觉。

根据应用的准则和项目相关的约束，项目领导可以定义使用的度量方法，和要达到的覆盖率。

● 度量测试的有效性、完整性

对每个测试的测试覆盖信息和累计信息，用图形方式显示覆盖比率，并根据测试运行情况实时更新，随时显示新的测试所反映的测试覆盖情况。

允许所有的测试运行依据其有效性进行管理，用户可以减少不适用于非回归测试的测试过程。

● 优化测试过程

在测试阶段的第一步，执行的测试是功能性测试。其目的是检查所期望的功能是否已经实现。在测试的初期，覆盖率迅速增加。正常的测试工作一般能达到 70% 的覆盖率。但是，此时要再提高覆盖率是十分困难的，因为新的测试往往覆盖了相同的测试路径。在该阶段需要对测试策略做一些改变：从功能性测试转向结构化测试。也就是说，针对没有执行过的路径，构造适当的测试用例来覆盖这些路径。

在测试期间，及时地调整测试策略，并检查分析关键因素，以提高测试效率。

### 3．测试基本分类

测试的基本过程如图 6-1 所示。

根据测试的基本过程，我们可以将测试分为 5 类。

（1）单元测试

单元测试是对最小软件开发单元的测试，单元测试重点测试程序的内部结构，主要使用白盒测试方法，由开发人员负责。

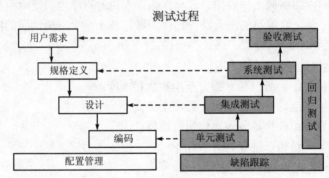

图 6-1　测试的基本过程

（2）集成测试

将各个模块以增量的方法集成在一起测试。遵守从简单到复杂，从模块到逐步集成的测试原则，集成测试一般由独立测试组织（ITG）负责，测试依据是需求规约和设计文档。

（3）系统测试

是将软件系统与硬件环境、网络环境等集成在一起进行测试。

往往在产品发布后的实际运行环境中进行，与不同系统负责人一起进行对测试结果记录并签字确认。

（4）验收测试

由最终用户参与，确认是否满足需求。

（5）维护及回归测试

保证每次维护后，新的软件模块能够按照预期工作，同时回归测试保证新的模块不会破坏旧的模块，旧的模块依旧能够正常工作。

在测试过程中，工具的使用是必要的。接下来，我们介绍几个常用测试工具，包括 Junit，JMeter 和 Bugzilla。

## 6.3　JUnit 单元测试简介

JUnit 是基于面向对象构建的 Java 单元测试框架。JUnit 是开源项目，可按需要进行扩展。

### 6.3.1　安装 JUnit

首先，获取 JUnit 的软件包，可以从 http://www.junit.org 下载最新的软件包。

然后将软件包在适当的目录下解包。这样在安装目录下找到一个名为 junit.jar 的文件，将这个 jar 文件加入 CLASSPATH 系统变量。

### 6.3.2　测试流程

（1）扩展 TestCase 类；对每个测试目标类，都要定义一个测试用例类。

（2）对应测试目标类书写 testXXX()方法。

我们以 ChangeHtmlCode 为目标类，创建 ChangeHtmlCode.javaTest 测试类，代码如下：

```java
package com.ascent.util;

import junit.framework.*;

public class ChangeHtmlCodeTest extends TestCase {
    private ChangeHtmlCode cs1;

    public ChangeHtmlCodeTest(){
        super();
    }
    protected void setUp() {
        cs1= new ChangeHtmlCode();
    }

    public void testYYReplace(){
        String str = "Welcome to BeiJing.";
        str = cs1.YYReplace(str,"e","8");
        String str1 = "W8lcom8 to B8iJing.";
        Assert.assertEquals(str, str1);
    }

    public void testHTMLEncode(){
        String str = "<测试>";
        str = cs1.HTMLEncode(str);
        String str1 = "&lt;测试&gt;";
        Assert.assertEquals(str, str1);
    }
}
```

如果需要在一个或若干个的类执行多个测试，这些类就成为了测试的上下文（Context）。在 JUnit 中被称为 Fixture。当你编写测试代码时，会发现你花费了很多时间配置和初始化相关测试的 Fixture。将配置 Fixture 的代码放入测试类的构造方法中并不可取，因为我们要求执行多个测试，我们并不希望某个测试的结果意外地影响其他测试的结果。通常若干个测试会使用相同的 Fixture，而每个测试又各有自己需要改变的地方。

为此，JUnit 提供了两个方法，定义在 TestCase 类中。

```
protected void setUp() throws java.lang.Exception
protected void tearDown() throws java.lang.Exception
```

覆盖 setUp()方法，初始化所有测试的 Fixture，如建立数据库连接，将每个测试略有不同的地方在 testXXX()方法中进行配置。

覆盖 tearDown()，释放你在 setUp()中分配的永久性资源，如数据库连接。

当 JUnit 执行测试时，它在执行每个 testXXXXX()方法前都调用 setUp()，而在执行每个 testXXXXX()方法后都调用 tearDown()方法，由此保证了测试不会相互影响。

例如，执行上述测试方法，如图 6-2 所示。

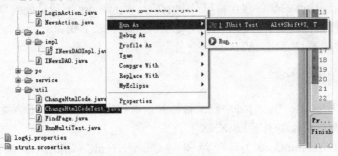

图 6-2    执行测试方法

执行结果如图 6-3 所示。

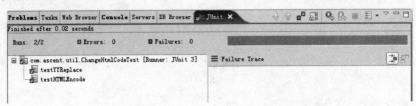

图 6-3    执行测试方法后的结果

（3）扩展 TestSuite 类，重载 suite()方法，实现自定义的测试过程。

一旦你创建了一些测试实例，下一步就是要让它们能一起运行。我们必须定义一个 TestSuite。在 JUnit 中，这就要求你在 TestCase 类中定义一个静态的 suite()方法。suite()方法就像 main()方法一样，JUnit 用它来执行测试。在 suite()方法中，你将测试实例加到一个 TestSuite 对象中，并返回这个 TestSuite 对象。一个 TestSuite 对象可以运行一组测试。

TestSuite 和 TestCase 都实现了 Test 接口，而 Test 接口定义了运行测试所需的方法。这就允许你用 TestCase 和 TestSuite 的组合创建一个 TestSuite。

```
import junit.framework.Test;
import junit.framework.TestCase;
import junit.framework.TestSuite;

public class RunMultiTest extends TestCase {

    public static Test suite() {
        TestSuite suite = new TestSuite("Test for acesys");
        // $JUnit-BEGIN$
        //添加 ChangeHtmlCodeTest 测试类
        suite.addTestSuite(ChangeHtmlCodeTest.class);
```

```
                   //这里还可以添加其他测试类

                   // $Junit-END$
                   return suite;
            }
}
```

（4）运行 TestRunner 进行测试。

有了 TestSuite，我们就可以运行这些测试了。运行 TestSuite 测试的同时就执行了添加的所有测试类的测试，测试如下。

运行 RunMultiTest，如图 6-4 所示。

图 6-4　运行 RunMultiTest

运行结果如图 6-5 所示。

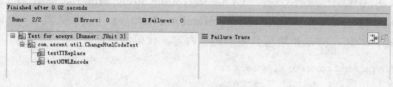

图 6-5　运行结果

## 6.3.3　Eclipse 与 JUnit

Eclipse 集成了 JUnit，可以非常方便地编写和运行 TestCase，具体步骤如下。

选中要测试的类，这里以项目中的 ChangeHtmlCode.java 为例，单击右键，选择"New →Other"，如图 6-6 所示，出现如图 6-7 所示的对话框。

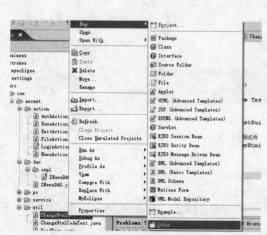

图 6-6　选择"New→Other"

图 6-7　"Select a wizard"对话框

选中 JUnit Test Case，单击"Next"按钮，出现如图 6-8 所示的对话框。

选择创建位置，选中"setUp()"和"tearDown()"，单击"Next"按钮，出现如图 6-9 所示的对话框。

图 6-8 "Junit Test Case"对话框

图 6-9 "Test Methods"对话框

选中被测试的方法，这里选择"YYReplace(String,String,String)"，单击"Finish"按钮。Eclipse 为我们生成一个叫做 ChangeHtmlCodeTest.java 的测试类，我们需要在 testYYReplace() 方法里填写具体的测试内容，代码如下：

```java
import junit.framework.Assert;
import junit.framework.TestCase;
public class ChangeHtmlCodeTest1 extends TestCase {

    protected void setUp() throws Exception {
        super.setUp();
    }

    protected void tearDown() throws Exception {
        super.tearDown();
    }

    public void testYYReplace() {
        ChangeHtmlCode chc = new ChangeHtmlCode();
        String str = "Welcome to BeiJing.";
        str = chc.YYReplace(str,"e","8");
        String str1 = "W8lcom8 to B8iJing.";
        Assert.assertEquals(str, str1);
    }

}
```

然后准备运行测试类，选择"ChangeHtmlCodeTest.java"，单击右键，选择"Run As→JUnit Test"，如图 6-10 所示。

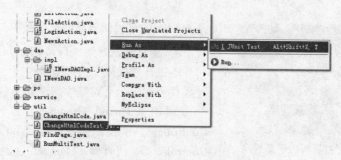

图 6-10 选择 "Run As→JUnit Test"

JUnit View 和 Console 为我们显示运行结果，如图 6-11 所示。

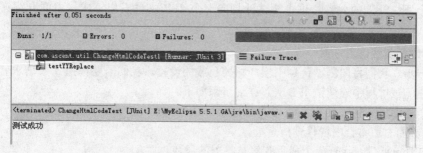

图 6-11 显示运行结果

## 6.4 JMeter 系统测试

在这个项目中，我们使用 JMeter 工具进行了压力测试。

### 6.4.1 JMeter 简介

对于互联网应用，可扩展性（Scalability）是一个重要的性能指标。JMeter 是 Apache 组织的开放源代码项目，它是功能和性能测试的工具，100% 用 Java 实现，大家可以到 http:// jakarta.apache.org/jmeter/index.html 下载源代码并查看相关文档。

JMeter 可以用于测试静态或者动态资源的性能（文件、Servlets、Perl 脚本、Java 对象、数据库和查询、FTP 服务器或其他的资源）。JMeter 用于模拟在服务器、网络或者其他对象上附加高负载以测试它们提供服务的受压能力，或者分析它们提供的服务在不同负载条件下的总性能情况。你可以用 JMeter 提供的图形化界面分析性能指标或在高负载情况下测试服务器/脚本/对象的行为。

### 6.4.2 JMeter 测试流程

#### 1. 安装并启动 JMeter

大家可以到 http://apache.linuxforum.net/dist/jakarta/jmeter/binaries/jakarta-jmeter-2.1.1.zip 下载 JMeter 的 release 版本，然后将下载的.zip 文件解压缩到 d:/JMeter（后面将使用 "%JMeter%" 来引用这个目录）目录下。现在，请使用 "%JMeter%/bin" 下面的 jmeter.bat 批处理文件来 启动 JMeter 的可视化界面，下面的工作都将在这个可视化界面上进行操作。如图 6-12 所示

图 6-12　JMeter 打开时的屏幕截图

是 JMeter 的可视化界面的屏幕截图。

## 2．建立测试计划（Test Plan）

测试计划描述了执行测试过程中 JMeter 的执行过程和步骤，一个完整的测试计划包括一个或者多个线程组（Thread Groups）、逻辑控制（Logic Controller）、实例产生控制器（Sample Generating Controllers）、侦听器（Listener）、定时器（Timer）、比较（Assertions）、配置元素（Config Elements）。打开 JMeter 时，它已经建立一个默认的测试计划，一个 JMeter 应用的实例只能建立或者打开一个测试计划。现在，我们开始填充一个测试计划的内容，这个测试计划向一个 JSP 文件发出请求，下面介绍详细的操作步骤。

### 3．增加负载信息设置

这一步，我们将向测试计划中增加相关负载的设置。我们需要模拟 5 个请求者，每个请求者在测试过程中连续请求 2 次，详细步骤如下。

① 选中可视化界面中左边树中的 Test Plan 节点，单击右键，选择"Add→Thread Group"界面右边将会出现设置信息框。

② Thread Group 有 3 个和负载信息相关的参数。

● Number of Threads：设置发送请求的用户数目。

● Ramp-Up Period：每个请求发生的时间间隔，单位是秒。比如，你的请求数目是 5，而这个参数是 10，那么每个请求之间的间隔就是 10/5，也就是 2 秒。

● Loop Count：请求发生的重复次数，如果选择后面的"Forever"（默认），那么请求将一直继续；如果不选择"Forever"，而在输入框中输入数字，那么请求将重复指定的次数；如果输入 0，那么请求将执行一次。

根据项目中的设计，我们将"Number of Threads"设置为 5，"Ramp-Up Period"设置为 0（也就是同时并发请求），不选中"Forever"，在"Loop Count"后面的输入框中输入 2。设置后的屏幕截图如图 6-13 所示。

### 4．增加默认 http 属性（可选）

实际的测试工作往往是针对同一个服务器上 Web 应用展开的，所以 JMeter 提供了这样一种设置，在默认 http 属性中设置需要被测试服务器的相关属性，以后的 http 请求设置中就可以忽略这些相同参数的设置，减少设置参数录入的时间。我们这里将采用这个功能。你可以通过下面的步骤来设置默认 http 属性。

① 选中可视化界面中左边树的"Test Plan"节点，单击右键，选择"Add→Config Element→HTTP Request Defaults"，界面右边将会出现设置信息框。

② 默认 http 属性的主要参数说明如下。

● Protocol：发送测试请求时使用的协议。

● Server Name or IP：被测试服务器的 IP 地址或者名字。

● Path：默认的起始位置。比如将 Path 设置为"/bookstoressh"，那么所有的 http 请求的 URL 中都将增加"/bookstoressh"路径。

● Port Number：服务器提供服务的端口号。

我们的测试计划将针对本机的 Web 服务器上的 Web 应用进行测试，所以 Protocol 应该是 http；IP 使用 localhost，因为这个 Web 应用发布的 Context 路径是 "/bookstoressh"，所以这里的 Path 设置为 "/bookstoressh"；因为使用 Tomcat 服务器，所以 Port Number 是 8080。设置后的屏幕截图如图 6-14 所示。

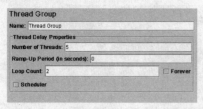 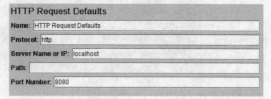

图 6-13　设置好参数的 Thread Group　　　　图 6-14　测试计划中使用的默认 http 参数

### 5. 增加 http 请求

现在我们需要增加 http 请求，这也是我们测试的内容主体部分。我们可以通过下面的步骤来增加 http 请求。

① 选中可视化界面中左边树的 "Thread Group" 节点，单击右键，选择 "Add→sampler →Http Request"，界面右边将会出现设置信息框。

② 这里的参数和上面介绍的 http 属性差不多，增加的属性中有发送 http 时方法的选择，我们可以选择 get 或者 post。

我们现在增加一个 http 请求，它用来访问 http://localhost:8080/bookstoressh/ electrones/index.jsp。因为我们设置了默认的 http 属性，所以和默认 http 属性中相同的属性不再重复设置。设置后的屏幕截图如图 6-15 所示。

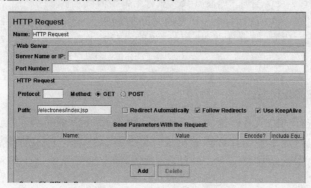

图 6-15　设置好的 JSP 测试请求

### 6. 增加 Listener

增加 Listener 是为了记录测试信息并可以使用 JMeter 提供的可视化界面查看测试结果，里面有多种结果分析方式可供选择，你可以根据自己习惯的分析方式选择不同的结果显示方式，我们这里使用表格的形式来查看和分析测试结果。你可以通过下面的步骤来增加 Listener。

① 选中可视化界面中左边树的 "Test Plan" 节点，单击右键，选择 "Add→Listener →View Result in Table"，界面右边将会出现设置信息和结果显示框。

② 结果显示界面将使用表格显示测试结果，表格的第一列 Sample#显示请求执行的顺序和编号，URL 列显示请求发送的目标，Sample Time 列显示这个请求完成耗费的时间，最后的 Success 列显示该请求是否成功执行。在界面的最下面还可以看到一些统计信息，我们最关心的应该是 Average，也就是相应的平均时间。

### 7．开始执行测试计划

现在你可以通过单击菜单"Run-Start"开始执行测试计划了。如图 6-16 所示是执行该测试计划的结果图。

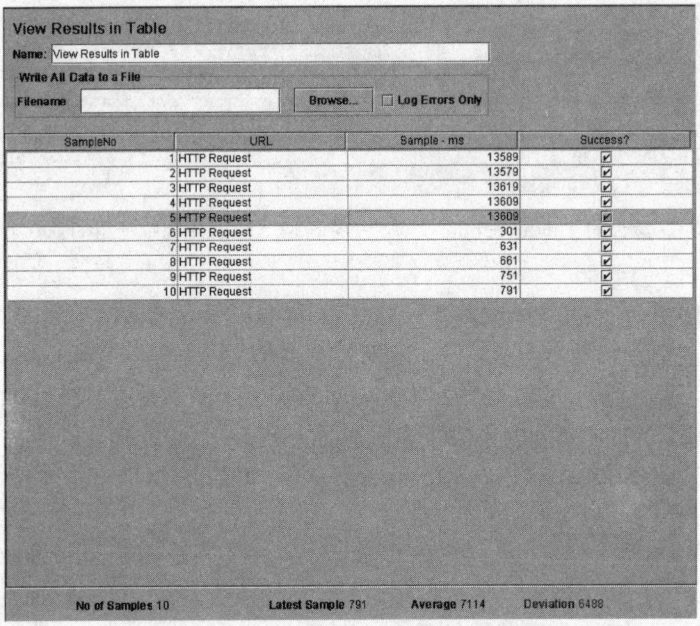

图 6-16　执行结果显示

大家可以看到第一次执行时的几个大的时间值均来自于第一次的 JSP Request，这可以通过下面的理由进行解释：JSP 执行前都需要被编译成.class 文件，所以第 2 次的结果才是正常的结果。

## 6.4.3　JMeter 总结

JMeter 用于进行功能或者性能测试，通过使用 JMeter 提供的功能，我们可以可视化地制订测试计划，包括规定使用什么样的负载，测试什么内容，传入的参数等。同时，它提供了多种图形化的测试结果显示方式，使我们能够简单地开始测试工作和分析测试结果。

# 6.5　测试跟踪工具 Bugzilla

也许你还没有看到一个错误管理系统所具有的价值；也许你正被大量的测试数据所淹没，而迫切地需要一个产品缺陷的记录及跟踪的好帮手；也许你正在通过如 Excel 电子表格、Word 文档、数据库等各种方式来不断地开发和完善一个错误跟踪系统。Mozilla 公司向我们提供了一个共享的免费工具 Buzilla，作为一个产品缺陷的记录及跟踪工具，它能够为你建立一个完善的 Bug 跟踪体系，包括报告 Bug、查询 Bug 记录并产生报表、处理解决、管理员系统初始化和设置 4 部分，并具有如下特点。

- 基于 Web 方式，安装简单，运行方便快捷，管理安全。
- 有利于缺陷的清楚传达。本系统使用数据库进行管理，提供全面详尽的报告输入项，产生标准化的 Bug 报告。提供大量的分析选项和强大的查询匹配能力，能根据各种条件组合进行 Bug 统计。当错误在它的生命周期中变化时，开发人员、测试人员和管理人员将及时获得动态的变化信息，允许你获取历史记录，并在检查错误的状态时参考这一记录。

- 系统灵活，具有强大的可配置能力。Buzilla 工具可以对软件产品设定不同的模块，并针对不同的模块设定制定的开发人员和测试人员，这样可以实现提交报告时自动发送给指定的责任人，并可设定不同的小组，权限也可划分。设定不同的用户对 Bug 记录的操作权限不同，可有效进行控制管理。允许设定不同的严重程度和优先级，可以在错误的生命周期中管理错误，从最初的报告到最后的解决，确保了错误不会被忽略，同时可以使注意力集中在优先级和严重程度高的错误上。

- 自动发送 E-mail，通知相关人员。根据设定的不同责任人，自动发送最新的动态信息，有效地帮助测试人员和开发人员进行沟通。

## 6.5.1　Bugzilla 安装

Bugzilla 在 UNIX 下的安装（请以 root 身份安装）步骤如下。

① 下载并解压 bugzilla。

② 在 bugzilla 目录下，运行./checksetup.pl，./checksetup.pl 会提示你安装相应的 CPAN 模块。

也可以到网站 http://www.cpan.org/ 中查找所需的模块，手工安装。

手工安装步骤：

```
perl Makefile.PL
make
make test
make demo
make install
```

make test 和 make demo 可选。

③ 修改 bugzilla 目录及目录下文件的所有人和权限。

④ 修改 Apache 配置文件 httpd.conf。

```
DocumentRoot "/home/www"
```

Apache 的 DocumentRoot 是："/home/www"。

你需要确定当 Web 服务器遇到.cgi 为后缀的文件时能够运行它，而不只是显示它。如果你使用的是 Apache，那么需要：

```
AddHandler cgi-script .cgi
```

增加上面的指令，使 Apache 可以运行 cgi 脚本。

```
<Directory "/home/www/bugzilla">
    Options All
    AllowOverride None

    Order deny,allow
    deny from all
    allow from 127.0.0.1 218.106.185.50
</Directory>
```

增加上面这些指令。Options All 使 bugzilla 目录具有执行脚本的权限，后面 3 条指令是用来限制访问主机地址的。

⑤ 重新启动 Apache 服务器。

### 6.5.2 Bugzilla 操作说明

#### 1. 用户登录及设置

（1）用户登录

① 用户输入服务器地址：http://192.168.1.225/bugzilla/。

② 进入主页面后，单击"Forget the currently stored login"，再单击"Login in"进入。

③ 进入注册页面，输入用户名和密码即可登录。用户名为 E-mail 地址，初始密码为用户名缩写。

④ 如果忘记密码，则输入用户名，单击"Submit Request"，根据收到的邮件进行重新设置。

（2）修改密码及设置

① Login 登录后，执行"Edit prefs"→"Accout settings"，进行密码修改。

② 执行"Edit prefs"→"Email settings"，进行邮件设置。

③ 执行"Edit prefs"→"Permissions"，进行权限查询。

#### 2. Bug 的处理过程

（1）报告 Bug

① 测试人员报告 Bug。

① 请先进行查询，确认要提交的 Bug 报告不会在原有记录中存在。若已经存在，不要提交；若有什么建议，可在原有记录中增加注释，告知其属主，让 Bug 的属主看到这个而自己去修改。

② 若 Bug 不存在，创建一份有效的 Bug 报告后进行提交。

③ 单击"New"，选择产品后，填写表格。

④ 填表注意：Assigned to，为空，则默认为设定的 Owner，也可手工制定。CC，可为多人，需用"，"隔开。Description 中要详细说明下列情况：

- 发现问题的步骤；
- 执行上述步骤后出现的情况；
- 期望应出现的正确结果。

选择 Group 设置限定此 Bug 对组的权限，若为空，则为公开。

⑤ 操作结果：Bug 状态（status）可以选择"Initial state"为 New 或 Unconfirmed。系统将自动通过 E-mail 通知项目组长或直接通知开发者。

⑥ 帮助：Bug writing guidelines。

② 开发人员报告 Bug。

① 具体方法同测试人员报告。

② 区别：Bug 初始状态将自动设为 Unconfirmed，待测试人员确定后变为"New"。

（2）Bug 的不同处理情况

① Bug 的属主（Owner）处理问题后，提出解决意见及方法。

① 给出解决方法并填写 Additional Comments，还可创建附件（如更改提交单）。

② 具体操作（填表项如下）。

③ 填表注意：

- FIXED 描述的问题已经修改；
- INVALID 描述的问题不是一个 Bug（输入错误后，通过此项来取消）；

- WONTFIX 描述的问题将永远不会被修复；
- LATER 描述的问题将不会在产品的这个版本中解决；
- DUPLICATE 描述的问题是一个存在的 Bug 的重复；
- WORKSFORME 所有要重新产生这个 Bug 的企图是无效的。如果有更多的信息出现，请重新分配这个 Bug，而现在只把它归档。

② 项目组长或开发者重新指定 Bug 的属主（Owner）。

① 若此 Bug 不属于自己的范围，可置为 Assigned，等待测试人员重新指定。

② 若此 Bug 不属于自己的范围，但知道谁应该负责，直接输入被指定人的 E-mail，进行 Ressigned。

③ 操作（可选项如下）。

- Accept bug (change status to ASSIGNED)
- Reassign bug to
- Reassign bug to owner and QA contact of selected component

④ 操作结果：此时 Bug 状态又变为 New，此 Bug 的 Owner 变为被指定的人。

③ 测试人员验证已修改的 Bug。

① 测试人员查询开发者已修改的 Bug，即 Status 为"Resolved"，Resolution 为"Fixed"。进行重新测试（可创建 Test Case 附件）。

② 经验证无误后，修改 Resolution 为"VERIFIED"。待整个产品发布后，修改为"CLOSED"。若还有问题，REOPENED，状态重新变为"New"，并发邮件通知。

③ 具体操作（可选择项如下）。

- Leave as RESOLVED FIXED
- Reopen bug
- Mark bug as VERIFIED
- Mark bug as CLOSED

④ Bug 报告者（Reporter）或其他有权限的用户修改及补充 Bug。

① 可以修改 Bug 的各项内容。

② 可以增加建立附件，增加了相关性，并添加一些评论来解释你正在做些什么和你为什么做。

③ 操作结果：每当一些人修改了 Bug 报告或添加了一个评论后，他们将会被加到 CC 列表中，Bug 报告中的改变会显示在要发给属主、写报告者和 CC 列表中的人的电子邮件中。

⑤ 测试人员确认开发人员报告的 Bug 是否存在。

① 查询状态为"Unconfirmed"的 Bug。

② 测试人员对开发人员提交的 Bug 进行确认，确认 Bug 存在。

③ 具体操作：选中"Confirm bug（change status to New）"后，进行 Commit。

④ 操作结果：状态变为"New"。

（3）查询 Bug

① 直接输入 Bug Id，单击"Find"查询，可以查看 Bug 的活动记录。

② 单击"Query"，输入条件进行查询。

③ 查询 Bug 活动的历史。

④ 产生报表。

⑤ 帮助：单击"Clue"。

### 3. 关于权限的说明

- 组内成员对 Bug 具有查询的权利，但不能进行修改。
- Bug 的 Owner 和 Reporter 具有修改的权利。
- 拥有特殊权限的用户具有修改的权利。

### 4. Bug 处理流程

① 测试人员或开发人员发现 Bug 后，判断属于哪个模块的问题，填写 Bug 报告后，通过 E-mail 通知项目组长或直接通知开发者。

② 项目组长根据具体情况，重新分配给 Bug 所属的开发者。

③ 开发者收到 E-mail 信息后，判断是否为自己的修改范围。

- 若不是，重新分配给项目组长或应该分配的开发者。
- 若是，进行处理，Resolved 并给出解决方法（可创建补丁附件及补充说明）。

④ 测试人员查询开发者已修改的 Bug，进行重新测试（可创建 Test Case 附件）。

- 经验证无误后，修改状态为"VERIFIED"。待整个产品发布后，修改为"CLOSED"。
- 还有问题，REOPENED，状态重新变为"New"，并发邮件通知。

⑤ 如果这个 Bug 一周内一直没被处理过，Bugzilla 就会一直用 E-mail 骚扰它的属主，直到采取行动。

## 6.5.3 Bugzilla 管理员操作指南

### 1. 主要工作内容

（1）产品（Product）、版本号（Versions）和模块（Components）的定义，同时指定模块相应的开发者（Owner）和测试人员（QA Contact）。

（2）小组的定义和划分。

（3）测试中 Bug 严重程度、优先级的定义。

（4）增加用户，并分别设定全部用户的分组、权限。

（5）主要参数（Parameters）的设置。

- urlbase：输入 Bugzilla 工具所在的服务器 IP 地址。
- usebuggroupsentry：设为 ON，可以分组。
- whinedays：Bug 在 whinedays 设定的期限内若未被处理，将自动重发 E-mail，默认为 7 天。
- defaultpriority：设定默认的优先级。
- commentonresolve：设为 ON，系统将强制要求开发者处理完 Bug 后，必须填写修改的内容。

### 2. 基本操作

（1）创建默认的管理员用户。

运行 checksetup.pl。若不小心删除管理员，则重新运行 checksetup.pl。

（2）管理用户。

- 增加新用户

单击页面右下角的 "Users",Submit 后,出现 "Add new user" 页面,输入相应内容即可。Login name:一般为邮件地址,可以设为其他标识。

- 禁止一个用户

填写 "Disabled text" 输入框即可。

- 修改用户

可以修改用户注册名、密码。

- 设置权限

QA 的权限一般设为 Canconfirm,editbugs。

Developer 的权限设为 None。

分组控制:Group。

### 3. 管理 Group

(1)增加 Group。Edit Group/Add Groups(New User Regexp 可不填,/active 选择则可选)→Add。

(2)修改 Group,Submit 即可。

### 4. 管理 Product 和 Component

- 增加 Product。
- Component 对应一个 Owner(进行 Fixed),QA Contact(确保已 Fixed)。
- Component Number of Unconfirmed=10000,此产品将选择 Bug 的初始状态(Unconfirmed,New)。

## 6.6 测试文档

### 测试说明书

### 1 引言

#### 1.1 编写目的

依据用户需求,设计测试用例,对软件进行系统级测试,并根据测试结果填写测试表格。

预期的读者有需求提供者、项目负责人、分析设计/开发/测试人员等。

#### 1.2 背景

说明:

- 测试所从属的软件系统为 eGov 电子政务系统;
- 该开发项目已经完成编码和部分单元测试,接下来由软件测试工程师进行功能测试。

#### 1.3 定义

无

#### 1.4 参考资料

无

## 2 计划

### 2.1 软件说明

被测软件的功能、输入和输出等指标，请参考 eGov 电子政务系统需求规格说明书。

### 2.2 测试内容

本测试的重点是功能测试，包括模块功能测试、接口正确性测试、数据存取测试等。关于非功能测试（质量目标等）不在本报告范围内。

### 2.3 测试内容

本测试的参与者为软件测试工程师，测试内容包括系统管理和内容管理。

#### 2.3.1 进度安排

进行测试的总周期为 20 个工作日，包括熟悉环境、人员培训、准备输入数据、各项测试过程等。

#### 2.3.2 条件

本测试的环境为：

- 操作系统：Window Server 2003
- 应用服务器：Tomcat 5.5
- 数据库：MySQL 5.0
- 客户端：IE 6.0

#### 2.3.3 测试资料

本测试所需的资料包括：

（1）有关本项任务的文件；

（2）被测试程序及其所在的媒体；

（3）测试的输入和输出举例；

（4）有关控制此测试的方法、过程的图表。

#### 2.3.4 测试培训

为被测试软件的使用提供的培训计划见相关文档。

## 3 测试设计说明

根据需求分析文档，设计测试用例，填写预期结果。在测试时，填写实际结果。

| 测试用例名称 | 系统管理 | 被测子系统名 | | 用户登录管理 |
|---|---|---|---|---|
| 序号 | 测试用例描述 | | | |
| 02 | 测试目的 | | | |
| | 输入数据 | 用户名<br>密码 | | |
| | 期望结果 | 用户名和密码都正确，在首页登录框位置显示用户信息<br>用户名和密码有一个错误，在首页登录框位置提示用户账号或密码错误 | | |
| | 测试结果描述 | 结果相符 | | |
| | 测试人员 | SX | | |
| | 备注 | | | |

| 测试用例名称 | 系统管理 | 被测子系统名 | | 栏目权限设置 |
|---|---|---|---|---|
| 序号 | 测试用例描述 | | | |
| 02 | 测试目的 | | | |
| | 输入数据 | 查找人员 | | |
| | | 栏目添加人员 | | |
| | | 栏目删除人员 | | |
| | 期望结果 | 显示当前栏目的权限分配给哪些人 | | |
| | 测试结果描述 | 结果相符 | | |
| | 测试人员 | SX | | |
| | 备注 | | | |

| 测试用例名称 | 内容管理 | 被测子系统名 | | 新闻修改 |
|---|---|---|---|---|
| 序号 | 测试用例描述 | | | |
| 02 | 测试目的 | | | |
| | 输入数据 | 输入标题 | | |
| | | 输入内容 | | |
| | | 保存 | | |
| | 期望结果 | 返回到当前用户发布新闻的页面，修改后的新闻添加到待审新闻页面 | | |
| | 测试结果描述 | 结果相符 | | |
| | 测试人员 | SX | | |
| | 备注 | | | |

| 测试用例名称 | 内容管理 | 被测子系统名 | | 新闻审核 |
|---|---|---|---|---|
| 序号 | 测试用例描述 | | | |
| 02 | 测试目的 | | | |
| | 输入数据 | 输入审核意见 | | |
| | | 是否通过 | | |
| | | 保存 | | |
| | 期望结果 | 返回待审页面，刚才审核完毕的新闻不再显示 | | |
| | 测试结果描述 | 结果相符 | | |
| | 测试人员 | | | |
| | 备注 | | | |

| 测试用例名称 | 内容管理 | 被测子系统名 | | 新闻发布 |
|---|---|---|---|---|
| 序号 | 测试用例描述 | | | |
| 02 | 测试目的 | 检查功能是否与需求相符 | | |
| | 输入数据 | 新闻审核通过 | | |
| | 期望结果 | 返回管理页面，新编辑的新闻添加到新闻页面 | | |
| | 测试结果描述 | 结果相符 | | |
| | 测试人员 | | | |
| | 备注 | | | |

…………

# 第 7 章　软件项目部署

当软件开发基本完成并经过各级测试来验证系统的质量之后，就进入软件部署环节了。

## 7.1　软件部署概述

软件虽然开发完成了，但交付到用户手中之前还有不少工作要做，因为用户最终希望得到的是一套正常运转的软件系统。软件部署环节就是负责将软件项目本身，包括配置文件、用户手册、帮助文档等进行收集、打包、安装、配置、发布。

在信息产业高速发展的今天，软件部署工作越来越重要。随着业务需求越来越复杂，企业迫切需要完整的分布式解决方案，用于管理复杂的异构环境，实现不同硬件设备、软件系统、网络环境及数据库系统之间的完整集成。

20 世纪 90 年代后期，信息产业出现了分布式对象技术，应用程序可以分布在不同的系统平台上，通过分布式技术实现异构平台间对象的相互通信。将企业已有系统集成于分布式系统上，可以极大地提高企业应用系统的扩展性。90 年代末出现的多层分布式应用为企业进一步简化应用系统的开发指明了方向。

在传统的 Client/Server 结构中，应用程序逻辑通常分布在客户端和服务器两端，客户端发出数据资源访问请求，服务器端将结果返回客户端。Client/Server 结构的缺陷是，当客户端数目激增时，服务器的性能将会因为无法进行负载平衡而大大下降。而一旦应用的需求发生变化，客户端和服务器端的应用程序则都需要修改，这样给应用的维护和升级带来了极大的不便，而且大量数据的传输也增加了网络的负载。为了解决 Client/Server 存在的问题，企业只有向多层分布式应用转变。

在多层分布式应用中，客户端和服务器之间可以加入一层或多层应用服务程序，这种程序称为"应用服务器"或"Web 服务器"。开发人员可以将企业应用的商业逻辑放在中间层服务器上，而不是客户端，从而将应用的业务逻辑与用户界面隔离开，在保证客户端功能的前提下，为用户提供一个瘦的（thin）界面。这意味着如果需要修改应用程序代码，则可以只在一处（中间层服务器上）修改，而不用修改成千上万的客户端应用程序。从而使开发人员可以专注于应用系统核心业务逻辑的分析、设计和开发，简化了企业系统的开发、更新和升级工作，极大地增强了企业应用的伸缩性和灵活性。多层分布式应用架构如图 7-1 所示。

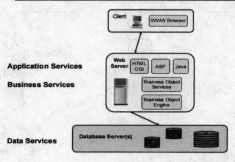

**Client/Server:Web Architecture**

图 7-1　多层分布式应用架构

## 7.2　eGov 电子政务系统的部署、使用及用户手册

我们开发的 eGov 电子政务系统就是一个三层分布式应用，我们需要将不同构件部署在不同服务器上。具体地说，中间件服务器选择 Tomcat（根据需要和可能，将来可以扩展到 WebLogic 应用服务器），在 Tomcat 的 webapps 文件夹中部署业务逻辑；数据库服务器选择 MySQL（根据需要和可能，将来可以扩展到 Oracle 数据库），在 MySQL 中创建数据库和存取数据。

在部署完成之后，就可以运行和使用 eGov 电子政务系统了，当然我们还需要交付有助于最终用户学习、使用和维护产品的任何必要的材料。用户手册就是这样一个重要文档。

### 用户手册

### 1　引言
#### 1.1　编写目的
这份用户手册的预期读者为最终用户和软件实施及维护人员。
#### 1.2　背景
eGov 电子政务系统是基于互联网的应用软件，在研究中心的网上能了解到已公开发布的不同栏目（如新闻、通知等）的内容，各部门可以发表栏目内容（如新闻、通知等），有关负责人对需要发布的内容进行审批。其中，有的栏目（如新闻）必须经过审批才能发布，有的栏目（如通知）则不需要审批就能发布。系统管理人员对用户及其权限进行管理。
#### 1.3　定义
无
#### 1.4　参考资料
参考《软件需求规格说明书》和相关设计文档。

### 2　用途
#### 2.1　功能
eGov 电子政务系统按功能可以分成 3 部分：一是一般用户浏览的内容管理模块；二是系统管理；三是内容和审核管理，而它们各自又由具体的小模块组成（见图 1）。

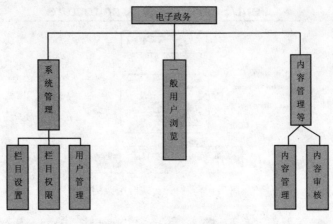

图 1

## 2.2 性能

数据库性能指标：能够处理数据并发访问，访问回馈时间短。

### 2.2.1 精度

无

### 2.2.2 时间特性

运行模块组合将占用各种资源的时间要满足性能要求，特别是响应速度要低于 5 秒。

## 3 运行环境

### 3.1 硬设备

列出为运行本软件所要求的硬设备的最小配置：

CPU：3.0GHz，内存：2G，硬盘：40G。

### 3.2 支持软件

为运行本软件所需要的支持软件：

- 操作系统：Window Server 2003
- Web 服务器：Tomcat 5.5
- 数据库：MySQL 5.0
- 客户端：IE 6.0
- 集成开发环境（IDE）：MyEclipse 5.5

> **注意**：这些软件的版本很重要，版本太高或太低都可能带来部署和运行问题（已经发现项目在 Tomcat 5.0 下不能正常运行的情况，同样 MySQL 4 版本也会带来一些问题）。请读者特别留意，需要和以上软件的版本保持一致！

### 3.3 数据结构

支持本软件的运行所需要的数据库为 MySQL。MySQL 是一个多用户、多线程的 SQL 数据库，是一个客户机/服务器结构的应用，它由一个服务器守护程序 mysqld 和很多不同的客户程序及库组成。MySQL 是目前市场上运行最快的 SQL（Structured Query Language，结构化查询语言）数据库之一，它提供了其他数据库少有的编程工具，而且 MySQL 对于商业和个人用户是免费的。这里我们使用相对稳定的 5.0.45 版本。

MySQL 的功能特点如下：

- 可以同时处理几乎不限数量的用户；

- 处理多达 50 000 000 以上的记录；
- 命令执行速度快，也许是现今最快的；
- 简单、有效的用户系统。

## 4　使用过程

### 4.1　安装与初始化

（1）所需要的环境：

- MySQL5.0 以上；
- Tomcat 5.5 以上；
- 集成开发环境（IDE）：MyEclipse 5.5。

> **注意：** 这些软件的版本很重要，版本太高或太低都可能会带来部署和运行问题（已经发现项目在 Tomcat 5.0 下不能正常运行的情况，同样 MySQL 4 版本也会带来一些问题）。请读者特别留意，需要和以上软件的版本保持一致！

（2）创建数据库。

由于 MySQL 5.0 以上版本不支持"安装目录/data/数据库"这样的直接拷贝，所以需要我们自己建立数据库并导入数据。具体步骤如下：

① 选择"开始"→"程序"→"MySQL"→"MySQL Server 5.0"→"MySQL Command Line Client"，具体如图 2 所示。

图 2

② 单击进入，要求输入数据库密码，输入正确的密码，按回车键进入 MySQL，如图 3 所示。

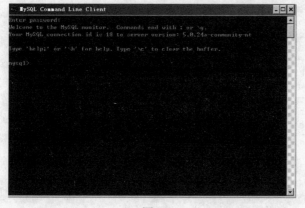

图 3

③ 创建 my 数据库，并使用 my 数据库，具体如图 4 所示。

图 4

④ 执行导入命令 `mysql> source e:/electrones.sql;`，其中 e:/electrones.sql 是 SQL 脚本，可以把它放在任意目录下，本例放在 E 盘下，按回车键执行导入命令，具体如图 5 所示。

```
Query OK, 0 rows affected (0.00 sec)
Query OK, 0 rows affected (0.00 sec)
Query OK, 0 rows affected (0.00 sec)
Query OK, 0 rows affected (0.00 sec)
Query OK, 0 rows affected (0.01 sec)
Query OK, 0 rows affected (0.00 sec)
Query OK, 0 rows affected (0.00 sec)
Query OK, 0 rows affected (0.00 sec)
Query OK, 0 rows affected (0.00 sec)
Query OK, 0 rows affected (0.00 sec)
Query OK, 0 rows affected (0.00 sec)
Query OK, 0 rows affected (0.07 sec)
Query OK, 0 rows affected (0.01 sec)
```

图 5

成功导入后，此时数据库建立成功。

（3）将 electrones.rar 解压后的 electrones 文件夹复制到 tomcat\webapps 下。找到 tomcat\webapps\electrones\WEB-INF\applicationContext.xml 文件，打开并修改下面代码中的 username 和 password 为自己数据库的用户名、密码。

```xml
<bean id="dataSource"
    class="org.apache.commons.dbcp.BasicDataSource">
    <property name="driverClassName"
        value="com.mysql.jdbc.Driver">
    </property>
    <property name="url"
        value="jdbc:mysql://localhost:3306/my">
    </property>
    <property name="username" value="root"></property>
    <property name="password" value="root"></property>
</bean>
```

修改完成，工程就可以启动运行了。

**注意**：在修改过程中不要破坏 XML 文件格式，否则项目无法正常启动。

（4）启动 Tomcat，正确启动后，输入 http://localhost:8080/electrones，项目正确启动并

运行了。

（5）管理员用户名为 admin，密码为 123，登录试运行。

（6）用户还可以作为普通人员登录网站试运行。

常见的用户实际名字、登录名和密码信息如表 1 所示。

表 1

| 实际名字 | 登 录 名 | 密　码 | 实际名字 | 登 录 名 | 密　码 |
|---|---|---|---|---|---|
| 测试 1 | q1 | 1 | 测试 9 | q9 | 1 |
| 测试 2 | q2 | 1 | 梁立新 | qq | q |
| 测试 3 | q3 | 1 | 李星 | yanfa | 1 |
| 测试 4 | q4 | 1 | 雷朝霞 | shichang | 1 |
| 测试 5 | q5 | 1 | 武永琪 | renli | 1 |
| 测试 6 | q6 | 1 | 焦学理 | jiaoxue | 1 |
| 测试 7 | q7 | 1 | 龙江 | shichang0 | 1 |
| 测试 8 | q8 | 1 | | | |

具体信息可查询数据库中的 usr 表。

### 4.2　使用说明

以管理员身份进行登录，登录后页面如图 6 所示。

图 6

单击"权限管理"，进入可分配权限的栏目列表页面，如图 7 所示。

图 7

选择一个栏目进行栏目的权限分配，如图 8 所示。

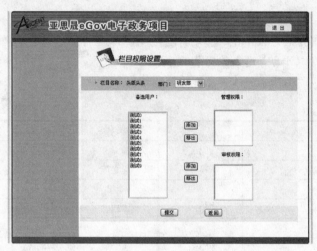

图 8

选中左边的用户，单击"添加"按钮，分配权限。单击"提交"按钮，保存刚才所分配的权限。一个用户在同一栏目下只可以有一种权限，但可以为用户分配多个栏目权限。选择部门，显示当前部门下的所有用户。

**注意：** 如果为一个部门分配好了权限，想要为另一个部门分配权限，一定要先保存当前分配好的权限。

用拥有管理权限的账户进行登录，登录后显示界面如图 9 所示。

图 9

单击"管理"，进入管理页面，显示该用户所拥有的权限，如图 10 所示。

图 10

该用户拥有头版头条栏目的管理权限，单击进入，进行头版头条新闻编辑，如图 11 所示。

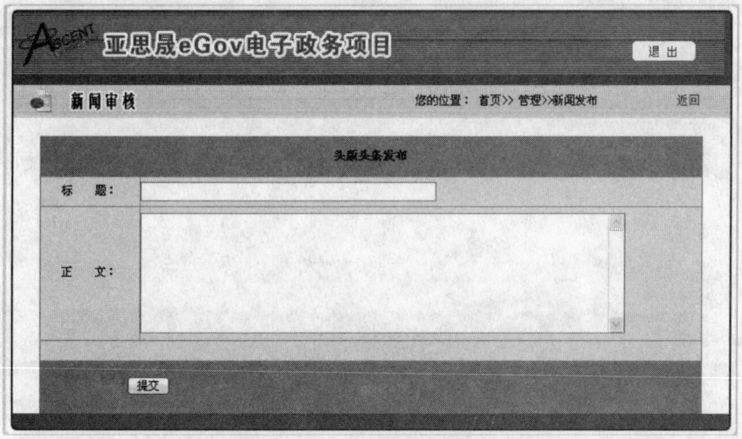

图 11

填写新闻标题、新闻正文，单击"提交"按钮，新闻为待审状态，等待他人审核，审核通过后将发布到前台。新闻保存成功后，返回管理页面。

> **注意**：新闻发布有两种：一种为头版头条，另一种为综合新闻。此处发布为头版头条，如果是综合新闻，那么会多出一个选项："是否跨栏目"。如果选择"是"，那么该综合新闻通过第一次审核后会显示到首页的综合新闻栏目下，进入二审待审状态。当第二次审核通过后，该综合新闻跨栏目显示到头版头条的栏目下。

单击首页中"我发布的"，显示当前登录用户所发布的所有新闻，如图 12 所示。

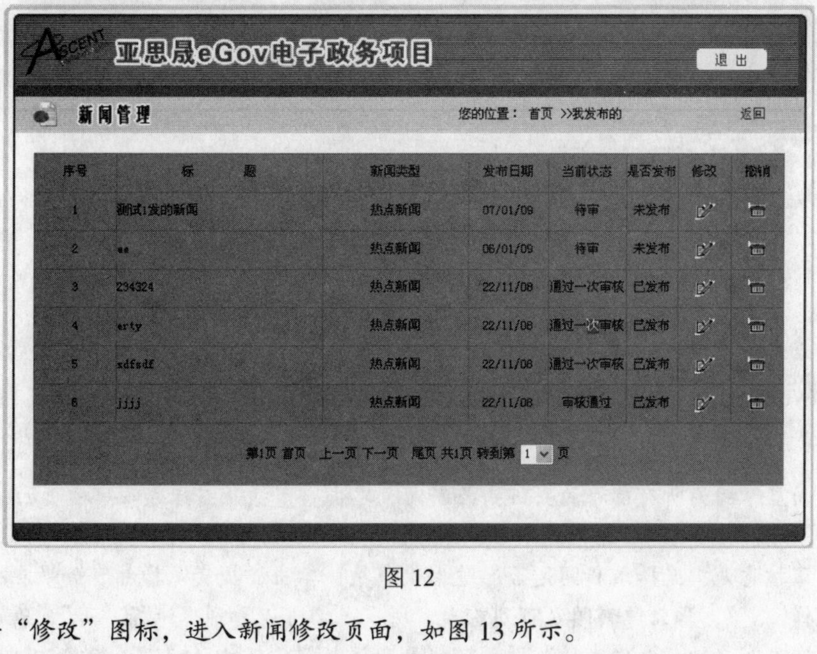

图 12

单击"修改"图标，进入新闻修改页面，如图 13 所示。

修改完毕后，单击"提交"按钮，返回到"我发布的"页面。

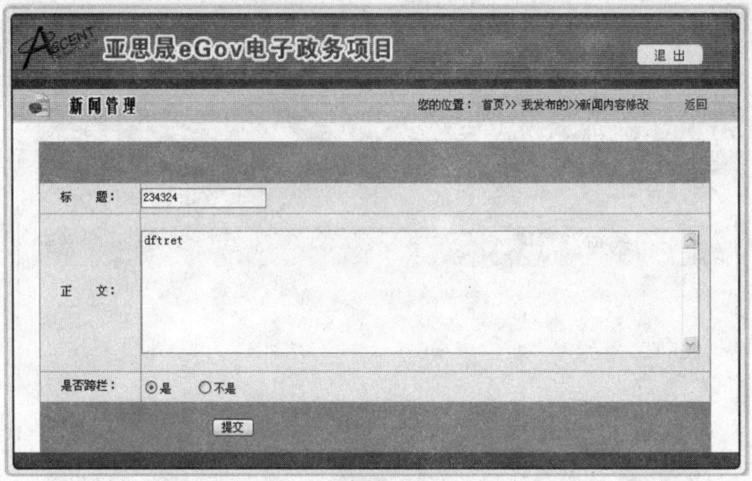

图 13

**注意**：无论修改的新闻是什么状态，修改成功后，都会变为待审状态，重新开始审核，以前发布出去的也会被撤销。

如果不想让通过审核的新闻显示在前台，可以单击"撤销"图标，此时新闻将会从前台被撤回来，不再显示。再单击一下，则恢复发布状态。

用拥有权限的用户登录，单击"管理"，显示该用户所拥有的权限，选择一个栏目的审核权限，单击进入，如图 14 所示。

图 14

此页面显示的为所有待审的头版头条新闻，单击"审核"图标进入审核页面，如图 15 所示。

填写审核意见，选择该新闻是否通过本次审核，单击"提交"按钮。如果在"是否通过"处选择"是"，那么该新闻发布到前台，所有人都可以看到。选择"否"，表示该新闻被驳回，在发布者的"我发布的"页面可以看到该新闻已经被驳回，进行修改，可以再次审核。

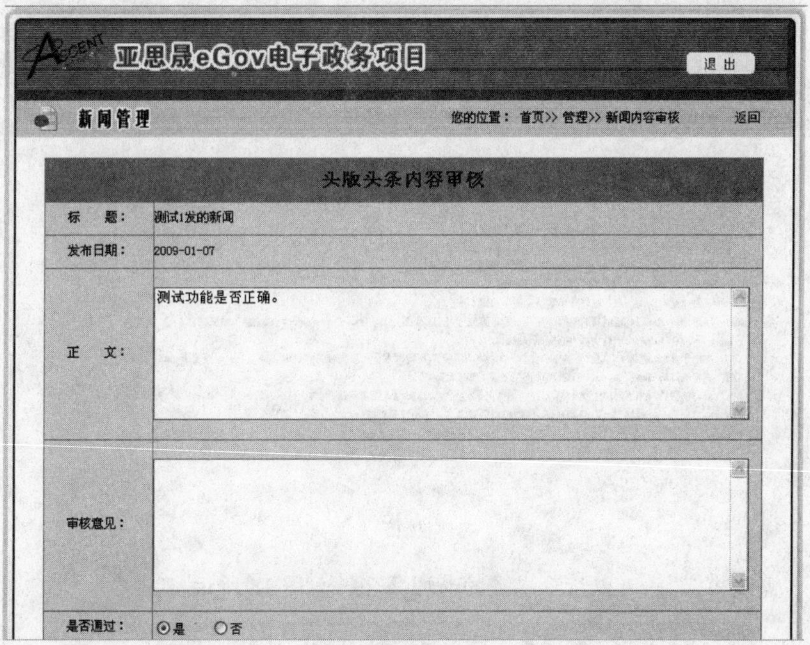

图 15

一般用户浏览：当新闻通过审核后，就会显示在首页，用户无须登录就可以浏览新闻，如图 16 所示。

图 16

最上方是头版头条显示，下面是综合新闻列表显示。单击新闻的名称可以查看新闻的具体内容，比如单击"Ajax"，显示如图 17 所示。

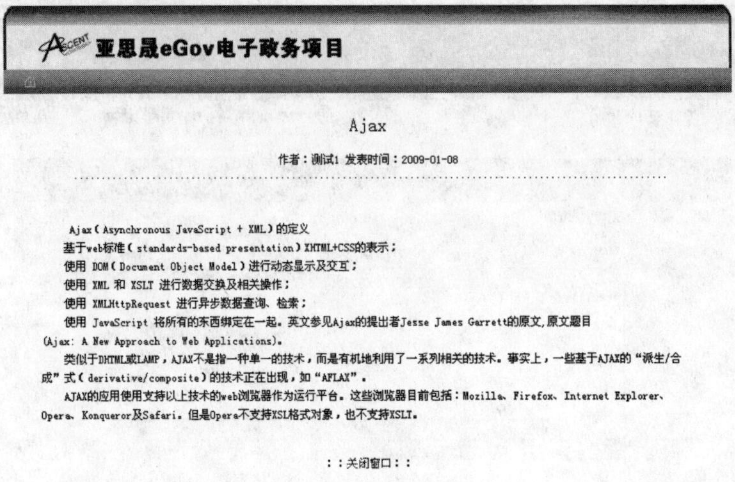

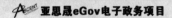

亚思晟eGov电子政务项目

Ajax

作者：测试1 发表时间：2009-01-08

Ajax（Asynchronous JavaScript + XML）的定义
基于web标准（standards-based presentation）XHTML+CSS的表示；
使用 DOM（Document Object Model）进行动态显示及交互；
使用 XML 和 XSLT 进行数据交换及相关操作；
使用 XMLHttpRequest 进行异步数据查询、检索；
使用 JavaScript 将所有的东西绑定在一起。英文参见Ajax的提出者Jesse James Garrett的原文，原文题目
（Ajax: A New Approach to Web Applications）。
类似于DHTML或LAMP，AJAX不是指一种单一的技术，而是有机地利用了一系列相关的技术。事实上，一些基于AJAX的"派生/合
成"式（derivative/composite）的技术正在出现，如"AFLAX"。
AJAX的应用使用以上技术的web浏览器作为运行平台。这些浏览器目前包括：Mozilla、Firefox、Internet Explorer、
Opera、Konqueror及Safari。但是Opera不支持XSL格式对象，也不支持XSLT。

：：关闭窗口：：

图 17

单击"更多内容"，可以显示更多的新闻集合，如图 18 所示。

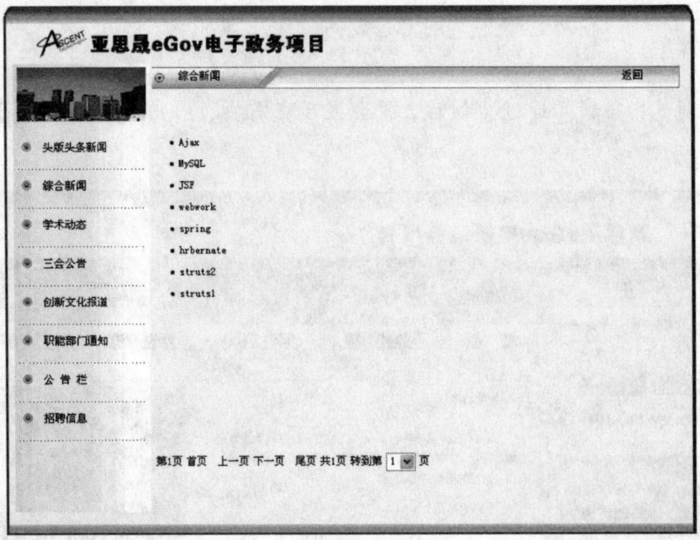

亚思晟eGov电子政务项目

综合新闻                                          返回

头版头条新闻      • Ajax
                • MySQL
综合新闻          • JSF
                • webwork
学术动态          • spring
                • hibernate
三会公告          • struts2
                • struts1
创新文化报道

职能部门通知

公告栏

招聘信息

第1页 首页  上一页 下一页  尾页 共1页 转到第 1 页

图 18

在此单击新闻标题也可以查看新闻的具体内容。

# 第三篇

# 面向对象的项目管理

本篇围绕电子政务系统案例，讲解面向对象的项目管理，包括软件配置和变更管理、过程管理和项目管理。

# 第8章　软件配置和变更管理

## 8.1　软件配置管理概述

软件配置管理在软件过程管理中占有特殊的地位，大中型 IT 企业也都十分重视配置管理。为此，企业内部设置专职的配置管理员，各项目组内部设置兼职的配置管理员，引进配置管理工具，进行配置管理的日常工作。本章首先论述配置管理的概念、内容与方法，然后介绍 IT 企业的常用配置管理工具。在开发过程中，将软件的文档、程序、数据进行分割与综合，以利于软件的定义、标识、跟踪、管理，使其最终形成受控的软件版本产品，这一管理过程称为软件配置管理。软件配置管理的目的，科学地讲，就是为了建立和维护在整个软件生存周期内软件产品的完整性。

配置管理作为软件开发活动中的一项重要工作，其工作范围主要包括以下 4 个方面：

（1）标识软件工作产品（又称标识配置项）；

（2）进行配置控制；

（3）记录配置状态；

（4）执行配置审计。

配置控制是配置管理的核心，它主要包括存取控制、版本控制、变更控制和产品发布控制等各个方面。

## 8.2　软件配置管理工具——CVS

接下来我们介绍优秀的配置管理工具——CVS（Concurrent Versions System）的使用。

CVS 是并发版本系统（Concurrent Versions System）的意思，它是主流的开放源码、网络透明的配置管理系统。CVS 对于从个人开发到大型、分布的团队开发都是十分有用的。

它的客户机/服务器（Client/Server）存取方法使得开发者可以从任何 Internet 的接入点存取最新的代码。它的无限制的版本管理检出（Check Out）模式避免了通常的因为排他检出模式而引起的人工冲突。它的客户端工具可以在绝大多数的平台上使用。

### 8.2.1　CVS 介绍

#### 1．代码集中的配置

个人开发者希望一个版本控制系统能够安全地运行在他们本地的一台机器上。然而，开发团队需要一个集中的服务器，所有的成员可以将服务器作为仓库（Repository）来访问他们的代码。在一个办公室中，我们只要将仓库连到本地网络上的一台服务器上就行了。

对于开放源码项目，也没有问题，因为我们拥有互联网（Internet）。CVS 内建了客户端/服务器存取方法，所以任何一个可以连到互联网上的开发者都可以存取在一台 CVS 服务器上的文件。

### 2．保存修改记录

一个版本控制系统保持了对一系列文件所作改变的历史记录。对于一个开发者来说，那就意味着在对一个程序进行开发的整个期间，能够跟踪对其所作的所有改动的痕迹。

### 3．调整代码

在传统的版本控制系统中，一个开发者检出（Check Out）一个文件，修改（Update）它，然后将其检入（Check In）回去。检出文件的开发者拥有对这个文件修改的排他权。没有其他的开发者可以检出这个文件，而且只有检出那个文件的开发者可以登记所做的修改。

## 8.2.2　CVS 服务器的安装和配置

第一步就是去得到适合你的平台的 CVS 软件。安装 CVS 通常就是将其从下载的压缩包中解压这么一件事。配置 CVS 可能要小心一些，它非常依赖于你使用的平台和 CVS 代码仓库的存放地。CVShome.org 存放了大量的 CVS 文档。

首先我们要正确安装并配置好 CVS 服务器，通常 Linux Server 都自带 CVS 服务。首先介绍 CVS 在 Linux 下的配置。

（1）我们用的 Linux 服务器是 Red Hat 9.0 的。

（2）首先以 root 用户登录，确定服务器是否安装了 CVS。

- 使用命令 rpm -qa | grep cvs，如果系统安装了 CVS，那么就会出现类似于 cvs-1.11.2-10 的提示证明你的系统已经安装了。
- 如果没有，那么你需要到 http://www.cvshome.org 下载或者在光盘上找到。

下面我们来具体安装和配置。

### 1．选定 CVS 资源库

CVS 资源库是 CVS 服务器保存各种软件资源的地方，项目中所用的软件资源和不同版本都存放在 CVS 资源库中。对于其具体概念请参看相关书籍，这里不再赘述。首先选择 CVS 资源库的位置，这里选择的是/cvs/rpository。使用命令：

```
mkdir /cvs

cd /cvs
mkdir /repository
```

在 CVS 资源库下为项目源码创建一个目录：

```
cd /cvs/repository
mkdir /project
```

### 2．初始化 CVS 服务器

在选定 CVS 资源库后，要进行 CVS 服务器的初始化操作。在此过程中，CVS 服务器会创建所需要的文件系统。

```
cvs -d /cvs/repository/ init
```

```
root@localhost cvs]# cvs -d /cvs/repository/ init
root@localhost cvs]#
```

查看/cvs/repository/CVSROOT 目录下的文件：

```
ls -a /cvs/repository/CVSROOT/
```

```
root@localhost cvs]# ls -a /cvs/repository/CVSROOT/
.                commitinfo     config,v      .#editinfo    .#loginfo    notify      rcsinfo,v   verifymsg
..               .#commitinfo   cvswrappers   editinfo,v    loginfo,v    .#notify    taginfo     .#verifymsg
.checkoutlist    commitinfo,v   .#cvswrappers              modules      notify,v    .#taginfo   verifymsg,v
#checkoutlist    config         cvswrappers,v history      .#modules    rcsinfo     taginfo,v
.checkoutlist,v  .#config       editinfo      loginfo       modules,v    .#rcsinfo   val-tags
root@localhost cvs]#
```

### 3. CVS 服务器权限设定

CVS 资源库建立好了，下一步就是建立用户组和用户，并为他们设定权限。在实际开发中分为项目管理小组和项目使用小组，管理小组负责维护，这里设定两个用户小组。

首先创建 CVS 管理小组 cvsmanager：

```
groupadd cvsmanager
```

```
[root@localhost cvs]# groupadd cvsmanager
[root@localhost cvs]#
```

然后创建 CVS 管理员账号：

```
adduser -g cvsmanager cvsadm -p cvsadmabc
```

```
[root@localhost cvs]# groupadd cvsmanager
[root@localhost cvs]# adduser -g cvsmanager cvsadm -p cvsadmabc
[root@localhost cvs]#
```

```
passwd cvsadm
```

```
[root@localhost cvs]# groupadd cvsmanager
[root@localhost cvs]# adduser -g cvsmanager cvsadm -p cvsadmabc
[root@localhost cvs]# passwd cvsadm
Changing password for user cvsadm.
New UNIX password:
[root@localhost cvs]# groupadd cvsmanager
[root@localhost cvs]# adduser -g cvsmanager cvsadm -p cvsadmabc
[root@localhost cvs]# passwd cvsadm
Changing password for user cvsadm.
New UNIX password:
BAD PASSWORD: it is too simplistic/systematic
Retype new UNIX password:
passwd: all authentication tokens updated successfully.
[root@localhost cvs]#
```

接着创建使用小组：

```
groupadd cvsuser
```

```
[root@localhost cvs]# passwd cvsadm
Changing password for user cvsadm.
New UNIX password:
BAD PASSWORD: it is too simplistic/systematic
Retype new UNIX password:
passwd: all authentication tokens updated successfully.
[root@localhost cvs]# groupadd cvsuser
```

然后创建用户账号：

```
adduser -g cvsuser cvsusera
```

```
[root@localhost cvs]# adduser -g cvsmanager cvsadm -p cvsadmabc
[root@localhost cvs]# passwd cvsadm
Changing password for user cvsadm.
New UNIX password:
BAD PASSWORD: it is too simplistic/systematic
Retype new UNIX password:
passwd: all authentication tokens updated successfully.
[root@localhost cvs]# groupadd cvsuser
```

```
passwd cvsusera
```

```
[root@localhost cvs]# passwd cvsadm
Changing password for user cvsadm.
New UNIX password:
BAD PASSWORD: it is too simplistic/systematic
Retype new UNIX password:
passwd: all authentication tokens updated successfully.
[root@localhost cvs]# groupadd cvsuser
```

```
adduser -g cvsuser cvsuserb
```

```
passwd cvsuserb
```

接下来，配置文件夹/cvs/repository/CVSROOT 设定权限。

CVS 服务器管理小组的成员是 CVS 服务器的管理员，拥有对配置文件夹/cvs/repository/CVSROOT 下所有文件和目录的读/写权限，同时，使用小组对该文件夹拥有读的权限。下面对文件夹/cvs/repository/CVSROOT 的权限进行设定：

```
chmod 777 /cvs/repository/
```

```
[root@localhost cvs]# chmod 777 /cvs/repository/
[root@localhost cvs]# ls -l
总计 8
drwxrwxrwx 3 root root 4096 4月口 3 19:24
[root@localhost cvs]#
```

```
chgrp -r cvsmanager /cvs/repository/CVSROOT
```

```
[root@localhost cvs]# chgrp -R cvsmanager /cvs/repository/CVSROOT
[root@localhost cvs]#
```

```
chmod -R 075 /cvs/repository/CVSROOT
```

```
[root@localhost cvs]# chgrp -R cvsmanager /cvs/repository/CVSROOT
[root@localhost cvs]# chmod -R 075 /cvs/repository/CVSROOT
[root@localhost cvs]#
```

为使用小组追加对/cvs/repository/CVSROOT/history 文件的写权限：

```
chmod 077 /cvs/repository/CVSROOT/history
```

```
[root@localhost cvs]# chgrp -R cvsmanager /cvs/repository/CVSROOT
[root@localhost cvs]# chmod -R 075 /cvs/repository/CVSROOT
[root@localhost cvs]# chmod 077 /cvs/repository/CVSROOT/history
[root@localhost cvs]#
```

修改/cvs/repository/project 目录的权限：

```
chgrp -R cvsuser /cvs/repository/project
```

```
chmod 770 /cvs/repository/project
```

然后，设置 CVS 口令服务器。

还是用 root 身份。因为使用的是 xinetd 系统，所以需要修改/etc/xinetd.conf 文件。命令如下：

```
vi /etc/xinetd.conf
```

需要将以下内容写入你打开的文件中：

```
service cvspserver

{
        port                 = 2401

        socket_type          = stream

        wait                 = no

        user                 = root

        server               = cvs 的可执行路径

        server_args          = -f --allow-root=cvs 资源库目录 pserver

        log_on_failure       += USERID

        bind                 = 本机的 IP 地址

}
```

其中：

- CVS 可执行路径，可以使用命令 whereis cvs 查看。例如：

```
[root@localhost root]# whereis cvs

cvs: /usr/bin/cvs /usr/share/cvs /usr/share/man/man1/cvs.1.gz
/usr/share/man/man5/cvs.5.gz
```

- CVS 资源库目录就是建立 CVS 资源库的位置，这里是/cvs/repository。
- 本机的 IP 地址，可以用 ifconfig 查看，这里是 192.168.0.251。
- 对文件 xinetd.conf 添加的内容如下：

```
#
# Simple configuration file for xinetd
#
# Some defaults, and include /etc/xinetd.d/

defaults
{
        instances               = 60
        log_type                = SYSLOG authpriv
        log_on_success          = HOST PID
        log_on_failure          = HOST
        cps                     = 25 30
}

service cvspserver
{
        prot                    = 2401
        socket_type             = stream
        wait                    = no
        user                    = root
        server                  = /usr/bin/cvs
        server_args             = -f --allow-root=/cvs/repository pserver
        log_on_failure          += USERID
        bind                    = 192.168.2.124
}

includedir /etc/xinetd.d
~
```

- 修改/etc/services 文件：

```
vi /etc/services
```

添加如下内容：

```
                2000/udp                        # sieve mail filter daemon
nfs             2049/tcp        nfsd
nfs             2049/udp        nfsd
zephyr-srv      2102/tcp                        # Zephyr server
zephyr-srv      2102/udp                        # Zephyr server
zephyr-clt      2103/tcp                        # Zephyr serv-hm connection
zephyr-clt      2103/udp                        # Zephyr serv-hm connection
zephyr-hm       2104/tcp                        # Zephyr hostmanager
zephyr-hm       2104/udp                        # Zephyr hostmanager
cvspserver      2401/tcp                        # CVS client/server operations
cvspserver      2401/udp                        # CVS client/server operations
venus           2430/tcp                        # codacon port
venus           2430/udp                        # Venus callback/wbc interface
venus-se        2431/tcp                        # tcp side effects
venus-se        2431/udp                        # udp sftp side effect
codasrv         2432/tcp                        # not used
codasrv         2432/udp                        # server port
codasrv-se      2433/tcp                        # tcp side effects
codasrv-se      2433/udp                        # udp sftp side effectQ
```

cvspserver          2401/tcp（有可能你的系统已经存在，就不需要写入了）

- 启动 ineted/xinetd 超级服务器，查看 CVS 服务器运行情况。

重启 inetd 使修改生效：

```
/etc/rc.d/init.d/xinetd restart
```

至此，CVS 服务器就配置好了，再确认一下 CVS 服务器是否已经运行：

```
netstat -lnp |grep 2401
```

```
[root@localhost ~]# netstat -lnp |grep 2401
tcp      0      0 192.168.2.124:2401      0.0.0.0:*      LISTEN      24343/xinetd
[root@localhost ~]#
```

如果出现类似下面的提示就成功了：

```
[root@localhost root]# netstat -lnp|grep 2401

tcp      0      0 192.168.0.200:2401      0.0.0.0:*      LISTEN
32366/xinetd
```

另外补充一下，Windows 下也有简单易用的 CVS 服务器，这里我们推荐 CVSNT，可以下载 CVSNT 2.0.51a，安装并启动 CVSNT，如图 8-1 所示。

然后切换到 Repositories 面板，添加一个 Repository，命名为"/cvs-java"，CVSNT 会提示是否初始化这个 Repository，选择"是"，如图 8-2 所示。

然后在 Advanced 面板上选中"Pretend to be a Unix CVS version"，如图 8-3 所示。

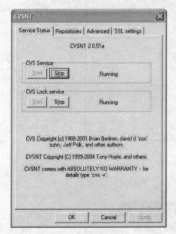

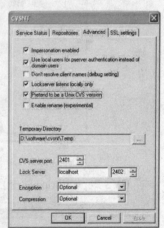

图 8-1　启动 CVSNT　　　图 8-2　Repositories 面板　　　图 8-3　Advanced 面板

最后，在 Windows 账户中为每一个开发人员添加用户名和口令。

## 8.2.3　CVS Eclipse 客户端的配置和使用

现在，CVS 服务器上的安装配置已经完成。著名的开源 IDE Eclipse 本身就内置了对 CVS 的客户端支持，只需简单配置，即可使用 CVS。首先启动 Eclipse，我们可以使用原有的工程，或者新建一个 Project，然后选择菜单"Window→Show View→Other"，如图 8-4 所示，打开"Show View"对话框，如图 8-5 所示。

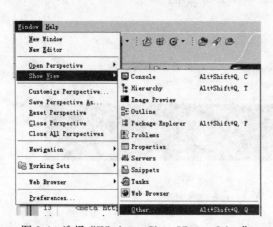
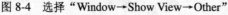

图 8-4　选择"Window→Show View→Other"

图 8-5　"Show View"对话框

选中"**CVS Repositories**"选项，单击 OK 按钮，则会出现如图 8-6 所示的 CVS 资源库的配置界面。

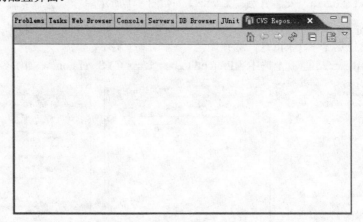

图 8-6　CVS 资源库的配置界面

在 CVS Repositories 的空白处单击右键，弹出如图 8-7 所示的快捷菜单。

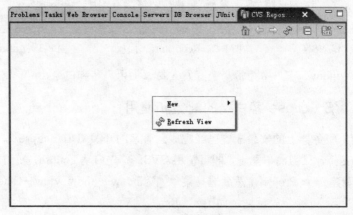

图 8-7　快捷菜单

选择"New→Repository Location"选项，如图 8-8 所示，弹出 Add CVS Repository 对话框，如图 8-9 所示。

图 8-8　选择"New→Repository Location"

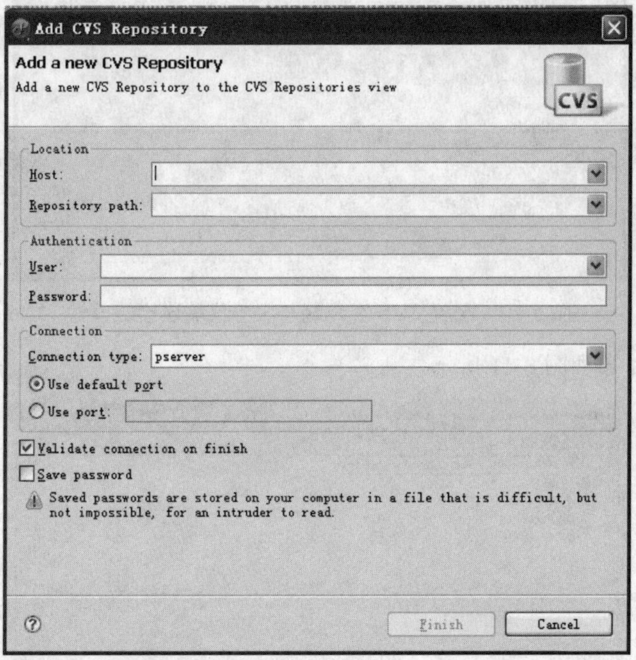

图 8-9　"Add CVS Repository"对话框

要想和 CVS 服务器连通，必须要配置如下属性（见图 8-10）：

● Host 选项

CVS 服务器所在主机的 IP 地址或计算机名。

● Repository path 选项

资源文件放置的路径，即 CVSROOT 目录在 CVS 服务器上的路径，用于上传文件时存放的路径。

● User 选项

系统管理员添加的 CVS 小组的用户。

● Password 选项

登录密码。

- Connection type 选项

用于 CVS 客户端与服务器端被确认连接的方式。

- Port 选项

CVS 客户端与服务器端连接的端口。

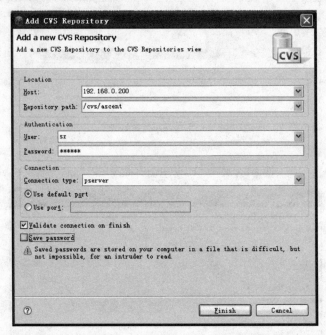

图 8-10　配置 CVS 客户端与服务器端连接的属性

连接之后的结果如图 8-11 所示。

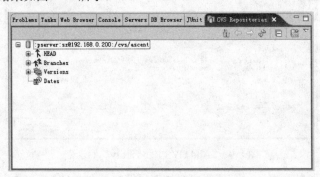

图 8-11　连接之后的结果

如果成功，那么就可以进行上传和下载项目了。在一个小组使用 CVS 之前必须要先上传根项目，也就是要让服务器上先有项目，然后各个组员 Check Out 项目。现在就介绍一个上传和下载项目的例子。

上传项目：右键单击等待上传的项目，这里是 electrones，然后选择"Team→Share Project"，如图 8-12 所示。

共享根项目：选择 CVS 服务器，有两个选项供选择：建立一个新的和选择已经存在的数据仓库。因为之前我们已经创建过数据仓库了，所以这里选择已经存在的"Use existing repository location"，即默认选项，如图 8-13 所示。

图 8-12　选择"Team→Share Project"

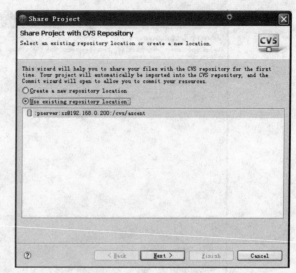

图 8-13　选择已经存在的数据仓库选项

单击 [ Next > ] 按钮，进入下一步，如图 8-14 所示。出现 3 个选项，就是使用项目名称、指定项目名称以及选择数据仓库中已有的项目，这里选择第 1 项"Use project name as module name"。

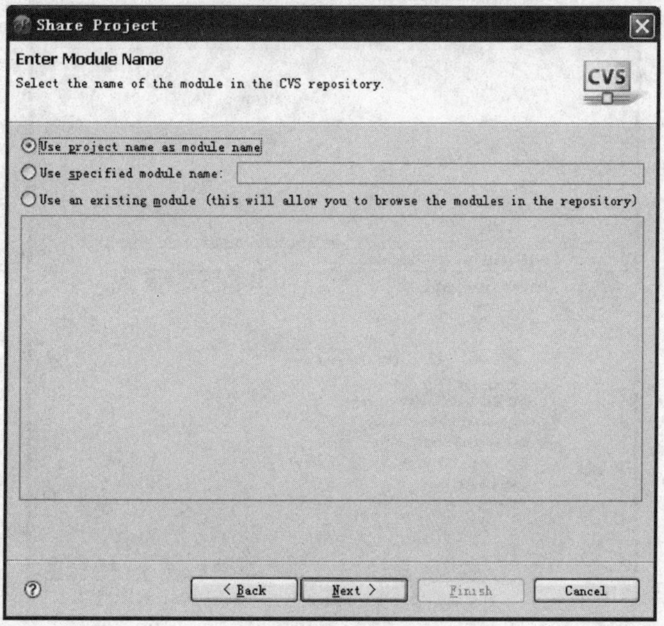

图 8-14　选择使用项目名称

单击 [ Next > ] 按钮，进入下一步，如图 8-15 所示。

这是上传项目的最后一步。大家都应该知道，程序的最后一步必然是确认信息的正确性及完整性，这里也不例外。如果这里显示的信息和我们上传的信息一致，那么就可以单击 [ Finish ] 按钮上传了，如图 8-16 所示。

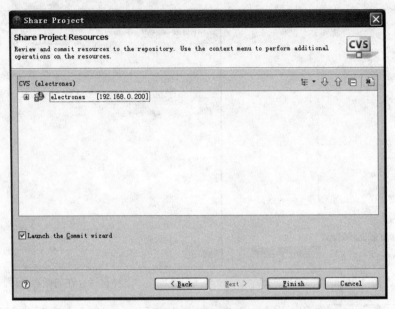

图 8-15　确认信息

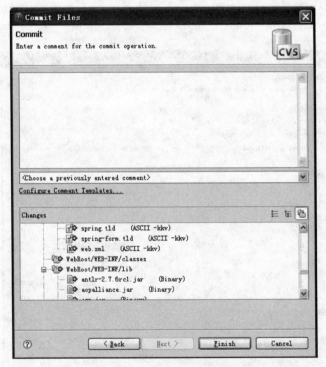

图 8-16　进行注释并完成上传

在上传文件前要进行必要的注释并且完成上传，然后单击 Finish 按钮。

这时我们可以在本地项目中看到 Eclipse 中所有的文件都带上了一个小数据库模样的图标，这证明已经和 CVS 服务器同步了，如图 8-17 所示。

再看一下在本地建立的 CVS 客户端中的版本，如图 8-18 所示。

图 8-17   客户端和 CVS 服务器同步          图 8-18   查看 CVS 客户端中的版本

已经都是 1.1 版本的文件了，这表示 CVS 服务器已经正确接收了我们上传的根项目，这时就要 CVS 管理员将这个已经上传的项目在服务器端设置一下组权限，那么其他人也可以下载开发了，如图 8-19 所示。

图 8-19   设置组权限

将 electrones 项目加入 cvsuser 组以便供组成员使用，并且给 cvsuser 追加项目的使用权限，如图 8-20 所示。

图 8-20   为用户追加项目的使用权限

现在属于 cvsuser 组的所有成员都可以在 CVS 服务器上 Check Out 项目进行项目团队开发了。当然还有一些细节需要补充一下，以一个 CVS 小组成员 b 为例，它要 Check Out 这个项目做自己的工作，那么首先他也要创建一个本地的 CVS 客户端。假定他已经按照 cvsusera 的创建步骤建好了，只等待 Check Out 项目了，如图 8-21 所示。

图 8-21　用户开始 Check Out 项目

如图 8-21 所示，在项目上右击，会出现一个下拉菜单，有 Check Out 和 Check Out As 两个下载选项，第一个是直接下载，而第二个是可以选择项目名称的，这里选择第一个"Check Out"进行操作，如图 8-22 所示。

图 8-22　用户 Check Out 项目过程

如果没有意外就已经完成了，如图 8-23 所示。

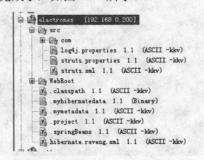

图 8-23　用户 Check Out 项目结果

和刚才的 cvsusera 是一样的,都带有小数据库图标,证明我们的配置已经成功。

## 8.2.4 CVS 在 Eclipse 下的冲突处理

在使用 CVS 过程中,一个常见的难点是多用户代码更新的冲突问题。为了更直观地表现冲突发生和解决的过程,我们使用同一个 Eclipse 工具把同一个项目以不同的用户 Check Out 到本地,还是前面那个以 cvsusera 用户下载的项目,下面是以 cvsuserb 下载的项目,在同一个 Eclipse 工具中的项目名称为 electronestwo,它和上面的 electrones 是一个项目,如图 8-24 所示。

下面我们在 electrones 中创建一个名为 cvstest 的包,如图 8-25 所示。

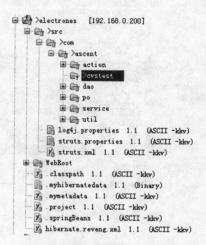

图 8-24 项目 electronestwo 结构　　　　图 8-25 创建 cvstest 包

然后在此包下创建一个名为 CVStest 的 Java 文件,然后提交,如图 8-26 所示。

提交后我们会看到 CVStest.java 的版本号为 1.1,如图 8-27 所示。

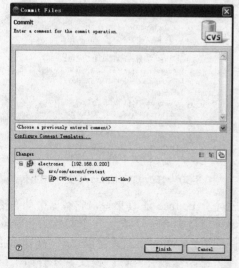

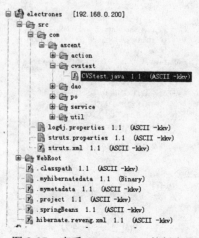

图 8-26 创建一个名为 CVStest 的 Java 文件　　　图 8-27 查看 CVStest.java 的版本号

下一步我们要使 electronestwo 项目通过 CVS 来更新自己代码的版本，如图 8-28 所示。

我们会更新 electronestwo 目录下的所有文件，如图 8-29 所示。

如图 8-29 所示，我们已经更新了，CVStest.java 是 1.1 版本的，如果把 electronestwo 中的 CVStest.java 文件进行修改并且上传，对于 electrones 是不是也会得到高一个版本的文件呢？如图 8-30 所示，我们对 electronestwo 文件进行修改，在 electronestwo 的 CVStest.java 中新添加了一个构造方法并且保存。

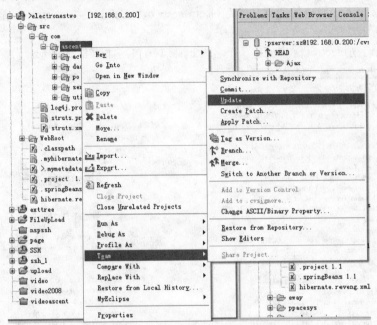

图 8-28　选择更新命令更新版本

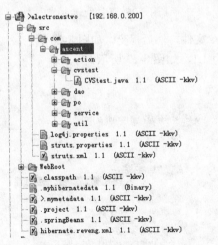

图 8-29　更新了所有文件

图 8-30　修改 CVStest.java 文件并上传

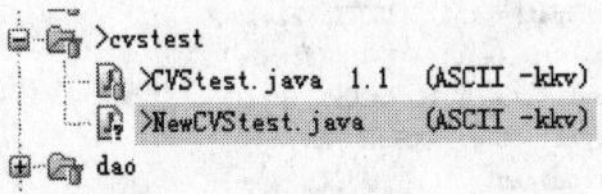

![cvstest目录]

图 8-31　创建了一个名为
"NewCVStest.java" 的文件

那么对于 Eclipse 工具来说，它有一个动态提示功能，如果项目中有一个或者几个文件是已经修改过的文件，那么 Eclipse 工具会以 ">" 符号标注表示此文件为已经修改并且等待提交。还有如果出现如图 8-31 所示的情况，这表明，我创建了一个名为

"NewCVStest.java" 的文件，并且此文件是刚刚由 cvsuserb 用户创建的，还没有提交，因此它没有版本号并且有一个 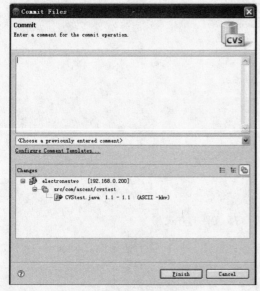 和等待提交标识 ">"，这是 Eclipse 提示我们此文件为新文件。

　　我们继续把刚才改正的 CVStest.java 提交，如图 8-32 所示。其版本号已经提高到 1.2，如图 8-33 所示。

图 8-32　提交 CVStest.java　　　　　　　图 8-33　查看 CVStest.java 的版本号

　　这时如果 cvsusera 用户按照 CVS 版本控制软件的正确步骤操作的话不会有任何问题，其 CVStest.java 也会提高一个版本，并且 cvsusera 还可以在此基础上再为 CVStest.java 增加内容并且提交；而 cvsuserb 也可以通过更新看到 cvsusera 所添加的新的内容同步文件的版本号，也就是 cvsusera 用户可以看到 cvsuserb 用户已经对 CVStest.java 进行了修改并且提交了。如图 8-34 所示，cvsusera 用户先将其 ascent 代码包下的文件更新。

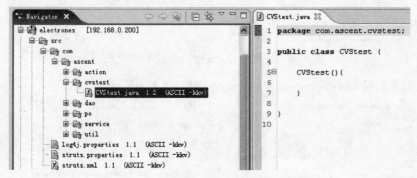

图 8-34　用户更新 ascent 代码包下的文件

　　这样就和 electronestwo 的完全一样了，也是多了一个构造方法。我们可以一个一个地增加版本而没有任何冲突和问题。但是没有任何一件事情是十全十美的，总会出错的，如果我们把 cvsusera 用户看成一个生手，那么就可以重新改变它处理 CVS 文件的方式，如图 8-35 所示。

图 8-35　改变处理 CVS 文件的方式

两个用户项目中的 CVStest.java 文件是同样的版本。现在我们还是由 cvsuserb 用户改变一下文件 CVStest.java，使其能够上升一个版本，也就是 1.3，如图 8-36 所示。

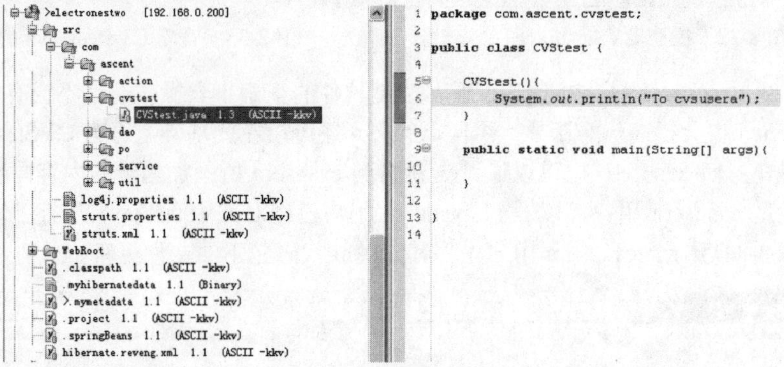

图 8-36　用户 cvsuserb 使文件上升一个版本

可能是在同时，cvsusera 也对 CVStest.java 进行了相应的修改，如图 8-37 所示。

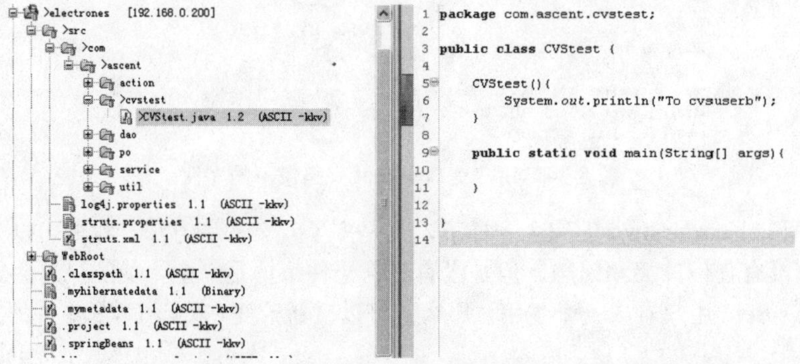

图 8-37　cvsusera 同时对 CVStest.java 进行了相应的修改

进行提交，在提交时冲突就产生了，如图 8-38 所示。

图 8-38　显示提交冲突

　　造成这种情况的原因主要是 CVS 服务器上的版本已经更新，但是本地文件版本还是老版本，所以用户在本地低版本文件中进行操作并提交，这样服务器必然会报错，所以这个时候就需要用户在本地先将本地和服务器上的文件同步。选择同步命令，如图 8-39 所示。

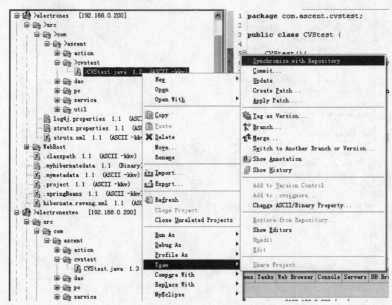

图 8-39　选择同步命令

　　这时会出现如图 8-40 所示的文件对比情况。

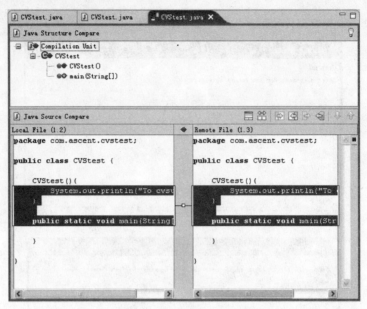

图 8-40　显示文件对比情况

以上显示的是本地文件和 CVS 服务器端文件的对比情况，告诉我们本地文件和服务器上文件的差异，并且要求我们手工修改，使本地和服务器上的文件统一。通常的办法就是保留服务器上并非自己修改的代码，并且把自己刚才提交出错之前写的代码放入统一的文件中，如图 8-41 所示（注：右边为服务器上的代码，这是不可修改的；左边为可以修改的本地代码）。

图 8-41　保留服务器上并非自己修改的代码

这里我们把右边的服务器上有而本地没有的代码拷贝到左边，这时再进行两边对比，确认无误后保存，并且更新冲突文件，如图 8-42 所示。

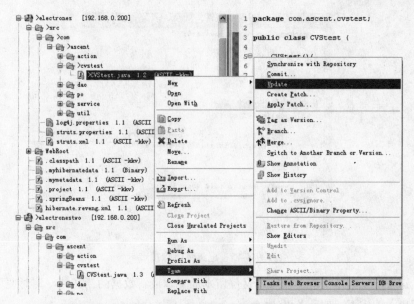

图 8-42　确认无误后保存并且更新冲突文件

更新后如图 8-43 所示。

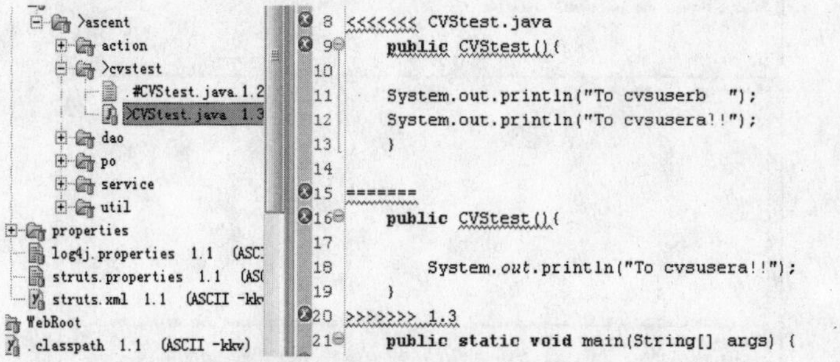

图 8-43　更新文件后的结果

系统会为我们保留一个原始版本文件和一个具有标注的服务器版本文件，这时我们可以编辑新文件把服务器注释去掉，如图 8-44 所示。

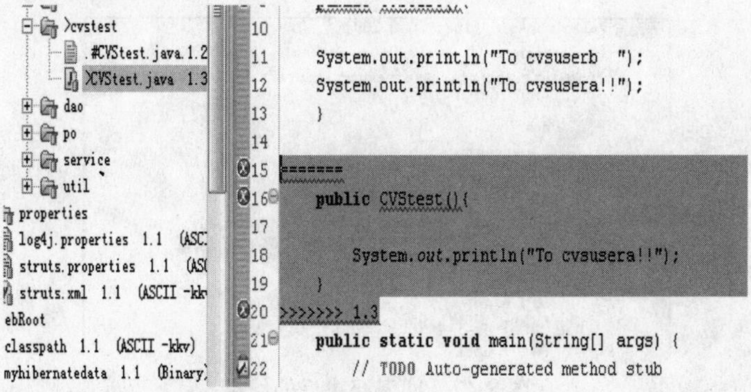

图 8-44　把服务器注释去掉

如图 8-45 所示，黑体中的代码为服务器上的版本，我们可以去掉，然后把黑体也删除掉。

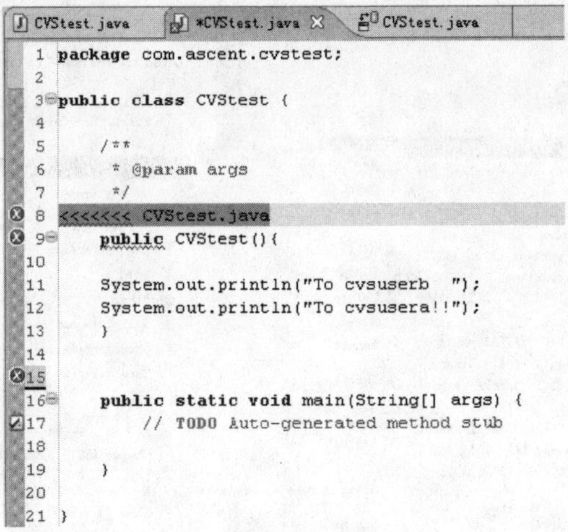

```
  📄 CVStest.java   📄 *CVStest.java ✕    📄 CVStest.java
 1  package com.ascent.cvstest;
 2
 3  public class CVStest {
 4
 5      /**
 6       * @param args
 7       */
 8  <<<<<<< CVStest.java
 9      public CVStest(){
10
11      System.out.println("To cvsuserb  ");
12      System.out.println("To cvsusera!!");
13      }
14
15
16      public static void main(String[] args) {
17          // TODO Auto-generated method stub
18
19      }
20
21  }
```

图 8-45　把黑体删除掉

那么这个就是既保留服务器版本又保留本地版本最新数据的新文件，这时便可以上传文件生成更新的版本，如图 8-46 所示。

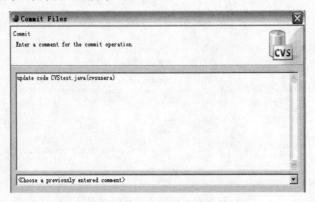

图 8-46　上传文件并生成更新的版本

如图 8-47 所示已经提交服务器，并且保留了一份在冲突产生时生成的文件。那么这个冲突产生并且解决的过程就结束了。

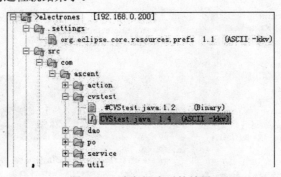

图 8-47　冲突解决后的结果

总结：我们如何才能避免这种冲突呢？下面我们来列举两个常用方法。

（1）其实 CVS 服务器使用起来并不困难，真正困难的是我们有没有养成一个团队开发的良好习惯，如果项目组中的每个成员都能很好地遵守 CVS 使用规范，在修改文件前先对文件进行更新，那么也可以减少冲突；还有就是写好的文件一定要及时上传。

（2）在同一个小组开发同一个项目时尽量不要有经常交叉开发的文件。例如，使用 Struts 框架时的 struts.xml，这个文件是会被经常使用的，也是开发时最有可能产生冲突的文件。这里给大家介绍一个被经常使用的这类文件避免冲突的方法，很简单就是拆分 struts.xml 文件，把它拆分成若干个模块就不会在上传时产生冲突了。

## 8.3　软件变更管理概述

今天的软件开发团队面临着巨大的挑战：一方面，市场要求以更快的速度来开发高质量的软件应用；另一方面，软件需求随着开发环境和结构的日趋多样而变得更加复杂；再加上分布式开发、高性能要求、多平台、更短和连续的发布周期——这些都加重了软件开发所承受的压力。由于软件开发不同于传统意义的工程技术，市场变化及技术上的高速更新都注定了软件变更是非常频繁并且是不可避免的，可以说变更是软件开发的基石。一方面，在软件开发环境下的内部活动以新特性、新功能增强及缺陷修复等方式不停地制造着变更；另一方面，外部因素例如新操作环境、新工具的集成、工程技术和市场条件的改善等以另一种力量驱动着变更。

既然变更是不可避免的，那么如何管理、追踪和控制变更就显得尤为重要。尽管有多种方式可以帮助开发团队提高变更处理能力，但其中最重要的一点是整个团队的协作性，因为以一种可重复和可预测的方式进行高质量软件的开发需要一组开发人员相互协作。随着系统变得越来越大和越来越复杂，尽管个人生产率依然十分重要，但是决定项目成败更多的是作为一个整体的开发团队的生产率。

对于在竞争激烈的市场下想占有一席之地的开发团队而言，拒绝变更无疑是行不通的。只有积极面对变更，采取有效的工具、方法和流程来管理、追踪和控制变更才是保证开发团队成功的关键。另外，由于各种原因，原来采用的工具、方法和流程也会随着组织的成长和不停变化的需求而逐步演化，因此对软件开发团队来说，另一个关键的成功因素是其扩展能力。

## 8.4　统一变更管理（Unified Change Management, UCM）

### 8.4.1　统一变更管理简介

在大量软件工程实践经验基础上，Rational 提出了第三代配置管理解决方案——统一变更管理（Unified Change Management, UCM）。统一变更管理（UCM）是用于管理软件开发过程（包括从需求到版本发布）中所有变更的最佳实践流程。通过 Rational ClearCase 和 ClearQuest 两个工具的支持，UCM 已成为 Rational 统一过程（RUP）的关键组成部分。根据软件开发团队的具体需要，可以使用相应的过程模型来加速软件开发进度，提高软件质量并优化开发过程。

使用 UCM 可以获得以下好处：

- 基于活动的配置管理过程：开发活动可以自动地与其变更集（封装了所有用于实现该活动的项目工件）相关联，这样避免了管理人员手动跟踪所有文件变更；
- 预定义的工作流程：可以直接采用预定义的 UCM 工作流程，快速提升开发组织的软件配置管理水平；

- 项目的跟踪和组织：项目管理人员可以实时掌握项目的最新动态，合理分配资源和调度开发活动；
- 协作自动化：通过将许多耗时较多的任务自动化处理，UCM 使得开发人员更多地将注意力集中在更高层次的开发活动上；
- 轻松管理基线：UCM 将开发活动嵌入到各个基线中，这样测试人员确切地知道他们将测试什么，而开发人员则确切地知道其他开发人员做了什么；
- 支持跨功能开发组：UCM 已成为 Rational Suite 产品中的核心部分，从而可以将从需求到测试各个阶段的工件（例如需求文档、设计模型、应用源代码、测试用例及 XML 内容等）在 UCM 框架下进行统一集成，简化了贯穿整个软件开发周期的变更过程；
- 基于同一代码构件可以进行多项目开发，简化了多项目开发管理，增大了代码共享，节省了开发资源。

## 8.4.2　统一变更管理原理

### 1．活动和工件管理

随着软件系统和开发团队在规模和复杂性上的不断增长，对开发团队来说如何围绕周期性的版本发布来合理地组织开发活动，以及高效地管理用于实现这些活动的工件变得日益重要。活动（activity）可以是在现有产品中修复一个缺陷或者新加一个增强功能。工件（artifact）可以是在开发生命周期中涉及的任何东西，例如需求文档、源代码、设计模型或者测试脚本等。实际上，软件开发过程就是软件开发团队执行活动并生产工件。UCM 集成了由 Rational ClearQuest 提供的变更请求活动管理和 Rational ClearCase 提供的工件管理功能。

（1）活动管理

UCM 中的活动管理是由 Rational ClearQuest 提供的，Rational ClearQuest 是一个高度灵活和可扩展的缺陷及变更跟踪系统，它可以捕获和跟踪所有类型的变更请求（例如产品缺陷、增强请求、文档变动等）。在 UCM 中这些变更均以活动出现。

Rational ClearQuest 为活动的跟踪和管理提供了可定制的工作流，这使得开发团队可以更容易地：

- 将活动分配给某个具体的开发人员；
- 标识与活动相关的优先级、当前状态和其他信息（如负责人、估计工期、影响程度等）；
- 自动产生查询、报告和图表。

根据开发团队或开发过程需求可以灵活地调整 ClearQuest 工作流引擎：如果开发团队需要快速部署，那么也可以不进行定制，直接使用 ClearQuest 预定义的变更过程、表单和相关规则（见图 8-48）；当开发团队需要在预定义的过程上进行定制时，可以使用 ClearQuest 对他们的变更过程的各个方面——包括缺陷和变更请求的状态转移生命周期、数据库字段、用户界面（表单）布局、报告、图表和查询等进行定制。

贯穿整个开发过程用于管理和跟踪缺陷及其他变更的一个高效工作流对于满足当今高质量标准及紧迫的产品工期的需要是非常重要的。UCM 提升了这些变更的抽象层次，以便可以从活动的角度来观察变更，然后 Rational ClearQuest 工作流引擎将活动与相关的开发工件连接在一起。

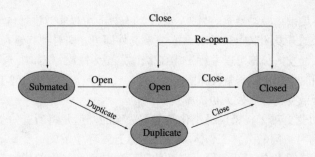

图 8-48　Rational ClearQuest 提供了一个现成的过程框架用于缺陷和变更跟踪工作流

（2）工件管理

Rational ClearCase 提供了一个软件工件管理（SAM）框架，开发团队可以使用这一框架来管理贯穿项目生命周期的所有工件。UCM 将 Rational ClearCase 基础框架与 Rational ClearQuest 中的活动管理结合在一起，从而提供了对工件和活动的集成管理。Rational ClearCase 提供了：

- 安全的工件存储和版本化；
- 并行开发基础框架——无限分支能力和强大的合并功能；
- 自动代码共享；
- 用于选择正确工件版本的工作空间管理；
- 完全的可延展性——从小型本地项目工作组到大型全球分布式开发团队。

另外，Rational ClearCase 提供了灵活的 SCM 的基础框架，通过使用灵活的元数据，如标签、分支、属性、触发器（trigger）和超级链接（hyperlinks）等，开发团队可以定制他们自己的 SCM 过程。

由此可见，不同开发团队和项目可以通过 Rational ClearCase 使用不同的策略，开发团队可以从这种灵活性中受益。而 UCM 是基于一个经过验证的、成功的开发过程，因此希望快速启动高效 SCM 的开发团队也可以直接使用这一过程来自动实现项目策略。

**2．UCM：6 个过程领域**

UCM 在 6 个具体领域提供了所定义的过程：

- 开发人员在共享及公共代码工件上的隔离和协作；
- 将一起开发、集成和发布的相关工件组按构件（component）进行组织；
- 在项目里程碑创建构件基线（baseline）并根据所建立的质量标准来提升基线；
- 将变更组织为变更集（change set）；
- 将活动管理和工件管理集成在一起；
- 按项目来组织软件开发并支持多项目之间的代码共享。

（1）开发人员的隔离和协作

开发人员需要相互隔离的工作环境以隔离彼此的工作，避免其他组成员的变更影响其工作的稳定性。Rational ClearCase 提供了两种方式来访问工件的正确版本，并在私有工作空间中在这些工件上进行工作。这两种方式是静态视图和独特的基于 MVFS 的动态视图，它们可以根据本地或网络使用而分别进行实施。

静态视图为开发人员提供了在断开网络连接的情况下进行工作的灵活性，另外，开发人员也可以容易地将他们的工作同开发主线进行同步。动态视图则通过一个独特的虚拟文件系统（MVFS）来实现，它使得开发人员可以透明地访问正确工件的正确版本，而无须将这些工件版本复制到本地硬盘驱动器上。另外，由于动态视图可以实时进行自动更新，因此紧密工作在同一分支上的开发团队无须手动更新/复制文件即可立即看到其他人员所做的变动。不管使用何种方式，开发人员都可以并行工作在多个发布版本上。例如，一个开发人员工作在发布版本 2 上，同时他也可以修复发布版本 1 中的一个缺陷，而不用担心自己的两个活动涉及的代码互相干扰或受其他开发人员的干扰。

隔离不稳定的变更对于将错误最小化是非常关键的，但是将所有的变更集成到一个所有开发团队成员均可访问的公共工作区域却是团队开发环境下的一个基本要求。现今，基于构件的软件开发方法论的广泛应用，以及代码变更频率和幅度的增加都要求开发团队能经常和较早地将各个开发人员的工作进行集成，以便尽早解决可能出现的问题。

使用 Rational ClearCase，开发团队可以实现多种项目策略来同时进行工作的隔离和协作。通过强大的分支和合并功能，Rational ClearCase 可以支持大规模的并行开发。

在 ClearCase 中可以根据不同用途来建立分支，如开发人员分支、新特性分支、缺陷修复分支、新需求分支等，从而开发团队可以根据需要建立适于自身情况的分支模型，灵活实现软件配置管理流程。但对于希望能快速利用成熟的软件开发流程的开发团队而言，UCM 则提供了一个直接可用的分支模型。实际上在 UCM 中，在分支基础上对其在更高层次上进行了抽象，从而形成了一个新概念——流（stream）。流表示一个私有或共享的工作空间，它定义了项目版本的一致配置并在 UCM 项目中的隔离和有效协作之间提供了一种平衡。熟悉 ClearCase 的读者可以将流理解为开发人员分支，UCM 中既有为每个开发人员配置的私有开发流，同时也有为负责集成所有交付工作的集成人员配置的公共集成流（见图 8-49）。由于 UCM 紧密结合了活动管理，因此其他分支用途，如特性分支、缺陷修复分支等将作为活动出现并附加到相应的工作流中。

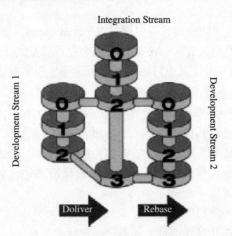

图 8-49　UCM 提供了公共集成工作区和私有工作区

私有开发流为开发人员提供了相互隔离的工作空间，该空间在最开始由满足一定质量标准的公共工件进行初始化。开发人员使用这些私有工作空间来进行工件的变更、构建和测试。当开发人员对他们的变更感到满意时，他们可以将这些变更交付（deliver）到公共集成流上。为了使开发人员与其他人员的进度同步，开发人员也可以用来自项目公共集成流上最新的稳定基线来变基（rebase）他们的私有工作流。使用 UCM，开发人员可以选择什么时候进行交付和变基。

实际上，项目集成流充当了所有开发人员的所有变更的协调点。为了更好地协调所有开发人员的变更集成，UCM 引入了基线（baseline）的概念作为对项目进度的度量。基线是一次构建（build）或配置的抽象表示，它实际上是构件的一个版本，而构件是相关工件的集合。项目开发团队在开发过程期间不断地创建和提升基线。随着不同开发人员交付变更给集成流，他们交付的变更将被逐一收集到项目基线中。随着基线的构建、测试和批准，它们可以被逐步提升到不同的基线级别。

基线提升级别具有两方面的功能：第一，它使项目经理或项目管理人员可以建立软件质量标准。由于当基线达到某种预定义的质量标准时就可以被标以某种基线级别，因此项目经理可以设置项目策略，标识出在哪一个基线级别（如"通过测试的"）开发人员可以执行变基操作。第二，基线提升级别就具体的开发人员应该如何与其所开发的工件进行交互提供了指导。例如，根据某条基线通过某些冒烟测试的时间可以帮助测试人员确定什么时候开始测试。

（2）构件基线

第二个 UCM 过程领域是将工件组织为构件。在第二代配置管理中，大多以文件版本形式来管理所有的文件，当一个复杂项目中包含成千个文件上万个版本时，整个项目的开发控制将变得相当复杂，因此对众多的文件进行合理分类以呈现系统的设计要素可以大大简化项目开发控制。

UCM 通过将多个工件组织为构件（在 UCM 中构件指一个 VOB 的根目录或 VOB 的某个第一层子目录），从而扩展了软件工件管理的版本控制能力，并且 UCM 还提供了用于自动化构件管理的工具和过程。即用基线对构件而不是构件中众多的版本进行标识，然后用这一基线作为新的开发起点并更新开发人员的工作空间。

构件基线是在 ClearCase 标签（label）的基础上结合活动管理所做的扩展，即您可以知道一个 UCM 构件基线中包含了哪些开发活动。例如，一条基线可能包含了 3 个开发活动，如 BUG 101 的修复、用户登录界面汉化及新增打印特性的支持。

对于包含多个构件的复杂系统，UCM 提供了基于多个构件的组合基线，即多个构件之间可以建立依赖关系，一旦底层构件的基线发生变化，例如生成一条新基线，其上层构件相应地也自动建立起一条基线，该基线自动包含底层构件基线。例如，一个较为复杂的 MIS 系统包含"数据库访问"、"业务逻辑处理"和"前端图形界面"3 个构件，其中"前端图形界面"构件依赖于"业务逻辑处理"构件，而"业务逻辑处理"构件依赖于"数据库访问"构件。这样当"数据库访问"构件发生了变化并新建了一条新基线（如 DB_BASELINE_Dec24）后，在"业务逻辑处理"构件和"前端图形界面"构件中自动建立了一条新基线（如 BUSINESS_BASELINE_Dec24 和 GUI_BASELINE_Dec24）。这样上层构件的最新基线可以自动跟踪底层构件的最新基线。

构件管理的自动化对于高效无误地开发可能包含数千个源代码工件（还有其他相关的工件，如 Web 内容、设计模型、需求说明和测试脚本等）的复杂软件系统而言意义重大。

（3）构件基线提升

项目开发团队的成员工作在一个 UCM 项目（project）中，项目经理通过配置软件构件从而使项目成为由构件构成的体系结构。大多数组织将 UCM 管理的构件设计为可以反映出他们软件体系结构的方式（见图 8-50），即将所有相关工件按体系结构组织为有意义的子系统，进而放入不同的构件中。

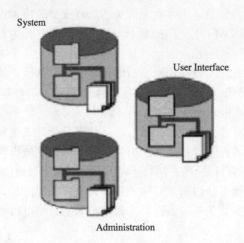

图 5-50　用 UCM 构件直接对软件体系结构建模

如上节所描述的，开发人员在交付变更到公共集成流时可以周期性地更新他们私有开发流中的构件，然后开发团队可以根据开发过程的当前阶段和质量级别对构件进行评级。项目策略确定了在开发人员变基之前构件基线必须达到的质量级别，以及其他开发团队成员（如测试人员）应该如何与构件基线交互。在稍后会对项目及项目策略做更多的描述。UCM 提供了 5 种预定义的基线级别，包括被拒绝（rejected）、初始（initial）、通过构建（built）通过测试（tested）和已发布（released）。另外，UCM 允许开发团队用他们自己的命名规范和提升策略对这些预定义基线级别进行定制。

（4）变更集

第 4 个 UCM 过程领域是将独立的工件变更组织为可作为整体进行交付、跟踪和管理的变更集中。由于通常当开发人员工作在一个活动（例如缺陷修复）上时，他们很少只修改一个文件，因此用变更集可以表示用以完成某个具体活动的工件的所有变更。例如，为修改一个编号为 36 的缺陷变动了 30 个目录/文件的 100 个版本，则缺陷 36 的变更集为相关的 100 个文件/目录版本。开发人员同时工作在多个变更请求上的需要使得这一过程更加复杂。例如，一个开发人员在进行一个新发布版本的开发，这时由于当前发布版本的一个错误要求他不得不中断当前的开发工作转而去修复这一缺陷，这样该开发人员必须在同一工件上进行两种不同的变更：一种是在未来发布版本中的增强功能变更；另一种是在前一发布版本中修复缺陷的变更。

通过将同一个开发活动相关的所有变更收集到一个变更集中，UCM 简化了管理多个工件变更或者多个工件版本的过程。UCM 围绕具体的开发活动来进行工作组织，同时 UCM 还确保已完成的活动包含所有必要工件上发生的所有变更。

（5）活动和工件管理

第 5 个 UCM 过程领域是通过使用一个可将活动及其相关工件集链接起来的自动化工作流（见图 8-51），将活动管理和工件管理集成起来。这给了开发团队极大的灵活性来为不同类型活动的管理指定不同的工作流。UCM 提供了最常用活动类型的预定义工作流，包括缺陷修复和增强请求。

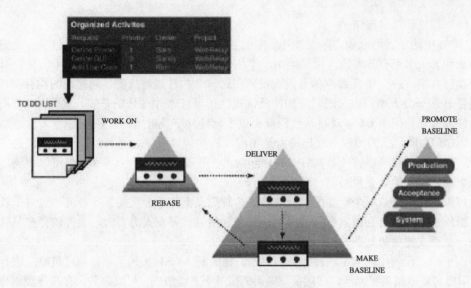

图 8-51 UCM 工作流概览

开发团队还可以使用 ClearQuest Designer 这一模块来对这些预定义过程进行定制，项目经理或者项目管理人员可以用它来创建所有需要的活动类型，包括缺陷修复、增强功能请求、文档变动及 Web 网站变动等。使用 ClearQuest Designer 的图形用户界面，项目经理也可以定义字段、表单及每个记录类型的状态转移。

为了方便开发人员更容易地标识活动和项目代码库中工件间的关系，UCM 自动将活动和其相关的变更集链接起来（见图 8-52）。当在一个 UCM 项目中工作时，开发人员所交付的是活动而不是文件形式的工件。类似的，当开发人员变基时，他们根据新构件基线提供的活动（而不是文件形式的工件）来重审将要在他们的私有开发流中接收的变更内容。这样，开发人员不仅可以看到所有相关工件完整的版本历史，而且可以看到实现每个变更的所有活动。这给了开发团队一个项目是如何从一个阶段演进到下一个阶段的全面视图，当需要标识出一个工件版本的变更是如何影响另一个版本时，这一优点所带来的价值是无法估计的。

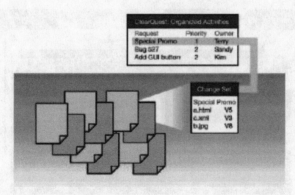

图 8-52 UCM 将活动和相关的工件链接起来

使用 UCM 一致、可重复的用于活动管理的过程，通过活动管理和工件管理的集成可以帮助开发团队减少错误，开发人员还可以避免许多通常需要手工作业的单调工作，从而更有效率地完成开发任务。

（6）项目和项目策略

UCM 中的项目可以和实际软件开发中的各种项目对应，每个 UCM 项目包含一个集成工作流和若干个私有开发流，项目可由一组构件构成。这里需要强调的是一个构件可以被多个项目共享，进而项目 A 中的开发人员可以对一个构件进行修改，创建新的构件基线；而项目 B 的开发人员可以参照同一构件及该构件在项目 A 中生成的基线，但不能对该构件进行任何改动。因而 UCM 项目从代码级提供了软件共享及重用的良好基础。

UCM 在项目上的另一个突出特点是不同项目中的开发流之间可以进行跨项目的工作交付。即一个项目可以将一条构件基线中包含的工件交付给另一个项目，也可以将一个开发流上的活动变更集交付给另一个项目。

可以看出项目从一个更高层次上支持了传统意义上基于分支的并行开发，这对于软件开发组织从面向项目到面向产品的转变，合理利用软件开发人力资源，改善软件产品体系结构，从而支持更为复杂的软件开发具有重大意义。

由于同一代码构件上多项目开发的引入，相应的 UCM 加入了多种项目策略来进行支持，用户可以根据需要灵活定义项目策略。例如对于基线级别，可以定义只有基线级别提升到 "Tested" 才能作为其他开发工作流的推荐基线。另外，对于多项目间的代码交付和共享，还可以定义是否允许接受其他项目的变更等。除了项目一级的策略以外，在工作流一级 UCM 也有类似的访问策略，如某个工作流是否允许接受来自本项目或其他项目的工作流上的变更，是否允许向本项目或其他项目的工作流交付变更等。

### 3. 贯穿生命周期的工件

到现在为止，我们的讨论主要集中在源代码和其相关工件上，如对象文件和头文件等。但是使用 UCM 时贯穿生命周期的变更也可以由非开发人员进行管理，这样就最佳实现了统一变更管理的全部好处。这些非开发人员包括分析人员、设计人员及测试人员（见图 8-53）。相应的工件包括他们在相关领域产生的工件，例如分析人员所创建的需求文档和用例（Use Case）、设计人员所建立的设计模型和用例，以及测试人员所建立的测试脚本、测试数据和测试结果。

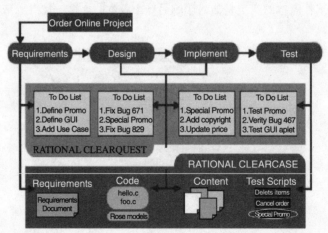

图 8-53　开发团队成员在生命周期的不同阶段产生不同的工件

为了高效地通信和协作工作，开发团队成员需要有效地共享这些工件。Rational Suite 包含有一个集成平台，通过这一公共平台可以访问贯穿多个领域的所有类型的开发工件。作为 Rational Suite 的一部分，UCM 提供了一个用于管理贯穿软件开发生命周期的信息共享的过程层。现在每个 Rational Suite 产品套件中均包含了这两个产品，这样每个 Rational Suite 产品都包含了对 UCM 过程的支持。非软件开发人员（如分析人员、设计人员及测试人员）可以应用 UCM 原理像控制代码变更一样来控制他们生产的工件（如需求文档、用例、设计模型、测试脚本及测试数据）。Rational ClearQuest 工作流引擎强化了活动管理，另外一致的工作流使得所有的团队成员都可以容易地标识优先级，而 ClearQuest 提供的工作列表（to do list）特性可以使每个人均可从他们的桌面透明访问待进行的工作（活动）列表，从而容易地标识出他们下一步需要进行的工作。同样构件基线是新工作（分析、设计、开发及测试）的基础，并指导团队成员什么时候更新他们的工作空间。

（1）来自分析的工件

分析人员扮演着定义项目范围的重要角色，分析人员需要确定解决方案是什么及系统边界。在分析期间这些专业人员创建了多种不同的工件来帮助解释说明所建议的解决方案，这些工件包括需求文档、用例及可视化模型。开发团队在整个开发过程中不断使用这些工件来管理项目变更是必不可少的。

成功的项目依赖于正确的需求管理。高效的需求管理包括减少开发的进度风险和系统的不稳定性，以及跟踪需求变更。项目管理、风险评估及相关评估标准的产生都依赖于需求管理和需求的可追溯性——即开发团队以一种规范过程接受变更并审查需求变更的历史。

Rational RequisitePro 是 Rational Suite 开发团队统一平台（Team Unifying Platform）中用于需求管理的工具。软件开发团队可以使用 RequisitePro 来创建、管理和跟踪分析工件，例如需求属性、需求说明和管理计划、用例模型、术语表及涉众（stakeholder）请求。

UCM 项目以与管理代码相似的方式管理需求，此外 UCM 还将这些需求工件包含在构件基线中。这样分析人员不仅知道哪些活动构成了一条构件基线中的工件，还知道哪些需求指导着这些工件的开发。

（2）来自设计的工件

设计人员对系统基础结构建模并使用用例和设计模型进一步细化系统定义。通过设计工件对系统进行抽象，可以减少整个系统的复杂性。

在实际开发过程中经常会出现这样一种情况：一些开发团队不能继续使用一些设计模型，因为正式的编码工作已经开始。这是一个错误，因为这些设计模型在帮助规划整个工作，另外对于协助新的组成员快速上手，度量正在进行中的变更请求的影响，以及评估整个项目风险都非常有价值。由 Rational Rose 提供的双向工程功能可以帮助开发团队保持当前编码进度和这些模型之间的同步（见图 8-54），而 UCM 确保模型与代码是最新的。

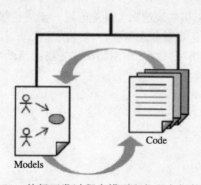

图 8-54  并行开发过程中模型和代码之间的交互

在 UCM 项目中，构件基线包含模型工件和代码工件。Rose Model Integrator 和 ClearCase 比较/合并特性的紧密集成，使得开发团队可以尽可能方便地在设计模型的同时进行编码。这时 UCM 中的变更集可以扩展到模型元素，这样变更集便包含了代码工件上的变更，以及模型工件上的变更。Rational Rose 支持 UCM 交付（deliver）和变基（rebase）操作（参见活动和工件管理部分），使得多个设计人员可以在 Rose 模型上同时工作，如同开发人员并发工作在代码上一样。

（3）来自测试的工件

传统的开发方法将测试工作放到开发的末期，在编码工作之后进行。成功的构件开发团队都体会到单元测试（Unit Test）对于项目成功是非常重要的，使用单元测试就是不将构件的质量保证放到集成阶段，而是预先对单元、子系统和系统进行测试。

所有这些并发测试产生了大量的测试工件，包括测试需求、测试脚本、测试数据和大量的测试结果。Rational Suite TestStudio 及 Rational QualityArchitect 为开发团队提供了可持续地生产高质量软件工件所需的集成框架。借助 UCM，开发团队可以并发地管理他们的测试工件和相关的开发工件。

今天，大多数开发团队都意识到将这些测试工件和构件基线集成到一起的好处。在 UCM 项目中，可以在一条构件基线中包含所有的代码工件，以及相关的测试需求、测试程序和测试数据。

这样前面描述的变更集就可以扩展到测试用例、测试脚本和测试数据。集成的活动和工件管理将活动的整个范围——从对代码变更的测试校验活动到由其活动描述的 UCM 变更集链接起来。

（4）分析、设计、编码和测试工件

Rational Suite 和 UCM 提供的优点是无价的。构件基线在一条基线中包容了所有的项目工件——从需求文档到测试包——这对于任何需要进行维护和升级任务的开发团队都是一个大优点。借助 UCM 基线级别，使用 Rational Suite 跨功能的多个组可以更容易地：

- 标识所需的活动；
- 确定什么时候变更；
- 标识需测试的活动；
- 评估开发中的工件。

另外，UCM 基线级别帮助开发团队识别什么时候开始跨功能的活动。例如，在编码结束后，经过一系列单元测试和冒烟测试（Smoke Test），一条基线达到了可以进行集成测试的质量级别，这时可以提升该构件基线，从而启动集成测试活动。在 UCM 中，质量监控是依靠 Rational ClearQuest 提供的快速报告功能来进一步进行加强的。通过这些报告功能，组成员可以生成清晰而简明的项目状态数据，以便快速探测问题、评估风险并快速达成解决方案。另外，项目管理人员可以将工作围绕高优先级的活动展开，并且确保所有的发布版本都满足预定义的质量级别。

# 第 9 章　软件过程管理

为了确保软件质量和提高产品竞争力，软件企业需要规范软件开发过程和实施软件过程管理，使企业内部形成优秀的软件工程和软件管理文化。软件过程管理可以为快速开发高质量软件、有效地维护软件运行等各类活动提供指导性框架、实施方法和最佳实践。

软件过程管理的主要框架就是 SW_CMM 及 CMMI。CMM 是 Capability Maturity Model（能力成熟度模型）的英文简写，该模型由美国卡内基-梅隆大学的软件工程研究所（简称 SEI）研究制定，在全世界范围内被广泛使用，SEI 同时建立了主任评估师评估制度，CMM 的评估方法为 CBA−IPI。

CMMI 是 SEI 于 2000 年发布的 CMM 的新版本。CMMI 不但包括软件开发过程改进内容，还包含系统集成、软硬件采购等方面的过程改进内容。CMMI 纠正了 CMM 存在的一些缺点，使其更加适用于企业的过程改进实施。CMMI 使用 SCAMPI 评估方法。需要注意的是，SEI 没有废除 CMM 模型，只是停止了 CMM 评估方法：CBA−IPI。现在如要进行 CMM 评估，需要使用 SCAMPI 方法。但 CMMI 模型最终代替 CMM 模型的趋势不可避免。

## 9.1　CMM（Capability Maturity Model，能力成熟度模型）

### 9.1.1　CMM 基本概念

CMM 是指"能力成熟度模型"，是对于软件组织在定义、实施、度量、控制和改善其软件过程的实践中各个发展阶段的描述。CMM 的核心是把软件开发视为一个过程，并根据这一原则对软件开发和维护进行过程监控和研究，以使其更加科学化、标准化，使企业能够更好地实现商业目标。

CMM 是一种用于评价软件承包能力并帮助其改善软件质量的方法，侧重于软件开发过程的管理及工程能力的提高与评估。其所依据的想法是：只要集中精力持续努力地去建立有效的软件工程过程的基础结构，不断进行管理的实践和过程的改进，就可以克服软件生产中的困难。CMM 是目前国际上最流行、最实用的一种软件生产过程标准，已经得到了众多国家及国际软件产业界的认可，成为当今企业从事规模软件生产不可缺少的一项内容。

CMM 为软件企业的过程能力提供了一个阶梯式的改进框架，它基于过去所有软件工程过程改进的成果，吸取了以往软件工程的经验教训，提供了一个基于过程改进的框架；

它指明了一个软件组织在软件开发方面需要管理哪些主要工作，这些工作之间的关系，以及以怎样的先后次序，一步一步地做好这些工作而使软件组织走向成熟。

## 9.1.2　实施 CMM 的必要性

软件开发的风险之所以大，是由于软件过程能力低，其中最关键的问题在于软件开发组织不能很好地管理其软件过程，从而使一些好的开发方法和技术起不到预期的作用。而且项目的成功也是通过工作组的努力，所以仅仅建立在可得到特定人员上的成功不能为全组织的生产和质量的长期提高打下基础，必须在建立有效的软件如管理工程实践和管理实践的基础设施方面，坚持不懈地努力，才能不断改进，才能持续地成功。

软件质量是一个模糊的、捉摸不定的概念。我们常常听说：某某软件好用，某某软件不好用；某某软件功能全、结构合理，某某软件功能单一、操作困难……这些模糊的语言不能算做是软件质量评价，更不能算做是软件质量科学的定量评价。软件质量，乃至于任何产品质量，都是一个很复杂的事物性质和行为。产品质量，包括软件质量，是人们实践产物的属性和行为，是可以认识的，可以科学地描述的，可以通过一些方法和人类活动来改进质量。

实施 CMM 是改进软件质量的有效方法：控制软件生产过程，提高软件生产者组织性和软件生产者个人能力的有效合理的方法。软件工程和很多研究领域及实际问题有关，主要相关领域和因素有：需求工程（Requirements Engineering）。理论上，需求工程是应用已被证明的原理、技术和工具，帮助系统分析人员理解问题或描述产品的外在行为。软件复用（Ssftware Reuse），定义为利用工程知识或方法，由一个已存在的系统来建造一个新系统。这种技术，可以改进软件产品质量和生产率，还有软件检查、软件计量、软件可靠性、软件可维修性、软件工具评估和选择等。

## 9.1.3　CMM 的基本内容

CMM 的基本思想是，因为问题是由管理软件过程的方法引起的，所以新软件技术的运用不会自动提高生产率和利润率。CMM 有助于组织建立一个有规律的、成熟的软件过程。改进的过程将会生产出质量更好的软件，使更多的软件项目免受时间和费用的超支之苦。

软件过程包括各种活动、技术和用来生产软件的工具。因此，它实际上包括了软件生产的技术方面和管理方面。CMM 策略力图改进软件过程的管理，而在技术上的改进是其必然的结果。

CMM 定义了 5 个成熟度级别（Maturity Levels）。除第 1 级外，SW-CMM 的每一级都是按照完全相同的结构构成的。每一级包含了实现这一级目标的若干关键过程域（Key Process Areas，KPA），每个 KPA 进一步包含若干关键实践（Key Practices，KP），无论哪个 KPA，它们的实施活动都统一按 5 个公共属性（Common Features）进行组织，即每一个 KPA 都包含 5 类 KP。某个过程域中的所有关键实践应该达到的总体要求都有相应的具体目标。CMM 模型如图 9-1 所示。

CMM 由 5 个级别、18 个关键过程域（Key Process Areas,KPA）、316 条关键实践（Key Practices,KP）、52 个具体目标（Goals）所组成。

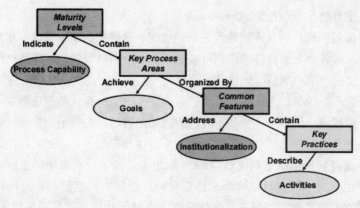

图 9-1　CMM 模型

**1. 成熟度等级**

CMM 明确地定义了 5 个不同的"成熟度"等级，一个组织可以按照一系列小的改良性步骤向更高的成熟度等级前进。

（1）成熟度等级 1：初始级（Initial）

处于这个最低级的组织，基本上没有健全的软件工程管理制度，每件事情都以特殊的方法来做。如果一个特定的工程碰巧由一个有能力的管理员和一个优秀的软件开发组来做，则这个工程可能是成功的。然而通常的情况是，由于缺乏健全的总体管理和详细计划，时间和费用经常超支。结果：大多数的行动只是应付危机，而非事先计划好的任务。处于成熟度等级 1 的组织，由于软件过程完全取决于当前的人员配备，所以具有不可预测性，人员变化了，过程也跟着变化。结果：要精确地预测产品的开发时间和费用之类重要的项目，是不可能的。

（2）成熟度等级 2：可重复级（Repeatable）

在这一级，有些基本的软件项目的管理行为、设计和管理技术是基于相似产品中的经验，故称为"可重复"。在这一级采取了一定措施，这些措施是实现一个完备过程所必不可少的第一步。典型的措施包括仔细地跟踪费用和进度。不像在第 1 级那样，在危机状态下才会行动，管理人员在问题出现时便可发现，并立即采取修正行动，以防止它们变成危机。关键的一点是，如果没有这些措施，要在问题变得无法收拾前发现它们是不可能的。在一个项目中采取的措施也可以用来为未来的项目拟定实现的期限和费用计划。

（3）成熟度等级 3：已定义级（Defined）

在第 3 级，已为软件生产的过程编制了完整的文档。软件过程的管理方面和技术方面都明确地做了定义，并按照需要不断地改进过程，而且采用评审的办法来保证软件的质量。在这一级，可以引用 CASE 环境来进一步提高质量和产生率。而在第 1 级过程中，"高技术"只会使这一危机驱动的过程更混乱。

（4）成熟度等级 4：已管理级（Managed）

一个处于第 4 级的公司对每个项目都设定质量和生产目标。这两个量将被不断地测量，当偏离目标太多时，就采取行动来修正。利用统计质量控制，管理部门能区分出随机偏离和有深刻含义的质量或生产目标的偏离（统计质量控制措施的一个简单例子是每千行代码的错误率。相应的目标就是随时间推移减少这个量）。

（5）成熟度等级 5：优化级（Optimizing）

一个第 5 级组织的目标是连续地改进软件过程。这样的组织使用统计质量和过程控制技术作为指导，从各个方面获得的知识将被运用在以后的项目中，从而使软件过程融入了正反馈循环，使生产率和质量得到稳步的改进。

我们可以看出，CMM 为软件的过程能力提供了一个阶梯式的改进框架，它基于以往软件工程的经验教训，提供了一个基于过程改进的框架图，它指出一个软件组织在软件开发方面需要哪些主要工作、这些工作之间的关系，以及开展工作的先后顺序，一步一步地做好这些工作而使软件组织走向成熟。CMM 的思想来源于已有多年历史的项目管理和质量管理，自产生以来几经修订，成为软件业具有广泛影响的模型，并对以后项目管理成熟度模型的建立产生了重要的影响。尽管已有个人或团体提出了各种各样的成熟度模型，但还没有一个像 CMM 那样在业界确立了权威标准的地位。但 PMI 于 2003 年发布的 OPM3，以其立体的模型及涵盖范围的广泛有望成为项目管理界的标准。

SW-CMM（软件生产能力成熟度模型）为软件企业的过程能力提供了一个阶梯式的进化框架，它基于过去所有软件工程成果的过程改善的框架，吸取了以往软件工程的经验教训。它指明了一个成熟的软件组织在软件开发方面需要管理哪些主要工作、这些工作之间的关系，以及以怎样的先后次序，一步一步地做好这些工作，使软件组织走向成熟。阶梯共有 5 级。第 1 级实际上是一个起点，任何准备按 CMM 进化的企业一般都处于这个起点上，并通过这个起点向第 2 级迈进。除第 1 级外，每一级都设定了一组目标，如果达到了这组目标，则表明达到了这个成熟度级别，可以向下一个级别迈进。CMM 不主张跨越级别的进化，因为从第 2 级起，每一个低的级别实现均是高的级别实现的基础。

2．关键过程域（KPA）

所谓关键过程域（KPA），是指互相关联的若干个软件实践活动和相关设施的集合。每一个成熟度等级都由若干个关键过程域构成。关键过程域指明组织改善软件过程能力应关注的区域，并指出为了达到某个成熟度等级所要着手解决的问题。达到一个成熟度等级，必须实现该等级上的全部关键过程域。每个关键过程域包含了一系列的相关活动，当这些活动全部完成时，就能够达到一组评价过程能力的成熟度目标。要实现一个关键过程域，就必须实现该关键过程域的所有目标。

CMM 的 KPA 如下所示：

CMM2：可重复阶段

- 需求管理：Requrement Management
- 软件项目计划：Software Project Planning
- 软件项目跟踪和监督：Software Project Tracking Oversight
- 软件子合同管理：Software Subcontract Management
- 软件质量保证：Software Quanlity Assurance
- 软件配置管理：Software Configuration Management

CMM3：已定义阶段

- 组织过程焦点：Organization Process Focus
- 组织过程定义：Organization Process Definition

- 培训大纲：Training Program
- 集成软件管理：Intergrated Software Management
- 软件产品工程：Software Product Engineering
- 组间协调：Intergroup Coordination
- 同行评审：Peer Review

CMM4：已管理阶段

- 定量管理过程：Quantitative Process Management
- 软件质量管理：Software Quality Management

CMM5：优化阶段

- 缺陷预防：Defect Prevention
- 技术改革管理：Technology Change Management
- 过程更改管理：Process Change Management

**3．关键实践和共同特性**

所谓关键实践（Key Practices，KP），是指对相应 KPA 的实施起关键作用的政策、资源、活动、测量、验证。KP 只描述"做什么"，不描述"怎么做"。目前，CMM 共有 316 个关键实践，它们分布在 CMM 2 至 CMM 5 的各个 PA（Process Areas）中。

关键实践是指在基础设施或能力中，对过程域的实施和规范化起重大作用的部分。每个过程域都有若干个关键实践，实施这些关键实践就实现了过程域的目标。关键实践用 5 个公共属性（Common Features）加以组织：执行约定、执行能力、执行活动、测量和分析、验证实施。这 5 个公共属性又翻译为政策、资源、活动、测量、验证。也就是说，关键实践分布在 5 个公共属性之中，每个公共属性中的每一项操作程序均是一个关键实践。

（1）执行约定（Commitment to Perform，CO）：企业为了保证过程建立和继续有效必须采取行动。执行约定一般包括建立组织方针和获得高级管理者的支持。

（2）执行能力（Ability to Perform，AB）：组织和实施软件过程的先决条件。执行能力一般包括提供资源、分派职责和人员培训。

（3）执行活动（Activities Performed，AC）：实施过程域所必需的角色和规程。执行的活动一般包括制定计划和规程、执行活动、跟踪与监督，并在必要时采取纠正措施。

（4）测量和分析（Measurement and Analysis，ME）：对过程进行测量和对测量结果进行分析。测量和分析一般包括为确定执行活动的状态和有效性所采用的测量的例子。

（5）验证实施（Verifying Implementation，VI）：保证按照已建立的过程执行活动的步骤。验证一般包括高级管理者、项目经理和软件质量保证部门对过程活动和产品的评审及审计。

**4．目标**

目标（Goals）概括某个过程域中所有关键实践应该达到的总体要求，可以用来确定一个组织或一个项目是否已有效地实现过程域。目标表明每个过程域的范围、边界和意图。目标用于检验关键实践的实施情况，确定关键实践的替代方法是否满足过程域的意图等。如果一个级别的所有目标都已实现，则表明这个组织已经达到了这个级别，可以进行下一个级别的软件过程改善。

## 9.2 CMMI（Capability Maturity Model Integration，能力成熟度模型集成）

### 9.2.1 CMMI 基本概念

CMMI（Capability Maturity Model Integration，能力成熟度模型集成）将各种能力成熟度模型，即：Software CMM、Systems Eng-CMM、People CMM 和 Acquisition CMM，整合到同一架构中，由此建立起包括软件工程、系统工程和软件采购等在内的各模型的集成，以解决除软件开发以外的软件系统工程和软件采购工作中的迫切需求。

CMMI 被看做是把各种 CMM 集成到一个系列的模型中。CMMI 的基础源模型包括：软件 CMM 2.0 版（草稿 C）、EIA-731 系统工程及 IPD CMM（IPD）0.98a 版。CMMI 也描述了 5 个不同的成熟度级别。

（1）级别 1（初始级）代表了以不可预测结果为特征的过程成熟度。过程包括了一些特别的方法、符号、工作和反应管理，成功主要取决于团队的技能。

（2）级别 2（已管理级）代表了以可重复项目执行为特征的过程成熟度。组织使用基本纪律进行需求管理、项目计划、项目监督和控制、供应商协议管理、产品和过程质量保证、配置管理及度量和分析。对于级别 2 而言，主要的过程焦点在于项目级的活动和实践。

（3）级别 3（严格定义级）代表了以组织内改进项目执行为特征的过程成熟度。强调级别 2 的关键过程域的前后一致、项目级的纪律，以建立组织级的活动和实践。附加的组织级过程域包括：

- 需求开发：多利益相关者的需求发展。
- 技术方案：展开的设计和质量工程。
- 产品集成：持续集成、接口控制、变更控制。
- 验证：保证产品正确建立的评估技术。
- 确认：保证建立正确的产品的评估技术。
- 风险管理：检测、优先级、相关问题和意外的解决方案。
- 组织级培训：建立机制，培养更多熟练人员。
- 组织级过程焦点：为项目过程定义建立组织级框架。
- 决策分析和方案：系统的、可选的评估。
- 组织级过程定义：把过程看做组织的持久的发展资产。
- 集成项目管理：在项目内统一各个组和利益相关者。

（4）级别 4（定量管理级）代表了以改进组织性能为特征的过程成熟度。3 级项目的历史结果可用来交替使用，在业务表现的竞争尺度（成本、质量、时间）方面的结果是可预测的。级别 4 附加的过程域包括：

- 组织级过程执行：为过程执行设定规范和基准。
- 定量的项目管理：以统计质量控制方法为基础实施项目。

（5）级别 5（优化级）代表了以可快速进行重新配置的组织性能和定量的、持续的过程改进为特征的过程成熟度。附加的级别 5 过程域包括：

- 因果分析和解决方案：主动避免错误和强化最佳实践。
- 组织级改革和实施：建立一个能够有机地适应和改进的学习组织。

CMMI 有 25 个关键过程域、105 个目标、485 条关键实践。

CMMI 的评估方式：

- 自我评估：用于本企业领导层评价公司自身的软件能力。
- 主任评估：使本企业领导层评价公司自身的软件能力，向外宣布自己企业的软件能力。

CMMI 的评估类型：

- 软件组织关于具体的软件过程能力的评估。
- 软件组织整体软件能力的评估（软件能力成熟度等级评估）。

## 9.2.2　从 CMM 到 CMMI 的映射

CMM 到 CMMI 的映射是一个复杂的体系，它涉及 KPA 重构、KP 的再组织。图 9-2 从总体上描述了 CMM 到 CMMI 的映射关系。

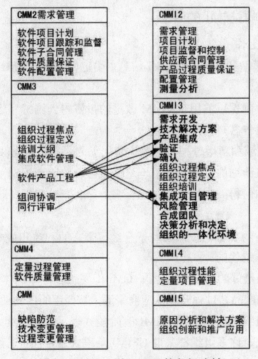

图 9-2　CMM 到 CMMI 的各级映射

CMMI 虽然是建立在 CMM 基础之上，两者大部分相似，但还是有很大差异的。从总体上讲，CMMI 更加清晰地说明各过程域和类属实践（Generic Practice）如何应用实施，并指出如何将工作产品纳入相应等级的配置和数据管理基线、风险管理策略、验证策略等。CMMI 包含更多的工程活动，如需求开发、产品集成、验证等过程域；过程内容的定义更加清晰，较少强调文档化规程。

如图 9-2 所示，在 CMMI 2 级中增加了测量和分析（Measurement and Analysis）KPA，将各测量和分析 KP 归结为一个正式的关键过程域，而在 CMM 中测量和分析 KP 是散落在各等级中的。因此在 CMMI 中更加强调了量化管理，管理的透明度和软件开发的透明度得到了升级。

CMMI 3 级中增加了需求开发（Requirements Development）、技术解决方案（Technical

Solution）、产品集成（Product Integration）、验证（Verification）、确认（Validation）、风险管理（Risk Management）、决策分析和决定（Decision Analysis and Resolution）KPA。CMM 中的软件产品工程 KPA 被需求开发、技术解决方案，产品集成、验证、确认 KPA 所取代；同行评审 KPA 被融入到验证 KPA 中；CMM 中集成软件管理 KPA 所阐述的风险管理在 CMMI 3 中形成了一个独立风险管理 KPA。同时集成软件管理和组间协调 KPA 合并成集成项目管理 KPA。合成团队、决定分析和解决方案、组织的一体化环境 KPA 是全新的，其过程内容在 CMM 中没有提及。

CMMI 4 中没有新的过程域，只是对原来的定量过程管理、软件质量管理 KPA 重新构建为定量项目管理和组织过程性能 KPA。

CMMI 5 中的技术变更管理和过程变更管理 KPA 合并为组织革新与技术推广 KPA，缺陷防范 KPA 重新构建为原因分析和解决方案 KPA。

### 9.2.3　CMM 到 CMMI 的升级

**1．升级前的准备工作**

（1）回顾 CMMI 模型和其他的 CMMI 信息，确定如何使 CMMI 最好地满足组织需要。

（2）拟订升级策略。

（3）在升级过程中确保以前用于 CMM 改进的投资得到维持和运用。

（4）将升级事项通告客户。

（5）将对现有过程域和新增过程域的改进费用编入预算，并提供有关改进需要的培训。

（6）确定组织升级计划的风险表并管理这些风险，关键要识别 CMM 和 CMMI 之间的差异，以及这些差异如何得到支持。

**2．升级方法**

一旦做好了升级前的准备工作，弄清了升级可带来的利益和成本，就可执行下列活动进行升级，这些活动是迭代的。

（1）选择适合组织最好的 CMMI 模型。CMMI 覆盖各种知识体，包括项目管理、软件工程、系统工程、集成产品、过程开发供应商来源。按照组织的商业目标选择模型。

（2）选择最适合组织的表示法。CMMI 有阶段式表示法和连续式表示法，由于 CMM 采用的是阶段式表示法，许多组织都采取 CMMI 阶段式表示法；若组织对连续式表示法较熟悉，也可以采取连续式表示法。

（3）将选择的 CMMI 模型与 CMM 对比，确定需要变更的范畴。具体的对比见上文。变更的主要活动是对 CMMI 中重组的 KPA 及 CMMI 中新增的 KPA 进行更新。

（4）确定升级会带来的影响。

（5）向 CMMI 升级应该得到高级管理层的认可。

（6）变更组织目前的过程改进计划以支持 CMMI 升级。过程改进计划要反映出工作的优先级、组织所需增加的新部门。将该计划送交评审，得到关键储金保管者（Key Stakeholders）的许诺和认可，计划要说明升级可能带来的管理风险和进度风险，以及所需的培训、工具和服务支持。传达这个计划并保持更新。

（7）确保对工程过程组、技术工作组及其他相关的员工进行 CMMI 的培训。

（8）获取 SCAMPI 评估支持。

（9）修改每个项目已定义的过程，使其与项目改进计划一致。

（10）给每个项目制定升级进度表，不同的项目升级进度表可能不同，如果有的升级工作已经完成，则该工作可以抛弃。

（11）执行 SCAMPI 评估，看看是否所有的目标过程域和目标都得到支持。

## 9.3　CMMI 与 RUP 的关系

（1）根据 CMMI 的定义，软件过程要达到第 3 级成熟度等级，需要实施 18 个关键过程域；普通团队虽然不一定向此标准看齐，但实际上仍然涉及这 18 个关键过程域所涵盖的近百项活动，只不过可能实施的力度较小、质量不高，或者忽略了活动本身的含义而已。

（2）RUP 与 CMMI 第 3 级成熟度等级相对应，定义了 9 个核心门类（Discipline）和几百项活动。

（3）这还仅仅只是软件过程的范畴，项目中人的管理、沟通及具体的关键技术等，其牵涉面将更广。

# 第 10 章　项目管理

对于 IT 企业，项目管理（Project Management）太重要了。项目管理常常是决定产品或企业能否成功的最重要指标之一。在介绍项目管理原理和实践之前，我们首先了解一下项目管理的基本概念。

## 10.1　项目管理基本概念

### 10.1.1　项目

#### 1．项目的定义

《美国项目管理知识体系指南》（PMBOK 第 3 版）指出：项目是为提供某项独特产品、服务或成果而做的临时性努力。

《中国项目管理知识体系》（C PMBOK 2006）指出：项目是一个特殊的将被完成的有限任务，它是在一定时间内，满足一系列特定目标的多项相关工作的总称。

此定义实际包含 3 层含义：

（1）项目是一项有待完成的任务，有特定的环境与要求，即项目是指一个过程，而不是指过程终结后所形成的成果。

（2）在一定的组织机构内，利用有限资源（人力、物力、财力等）在规定的时间内完成任务。任何项目的实施都会受到一定的条件约束，这些条件是来自多方面的，如环境、资源、理念等。这些约束条件成为项目管理者必须努力促其实现的项目管理的具体目标。

（3）任务要满足一定性能、质量、数量、技术指标等要求。项目是否实现，能否交付用户，必须达到事先规定的目标要求。

#### 2．项目的特性

项目作为一类特殊的活动（任务）所表现出来的主要特性如下：

（1）项目的一次性。项目是一次性的任务，一次性是该项目区别于其他任务（运作）的基本特性。

（2）项目目标的明确性。人类有组织的活动都有其目的性，项目作为一类特别设立的活动，也有其明确的目标。这些目标是具体的、可检查的，实现目标的措施也是明确的、可操作的。

（3）项目目标的多要素性。尽管项目的任务是明确的，但项目的具体目标，如性能、时间、成本等则是多方面的。这些具体目标既可能是协调的，或者说是相辅相成的；也可能是不协调的，或者说是互相制约、相互矛盾的。这就要求对项目实施全系统、全生命周期管理，应力图把多种目标协调起来，实现项目系统优化而不是局部优化。

（4）项目的整体性。项目是为实现目标而开展的任务的集合，它不是一项项孤立的活动，而是一系列活动的有机组合，从而形成一个特定的、完整的过程；项目通常由若干相对独立的子项目或工作组成，这些子项目或工作又可以包含若干具有相互关系的工作单元——子系统，各子项目、各子系统相互制约、相互依存，构成了一个特定的系统。

（5）项目的不确定性。项目总是或多或少地具有某种新的、前所未有的内容，因此，项目"从孕育到结束"包含若干不确定因素。项目目标虽然明确，但达到项目目标的途径并不完全清楚，项目完成后的确切状态也不一定能完全确定。

（6）项目资源的有限性。任何一个组织，其资源都是有限的，因此，对于某一具体项目而言，其投资总额、项目各阶段的资金、资源需求、各工作环节的完成时间及重要事件的里程碑等既要通过计划严格确定下来，又要在执行中进行不断的协调、统筹。

（7）项目的临时性。项目一般要由一支临时组建起来的团队进行实施和管理，由于项目只在一定时间内存在，参与项目实施和管理的人员是一种临时性的组合，人员和材料设备等之间的组合也是临时性的。项目的临时性对项目的科学管理提出了更高的要求。

（8）项目的开放性。由于项目是由一系列活动或任务所组成的，因此，应将项目理解为一种系统，将项目活动视为一种系统工程活动。绝大多数项目都是一个开放系统，项目的实施要跨越若干部门的界限。这就要求项目经理协调好项目组内、外的各种关系，团结与项目有关的项目组内、外人员同心协力，为实现项目目标努力工作。

## 10.1.2　项目管理

### 1. 项目管理的定义

《美国项目管理知识体系指南》（PMBOK 第 3 版）指出：项目管理就是把各种知识、技能、手段和技术应用于项目活动之中，以达到项目的要求。项目管理是通过应用和综合诸如启动、规划、实施、监控和收尾等项目管理过程来进行的。

《中国项目管理知识体系》（C PMBOK 2006）指出：项目管理就是以项目为对象的系统管理方法，通过一个临时性的、专门的柔性组织，对项目进行高效率的计划、组织、指导和控制，以实现项目全过程的动态管理和项目目标的综合协调与优化。实现项目全过程的动态管理是指在项目的生命周期内，不断进行资源的配置和协调，不断作出科学决策，从而使项目执行的全过程处于最佳的运行状态，产生最佳的效果。项目目标的综合协调与优化是指项目管理应综合协调好时间、费用及功能等约束性目标，在相对较短的时期内成功地达到一个特定的成果性目标。

管理一个项目包括：

- 识别要求；
- 确定清楚而又能够实现的目标；
- 权衡质量、范围、时间和成本方面互不相让的要求；
- 使技术规定说明书、计划和方法适合于各种各样利害关系者的不同需求与期望。

### 2. 项目管理的特点

项目管理与传统的部门管理相比，其最大的特点是项目管理注重于综合性管理，并且有严格的时间期限。项目管理必须通过不完全确定的过程，在确定的期限内生产出不完全确定的产品。日程安排和进度控制常对项目管理产生很大的压力。

具体来讲，表现在以下几个方面。

（1）项目管理的对象是项目或被当做项目来处理的作业。

（2）项目管理的全过程都贯穿着统筹、系统、和谐和以人为本的思想。

（3）项目管理的组织具有特殊性。

（4）项目管理的体制是一种基于团队管理的目标负责制。

（5）项目管理的方式是目标管理。

（6）项目管理的要点是创造和保持一种使项目顺利进行的环境。

（7）项目管理的方法、工具和手段具有先进性、开放性。

### 10.1.3　项目管理专业知识领域

管理项目所需的许多知识和许多工具和技术都是项目管理独有的，例如工作分解结构、关键路径分析和实现价值管理。然而，单单理解和应用上述知识、技能和技术还不足以有效地管理项目。有效的项目管理要求项目管理团队理解和利用至少 5 个专业知识领域的知识与技能：

- 项目管理知识体系（PMBOK）；
- 应用领域的知识、标准和法规；
- 理解项目环境；
- 通用管理知识与技能；
- 处理人际关系的技能。

图 10-1 表示了上述 5 个专业领域之间的关系。它们虽然表面上自成一体，但是一般都有重叠之处，任何一方都不能独立。有效的项目团队在项目的所有方面综合运用之，没有必要使项目团队每一个成员都成为所有这 5 个领域的专家。

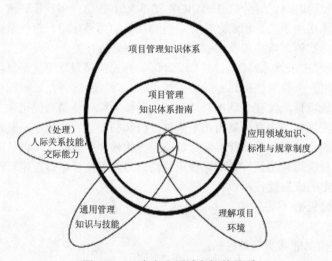

图 10-1　5 个专业领域之间的关系

任何一个人都具备项目所需要的所有知识和技能事实上也是不可能的。然而，项目管理团队具备本指南的全部知识，熟悉项目管理知识体系与其他 4 个管理领域的知识，对于有效地管理项目是十分重要的。

（1）项目管理知识体系

项目管理知识体系说明了项目管理领域独特但与其他管理学科重叠的知识。早期的项目管理主要关注的是成本、进度（时间），后来又扩展到质量。最近十几年间，项目管理逐渐发展成为一个涵盖 9 大知识体系、5 个具体阶段（后面会具体介绍）的单独的学科分支。

（2）应用领域知识、标准与规章制度

应用领域是本类项目具有明显的（但并非是所有项目所具备或所必须具备的）共同因素的项目类型。应用领域一般按以下方式定义：

- 职能部门和辅助学科，例如法律、生产和库存管理、营销、物流和人事管理。
- 技术因素，例如软件开发或工程，有时是一种具体的工程，例如给水、排水工程或土建工程。
- 管理专门化，例如政府合同、社区开发或新产品开发。
- 工业集团，例如汽车、化工、农业、或金融服务。

每一个应用领域一般都有一套公认的经常以规章制度形式颁布的标准和做法。

国际标准化组织（ISO）把标准和规章制度做了如下区分（ISO/IEC Guide 2：1996）：

标准是一个"在经常和反复的使用中构成了活动或其结果的规则、原则或特征，并由共识确立或者公认机构批准的文件，其目的是在既定的环境中实现最佳程度的秩序。"标准的一些例子有电脑磁盘的尺寸和液压流体的热稳定性。

规章制度是一个"政府机构施加的要求，这些要求可能会决定产品、过程或服务遵守政府强制要求的特征，包括适用的行政管理条文。"建筑法规就是规章制度的一个例子。

标准和规章制度这两个概念有引起混乱的重复之处。例如：

标准常常以描述一项为多数人选用的最佳方案的准则形式开始，然后，随着其得到广泛采用，得到了普遍公认，就仿佛规章制度一样。

不同的组织层次可能要求强制遵守。例如，当政府机构、实施组织的管理层，或者项目管理团队确立了具体的方针和程序时。

（3）理解项目环境

几乎所有的项目都是在某种社会、经济和环境的条件下进行规划与付诸实施的，因此都会产生意料之中的和未曾意料的积极和消极影响。项目团队应当将项目置于其所处的文化、社会、国际、政治和自然环境及其与这些环境之间的关系中加以考虑。

- 文化与社会环境。项目团队需要理解项目与人们彼此之间如何互相影响。要做到这一点，也许要求理解项目影响或对其有利害关系的人群的经济、人口、教育、道德、种族、宗教及其他特征。项目经理还应当研究组织文化并确定组织是否已经承认管理该项目是有正当手续的，可以向各方面说明情况并获得了管理权限的角色。
- 国际与政治环境。某些团队成员需要熟悉相应的国际、国家、地区和当地的法律和习惯，以及可能影响本项目的政治气候。需要考虑的其他国际因素是举行面对面会议时的时区差别、国家与地区节假日、旅行出差要求与电话会议的后勤保证问题。
- 自然环境。如果项目影响到自然环境，某些团队成员应当具备有关能够影响本项目或受本项目影响的当地生态系统与地理的知识。

（4）通用管理知识与技能

通用管理包括对经营中企业的日常运作进行规划、组织、配备人员、实施与控制。通用管理还涉及一些辅助学科，例如：财务管理与会计、采购与采办、销售与市场营销、合同与商业法、制造与批发、物流与供应链、战略规划、战术规划与实施规划、组织结构、组织行为、人事管理、补偿、福利与成长过程、健康与安全做法、信息技术。

通用管理是掌握项目管理技能的基础，因此对于项目经理而言经常是十分重要的。在任何具体的项目上，可能要求使用许多通用项目管理领域的技能。

通用管理文献介绍这些技能，它们在项目上的应用基本相同。

（5）处理人际关系技能

管理人际关系包括：

- 有效的沟通。交流信息。
- 对组织施加影响。"把事情办成"的能力。
- 领导。构建远景和战略，并激励人们实现之。
- 激励。让人们充满活力地去取得高水平的业绩并克服变革的障碍。
- 谈判与冲突管理。与他人商讨，与其取得一致或达成协议。
- 解决问题。将明确问题、识别解决办法与分析和做出决定结合起来。

目前，全球化的竞争要求新项目和新业务的发展都要在预算范围内按时完成，项目管理在全球范围内被政府、大型公司、企业及小型非营利组织广泛地采用。

那么，项目管理未来的发展趋势是怎样的呢？

- 第一，我们将可以看到，更多的企业开始接受项目管理的思想，并使用项目管理的技术和方法进行管理。
- 第二，为了实现项目管理的全部潜能，许多企业将对它们的项目经理和项目小组进行培训，并鼓励他们取得专业认证。同时设立标准，不仅要保证项目小组成功，而且也要保证公司层面持续的成功。
- 第三，转向项目管理的努力将使企业在寻找项目管理系统时，不仅关心集成，还要考虑协作（Collaboration）和项目智能（Project Intelligence）。一个集成的系统可以使企业用最小的努力管理整个项目生命周期；而一个具有协作功能的项目管理系统，却可以对所有的项目干系人（合作伙伴、客户、承包商和其他项目干系人）提供访问和可视化功能，因此协作变得更加重要。

接下来我们介绍项目管理知识体系，包括 9 大知识体系和 5 个具体阶段。

## 10.2 项目管理知识体系

### 10.2.1 项目管理知识体系概述

项目管理知识体系（Project Management Body Of Knowledge，PMBOK）是由项目管理协会（Project Management Institution，PMI）提出的。

项目管理协会于 1966 年在美国宾夕法尼亚州成立，是目前全球影响最大的项目管理专业机构，其组织的项目管理专家（Project Management Professional，PMP）认证被广泛认同。

PMBOK 总结了项目管理实践中成熟的理论、方法、工具和技术，也包括一些富有创造性的新知识。PMBOK 把项目管理知识划分为 9 个知识领域：集成管理、范围管理、时间管理、成本管理、质量管理、人力资源管理、沟通管理、风险管理和采购管理。

每个知识领域包括数量不等的项目管理过程。PMBOK 把项目管理过程分为 5 类：项目启动、项目计划、项目执行、项目控制和项目结束。

根据重要程度，PMBOK 又把项目管理过程分为核心过程和辅助过程两类。核心过程是指那些大多数项目都必须具有的项目管理过程，这些过程具有明显的依赖性，在项目中的执行顺序也基本相同。辅助过程是指哪些是项目实际情况可取舍的项目管理过程。核心过程和辅助过程如表 10-1 所示，其中斜体为辅助过程。

表 10-1　核心过程和辅助过程

| 过程类别知识领域 | 启　　动 | 计　　划 | 执　　行 | 控　　制 | 结　　束 |
|---|---|---|---|---|---|
| 集成 | | 项目计划制定 | 项目计划执行 | 集成变更控制 | |
| 范围 | 启动 | 范围规划<br>范围定义 | | 范围审核<br>范围变更控制 | |
| 时间 | | 活动定义<br>活动排序<br>活动周期估计<br>进度安排 | | 进度控制 | |
| 成本 | | 资源计划<br>成本估计<br>预算 | | 成本控制 | |
| 质量 | | 质量计划 | 质量保证 | 质量控制 | |
| 人力资源 | | 组织计划<br>人员获取 | 团队建设 | | |
| 沟通 | | 沟通计划 | 信息传播 | 性能汇报 | 项目关闭 |
| 风险 | | 风险管理计划<br>风险辨识<br>定性风险分析<br>定量风险分析<br>风险响应计划 | | -300 风险监控 | |
| 采购 | | 采购计划<br>招标计划 | 招标<br>招标对象选择<br>合同管理 | | 合同关闭 |

## 10.2.2　项目管理 9 大知识领域和 5 个阶段

下面对 9 个知识领域和 5 个管理过程分别予以介绍。

### 1．9 个知识领域

（1）项目集成管理

其作用是保证各种项目要素协调运作，对冲突目标进行权衡折中，最大限度地满足项目相关人员的利益要求和期望。包括项目管理过程有：

① 项目计划制定：将其他计划过程的结果，汇集成一个统一的计划文件。

② 项目计划执行：通过完成项目管理各领域的活动来执行计划。

③ 总体变更控制：协调项目整个过程中的变更。

项目集成管理的集成性体现在：

① 项目管理中的不同知识领域的活动项目相互关联和集成。

② 项目工作和组织的日常工作相互关联和集成。

③ 项目管理活动和项目具体活动（例如和产品、技术相关的活动）相互关联和集成。

（2）项目范围管理

其作用是保证项目计划包括且仅包括为成功地完成项目所需要进行的所有工作。范围分为产品范围和项目范围。产品范围是指将要包含在产品或服务中的特性和功能，产品范围的完成与否用需求来度量。项目范围是指为了完成规定的特性或功能而必须进行的工作，而项目范围的完成与否是用计划来度量的。二者必须很好地结合，才能确保项目的工作符合事先确定的规格。

包括项目管理过程有：

① 启动。启动是一种认可过程，用来正式认可一个新项目的存在，或认可一个当前项目的新阶段。其主要输出是项目任务书。

② 范围规划。范围规划是生成书面的有关范围文件的过程。其主要输出是：范围说明、项目产品和交付件定义。

③ 范围定义。范围定义是将主要的项目可交付部分分成更小的、更易于管理的活动。其主要输出是工作任务分解（WBS）。

④ 范围审核。范围审核是投资者、赞助人、用户、客户等正式接收项目范围的一种过程。审核工作产品和结果，进行验收。

⑤ 范围变更控制。控制项目范围的变化。范围变更控制必须与其他控制，如时间、成本、质量控制综合起来。

（3）项目时间管理

其作用是保证在规定时间内完成项目。包括项目管理过程有：

① 活动定义。识别为完成项目所需的各种特定活动。

② 活动排序。识别活动之间的时间依赖关系并整理成文件。

③ 活动工期估算。估算为完成各项活动所需的工作时间。

④ 进度安排。分析活动顺序、活动工期及资源需求，以便安排进度。

⑤ 进度控制。控制项目进度变化。

（4）项目成本管理

其作用是保证在规定预算内完成项目。包括项目管理过程有：

① 资源计划。确定为执行项目活动所需要的物理资源（人员、设备和材料）及其数量，明确 WBS 各级元素所需要的资源及其数量。

② 成本估计。估算出为完成项目活动所需资源的成本近似值。

③ 成本预算。将估算出的成本分配到各项目活动上，用以建立项目基线，用来监控项目进度。

④ 成本控制。

（5）项目质量管理

其作用是保证满足承诺的项目质量要求。包括项目管理过程有：

① 质量计划。识别与项目相关的质量标准，并确定如何满足这些标准。

② 质量保证。定期评估项目整体绩效，以确信项目可以满足相关质量标准，是贯穿项目始终的活动。可以分为两种：内部质量保证，提供给项目管理小组和管理执行组织的保证；外部质量保证，提供给客户和其他非密切参与人员的保证。

③ 质量控制。监控特定的项目结果，确定它们是否遵循相关质量标准，并找出消除不满意绩效的途径，是贯穿项目始终的活动。项目结果包括产品结果（可交付使用部分）和管理成果（如成本、进度等）。

（6）项目人力资源管理

其作用是保证最有效地使用项目人力资源完成项目活动。包括项目管理过程有：

① 组织计划。识别、记录和分配项目角色、职责和汇报关系。其主要输出是人员管理计划，描述人力资源在何时以何种方式引入和撤出项目组。

② 人员获取。将所需的人力资源分配到项目，并投入工作。其主要输出是项目成员清单。

③ 团队建设。提升项目成员的个人能力和项目组的整体能力。

（7）项目沟通管理

其作用是保证及时准确地产生、收集、传播、储存及最终处理项目信息。包括项目管理过程有：

① 沟通计划。确定信息和项目相关人员的沟通需求：谁需要什么信息、他们在何时需要信息，以及如何向他们传递信息。

② 信息传播。及时地使项目相关人员得到所需要的信息。

③ 性能汇报。收集并传播有关项目性能的信息，包括状态汇报、过程衡量及预报。

④ 项目关闭。产生、收集和传播信息，使项目阶段或项目的完成正式化。

（8）项目风险管理

其作用是识别、分析及对项目风险作出响应。包括项目管理过程有：

① 风险管理计划。确定风险管理活动，制定风险管理计划。

② 风险辨识。辨识可能影响项目目标的风险，并将每种风险的特征整理成文档。

③ 定性风险分析。对已辨识出的风险评估其影响和发生可能性，并进行风险排序。

④ 定量风险分析。对每种风险量化其对项目目标的影响和发生可能性，并据此得到整个项目风险的数量指标。

⑤ 风险响应计划。风险相应措施包括：避免、转移、减缓、接受。

⑥ 风险监控。整个风险管理过程的监控。

（9）项目采购管理

其作用是从机构外获得项目所需的产品和服务。项目的采购管理是根据买卖双方中买方的观点来讨论的。特别地，对于执行机构与其他部门内部签订的正式协议，也同样适用。当涉及非正式协议时，可以使用项目的资源管理和沟通管理的方式解决。包括项目管理过程有：

① 采购规划。识别哪些项目需求可通过采购执行机构之外的产品或服务而得到最大满足。需要考虑：是否需要采购、如何采购、采购什么、何时采购、采购数量。

② 招标规划。将对产品的要求编成文件，识别潜在的来源。招标规划涉及支持招标所需文件的编写。

③ 招标。获得报价、投标、报盘或合适的方案。招标涉及从未来的卖方中得到有关项目需求如何可以得到满足的信息。

④ 招标对象选择。从潜在的买方中进行选择。涉及接收投标书或方案，根据评估准则，确定供应商。此过程往往比较复杂。

⑤ 合同管理。

⑥ 合同结束。完成合同进行决算，包括解决所有未决的项目。主要涉及产品的鉴定、验收、资料归档。

#### 2．5 个管理过程

（1）启动。成立项目组开始项目或进入项目的新阶段。启动是一种认可过程，用来正式认可一个新项目或新阶段的存在。

（2）计划。定义和评估项目目标，选择实现项目目标的最佳策略，制定项目计划。

（3）执行。调动资源，执行项目计划。

（4）控制。监控和评估项目偏差，必要时采取纠正行动，保证项目计划的执行，实现项目目标。

（5）结束。正式验收项目或阶段，使其按程序结束。每个管理过程包括输入、输出、所需工具和技术。各个过程通过各自的输入和输出相互联系，构成整个项目管理活动。

## 10.3  项目管理工具 Microsoft Project 及使用

在激烈竞争的环境下，面对各种复杂的项目有大量的信息与数据需要动态管理，要提高管理水平与工作效率，就必须使用先进的方法和工具。有数据表明，在美国项目管理人员中，有 90%左右的人已在不同程度上使用了项目管理软件。其中，有面向计划与进度管理的，有基于网络环境信息共享的，有围绕时间、费用、质量三坐标控制的，也有信息资源系统管理的。其中，最流行的项目管理工具当属 Microsoft Project。

### 10.3.1  Microsoft Project 概述

微软的 Project 软件是 Office 办公软件的组件之一，是一个通用的项目管理工具软件，它集成了国际上许多现代的、成熟的管理理念和管理方法，能够帮助项目经理高效、准确地定义和管理各类项目。

根据美国项目管理协会的定义，项目的管理过程被划分成 5 个阶段（过程组）。这些过程组是相互联系的：一个过程组的输出可能是另外一个过程组的输入，并且这些过程有可能是连续的。微软的 Project 软件能够在这 5 个阶段中分别发挥重要的作用。

（1）建议阶段

● 确立项目需求和目标；

● 定义项目的基本信息，包括工期和预算；

● 预约人力资源和材料资源；

● 检查项目的全景，获得干系人的批准。

（2）启动和计划阶段

● 确定项目的里程碑、可交付物、任务、范围；

● 开发和调整项目进度计划；

● 确定技能、设备、材料的需求。

（3）实施阶段

- 将资源分配到项目的各项任务中；
- 保存比较基准，跟踪任务的进度；
- 调整计划以适应工期和预算的变更。

（4）控制阶段

- 分析项目信息；
- 沟通和报告；
- 生成报告，展示项目进展、成本和资源的利用状况。

（5）收尾阶段

- 总结经验教训；
- 创建项目模板；
- 整理与归档项目文件。

总之，使用 Project 软件，不仅可以创建项目、定义分层任务，使项目管理者从大量烦琐的计算绘图中解脱出来，而且还可以设置企业资源和项目成本等基础信息，轻松实现资源的调度和任务的分配。在项目实施阶段，Project 能够跟踪和分析项目进度，分析、预测和控制项目成本，以保证项目如期顺利完成，资源得到有效利用，提高经济效益。

Project 产品可以分为以下几个不同的版本：

- **Project Standard**：标准版，只能用于桌面端，适用于独立进行项目管理的 PM。
- **Project Professional**：专业版，可以和后台的服务器相连接，将项目信息发布到服务器上，供企业中的负责人和项目组相关成员查看和协作。
- **Project Server**：服务器版，安装在企业中的项目管理后台服务器上，存储项目管理信息，实现用户账户和权限的管理，是微软企业项目管理解决方案的基础和核心组件，需要 Windows SharePoint Service 和 SQL Server 做底层支持。
- **Project Web Access**：Web 的方式访问项目站点，了解任务分配情况，分享项目相关文档，在线更新进度状态，提出问题和风险，实现沟通和协作，适用于广大的项目组成员，以及企业中的项目发起人、资源经理和 IT 部门员工。

其中，Project Professional、Project Server 和 Project Web Access 结合在一起，就组成了微软企业项目管理解决方案（EPM）。

本书以电子政务项目为例来介绍 Microsoft Project 工具的使用。

## 10.3.2　Microsoft Project 工具使用

### 1．Microsoft Project 导论

掌握 Project 软件的第一步是熟悉帮助工具、主界面组成、视窗和筛选器。

（1）主界面组成

图 10-2 显示了 Project 2007 启动之后可以看到的主界面。Project 2007 默认的主界面被称为甘特图视图，它由 3 个部分组成：甘特图、输入工作表和视图栏。在主界面的最顶端有菜单条、标准工具条、格式工具条，它们与其他的 Windows 应用软件的工具条相似。注意：您的工具栏顺序和图标有可能与图 10-2 所示的不同，这取决于您所选择的功能。

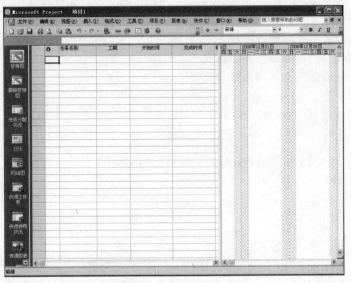

图 10-2　Project 2007 主界面

　　如果在选择其他视图之后，希望返回甘特图视图，则可以从屏幕左侧的扩展视图栏中选择"甘特图"或从菜单条中选择"视图"并单击"甘特图"，具体如图 10-3 所示。

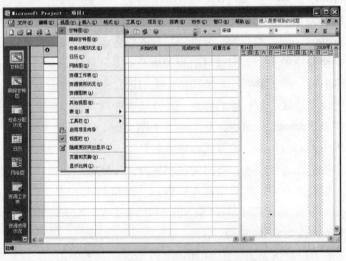

图 10-3　Project 2007 "视图" 菜单选项

　　"视图栏"位于工作表左侧。可以单击"视图栏"的图标，而无须采用"视图"菜单中的各项命令改变视图。为了节约屏幕空间，也可以在"视图"菜单中取消选择"视图栏"来隐藏"视图栏"，而只从菜单条中选择"视图"。在视图栏隐藏之后，主界面的最左端将出现一条蓝线。用鼠标右击该线，将会出现一个快捷菜单，通过它可以直接进入视图。

　　（2）Project 2007 视图

　　在 Project 2007 中，可以通过许多方式显示项目信息。这些显示方式统称为视图。这些不同的视图可以使我们以不同的角度研究项目信息，这将有助于对项目状况的分析和理解。

　　"视图"菜单也提供了各种表格和报表，可以用多种方式显示信息。可以从"视图"菜单中选择一些表格，包括"成本"、"跟踪"、"工时"和"日程"。

视图可以分为 3 个大类:

- 图形:使用方框、线条和图像显示数据。
- 任务表:一种表述任务的工作表形式,每项任务占据一行,该任务的每项信息以列表示。工作表可以使用不同的表格,用以展示不同的信息。
- 表格:一项任务的具体信息。使用表格形式用于强调一项任务的具体细节。

随后可以使用一些样板文件,进入并进一步研究 Project 2007 的一些视图。Project 2007 所提供的一些样板文件可以下载到硬盘上。可以从"文件"菜单中选择"新建",然后选择"项目模板"打开这些文件。

(3) Project 2007 筛选器

为了筛选信息,可以单击工具条上筛选器旁边的筛选文本框的列表剪头,将会显示筛选器的列表内容。图 10-4 显示了筛选器列表,可以使用滚动条获得更多的筛选选项。

图 10-4　筛选器列表选项

对项目信息进行筛选可以提供有用的信息。例如,如果一个项目包括成百上千个任务,你或许希望浏览摘要任务或重要里程碑事件,以便了解项目整体概况,这时,可以选择筛选器列表内的"摘要任务"或"里程碑"实现这一目的。其他的筛选选项包括"未开始任务"、"未完成任务"和"已完成任务"等,它依据提供的日期显示任务。也可以单击工具条的显示列表,快速浏览工作分解结果的各个层级。例如,大纲分级 1 显示工作分解结构的最高层项目,大纲分级 2 显示工作分解结构的第 2 层内容等。

**2.项目范围管理**

项目范围管理是指确定实施项目所需要完成的工作。在使用 Project 2007 之前,首先需要确定项目范围。为了确定项目范围,首先建立新文件,输入项目名称和开始日期,并形成项目所需完成任务的任务列表。该列表被称为工作分解结构。

(1) 创建新项目文件

创建新项目文件的步骤如下:

① 创建空白项目文件。从文件菜单中选择"新建",将会弹出"新建"对话框的常用选项,单击"空白项目"。单击"项目"菜单中的"项目信息",显示"项目信息"对话框,如图 10-5 所示。默认文件名是"项目 1"、"项目 2",依此类推。

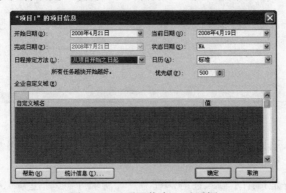

图 10-5　"项目信息"对话框

② 输入项目日期。若要从开始日期安排项目日程,请在"开始日期"框中键入或选择希望项目开始的日期。若要从完成日期安排项目日程,请单击"日程排定方法"框中的"项目完成日期",然后在"完成日期"框中键入或选择希望项目完成的日期。

③ 输入项目属性。单击"文件"菜单中的"属性"，显示"项目属性"对话框。如果"摘要"选项卡不可见，请单击"摘要"标签。"标题"输入项目名称，"作者"处写上你的姓名，"单位"可以不填，如图 10-6 所示。

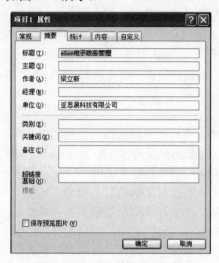

图 10-6  "项目属性"对话框

（2）输入任务

在"输入工作表"中输入任务。在"任务名称"列标题下的第一个单元格中，输入"任务名称"，然后按 Enter 键，如图 10-7 所示。

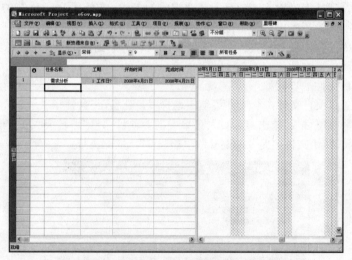

图 10-7  输入任务

如上所述，输入项目所有任务（本项目任务有 39 个），如图 10-8 所示。

（3）创建摘要任务

本例的摘要任务是指刚才输入任务的任务 1（需求分析）、任务 10（系统分析）、任务 15（系统设计）、任务 20（系统实现）、任务 33（测试及修正）、任务 37（交付及培训），其中任务 2 和任务 6 是任务 1 的子任务中的摘要任务，任务 21、任务 25 和任务 29 是任务 20 的子任务中的摘要任务。可以用突出的显示方式创建摘要任务，同时，相应的子任务呈缩排进行布置。

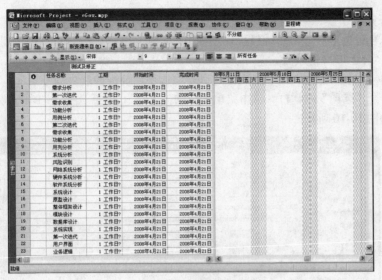

图 10-8　输入项目所有任务

创建摘要任务步骤如下：

① 选择低层次任务或子任务。选中任务 2 的文本，按住鼠标左键，然后将鼠标拖到任务 9 的文本上，从而选中任务 2 到任务 9。

② 子任务降级。单击格式工具条中的降级图标，在子任务（任务 2 到任务 9）缩排之后，任务 1 自动变为黑体，表明它是一项摘要任务。在新摘要任务左侧出现一个减号，单击减号将会使摘要任务折叠，子任务被隐藏在它的下面。在子任务被隐藏时，摘要任务的左侧将出现加号，单击加号可以扩展摘要任务，以显示其子任务。

③ 创建其他摘要任务和子任务。按照同样的步骤，为任务 10、任务 15、任务 20、任务 33、任务 37 创建摘要任务和子任务，如图 10-9 所示。

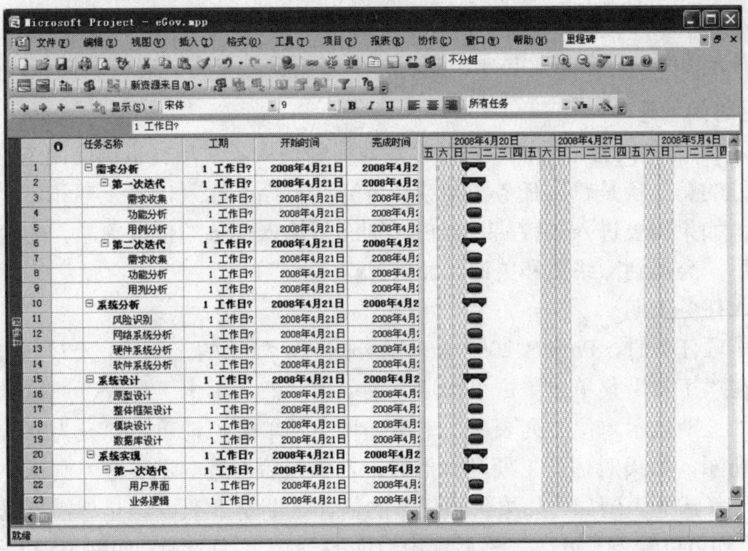

图 10-9　创建摘要任务

如果希望一项子任务变为摘要任务，则可以对该任务进行"升级"。选中希望改变的任务，单击格式工具条中的升级图标。

（4）任务编号

在输入任务并对任务进行缩排操作过程中，可能会看到任务编号，也可能不会看到，这取决于 Project 2007 的设置。

为了自动为任务编号，可以针对工作分解结构使用标准的表格编号系统。

① 打开"选项"对话框。单击菜单条中的"工具"，然后选择"选项"，弹出"选项"对话框，如图 10-10 所示。

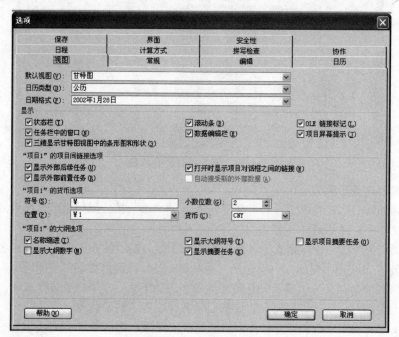

图 10-10 "选项"对话框

② 显示大纲编号。如果需要，可以在"选项"对话框中单击"视图"选项卡，在"'项目 1'的大纲选项"中，单击"显示大纲符号"复选框，单击"确定"按钮。

**3. 项目时间管理**

Project 2007 的时间管理功能，可以很好地帮助使用者对项目依据时间进行管理。使用时间管理功能的第一步是输入任务工期或任务开始日期。输入任务工期和日期都会使甘特图获得更新。如果需要进入关键路径分析，则必须输入任务的依赖关系。在输入任务工期和依赖关系后，会得到网络图和关键路径信息。

（1）输入任务工期

在输入一项任务时，Project 2007 会自动分配一个默认的工期"1 天?"。如果希望改变默认工期，在"工具"菜单中单击"选项"菜单项，然后单击"日程"选项卡，在"日程选项"下的"工期显示单位"列表中，单击一种工期单位，请单击"设为默认值"按钮，如图 10-11 所示。如果对估计工期没有把握，希望以后再进一步研究，则选中"工期"后面的"估计"复选框。例如，如果一项任务的估计工期是 5 天，但是你需要以后进一步确定具体估算，则可以输入"5d？"，然后选中后面的"估计"复选框，如图 10-12 所示。Project 2007 可以通过筛选器，快速查看需要进一步研究的任务估算工期，这些估算工期是用"？"标示出来的。

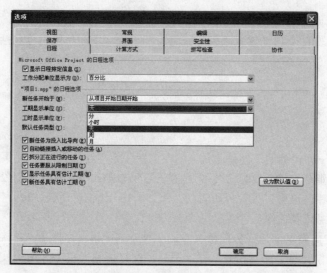

图 10-11　"日程"选项卡

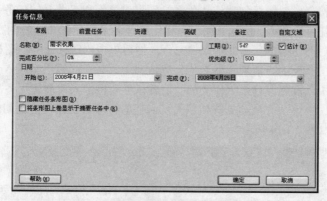

图 10-12　输入任务工期

输入完任务工期后，会显示如图 10-13 所示的效果。

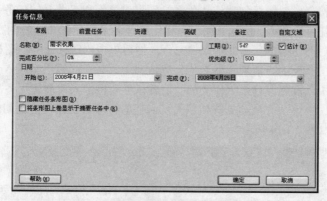

图 10-13　任务工期显示效果

为了显示一项任务工期长短，必须输入一个数字和相关的工期符号。如果仅仅输入一个数字，Project 2007 会自动输入"天"作为工期单位。工期单位符号包括：

- d=天
- w=周
- m=分钟
- h=小时
- mon=月

例如：如果一项任务的工期是 1 周，则在工期任务栏内输入 1w；如果一项任务的工期是 2 天，则在工期栏内输入 2d。默认单位是天，所以如果输入的工期是 2，则会自动认为是 2 天。在工期栏内也可以放入日历时间。例如，1ed 代表日历天，1ew 代表日历周。

（2）确定任务依赖关系

Project 2007 提供了创建任务依赖关系的 3 种方式：第一，使用"链接任务"图标；第二，使用输入工作表的"前置任务"栏；第三，在甘特图上单击并拖动具有依赖关系的任务。

如果用"链接任务"图标创建依赖关系，则突出显示相互关联的任务，并单击标准工具栏中的"链接任务"图标。例如，如果需要创建任务 1 与任务 2 之间的完成-开始依赖关系，则单击第一行的任何单元格并拖到第二行，然后单击"链接任务"图标。

在使用输入工作表的"前置任务"栏创建依赖关系时，必须手工录入信息。在手工创建依赖关系过程中，需要在输入工作表的"前置任务"栏键入"前置任务"的任务行号。

可以在甘特图上单击并拖动具有依赖关系的任务符号，创建任务之间的依赖关系。建立好的依赖关系如图 10-14 所示。

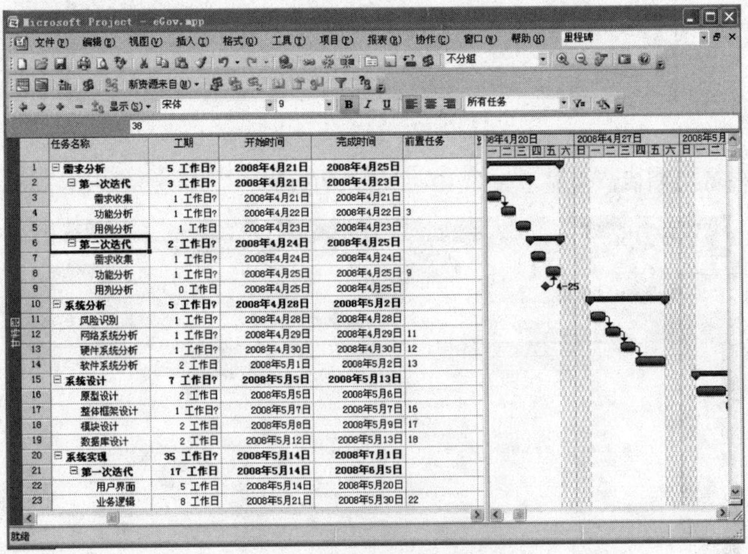

图 10-14　建立好的依赖关系

（3）改变任务依赖关系类型并增加或滞后时间

任务依赖关系说明一项任务与另外一项任务的开始或完成之间的关系。Project 2007 允许 4 种任务依赖关系：完成-开始（FS）、开始-开始（SS）、完成-完成（FF）和开始-完成（SF）。通过有效使用依赖关系，可以修改关键路径并缩短项目进度计划。最常见的依赖关系是完成-开始关系（FS）。

为了改变依赖关系类型，需要双击任务名称，打开该项任务的"任务信息"对话框，从"前置任务"选项卡的类型栏列表箭头中选择新的依赖关系类型。

通过"前置任务"可以为一项依赖关系增加超前或滞后时间。通过"前置任务"选项卡的"延隔时间"栏，输入超前或滞后时间。超前时间代表互相依赖的两项任务之间的交叉重叠关系。例如，如果任务 B 在前置任务 A 完成一半时即可开始，则两者之间是完成-开始的依赖关系，而且存在 50%的超前关系。此处，超前时间作为负数输入。此例中，在"延隔时间"栏内输入-50%。添加超前时间也被称为快速跟进，这是压缩项目进度计划的一种方法。

滞后正好与超前相反——是互相依赖的任务之间的时间间隔。如果任务 C 完成和任务 D 开始之间需要 2 天的滞后，则在任务 C 和任务 D 之间建立完成-开始的依赖关系并确定 2 天的滞后时间。此处，滞后时间作为正数输入。此例中，在"延隔时间"栏内输入 2 天。

（4）甘特图

Project 2007 将甘特图和输入工作表一起作为默认视图显示。甘特图反映项目及其所有活动的时间范围。在 Project 2007 中，任务之间的依赖关系在甘特图上通过任务之间的箭线表示。事实上，许多甘特图并不反映任何依赖关系。可能你会想起，依赖关系是用项目网络图或 OERT 图反映的。

关于甘特图，有几点重要事项需要注意。

- 要调整时间刻度，单击"放大"与"缩小"图标。
- 可以从"格式"菜单中通过选择"时间刻度"来调整时间范围。
- 通过设置基线项目计划并录入实际任务工期，可以浏览跟踪甘特图。

（5）网络图

任务或活动在方框内显示，它们之间的箭线代表活动之间的依赖关系。在网络图视图中，关键路径上的任务将自动显示为红色。

为了了解网络图视图的更多任务，可以单击工具栏的放大图标，也可以使用滚动条查看网络图的不同部分。图 10-15 显示了一个项目的几项任务。

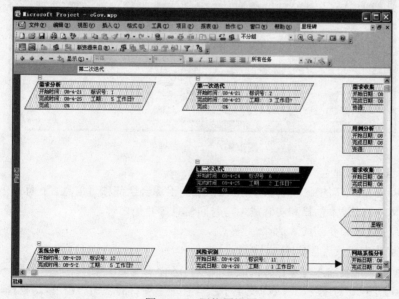

图 10-15　网络图视图

返回到甘特图视图：单击视图栏中的"甘特图"图标或选择"视图"菜单中的"甘特图"返回到甘特图视图。

（6）关键路径分析

关键路径代表完成项目最短的可能时间。如果关键路径的一项任务实际时间超过计划时间，则项目进度计划将被拖延，除非随后能将关键路径任务的工期缩短。有时，可调配任务之间的资源以保持进度计划。Project 2007 中的几种视图和报告可以帮助我们分析关键路径信息。

其中两个特别有用的功能是日程表视图和关键任务报告。日程表视图可以显示各项任务的最早、最晚开始日期和最早、最晚完成日期，以及总时差和自由时差。这些计划反映了进度计划的灵活性，并且有助于编制进度计划压缩决策。关键任务报告只列出项目关键路径的任务。实现项目截止日期要求对项目而言至关重要。

浏览日程表：单击菜单条中的"视图"，指向"表"，然后单击"日程"；如果没有此选项，则单击"其他表"，在"其他表"的选项卡里选择日程表。

显示日程表所有栏目：将分隔条向右移动，直至整个日程表得以显示。屏幕显示应与图 10-16 类似，该视图可以显示每项任务的最早开始和完成时间、最晚开始和完成时间，以及自由时差和总体时差。单击菜单条中的"视图"，指向"表"，然后选择"工作表"，返回输入工作表视图。

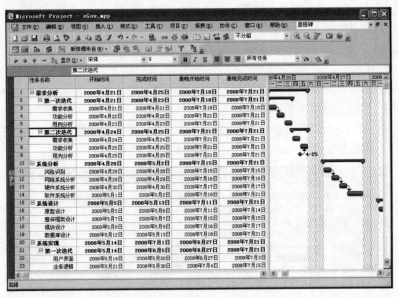

图 10-16　日程表视图

### 4．项目成本管理

使用 Project 2007 的成本管理功能，可以更便于综合全部项目信息。下面将介绍用户录入固定成本、变动成本估算和实际成本与时间信息等其他内容。

（1）固定成本和变动成本估算

① 在成本表内输入固定成本

可以通过成本表输入每项任务的固定成本。选择"视图"菜单中的"表"→"成本"，进入成本表。图 10-17 显示了"eGov 电子政务管理"项目的视图。也可以为材料或物品资源分配单次使用成本，用来计算每项任务的总体材料或物品成本。

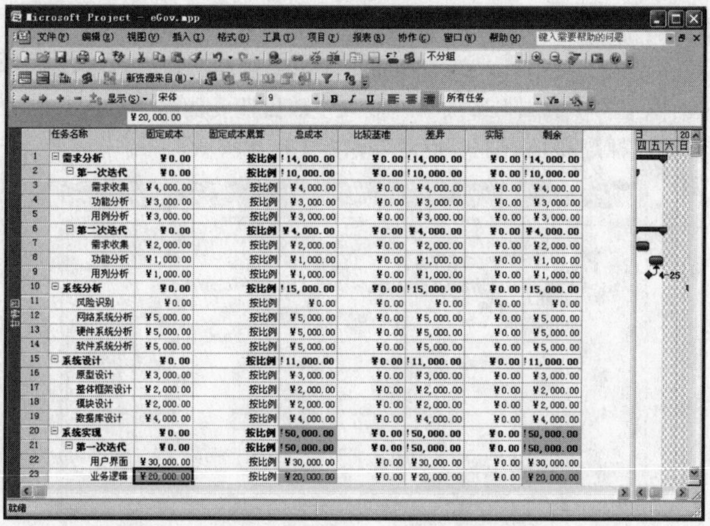

图 10-17　成本表视图

② 输入人力资源成本

人力资源在许多项目中发挥着巨大作用。在 Project 2007 中，通过为任务定义并分配人力资源，也可以计算人力资源成本，跟踪人力资源使用情况，确定会造成延迟的资源缺乏情况，以及确定未得到充分利用的资源。可以通过重新分配为充分利用的资源缩短项目进度。

可以使用多种方法在 Project 2007 中输入资源信息。最简单的一种方法是在资源工作表中录入基本资源信息。从"视图栏"中可以获得资源工作表，也可以从"视图"菜单中选择"资源工作表"。可以在该表中录入资源名称、缩写、组、最大单位、标准工资率、加班工资率、成本/使用、成本累算、标准日历和代码，如图 10-18 所示。将数据录入资源工作表中与将数据录入电子数据表中的操作类似。可以从"项目"菜单中选择"排序"对各项进行排序。另外，可以利用格式工具条中的"筛选器"列表对资源进行筛选。一旦在"资源工作表"中输入资源，则可以将资源分配给"输入工作表"的任务，具体操作是：单击资源名称栏的一个单元格，并借用列表箭头进行选择。

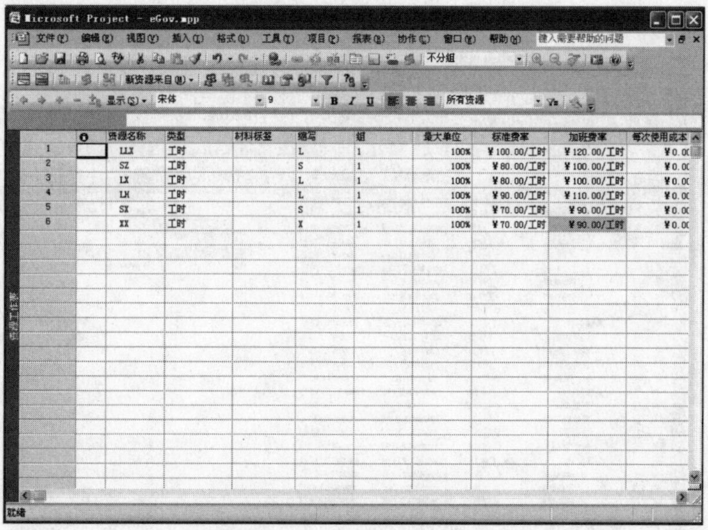

图 10-18　资源工作表

③ 调整资源费用

为某项资源调整成本费用时，例如加薪，双击"资源名称"栏中该资源的名称，选择"资源信息"对话框中的"成本"选项卡，输入生效日期及加薪百分比。也可以调整其他资源成本信息，例如，标准和加班工资费用，如图 10-19 所示。

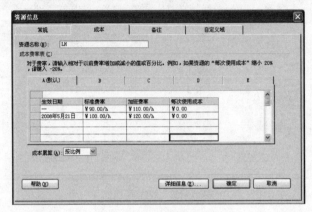

图 10-19　调整资源费用

（2）为任务分配资源

在 Project 2007 中计算资源成本之前，必须将适当的资源分配给 WBS 中的各项任务。进行资源分配可以使用多种方法。

① 使用输入工作表分配资源

① 选择需要对之分配资源的任务。单击视图栏中的"甘特图"图标，返回到甘特图视图。单击"任务名称"栏第三行任务 3"需求分析"的任务名称。

② 显示输出工作表的资源名称栏。向右移动分隔条，在"输入工作表"中完整地显示"资源名称"栏。

③ 从"资源名称"栏中选择资源。单击"资源名称"栏的下拉箭头，选择"LLX"，将它分配给任务 3，如图 10-20 所示。请注意，资源选项是基于"资源工作表"输入的信息的，如果未在"资源工作表"内输入任何信息，则不会出现下拉箭头，也不会出现任何可选选项。

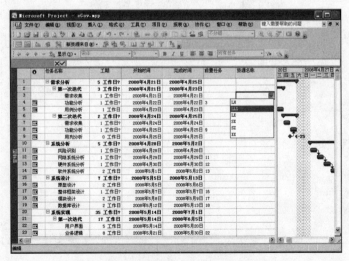

图 10-20　在输入工作表中分配资源

④ 为任务 3 选择另外一个资源。再次单击任务 3 "资源名称" 栏的下拉箭头，选择 "LH" 并按回车键。请注意：使用这种方法只能为任务分配一个资源。

⑤ 清除资源分配。单击任务 2 的 "资源名称" 栏，再单击菜单条中的 "编辑"，然后选择 "清除" 和 "内容"，清除资源分配。

② 使用工具条分配资源

① 选择希望对之分配资源的任务。单击视图栏中的 "甘特图"，返回甘特图视图。单击 "任务名称" 栏第三行的 "需求分析" 任务。

② 打开 "分配资源" 对话框。单击工具条中的 "分配资源" 图标，此时会弹出 "分配资源" 对话框，该对话框内列出了项目人员的姓名，如图 10-21 所示。在逐一为每项任务分配资源时，该对话框一直保持打开状态。

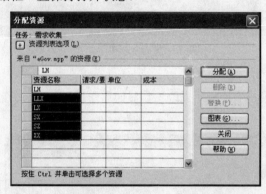

图 10-21　"分配资源" 对话框

③ 将 "LLX" 分配给任务 3。选择 "LLX"，单击 "分配" 按钮。

④ 清除资源分配。单击任务 3 的 "资源名称" 栏，再单击菜单条中的 "编辑"，然后选择 "清除" 和 "内容"，清除资源分配。

（3）输入实际成本和时间

针对已经按计划完成的任务输入实际信息。

① 显示跟踪工具。单击菜单条中的 "视图"，然后选择 "工具条" → "跟踪"，显示跟踪工具条。可以随意移动工具条。

② 显示跟踪工作表。单击菜单条中的 "视图"，然后选择 "表" → "跟踪"，在输入实际数据的同时可以查看更多的信息。移动跟踪工作表的分隔条，可以显示所有各栏内容。

③ 将任务 2 至任务 5 标注为 100%完工。单击任务 2 "第一次迭代" 的任务名称，并拖到任务 5，选中这 4 项任务。单击跟踪工具条中的 "100%完工" 图标，此时，日期、工期和成本栏体现实际数据，而不是诸如 N/A 或 0 等这样的默认值，如图 10-22 所示。

### 5．项目人力资源管理

与人力资源相关的另外两项功能是资源日历和直方图。

（1）资源日历

在之前我们创建项目文件时，用到了 Project 2007 标准日历。该日历假定标准工作时间是从周一至周五、早上 8 点到下午 5 点，中午有一个小时的休息时间。除了使用标准日历之外，还可以创建一份完全不同的、考虑各项具体要求的日历。

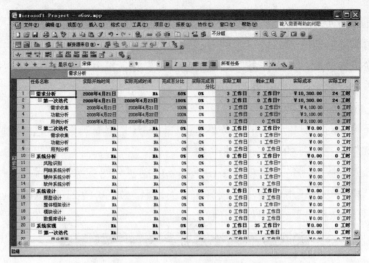

图 10-22　输入实际信息

要创建一份基础日历，需要：

① 从"工具"菜单中选择"更改工作时间"，打开"更改工作时间"对话框，如图 10-23 所示。

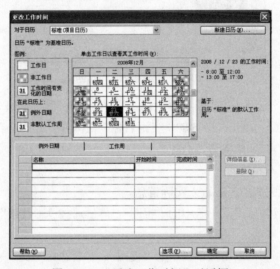

图 10-23　"更改工作时间"对话框

图 10-24　"新建基准日历"对话框

② 在"更改工作时间"对话框中，单击"新建日历"按钮，打开"新建基准日历"对话框，如图 10-24 所示。单击"新建基准日历"单选按钮，在"名称"文本框中键入新日历名称，然后单击"确定"按钮。对该基准日历做些调整，单击"确定"按钮。

可以将该日历应用于整个项目，也可以应用于项目的某一特定资源。

如果将新日历应用于整个项目，则：

① 从"视图"菜单中选择"资源工作表"。

② 选择希望对之分配新日历的资源名称。

③ 单击该资源的基准日历单元格。用鼠标左键单击列表箭头，拖到相应的日历并放

开鼠标。

④ 双击资源名称，显示"资源信息"对话框，然后单击"更改工作时间"按钮。可以通过选择日历的相应日期，标注出假期时间，并将它们标注为非工作日。

（2）资源直方图

资源直方图是反映分配到项目上的资源情况的一种图。个人的资源直方图可以反映是否在某段特定时间段内被过度分配。在 Project 2007 中浏览资源直方图，需要从视图栏中选择"资源直方图"。资源直方图可以帮助了解哪些资源被分配过度、过度分配多少及何时被分配资源，以便满足项目需求。

浏览资源图表：单击视图栏中的"资源图表"图标，如果没有发现"资源图表"图标，则单击视图栏的上移和下移箭头。另外，可以单击"视图"菜单，然后选择"资源图表"，如图 10-25 所示。

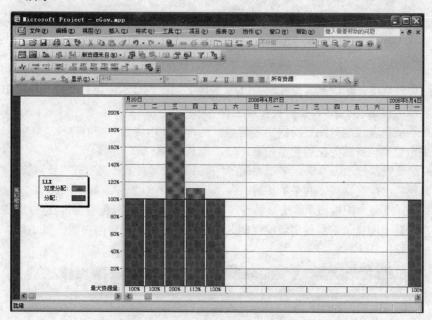

图 10-25 资源图表视图

请注意：在 LLX 的资源直方图中，4 月份出现了带红色横道。红色部分表示该时段，LLX 被过度分配。

调整资源直方图的时间刻度：如果需要，单击"放大"或"缩小"图标，以便调整资源直方图的时间刻度，用季度或月度表示。

浏览随后一个资源的直方图：单击左侧资源名称屏幕底部的向右滚动箭头，随后一个资源的直方图即出现。

使用资源使用状况视图，了解资源过度分配的更多信息。

① 打开资源使用状况视图。一种方法是在视图栏中单击"资源使用状况"图标。另一种方法是从"视图"菜单中选择"资源使用状况"。

② 调整所显示的信息。在屏幕右侧，单击向右滚动箭头，显示从项目开始日期的工作分配情况。可能需要向下箭头，浏览人员的所有时间安排。如果需要调整时间刻度，以周显示，则单击"放大"或"缩小"图标。完成之后应与图 10-26 类似。

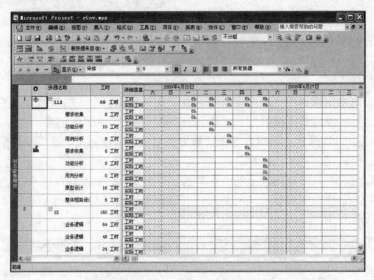

图 10-26  资源使用状况视图

③ 检查过度分配信息。请注意：LLX 的姓名以红色显示，而且周三一栏的 10h 也是以红色显示的，这表示 LLX 当天被安排工作 8 小时以上。

如果希望获取过度分配资源的更多信息，则可以使用资源分配的特殊工具条。

如果希望了解资源分配的更多信息，则：

① 浏览资源管理工具条。单击"视图"菜单，选择"工具栏"→"资源管理"，资源管理工具栏将出现在格式工具条的下方。

② 选择资源分配视图。单击资源管理工具栏中的"资源分配视图"，将弹出资源分配视图，在屏幕上面显示资源使用状况视图，在屏幕下方显示甘特图视图。图 10-27 显示的是资源分配视图。

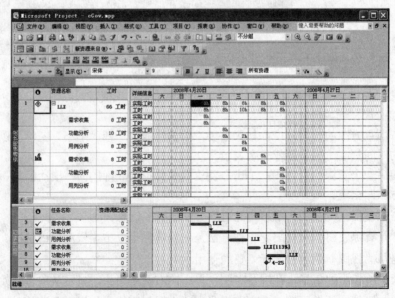

图 10-27  资源分配视图

资源分配视图可以帮助确定资源过度分配的原因。

## 10.4　项目管理文档

在项目管理过程中，也需要一些相关文档。以下是其中一个重要文档——项目开发计划。

### 项目开发计划

#### 1　引言

##### 1.1　编写目的

此文档对 eGov 电子政务系统项目开发计划进行说明。

预期的读者有（甲方）的需求提供者、项目负责人、相关技术人员等，北京亚思晟商务科技有限公司（乙方）的项目组成员，包括项目经理、客户经理、分析设计/开发/测试等人员。

##### 1.2　背景

eGov 电子政务系统是基于互联网的应用软件。在研究中心的网上能了解到已公开发布的不同栏目（如新闻、通知等）的内容，中心各部门可以发表栏目内容（如新闻、通知等），有关负责人对需要发布的内容进行审批。其中，有的栏目（如新闻）必须经过审批才能发布，有的栏目（如通知）则不需要审批就能发布。系统管理人员对用户及其权限进行管理。

##### 1.3　定义

无

##### 1.4　参考资料

使用 MS Project 完成的项目管理文档。

#### 2　项目概述

##### 2.1　工作内容

在本项目的开发中需进行的各项主要工作，包括需求分析、软件分析和设计、编码实现、测试和实施、软件配置和变更管理、软件过程管理、项目管理等。

##### 2.2　主要参加人员

| 角　色 | 主要职责描述 | 知识技能 |
|---|---|---|
| 系统架构师 | • 讲解软件项目开发的方法、过程和规范<br>• 负责需求分析和软件架构分析设计<br>• 指导项目开发各过程的活动<br>• 监督项目过程规范的执行情况<br>• 指导评审 | 具备项目工程和系统分析设计经验 |
| 项目经理 | • 负责项目干系人的合作协调<br>• 负责项目进度的控制<br>• 负责项目开发各过程活动的组织<br>• 监督配置管理库<br>• 承担部分开发任务 | 具备项目管理经验 |

| 角　色 | 主要职责描述 | 知识技能 |
|---|---|---|
| 技术经理 | • 负责开发计划的制定<br>• 负责项目进度的控制<br>• 负责项目开发各过程活动的组织<br>• 监督配置管理库<br>• 承担部分开发任务 | 技术扎实、全面，逻辑思维好 |
| 配置管理员 | • 制定配置管理规范<br>• 负责配置管理库目录结构的建立<br>• 负责配置管理库的维护<br>• 维护需求跟踪矩阵<br>• 收集测试问题报告单<br>• 分配角色权限，配置库备份 | 认真负责，思维全面、细致 |
| 数据库管理员 | • 负责数据的设计、建立和维护 | 熟悉数据库的设计模式和相关数据库的特性 |
| 软件工程师 | • 参与需求分析活动<br>• 参与详细设计<br>• 按照详细设计完成编码和单元测试<br>• 对个人开发活动进行记录，提交个人工作周刊<br>• 修改测试出来的缺陷 | 熟练使用开发工具和编码代码 |
| 测试工程师 | • 建立测试环境<br>• 承担功能测试和集成测试工作<br>• 提交测试问题报告单 | 认真负责，思维全面、细致 |

### 2.3 产品

#### 2.3.1 程序

需移交给用户的程序的名称：eGov 电子政务系统；

所用编程语言：J2EE；

存储程序的媒体形式：源代码、二进制文件、数据文件。

#### 2.3.2 文件

需移交给用户的文件，包含 Eclipse 项目工程和数据库文件。

#### 2.3.3 服务

需向用户提供的服务，包括培训安装、维护和运行支持等，其中培训安装在用户验收测试后一周内完成，维护和运行支持在培训安装后一年内免费提供。

#### 2.3.4 非移交的产品

无

### 2.4 验收标准

对于上述这些应交出的产品和服务，根据用户需求进行验收。

### 2.5 完成项目的最迟期限

本项目开发周期最长为 3 个月。

### 2.6 本计划的批准者和批准日期

本计划由项目总监和用户共同批准。

## 3　实施计划

### 3.1　工作任务的分解与人员分工

对于项目开发中需要完成的各项工作，从需求分析、设计、实现、测试直到维护，包括文件的编制、审批、打印、分发工作，以及用户培训工作、软件安装工作等，按层次进行分解，指明每项任务的负责人和参加人员。请参考 MS Project 项目文档。

### 3.2　接口人员

负责接口工作的人员，包括：

a. 负责本项目与用户的接口人员；

b. 负责本项目与本单位各管理机构，如合同计划管理部门、财务部门、质量管理部门等的接口人员；

c. 负责本项目与各份合同负责单位的接口人员等。

### 3.3　进度

对于需求分析、设计、编码实现、测试、移交、培训和安装等工作，给出每项工作任务的预定开始日期、完成日期及所需资源，规定各项工作任务完成的先后顺序，以及表征每项工作任务完成的标志性事件（即所谓的"里程碑"）。请参考 MS Project 项目文档。

| 阶段任务和交付物表 | | | | |
|---|---|---|---|---|
| 阶段名称 | 需求分析阶段 | | | |
| 阶段开始时间 | 2008/4/21 | 阶段结束时间 | | 2008/4/25 |
| 拟制日期 | 2008/4/18 | | | |
| 项目名称 | eGov 电子政务项目 | | | |
| 工作任务名称 | 需求分析 | | | |
| 工作任务描述 | 根据 eGov 电子政务项目业务需求，完成需求分析工作 | | | |
| 工作任务约束 | 《需求规格说明书》经过评审 | | | |
| | | | | |
| 工作任务的工作产品 | | | | |
| 工作产品名称 | 产品标识 | 规模估计 | 工作量估计 | 成本估计 | 验收标准 |
| 《需求规格说明书》 | | 150 页 | 10 人日 | | 通过评审 |
| 工作任务资源分配 | | | | |
| 资源类型 | 名称/人员类型或人名 | 型号/人员的技术等级 | 数量 | 开始使用日期 | 结束使用日期 |
| 关键计算机资源 | 无 | | | | |
| | 无 | | | | |
| | 无 | | | | |
| 软件 | 无 | | | | |
| | 无 | | | | |
| | 无 | | | | |
| 其他设备 | 无 | | | | |
| | 无 | | | | |
| | 无 | | | | |

续表

| 工作任务资源分配 | | | | | |
|---|---|---|---|---|---|
| 资源类型 | 名称/人员类型<br>或人名 | 型号/人员的技<br>术等级 | 数量 | 开始使用日期 | 结束使用日期 |
| 人员 | LH | | 1 | 2008/4/21 | 2008/4/25 |
| | SZ | | | 2008/4/21 | 2008/4/25 |
| | | | | | |

| 验收标准 | 通过评审 | | |
|---|---|---|---|
| 说明 | | | |
| 任务责任人 | SX | 任务审核人 | LLX |

……

### 3.4 预算

逐项列出本开发项目所需要的劳务（包括人员的数量和时间）及经费的预算（包括办公费、差旅费、机时费、资料费、通信设备和专用设备的租金等）和来源。请参考 MS Project 项目文档。

### 3.5 关键问题

权限管理和工作流是核心功能需求。另外要考虑到性能、稳定性和可伸缩性（并发规模目前为几百人，将来可能为几千人同时访问）。

## 4 支持条件

### 4.1 计算机系统支持

开发中和运行时所需的计算机系统支持，包括计算机、外围设备、通信设备、模拟器、编译（或汇编）程序、操作系统、数据管理程序包、数据存储能力和测试支持能力等。

### 4.2 需由用户承担的工作

需求分析和确认、用户验收。

### 4.3 由外单位提供的条件

无

## 5 专题计划要点

本项目开发中需制定的各个专题计划，请参考相关文档资料。

# 附录 A  软件需求规格说明书模板

## 1  引言

### 1.1  编写目的

说明编写这份软件需求说明书的目的，指出预期的读者。

### 1.2  背景

说明：

a. 待开发的软件系统的名称；

b. 本项目的任务提出者、开发者、用户及实现该软件的计算中心或计算机网络；

c. 该软件系统同其他系统或其他机构的基本的相互来往关系。

### 1.3  定义

列出本文件中用到的专门术语的定义和外文首字母组词的原词组。

### 1.4  参考资料

列出用得着的参考资料，比如：

a. 本项目经核准的计划任务书或合同、上级机关的批文；

b. 属于本项目的其他已发表的文件；

c. 本文件中各处引用的文件、资料，包括所要用到的软件开发标准。列出这些文件资料的标题、文件编号、发表日期和出版单位，说明能够得到这些文件资料的来源。

## 2  任务概述

### 2.1  目标

叙述该软件开发项目的意图、应用目标、作用范围，以及其他应向读者说明的有关该软件开发的背景材料。解释被开发软件与其他有关软件之间的关系。如果本软件产品是一项独立的软件，而且全部内容自含，则说明这一点。如果所定义的产品是一个更大的系统的一个组成部分，则应说明本产品与该系统中其他各组成部分之间的关系，为此可使用一个方框图来说明该系统的组成和本产品同其他各部分的联系和接口。

### 2.2  用户的特点

列出本软件的最终用户的特点，充分说明操作人员、维护人员的教育水平和技术专长，以及本软件的预期使用频度。这些是软件设计工作的重要约束。

### 2.3  假定和约束

列出进行本软件开发工作的假定和约束，例如经费限制、开发期限等。

## 3  需求规定

### 3.1  对功能的规定

用列表或图表的方式，逐项定量和定性地叙述对软件所提出的功能要求，说明输入什么量、经过怎样的处理、得到什么输出，说明软件应支持的终端数和应支持的并行操作的用户数。

### 3.2 对性能的规定

#### 3.2.1 精度

说明对该软件的输入、输出数据精度的要求，可能包括传输过程中的精度。

#### 3.2.2 时间特性要求

说明对该软件的时间特性要求，比如：

a. 响应时间；

b. 更新处理时间；

c. 数据的转换和传送时间；

d. 解题时间。

#### 3.2.3 灵活性

说明对该软件的灵活性的要求，即当需求发生某些变化时，该软件对这些变化的适应能力。比如：

a. 操作方式上的变化；

b. 运行环境的变化；

c. 同其他软件的接口的变化；

d. 精度和有效时限的变化；

e. 计划的变化或改进。

对于为了提供这些灵活性而进行的专门设计的部分应该加以标明。

### 3.3 输入/输出要求

解释各输入/输出数据类型，并逐项说明其媒体、格式、数值范围、精度等。对软件的数据输出及必须标明的控制输出量进行解释并举例，包括对硬拷贝报告（正常结果输出、状态输出及异常输出）及图形或显示报告的描述。

### 3.4 数据管理能力要求

说明需要管理的文卷和记录的个数、表和文卷的大小规模，要按可预见的增长对数据及其分量的存储要求作出估算。

### 3.5 故障处理要求

列出可能的软件、硬件故障，以及对各项性能而言所产生的后果和对故障处理的要求。

### 3.6 其他专门要求

比如：用户单位对安全保密的要求，对使用方便的要求，对可维护性、可补充性、易读性、可靠性、运行环境可转换性的特殊要求等。

## 4 运行环境规定

### 4.1 设备

列出运行该软件所需要的硬设备，说明其中的新型设备及其专门功能，包括：

a. 处理器型号及内存容量；

b. 外存容量、联机或脱机、媒体及其存储格式、设备的型号及数量；

c. 输入及输出设备的型号和数量、联机或脱机；

d. 数据通信设备的型号和数量；

e. 功能键及其他专用硬件。

## 4.2 支持软件

列出支持软件，包括要用到的操作系统、编译（或汇编）程序、测试支持软件等。

## 4.3 接口

说明该软件同其他软件之间的接口、数据通信协议等。

## 4.4 控制

说明控制该软件运行的方法和控制信号，并说明这些控制信号的来源。

# 附录 B 概要设计说明书模板

## 1 引言

### 1.1 编写目的

说明编写这份概要设计说明书的目的，指出预期的读者。

### 1.2 背景

说明：

a. 待开发软件系统的名称；

b. 列出此项目的任务提出者、开发者、用户，以及将运行该软件的计算站（中心）。

### 1.3 定义

列出本文件中用到的专门术语的定义和外文首字母组词的原词组。

### 1.4 参考资料

列出有关的参考文件，比如：

a. 本项目经核准的计划任务书或合同、上级机关的批文；

b. 属于本项目的其他已发表文件；

c. 本文件中各处引用的文件、资料，包括所要用到的软件开发标准。列出这些文件的标题、文件编号、发表日期和出版单位，说明能够得到这些文件资料的来源。

## 2 总体设计

### 2.1 需求规定

说明对本系统的主要输入/输出项目、处理的功能性能要求，详细的说明可参见附录 C。

### 2.2 运行环境

简要地说明对本系统的运行环境（包括硬件环境和支持环境）的规定，详细说明参见附录 C。

### 2.3 基本设计概念和处理流程

说明本系统的基本设计概念和处理流程，尽量使用图表的形式。

### 2.4 结构

用一览表及框图的形式说明本系统的系统元素（各层模块、子程序、公用程序等）的划分，扼要说明每个系统元素的标识符和功能，分层次地给出各元素之间的控制与被控制关系。

### 2.5 功能需求与程序的关系

用如下的矩阵图说明各项功能需求的实现与各块程序的分配关系。

| | 程 序 1 | 程 序 2 | ...... | 程 序 n |
|---|---|---|---|---|
| 功能需求 1 | √ | | | |
| 功能需求 2 | | √ | | |
| ...... | | | | |
| 功能需求 n | | √ | | √ |

## 2.6 人工处理过程

说明在本软件系统的工作过程中不得不包含的人工处理过程（如果有的话）。

## 2.7 尚未解决的问题

说明在概要设计过程中尚未解决而设计者认为在系统完成之前必须解决的各个问题。

# 3 接口设计

## 3.1 用户接口

说明将向用户提供的命令和它们的语法结构，以及软件的回答信息。

## 3.2 外部接口

说明本系统与外界的所有接口的安排，包括软件与硬件之间的接口、本系统与各支持软件之间的接口关系。

## 3.3 内部接口

说明本系统之内的各个系统元素之间的接口的安排。

# 4 运行设计

## 4.1 运行模块组合

说明对系统施加不同的外界运行控制时所引起的各种不同的运行模块组合，说明每种运行所历经的内部模块和支持软件。

## 4.2 运行控制

说明每一种外界运行控制的方式、方法和操作步骤。

## 4.3 运行时间

说明每种运行模块组合将占用各种资源的时间。

# 5 系统数据结构设计

## 5.1 逻辑结构设计要点

给出本系统内所使用的每个数据结构的名称、标识符，以及它们之中每个数据项、记录、文卷和系的标识、定义、长度及它们之间的层次或表格的相互关系。

## 5.2 物理结构设计要点

给出本系统内所使用的每个数据结构中每个数据项的存储要求、访问方法、存取单位、存取的物理关系（索引、设备、存储区域）、设计考虑和保密条件。

## 5.3 数据结构与程序的关系

说明各个数据结构与访问这些数据结构的形式。

# 6 系统出错处理设计

## 6.1 出错信息

用一览表的方式说明每种可能的出错或故障情况出现时，系统输出信息的形式、含义及处理方法。

## 6.2 补救措施

说明故障出现后可能采取的变通措施，包括：

a. 后备技术说明准备采用的后备技术，当原始系统数据万一丢失时启用的副本建立和启动的技术，例如周期性地把磁盘信息记录到磁带上就是对磁盘媒体的一种后备技术；

b. 降效技术说明准备采用的后备技术，使用另一个效率稍低的系统或方法来求得所需结果的某些部分，例如一个自动系统的降效技术可以是手工操作和数据的人工记录；

c. 恢复及再启动技术说明将使用的恢复再启动技术，使软件从故障点恢复执行或使软件从头开始重新运行的方法。

## 6.3　系统维护设计

说明为了维护系统方便而在程序内部设计中作出的安排，包括在程序中专门安排用于系统的检查与维护的检测点和专用模块。各个程序之间的对应关系，可采用矩阵图的形式。

# 附录C 详细设计说明书 模板

## 1 引言

### 1.1 编写目的

说明编写这份详细设计说明书的目的，指出预期的读者。

### 1.2 背景

说明：

a. 待开发软件系统的名称；

b. 本项目的任务提出者、开发者、用户和运行该程序系统的计算中心。

### 1.3 定义

列出本文件中用到专门术语的定义和外文首字母组词的原词组。

### 1.4 参考资料

列出有关的参考资料，比如：

a. 本项目经核准的计划任务书或合同、上级机关的批文；

b. 属于本项目的其他已发表的文件；

c. 本文件中各处引用到的文件资料，包括所要用到的软件开发标准。列出这些文件的标题、文件编号、发表日期和出版单位，说明能够取得这些文件的来源。

## 2 程序系统的结构

用一系列图表列出本程序系统内的每个程序（包括每个模块和子程序）的名称、标识符和它们之间的层次结构关系。

## 3 程序1（标识符）设计说明

从本部分开始，逐个地给出各个层次中每个程序的设计考虑。以下给出的提纲是针对一般情况的。对于一个具体的模块，尤其是层次比较低的模块或子程序，其很多条目的内容往往与它所隶属的上一层模块的对应条目的内容相同，在这种情况下，只要简单地说明这一点即可。

### 3.1 程序描述

给出对该程序的简要描述，主要说明安排设计本程序的目的及意义，并且还要说明本程序的特点（比如是常驻内存还是非常驻，是否子程序，是可重用的还是不可重用的，有无覆盖要求，是顺序处理还是并发处理等）。

### 3.2 功能

说明该程序应具有的功能，可采用IPO图（即输入—处理—输出图）的形式。

### 3.3 性能

说明对该程序的全部性能要求，包括对精度、灵活性和时间特性的要求。

### 3.4　输入项

给出对每一个输入项的特性，包括名称、标识、数据的类型和格式、数据值的有效范围、输入的方式、数量和频度、输入媒体、输入数据的来源和安全保密条件等。

### 3.5　输出项

给出对每一个输出项的特性，包括名称、标识、数据的类型和格式、数据值的有效范围、输出的形式、数量和频度、输出媒体、对输出图形及符号的说明、安全保密条件等。

### 3.6　算法

详细说明本程序所选用的算法、具体的计算公式和计算步骤。

### 3.7　逻辑流程

用图表（例如流程图、判定表等）辅以必要的说明来表示本程序的逻辑流程。

### 3.8　接口

用图的形式说明本程序所隶属的上一层模块及隶属于本程序的下一层模块、子程序，说明参数赋值和调用方式，说明与本程序直接关联的数据结构（数据库、数据文卷）。

### 3.9　存储分配

根据需要，说明本程序的存储分配。

### 3.10　注释设计

说明准备在本程序中安排的注释，比如：

a. 加在模块首部的注释；

b. 加在各分支点处的注释；

c. 对各变量的功能、范围、缺省条件等所加的注释；

d. 对使用的逻辑所加的注释等。

### 3.11　限制条件

说明本程序运行中所受到的限制条件。

### 3.12　测试计划

说明对本程序进行单元测试的计划，包括对测试的技术要求、输入数据、预期结果、进度安排、人员职责、设备条件驱动程序及桩模块等的规定。

### 3.13　尚未解决的问题

说明在本程序的设计中尚未解决而设计者认为在软件完成之前应解决的问题。

## 4　程序 2（标识符）设计说明

用类似本详细设计说明书中第 3 条的方式，说明第 2 个程序乃至第 N 个程序的设计考虑。

......

# 附录 D　测试说明书模板

## 1　引言

### 1.1　编写目的

本测试计划的具体编写目的，指出预期的读者范围。

### 1.2　背景

说明：

a. 测试计划所从属的软件系统的名称；

b. 该开发项目的历史，列出用户和执行此项目测试的计算中心，说明在开始执行本测试计划之前必须完成的各项工作。

### 1.3　定义

列出本文件中用到的专门术语的定义和外文首字母组词的原词组。

### 1.4　参考资料

列出要用到的参考资料，比如：

a. 本项目经核准的计划任务书或合同、上级机关的批文；

b. 属于本项目的其他已发表的文件；

c. 本文件中各处引用的文件、资料，包括所要用到的软件开发标准。列出这些文件的标题、文件编号、发表日期和出版单位，说明能够得到这些文件资料的来源。

## 2　计划

### 2.1　软件说明

提供一份图表，并逐项说明被测软件的功能、输入和输出等质量指标，作为叙述测试计划的提纲。

### 2.2　测试内容

列出组装测试和确认测试中每一项测试内容的名称标识符、测试的进度安排及测试的内容和目的，例如模块功能测试、接口正确性测试、数据文卷存取测试、运行时间测试、设计约束和极限测试等。

### 2.3　测试 1（标识符）

给出这项测试内容的参与单位及被测试的部位。

#### 2.3.1　进度安排

给出对这项测试的进度安排，包括进行测试的日期和工作内容（如熟悉环境、培训、准备输入数据等）。

#### 2.3.2　条件

陈述本项测试工作对资源的要求，包括：

a. 设备：所用到的设备类型、数量和预定使用时间；

b. 软件：列出将被用来支持本项测试过程而本身又不是被测软件的组成部分的软件，如测试驱动程序、测试监控程序、仿真程序、桩模块等；

c. 人员：列出在测试工作期间预期可由用户和开发任务组提供的工作人员的人数、技术水平及有关的预备知识，包括一些特殊要求，如倒班操作和数据键入人员。

### 2.3.3 测试资料

列出本项测试所需的资料，比如：

a. 有关本项任务的文件；

b. 被测试程序及其所在的媒体；

c. 测试的输入和输出举例；

d. 有关控制此项测试的方法、过程的图表。

### 2.3.4 测试培训

说明或引用资料说明为被测软件的使用提供培训的计划，规定培训的内容、受训的人员及从事培训的工作人员。

### 2.4 测试 2（标识符）

用与本测试计划 2.3 条相类似的方式说明用于另一项及其后各项测试内容的测试工作计划。

## 3 测试设计说明

### 3.1 测试 1（标识符）

说明对第 1 项测试内容的测试设计考虑。

#### 3.1.1 控制

说明本测试的控制方式，如输入是人工、半自动还是自动引入，以及控制操作的顺序及结果的记录方法。

#### 3.1.2 输入

说明本项测试中所使用的输入数据及选择这些输入数据的策略。

#### 3.1.3 输出

说明预期的输出数据，如测试结果及可能产生的中间结果或运行信息。

#### 3.1.4 过程

说明完成此项测试的各个步骤和控制命令，包括测试的准备、初始化、中间步骤和运行结束方式。

### 3.2 测试 2（标识符）

用与本测试计划 3.1 条相类似的方式说明第 2 项及其后各项测试工作的设计考虑。

## 4 评价准则

### 4.1 范围

说明所选择的测试用例能够检查的范围及其局限性。

### 4.2 数据整理

陈述为了把测试数据加工成便于评价的适当形式，使得测试结果可以与已知结果进行比较而要用到的转换处理技术，如手工方式或自动方式；如果是用自动方式整理数据，还要说明为进行处理而要用到的硬件、软件资源。

### 4.3 尺度

说明用来判断测试工作是否能通过的评价尺度，如合理的输出结果的类型、测试输出结果与预期输出之间的容许偏离范围、允许中断或停机的最大次数。

# 附录 E　用户手册模板

## 1　引言

### 1.1　编写目的

说明编写这份用户手册的目的，指出预期的读者。

### 1.2　背景

说明：

a. 这份用户手册所描述的软件系统的名称；

b. 该软件项目的任务提出者、开发者、用户（或首批用户）及安装此软件的计算中心。

### 1.3　定义

列出本文件中用到的专门术语的定义和外文首字母组词的原词组。

### 1.4　参考资料

列出有用的参考资料，比如：

a. 项目经核准的计划任务书或合同、上级机关的批文；

b. 属于本项目的其他已发表文件；

c. 本文件中各处引用的文件、资料，包括所要用到的软件开发标准。列出这些文件资料的标题、文件编号、发表日期和出版单位，说明能够取得这些文件资料的来源。

## 2　用途

### 2.1　功能

结合本软件的开发目的，逐项地说明本软件所具有的各项功能及它们的极限范围。

### 2.2　性能

#### 2.2.1　精度

逐项说明对各项输入数据的精度要求和本软件输出数据达到的精度，包括传输中的精度要求。

#### 2.2.2　时间特性

定量地说明本软件的时间特性，如响应时间、更新处理时间、数据传输、转换时间、计算时间等。

#### 2.2.3　灵活性

说明本软件所具有的灵活性，即当用户需求（如对操作方式、运行环境、结果精度、时间特性等的要求）有某些变化时，本软件的适应能力。

### 2.3　安全保密

说明本软件在安全、保密方面的设计考虑和实际达到的能力。

## 3　运行环境

### 3.1　硬设备

列出为运行本软件所要求的硬设备的最小配置，比如：

a. 处理机的型号、内存容量；

b. 所要求的外存储器、媒体、记录格式、设备的型号和台数、联机/脱机；

c. I/O 设备（联机/脱机）；

d. 数据传输设备和转换设备的型号、台数。

### 3.2　支持软件

说明为运行本软件所需要的支持软件，比如：

a. 操作系统的名称、版本号；

b. 程序语言的编译/汇编系统的名称和版本号；

c. 数据库管理系统的名称和版本号；

d. 其他支持软件。

### 3.3　数据结构

列出为支持本软件的运行所需要的数据库或数据文卷。

## 4　使用过程

在本部分，首先用图表的形式说明软件的功能与系统的输入源、输出结果之间的关系。

### 4.1　安装与初始化

一步一步地说明为使用本软件而需进行的安装与初始化过程，包括程序的存储形式、安装与初始化过程中的全部操作命令、系统对这些命令的反应与答复、表征安装工作完成的测试实例等。如果有的话，还应说明安装过程中所需用到的专用软件。

### 4.2　输入

规定输入数据和参量的准备要求。

#### 4.2.1　输入数据的现实背景

说明输入数据的现实背景，主要是：

a. 情况——例如人员变动、库存缺货；

b. 情况出现的频度——例如周期性的、随机的、一项操作状态的函数；

c. 情况来源——例如人事部门、仓库管理部门；

d. 输入媒体——例如键盘、穿孔卡片、磁带；

e. 限制——出于安全、保密考虑而对访问这些输入数据所加的限制；

f. 质量管理——例如对输入数据合理性的检验，以及当输入数据有错误时应采取的措施，如建立出错情况的记录等；

g. 支配——例如如何确定输入数据是保留还是废弃，以及是否要分配给其他的接收者等。

#### 4.2.2　输入格式

说明对初始输入数据和参量的格式要求，包括语法规则和有关约定。比如：

a. 长度——例如字符数/行、字符数/项；

b. 格式基准——例如以左面的边沿为基准；

c. 标号——例如标记或标识符；

d. 顺序——例如各个数据项的次序及位置；

e. 标点——例如用来表示行、数据组等的开始或结束而使用的空格、斜线、星号、字符组等；

f. 词汇表——给出允许使用的字符组合的列表，禁止使用＊字符组合的列表等；

g. 省略和重复——给出用来表示输入元素可省略或重复的表示方式；

h. 控制——给出用来表示输入开始或结束的控制信息。

### 4.2.3　输入举例

为每个完整的输入形式提供样本，包括：

a. 控制或首部——用来表示输入的种类和类型的信息、标识符输入日期、正文起点和对所用编码的规定等；

b. 主体——输入数据的主体，包括数据文卷的输入表述部分；

c. 尾部——用来表示输入结束的控制信息、累计字符总数等；

d. 省略——指出哪些输入数据是可省略的；

e. 重复——指出哪些输入数据是重复的。

## 4.3　输出

对每项输出作出说明。

### 4.3.1　输出数据的现实背景

说明输出数据的现实背景，主要是：

a. 使用——这些输出数据是给谁的，用来干什么；

b. 使用频度——例如每周的、定期的或备查阅的；

c. 媒体——例如打印、CRI 显示、磁带、卡片、磁盘；

d. 质量管理——例如关于合理性检验、出错纠正的规定；

e. 支配——例如如何确定输出数据是保留还是废弃，以及是否要分配给其他接收者等。

### 4.3.2　输出格式

给出对每一类输出信息的解释，主要是：

a. 首部——如输出数据的标识符、输出日期和输出编号；

b. 主体——输出信息的主体，包括分栏标题；

c. 尾部——包括累计总数、结束标记。

### 4.3.3　输出举例

为每种输出类型提供例子，对例子中的每一项进行说明。

a. 定义——每项输出信息的意义和用途；

b. 来源——是从特定的输入中抽出、从数据库文卷中取出，还是从软件的计算过程中得到；

c. 特性——输出的值域、计量单位、在什么情况下可缺省等。

## 4.4　文卷查询

这一条的编写针对具有查询能力的软件，内容包括：与数据库查询有关的初始化、准备及处理所需要的详细规定，说明查询的能力、方式、所使用的命令和所要求的控制规定。

### 4.5　出错处理和恢复

列出由软件产生的出错编码或条件，以及应由用户承担的修改纠正工作。指出为了确保再启动和恢复的能力，用户必须遵循的处理过程。

### 4.6　终端操作

当软件是在多终端系统上工作时，应编写本条，以说明终端的配置安排、连接步骤、数据和参数输入步骤及控制规定。说明通过终端操作进行查询、检索、修改数据文卷的能力、语言、过程及辅助性程序等。

# 附录 F　项目开发计划模板

## 1　引言

### 1.1　编写目的

说明编写这份软件项目开发计划的目的，并指出预期的读者。

### 1.2　背景

说明：

a. 待开发的软件系统的名称；

b. 本项目的任务提出者、开发者、用户及实现该软件的计算中心或计算机网络；

c. 该软件系统与其他系统或其他机构的基本的相互来往关系。

### 1.3　定义

列出本文件中用到的专门术语的定义和外文的首字母组词的原词组。

### 1.4　参考资料

列出用得着的参考资料，比如：

a. 本项目经核准的计划任务书和合同、上级机关的批文；

b. 属于本项目的其他已发表的文件；

c. 本文件中各处引用的文件、资料，包括所要用到的软件开发标准。列出这些文件资料的标题、文件编号、发表日期和出版单位，说明能够得到这些文件资料的来源。

## 2　项目概述

### 2.1　工作内容

简要地说明在本项目的开发中需进行的各项主要工作。

### 2.2　主要参加人员

扼要说明参加本项目开发的主要人员的情况，包括他们的技术水平。

### 2.3　产品

#### 2.3.1　程序

列出需移交给用户的程序的名称、所用的编程语言及存储程序的媒体形式，并通过引用相关文件，逐项说明其功能和能力。

#### 2.3.2　文件

列出需移交给用户的每种文件的名称及内容要点。

#### 2.3.3　服务

列出需向用户提供的各项服务，如培训安装、维护和运行支持等，应逐项规定开始日期、所提供支持的级别和服务的期限。

### 2.3.4 非移交的产品

说明开发集体应向本单位交出但不必向用户移交的产品（文件甚至某些程序）。

### 2.4 验收标准

对于上述这些应交出的产品和服务，逐项说明或引用资料说明验收标准。

### 2.5 完成项目的最迟期限

### 2.6 本计划的批准者和批准日期

## 3 实施计划

### 3.1 工作任务的分解与人员分工

对于项目开发中所需要完成的各项工作，从需求分析、设计、实现、测试直到维护，包括文件的编制、审批、打印、分发工作、用户培训工作、软件安装工作等，按层次进行分解，指明每项任务的负责人和参加人员。

### 3.2 接口人员

说明负责接口工作的人员及他们的职责，包括：

a. 负责本项目与用户的接口人员；

b. 负责本项目与本单位各管理机构，如合同计划管理部门、财务部门、质量管理部门等的接口人员；

c. 负责本项目与各份合同负责单位的接口人员等。

### 3.3 进度

对于需求分析、设计、编码实现、测试、移交、培训和安装等工作，给出每项工作任务的预定开始日期、完成日期及所需资源，规定各项工作任务完成的先后顺序，以及表征每项工作任务完成的标志性事件（即所谓的"里程碑)。

### 3.4 预算

逐项列出本开发项目所需要的劳务（包括人员的数量和时间）及经费的预算（包括办公费、差旅费、机时费、资料费、通信设备和专用设备的租金等）和来源。

### 3.5 关键问题

逐项列出能够影响整个项目成败的关键问题、技术难点和风险，指出这些问题对项目的影响。

## 4 支持条件

说明为支持本项目的开发所需要的各种条件和设施。

### 4.1 计算机系统支持

逐项列出开发中和运行时所需的计算机系统支持，包括计算机、外围设备、通信设备、模拟器、编译（或汇编）程序、操作系统、数据管理程序包、数据存储能力和测试支持能力等，逐项给出有关到货日期、使用时间的要求。

### 4.2 需由用户承担的工作

逐项列出需要用户承担的工作和完成期限，包括需由用户提供的条件及提供时间。

## 4.3 由外单位提供的条件

逐项列出需要外单位分合同承包者承担的工作和完成的时间，包括需要由外单位提供的条件和提供的时间。

## 5 专题计划要点

说明本项目开发中需制定的各个专题计划（如分合同计划、开发人员培训计划、测试计划、安全保密计划、质量保证计划、配置管理计划、用户培训计划、系统安装计划等）的要点。

# 结 束 语

本书通过丰富的项目实践案例和深入浅出的讲解，引领读者学习 IT 项目完整的开发及管理体系，以及 IT 项目面向对象的开发及管理的实际应用。本书的特色是以项目实践作为主线贯穿其中，使读者能够快速掌握 IT 项目开发及管理中最核心的原理和操作，并能够依据书中提供的项目案例定制所需的功能，快速开发专业的应用系统。

如果本书能够获得读者的认可，作者希望能够再版，它将会更优秀。

另外，由于技术更新和时间仓促，本文难免出现错误，希望读者批评建议，并同我们联系。我们的联系方式是：

北京亚思晟商务科技有限公司

地址：北京海淀上地东路 29 号留学人员创业园 303-306

网址：www.ascenttech.com.cn

电话：82780848/62969799

## 培训信息

为了帮助读者尽快掌握企业级高端 Java 开发技术，实现从事软件行业开发的梦想，亚思晟科技作为教育部软件工程专业实习实训基地，定期开设高端 Java 就业实训班，欢迎咨询和报名参加！

依托北美 Java 软件专家组成的精英师资团队，以及国内独一无二的"1+2+3"课程体系（1 套 IT 技术；2 套开发平台；3 套项目实战），亚思晟将北美最新培训经验和理念引入国内并成功付诸实践，以实战项目驱动学习，全程专家主讲和辅导，保证了培训的高质量。最新北美技术、真实项目开发，已成为亚思晟培训的一大特色。经过扎实理论学习和全真项目实战培训后的学员已快速高薪就业于北大方正、华为、神州数码、IBM 等国内外名企。

# 参 考 文 献

[1] 郑人杰，马素霞，白晓颖译．软件工程实践者的研究方法．北京：机械工业出版社，2006

[2] 刘红璐，张真继，彭志锋编著．电子政务系统概论．北京：人民邮电出版社，2005

[3] 苏新宁著．电子政务案例分析．北京：国防工业出版社，2005

[4] 张湘辉．软件开发的过程与管理．北京：清华大学出版社，2005

[5] 甄镭编著．信息系统升级与整合 策略·方法·技巧．北京：电子工业出版社，2004

[6] 程宾，朱鹏，张嘉路译．统一软件开发过程之路．北京：机械工业出版社，2003

[7] 王海鹏译．掌握需求过程．北京：人民邮电出版社，2003

[8] 李英军译．设计模式可复用面向对象软件的基础．北京：机械工业出版社，2000

[9] 姜旭平编著．信息系统开发方法、策略、技术、工具与发展．北京：清华大学出版社，1997

# 博文本版精品汇聚

### 加密与解密（第三版）

段钢 编著
ISBN 978-7-121-06644-3
定价：69.00元

畅销书升级版，出版一月销售10000册。
看雪软件安全学院众多高手，合力历时4年精
心打造。

### 疯狂Java讲义

新东方IT培训广州中心
软件教学总监　李刚 编著
ISBN 978-7-121-06646－7
定价：99.00元（含光盘1张）

用案例驱动，将知识点融入实际项目的开发。
代码注释非常详细，几乎每两行代码就有一
行注释。

### Windows驱动开发技术详解

张帆 等编著
ISBN 978-7-121-06846-1
定价：65.00元（含光盘1张）

原创经典，威盛一线工程师倾力打造。
深入驱动核心，剖析操作系统底层运行机制。

### Struts 2权威指南

李刚 编著
ISBN 978-7-121-04853-1
定价：79.00元（含光盘1张）

可以作为Struts 2框架的权威手册。
通过实例演示Struts 2框架的用法。

### 你必须知道的.NET

王涛 著
ISBN 978-7-121-05891-2
定价：69.80元

来自于微软MVP的最新技术心得和感悟。
将技术问题以生动易懂的语言展开，层层
深入，以例说理。

### Oracle数据库精讲与疑难解析

赵振平 编著
ISBN 978-7-121-06189-9
定价：128.00元

754个故障重现，件件源自工作的经验教训。
为专业人士提供的速查手册，遇到故障不求人。

### SOA原理•方法•实践

IBM资深架构师毛新生 主编
ISBN 978-7-121-04264-5
定价：49.8元

SOA技术巅峰之作！
IBM中国开发中心技术经典呈现！

### VC++深入详解

孙鑫 编著
ISBN 7-121-02530-2
定价：89.00元（含光盘1张）

IT培训专家孙鑫经典畅销力作！

# 《项目实践精解：IT 项目的面向对象开发及管理
## ——电子政务系统案例分析》读者交流区

**尊敬的读者：**

感谢您选择我们出版的图书，您的支持与信任是我们持续上升的动力。为了使您能通过本书更透彻地了解相关领域，更深入的学习相关技术，我们将特别为您提供一系列后续的服务，包括：

1. 提供本书的修订和升级内容、相关配套资料；
2. 本书作者的见面会信息或网络视频的沟通活动；
3. 相关领域的培训优惠等。

请您抽出宝贵的时间将您的个人信息和需求反馈给我们，以便我们及时与您取得联系。

您可以任意选择以下三种方式与我们联系，我们都将记录和保存您的信息，并给您提供不定期的信息反馈。

### 1. 短信

**您只需编写如下短信：** B08513+您的需求+您的建议

发送到1066 6666 789（本服务免费，短信资费按照相应电信运营商正常标准收取，无其他信息收费）

为保证我们对您的服务质量，如果您在发送短信24小时后，尚未收到我们的回复信息，请直接拨打电话（010）88254369。

### 2. 电子邮件

**您可以发邮件至jsj@phei.com.cn或editor@broadview.com.cn。**

### 3. 信件

**您可以写信至如下地址：北京万寿路173信箱博文视点，邮编：100036。**

如果您选择第2种或第3种方式，您还可以告诉我们更多有关您个人的情况，及您对本书的意见、评论等，内容可以包括：

（1）您的姓名、职业、您关注的领域、您的电话、E-mail地址或通信地址；

（2）您了解新书信息的途径、影响您购买图书的因素；

（3）您对本书的意见、您读过的同领域的图书、您还希望增加的图书、您希望参加的培训等。

如果您在后期想退出读者俱乐部，停止接收后续资讯，只需发送"B08513+退订"至10666666789即可，或者编写邮件"B08513+退订+手机号码+需退订的邮箱地址"发送至邮箱：market@broadview.com.cn 亦可取消该项服务。

**同时，我们非常欢迎您为本书撰写书评，将您的切身感受变成文字与广大书友共享。我们将挑选特别优秀的作品转载在我们的网站（www.broadview.com.cn）上，或推荐至CSDN.NET等专业网站上发表，被发表的书评的作者将获得价值50元的博文视点图书奖励。**

**我们期待您的消息！**
**博文视点愿与所有爱书的人一起，共同学习，共同进步！**

通信地址：北京万寿路 173 信箱　博文视点（100036）　　电话：010-51260888

E-mail：jsj@phei.com.cn，editor@broadview.com.cn

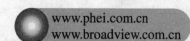

# 反侵权盗版声明

电子工业出版社依法对本作品享有专有出版权。任何未经权利人书面许可，复制、销售或通过信息网络传播本作品的行为；歪曲、篡改、剽窃本作品的行为，均违反《中华人民共和国著作权法》，其行为人应承担相应的民事责任和行政责任，构成犯罪的，将被依法追究刑事责任。

为了维护市场秩序，保护权利人的合法权益，我社将依法查处和打击侵权盗版的单位和个人。欢迎社会各界人士积极举报侵权盗版行为，本社将奖励举报有功人员，并保证举报人的信息不被泄露。

举报电话：（010）88254396；（010）88258888

传　　真：（010）88254397

E-mail：　dbqq@phei.com.cn

通信地址：北京市万寿路 173 信箱

　　　　　电子工业出版社总编办公室

邮　　编：100036